Max Born

Vorlesungen über Atommechanik

Erster Band

Reprint

Springer-Verlag Berlin Heidelberg GmbH 1976

ISBN 978-3-642-61899-4   ISBN 978-3-642-61898-7 (eBook)
DOI 10.1007/978-3-642-61898-7

Library of Congress Catalog Card Number 73-22553

STRUKTUR DER MATERIE
IN EINZELDARSTELLUNGEN

HERAUSGEGEBEN VON
M. BORN - GÖTTINGEN UND J. FRANCK - GÖTTINGEN

II

VORLESUNGEN ÜBER ATOMMECHANIK

VON

DR. MAX BORN

PROFESSOR AN DER UNIVERSITÄT GÖTTINGEN

HERAUSGEGEBEN
UNTER MITWIRKUNG VON

DR. FRIEDRICH HUND

ASSISTENT AM PHYSIKALISCHEN INSTITUT
GÖTTINGEN

ERSTER BAND

MIT 43 ABBILDUNGEN

SPRINGER-VERLAG BERLIN HEIDELBERG GMBH
1925

DEM HILFSBEREITEN FREUNDE
DER DEUTSCHEN WISSENSCHAFT

HERRN **HENRY GOLDMAN**
IN NEW YORK

IN DANKBARKEIT GEWIDMET

Vorwort.

Der Titel „Atommechanik" dieser Vorlesungen, die ich im Wintersemester 1923/24 in Göttingen gehalten habe, ist der Bezeichnung „Himmelsmechanik" nachgebildet. Wie diese den Teil der theoretischen Astronomie abgrenzt, der die Berechnung der Bahnen der Himmelskörper nach den mechanischen Gesetzen zum Gegenstand hat, so soll das Wort Atommechanik zum Ausdruck bringen, daß hier die Tatsachen der Atomphysik unter dem besonderen Gesichtspunkt der Anwendung mechanischer Prinzipien behandelt werden. Hierin liegt eingeschlossen, daß es sich um den Versuch einer deduktiven Darstellung der Atomtheorie handelt. Das Bedenken, diese Theorie sei hierfür noch nicht reif, möchte ich mit dem Hinweis zerstreuen, daß es sich eben um einen Versuch, ein logisches Experiment handelt, dessen Sinn gerade der ist, die Grenzen abzustecken, bis zu denen die heute geltenden Prinzipien der Atom- und Quantentheorie sich bewähren, und die Wege zu bahnen, die über diese Grenzen hinaus führen sollen. Um dieses Programm schon im Titel deutlich zu machen, habe ich das vorliegende Buch als „1. Band" bezeichnet; der 2. Band soll dann eine höhere Annäherung an die „endgültige" Atommechanik enthalten. Ich weiß, daß das Versprechen eines solchen zweiten Bandes kühn ist; denn vorläufig hat man nur wenige und undeutliche Hinweise über die Art der Abweichungen, die zur Erklärung der Atomeigenschaften an den klassischen Gesetzen angebracht werden müssen. Zu diesen Hinweisen rechne ich vor allem die Fassung, die HEISENBERG den Gesetzen der Multipletts und anomalen Zeemaneffekte gegeben hat, die neue Strahlungstheorie von BOHR, KRAMERS und SLATER, die daraus entspringenden Ansätze von KRAMERS zur quantentheoretischen Erklärung der Dispersionserscheinungen sowie einige allgemeine Betrachtungen über die Anpassung der Störungstheorie an die Quantenprinzipien, die ich kürzlich mitgeteilt habe. Aber all dieser Stoff, so umfangreich er auch ist, reicht natürlich nicht im entferntesten aus, eine deduktive Theorie daraus zu gestalten. Darum wird der geplante „2. Band" vielleicht noch manche Jahre ungeschrieben bleiben; vorläufig mag seine virtuelle Existenz dazu dienen, Ziel und Sinn dieses Buches deutlich zu machen.

Das Buch ist nicht für solche, die sich zum erstenmal mit der Atomforschung beschäftigen oder nur einen Überblick über die theoretischen Probleme dieses Gebietes gewinnen wollen. Die kurze Einleitung, in der die wichtigsten physikalischen Grundlagen der Atommechanik mitgeteilt werden, wird dem wenig nützen, der sich vorher noch niemals mit diesen Problemen beschäftigt hat; der Zweck dieser Übersicht ist nicht eine Einführung in das Wissensgebiet, sondern eine Feststellung der empirischen Tatsachen, die als logisches Fundament des zu errichtenden Baues dienen sollen. Wer sich ohne die mühsame Aufsuchung der Originalliteratur über die Atomphysik unterrichten will, wird SOMMERFELDS „Atombau und Spektrallinien" zur Hand nehmen. Wenn er dieses Werk bewältigt hat, so wird er in dem vorliegenden Buche keine Schwierigkeiten antreffen, ja vieles wird ihm durchaus geläufig und bekannt sein. Denn es ist unvermeidlich, daß viele Teile dieses Buches sich mit Abschnitten des SOMMERFELDschen inhaltlich decken. Aber auch in solchen gemeinsamen Teilen wird ein gewisser Unterschied leicht bemerkbar werden. Einmal steht in unserer Darstellung der mechanische, deduktive Gesichtspunkt überall obenan; Einzelheiten der empirischen Tatsachen werden nur dort gegeben, wo sie zur Aufhellung, Bestätigung oder Verwerfung theoretischer Gedankenreihen wesentlich sind. Sodann aber ist auch bezüglich der Grundlagen der Quantentheorie ein Unterschied in der Betonung gewisser Züge vorhanden; doch überlasse ich es dem Leser, dies durch eignen Vergleich herauszufinden. Was das Verhältnis meiner Auffassungen zu denen BOHRS und seiner Schule angeht, so ist mir kein wesentlicher Gegensatz bewußt. Besonders einig fühle ich mich mit den Kopenhagener Forschern in der Überzeugung, daß es bis zu einer „endgültigen" Quantentheorie noch recht weit ist.

Daß es mir möglich wurde, diese Vorlesungen als Buch herauszugeben, verdanke ich in erster Linie der hingebenden Mitarbeit meines Assistenten Dr. FRIEDRICH HUND. Von ihm stammen große Teile des Textes, die ich nur wenig überarbeitet habe. Viele Überlegungen, die ich in der Vorlesung nur angedeutet oder überhaupt nur angeregt habe, hat er selbständig durchgeführt und dargestellt. Hier nenne ich vor allem den Satz von der Eindeutigkeit der Wirkungsvariabeln, der, nach meiner Meinung die Grundlage der „heutigen" Quantentheorie ist; der von HUND durchgeführte Beweis bildet den Mittelpunkt des zweiten Kapitels (§ 15). Ferner ist die im dritten Kapitel gegebene Darstellung der BOHRschen Theorie des periodischen Systems in großen Teilen von HUND ausgeführt worden. Auch andern Mitarbeitern und Helfern habe ich zu danken. Herr Dr. W. HEISENBERG hat uns stets mit seinem Rat unterstützt und einzelne Paragraphen (so die letzten über das Heliumatom) entworfen; Herr Dr. L. NORDHEIM hat bei der Darstellung der Störungstheorie geholfen und Herr Dr. H. KORNFELD zahlreiche Rechnungen kontrolliert. Beim Lesen der Korrekturen haben sich die Herren Prof. F. REICHE, Dr. H. KORNFELD und Dr. F. ZEILINGER in dankenswerter Weise beteiligt. Die Verlagsbuchhandlung hat alle unsere Wünsche betreffs Ausstattung und Anordnung des Satzes und der Abbildungen mit gewohnter Sorgfalt erfüllt.

Göttingen, im November 1924.

Max Born.

Inhaltsverzeichnis.

Einleitung.
Physikalische Grundlagen.

Erstes Kapitel.
Hamilton-Jacobische Theorie.

Zweites Kapitel.
Periodische und mehrfach periodische Bewegungen.

Drittes Kapitel.
Systeme mit einem Leuchtelektron.

Viertes Kapitel.
Störungstheorie.

Anhang.

Physikalische Grundlagen.

§ 1. Entwicklung der Quantentheorie des Oszillators aus der Strahlungslehre.

Wir schicken der mathematischen Theorie der Atommechanik eine *gedrängte Darstellung ihrer physikalischen Grundlagen* voraus. Die Entwicklung dieser Grundlagen hat zwei Quellen: einmal die Untersuchungen über die *Wärmestrahlung*, die zur Entdeckung der Quantengesetze geführt haben, sodann die Forschungen über den *Bau der Atome und Molekeln.*

Unter allen Äußerungen der Atome, die sich aus den physikalischen und chemischen Eigenschaften der Körper herauslesen lassen, sind die *Strahlungserscheinungen* dadurch ausgezeichnet, daß sie uns die unmittelbarste Auskunft über die Gesetze und den Bau der Urbestandteile der Materie geben. Die universellsten Gesetze der Materie werden in solchen Erscheinungen zutage treten, die von der Natur der dabei beteiligten Körper unabhängig sind. Hierauf beruht die Wichtigkeit der KIRCHHOFFschen Entdeckung, daß die in einem geschlossenen Hohlraum enthaltene Wärmestrahlung unabhängig ist von der Natur der die Wände bildenden oder im Innern vorhandenen Substanzen. In einem gleichmäßig von Wärmestrahlung erfüllten und im Gleichgewicht befindlichen Hohlraum ist die Energiedichte pro Frequenzintervall $d\nu$ gleich $\varrho_\nu d\nu$, wo ϱ_ν eine universelle Funktion von ν und der Temperatur T ist. Vom Standpunkt der Wellentheorie ist die makroskopisch gleichförmige Energiestrahlung aufzufassen als ein Gemenge von Wellen aller möglichen Richtungen, Intensitäten, Frequenzen und Phasen, das im statistischen Gleichgewicht steht mit den in der Materie vorhandenen, Licht emittierenden oder absorbierenden Teilchen.

Für die *theoretische Behandlung der Wechselwirkung zwischen Strahlung und Materie* ist es nach dem KIRCHHOFFschen Satze erlaubt, die wirklichen Atome der Substanzen durch einfache Modelle zu ersetzen, wenn diese nur mit keinem der bekannten Naturgesetze im Widerspruch stehen. Als einfachstes Modell eines Licht emittierenden und absorbierenden Atoms hat man den harmonischen Oszillator benutzt; dabei wurde das bewegte Teilchen als ein Elektron vorgestellt, das durch die interatomaren, quasi-elastisch wirkenden Kräfte an eine Gleichgewichtslage gebunden ist, in der sich eine gleich große positive Ladung befindet. Es ist dies ein Dipol von zeitlich veränderlichem Moment (Ladung $\times$ Ausschlag). H. HERTZ hat bei Gelegenheit seiner Untersuchungen über die Ausbreitung der elektrischen Wellen gezeigt, wie man die Ausstrahlung eines solchen schwingenden Dipols auf Grund der MAXWELLschen Gleichungen berechnen kann. Noch einfacher ist die Berechnung der Anregung eines solchen Resonators durch eine äußere elektromagnetische Welle, die in der klassischen Dispersionstheorie zur Erklärung der Brechung und Absorption der Körper benutzt wird. Auf Grund dieser beiden Betrachtungen läßt sich die Wechselwirkung zwischen solchen Resonatoren und einem Strahlungsfeld bestimmen. M. PLANCK hat die statistische Berechnung dieser Wechselwirkung durchgeführt. Er fand, daß die mittlere Energie $\overline{W}$ eines Systems von Resonatoren von der Frequenz ν proportional der mittleren Strahlungsdichte ϱ_ν ist, wobei der Proportionalitätsfaktor wohl von ν, nicht aber von der Temperatur T abhängt:

$$(1) \qquad \varrho_\nu = \frac{8\,\pi}{c^3}\,\nu^2\,\overline{W}.$$

Die vollständige Bestimmung von $\varrho_\nu(T)$ ist damit zurückgeführt auf die der *mittleren Resonatorenenergie*, und diese kann nach den Gesetzen der gewöhnlichen Statistik gefunden werden.

Sei q der Ausschlag eines linearen Oszillators, dann ist $p = m\dot{q}$ der Impuls und

$$W = \frac{m}{2}\,\dot{q}^2 + \frac{\varkappa}{2}\,q^2 = \frac{1}{2\,m}\,p^2 + \frac{\varkappa}{2}\,q^2$$

die Energie. Die quasi-elastische Kraft $\varkappa$ hängt mit der Kreisfrequenz ω und der gewöhnlichen Frequenz ν[1]) durch die Beziehung

$$\frac{\varkappa}{m} = \omega^2 = (2\,\pi\,\nu)^2$$

zusammen. Nach den Regeln der statistischen Mechanik hat man bei der Berechnung des Mittelwertes einer von p und q abhängigen Größe diese mit dem Gewichtsfaktor $e^{-\beta W}$ zu multiplizieren, wo $\beta = \dfrac{1}{kT}$ ist, und dann über alle Zustände des „Phasenraums" (p, q) zu mitteln. Also wird die mittlere Energie

$$\overline{W} = \frac{\iint W e^{-\beta W}\,dp\,dq}{\iint e^{-\beta W}\,dp\,dq}.$$

Hierfür kann man offenbar auch schreiben

$$\overline{W} = -\frac{\partial}{\partial\beta}\log Z,$$

wo

$$Z = \iint e^{-\beta W}\,dp\,dq$$

das sogenannte Zustandsintegral ist. Die Ausrechnung von Z liefert

$$Z = \int\limits_{-\infty}^{\infty} e^{-\frac{\beta}{2m}p^2}\,dp \int\limits_{-\infty}^{\infty} e^{-\frac{\beta\varkappa}{2}q^2}\,dq;$$

wegen

$$\int\limits_{-\infty}^{\infty} e^{-x^2}\,dx = \sqrt{\pi}$$

folgt daraus

$$Z = 2\,\pi\,\sqrt{\frac{m}{\varkappa}}\,\frac{1}{\beta} = \frac{1}{\nu\beta},$$

also

$$(2)\qquad \overline{W} = \frac{1}{\beta} = kT.$$

Dies führt auf folgende Formel für die Strahlungsdichte:

$$(3)\qquad \varrho_\nu = \frac{8\,\pi}{c^3}\,\nu^2\,kT,$$

---

[1]) Wir wollen im folgenden mit ω stets die Zahl der Schwingungen oder Umläufe eines Systems in 2π sek (die Kreisfrequenz), mit ν ihre Zahl in 1 sek (die Frequenz) bezeichnen.

das sogenannte *Gesetz von* RAYLEIGH-JEANS. Es widerspricht nicht nur der einfachen Erfahrungstatsache, daß die Intensität nicht dauernd mit der Frequenz wächst, sondern führt auch zu der unmöglichen Folgerung, daß die gesamte Strahlungsdichte

$$\int_0^\infty \varrho_\nu \, d\nu$$

unendlich wird.

Die Formel (3) bewährt sich nur im Grenzfall kleiner ν (langer Wellen). W. WIEN hat ein Gesetz aufgestellt, das den beobachteten Abfall der Intensität bei hohen Frequenzen richtig darstellt. Eine Formel, die diese beiden Gesetze als Grenzfälle einschließt, ist von PLANCK zuerst durch eine geistreiche Interpolation gefunden und bald darauf theoretisch begründet worden. Sie lautet

$$(4) \qquad \varrho_\nu = \frac{8\pi\nu^2}{c^3} \, \frac{h\nu}{e^{\frac{h\nu}{kT}} - 1},$$

wo h eine neue Naturkonstante ist, die sogenannte PLANCKsche *Konstante.* Da sie im Mittelpunkt der gesamten Quantentheorie steht, wollen wir sogleich ihren numerischen Wert angeben, er ist

$$h = 6{,}54 \cdot 10^{-27} \text{ erg sek.}$$

Der Vergleich von (4) mit (1) zeigt, daß diesem Strahlungsgesetz folgender Ausdruck für die Resonatorenenergie entspricht:

$$(5) \qquad \overline{W} = \frac{h\nu}{e^{\frac{h\nu}{kT}} - 1}.$$

Um diese Formel theoretisch abzuleiten, ist eine vollständige Abwendung von den Prinzipien der klassischen Mechanik notwendig. PLANCK bemerkte, daß folgende Annahme zum Ziele führt: *Es sollen nicht alle Werte als Energien der Resonatoren vorkommen, sondern nur solche, die ganzzahlige Vielfache eines Energieelements W_0 sind.*

Nach dieser PLANCKschen Hypothese ist das Zustandsintegral Z durch die Summe

$$(6) \qquad Z = \sum_{n=0}^\infty e^{-\frac{n W_0}{kT}}$$

zu ersetzen. Die Summation dieser geometrischen Reihe liefert

$$Z = \frac{1}{1 - e^{-\frac{W_0}{kT}}}.$$

Hieraus folgt

$$\overline{W} = \frac{\partial}{\partial \beta} \log\left(1 - e^{-\beta W_0}\right) = \frac{W_0 e^{-\beta W_0}}{1 - e^{-\beta W_0}},$$

also

$$(7) \qquad \overline{W} = \frac{W_0}{e^{\frac{W_0}{kT}} - 1}.$$

Dies stimmt mit dem PLANCKschen Gesetz (5) überein, wenn wir $W_0 = \nu h$ setzen. Diese letzte Beziehung kann man mit Hilfe des WIENschen Verschiebungsgesetzes der Wärmestrahlung begründen. Dieses beruht auf einer Vereinigung von thermodynamischen Betrachtungen mit dem DOPPLERschen Prinzip und besagt, daß die Strahlungsdichte in folgender Weise von Temperatur und Frequenz abhängen muß:

$$\varrho_\nu = \nu^3 f\left(\frac{\nu}{T}\right),$$

daß die Resonatorenenergie also die Form hat:

$$\overline{W} = \nu F\left(\frac{\nu}{T}\right).$$

Der Vergleich mit (7) zeigt, daß W_0 proportional ν sein muß.

Eine wichtige Stütze für die kühne Hypothese PLANCKs von den Energiequanten fand EINSTEIN in dem Verhalten der *spezifischen Wärme fester Körper*. Das gröbste Modell eines solchen aus N Atomen bestehenden Körpers ist ein System von $3\,N$ linearen Oszillatoren, deren jeder gewissermaßen die Schwingung eines Atoms in einer der drei Richtungen des Raumes vertritt. Berechnet man den Energieinhalt eines solchen Systems unter Annahme stetiger Energieverteilung, so ergibt sich nach (2)

$$E = 3\,N k\,T.$$

Handelt es sich gerade um ein Mol, so ist $N k = R$, der absoluten Gaskonstanten, und wir haben das Gesetz von DULONG-PETIT in der Form

$$c_v = \frac{dE}{dT} = 3\,R = 5{,}9\ \text{cal}$$

vor uns. Dieses gilt aber erfahrungsgemäß nur für höhere Temperaturen, während c_v für tiefere gegen 0 abfällt. EINSTEIN nahm statt des klassischen den PLANCKschen Wert (5) der mittleren Energie und erhielt für ein Mol

$$E = 3\,R\,T\,\frac{\dfrac{h\nu}{kT}}{e^{\frac{h\nu}{kT}} - 1}.$$

Hierdurch wird der Abfall von c_v für tiefe Temperaturen bei einatomigen Stoffen (z. B. Diamant) einigermaßen richtig dargestellt. Die weitere Entwicklung der Theorie, die die Kopplung der Atome untereinander berücksichtigt, hat die Grundannahme von EINSTEIN bestätigt.

Während hierdurch PLANCKS Annahme der Energiequanten bei Resonatoren recht gut gestützt ist, läßt sich gegen seine Begründung der Strahlungsformel der schwerwiegende Einwand erheben, daß die Beziehung (1) zwischen Strahlungsdichte ϱ_ν und mittlerer Resonatorenenergie $\overline{W}$ mit Hilfe der klassischen Mechanik und Elektrodynamik abgeleitet ist, während die statistische Berechnung von $\overline{W}$ sich auf das damit unvereinbare Quantenprinzip stützt. PLANCK hat sich sehr bemüht, diesen Gegensatz durch Einführung gemilderter Quantenvorschriften zu versöhnen; doch hat die weitere Entwicklung gezeigt, daß die klassische Theorie prinzipiell zur Erklärung mannigfacher Naturerscheinungen nicht ausreicht, sondern nur die Rolle eines Grenzfalls (s. unten) spielt, während die *wahren Gesetze der atomaren Welt reine Quantengesetze* sind.

Machen wir uns noch einmal klar, inwiefern diese Quantengesetze mit der klassischen Theorie ganz unvereinbar sind:

Nach der klassischen Theorie strahlt der Resonator während seiner Schwingung eine elektromagnetische Welle aus, die Energie mit sich führt. Dadurch verliert die Schwingung dauernd an Energie. *Nach der Quantentheorie bleibt die Energie des Resonators während der Schwingung konstant gleich $n \cdot \nu\,h$; ein Wechsel der Resonatorenergie kann* also *nur durch einen* mit einer ganzzahligen Änderung von n verbundenen Übergang, einen „*Quantensprung*", erfolgen.

Es muß also ein ganz neuer Zusammenhang zwischen Strahlung und Resonatorschwingung ersonnen werden. Hierzu bieten sich *zwei Wege* dar: Entweder muß man annehmen, daß der Resonator während der Schwingung überhaupt nicht strahlt und nur bei einem Quantensprung auf eine uns völlig unerklärliche Weise Strahlung der Frequenz ν abgibt, wobei die Energie, die der Resonator verliert oder gewinnt, dem Äther mitgeteilt oder entzogen wird. Der Energiesatz ist dann für den Elementarakt erfüllt. Oder der Resonator strahlt während der Schwingung, behält aber trotzdem seine Energie bei. Dann ist der Energiesatz für den Einzelvorgang verletzt, er kann nur dadurch im Mittel aufrechterhalten werden, daß die Wahrscheinlichkeiten der Übergänge in andere Zustände konstanter Energie in geeigneter Weise mit der Strahlung gekoppelt werden.

Die erste Auffassung war lange Zeit die herrschende; erst in neuester Zeit haben BOHR, KRAMERS und SLATER[1]) die zweite Auffassung vertreten. Die Ausführungen dieses Bandes werden im allgemeinen von der Entscheidung für eine der beiden Annahmen unabhängig sein. Beiden Auffassungen gemeinsam ist die Existenz von *Bewegungen mit konstanter Energie*, die man nach BOHR *stationäre Bewegungen* nennt.

§ 2. Allgemeine Fassung der Quantentheorie.

Durch die PLANCKsche Formel $W_0 = h\nu$ wurde EINSTEIN angeregt, ein ganz anderes Erscheinungsgebiet quantentheoretisch zu deuten, wobei sich eine neue Auffassung dieser Gleichung ergab, die sich in der Folge als sehr fruchtbar erwies. Es handelt sich um den *lichtelektrischen Effekt*. Fällt Licht von der Frequenz $\tilde{\nu}$ auf eine Metalloberfläche, so werden dabei Elektronen freigemacht, und es zeigt sich, daß die Lichtintensität nur die Menge, nicht die Geschwindigkeit der austretenden Elektronen beeinflußt. Letztere hängt vielmehr ausschließlich von der Frequenz des auffallenden Lichts ab. EINSTEIN machte den Ansatz

---

[1]) Zeitschr. f. Physik Bd. **24**, S. 69, 1924.

$$\frac{m}{2} v^2 = h\tilde{\nu},$$

der sich für hinreichend hohe Frequenzen bewährt hat (Röntgenlicht), während für niedere Frequenzen noch eine additiv hinzutretende Austrittsarbeit zu berücksichtigen ist.

Es handelt sich also um folgendes: Ein anfänglich im Metall locker gebundenes Elektron wird durch auffallendes Licht von der Frequenz $\tilde{\nu}$ herausgeschleudert und erhält die kinetische Energie $h\tilde{\nu}$; der atomare Vorgang unterscheidet sich also durchaus von dem beim Resonator und enthält nicht einmal eine Frequenz. *Das Wesentliche scheint also zu sein, daß die Energieänderung eines atomaren Systems und die Frequenz einer Lichtwelle durch die Gleichung verknüpft sind:*

$$(1) \qquad\qquad h\tilde{\nu} = W_1 - W_2,$$

wobei es gleichgültig ist, ob das atomare System die gleiche Frequenz $\tilde{\nu}$ hat oder eine andere, oder ob es überhaupt eine Frequenz hat.

Die PLANCKsche Gleichung

$$W = n \cdot W_0; \quad W_0 = h\nu$$

gibt eine Beziehung zwischen der Schwingungszahl ν eines Resonators und seiner Energie in den stationären Zuständen. Die EINSTEINsche Gleichung (1) gibt eine Beziehung zwischen der Energieänderung eines atomaren Systems beim Übergang von einem Zustand zu einem anderen und der Frequenz $\tilde{\nu}$ des *einfarbigen* Lichtes, mit dessen Emission oder Absorption der Übergang verknüpft ist.

Während EINSTEIN diese Beziehung nur für den Fall der Loslösung von Elektronen durch auffallendes Licht und den umgekehrten Prozeß, die Erzeugung von Licht (Röntgenstrahlen) durch auftreffende Elektronen, angewandt hat, erkannte BOHR die allgemeine Bedeutung dieses Quantengesetzes für alle Prozesse, bei denen stationäre Zustände unter Wechselwirkung mit Strahlung ineinander übergehen. In der Tat ist ja auch die Gleichung ihrem Sinne nach von allen speziellen Vorstellungen über das atomare System unabhängig. Seitdem BOHR ihre Fruchtbarkeit am Wasserstoffatom gezeigt hat, nennt man die Gleichung (1) die BOHRsche *Frequenzbedingung*.

Sie läßt zwei Deutungen zu entsprechend den beiden oben ausgesprochenen Auffassungen der Quantengesetze. Entweder wird die Frequenz $\tilde{\nu}$ nur während des Übergangs gestrahlt und die Wellenstrahlung führt genau die Energie $h\tilde{\nu}$ mit sich (Lichtquant). Oder das System ist in einem bestimmten Quantenzustand fähig, die Frequenz $\tilde{\nu}$ zu absorbieren oder zu emittieren, solange bis ein Quantensprung erfolgt; dann müssen die Häufigkeiten der Quantensprünge statistisch so verteilt sein, daß im Mittel die gestrahlte oder absorbierte Energie gleich der mit $h\tilde{\nu}$ multiplizierten Anzahl der Elementarvorgänge ist[1]).

Wenn man die BOHRsche Frequenzbedingung (1) folgerichtig auf den Resonator anwendet, wird man vor folgende Alternative gestellt: Die beim Übergang des Resonators vom Zustand mit der Energie $n_1 h\nu$ zu dem mit der Energie $n_2 h\nu$ stattfindende Energieänderung

$$(n_1 - n_2)\,h\nu$$

ist im allgemeinen ein Vielfaches des Energiequants $h\nu$ des Resonators. Nach BOHR und EINSTEIN soll nun diese Energieänderung mit der Frequenz $\tilde{\nu}$ der ausgesandten monochromatischen Strahlung durch die Beziehung

$$h\tilde{\nu} = (n_1 - n_2)\,h\nu$$

zusammenhängen. Sie läßt nur zwei Möglichkeiten zu: Entweder verlangt man, daß, wie in der klassischen Theorie, die gestrahlte Frequenz mit der des Resonators übereinstimmt; dann sind nur Übergänge zwischen Nachbarzuständen

$$n_1 - n_2 = 1$$

möglich. Oder man läßt zu, daß die ausgestrahlte Lichtfrequenz von der des Resonators verschieden, nämlich ein Vielfaches davon ist; dann ist die Ausstrahlung wegen der Möglichkeit verschiedener Übergänge nicht monochromatisch. Die Entscheidung zwischen diesen beiden Möglichkeiten ist erst im Laufe der Weiterentwicklung der BOHRschen Atomtheorie ge-

---

[1]) Man darf nicht annehmen, daß ein System in jedem Einzelfall so lange absorbiert, bis die Energie $h\tilde{\nu}$ aus der Strahlung aufgenommen ist, denn man weiß, daß der lichtelektrische Effekt einsetzen kann, ehe überhaupt ein volles „Lichtquant" $h\tilde{\nu}$ das betreffende Metallteilchen getroffen hat.

fallen, und zwar in dem Sinne, daß die Ausstrahlung im Prinzip durchaus *monochromatisch* mit der durch die Frequenzbedingung (1) angegebenen Schwingungszahl erfolgt, daß aber die Übereinstimmung zwischen Lichtfrequenz und Schwingungszahl des Resonators (d. h. $n_1 - n_2 = 1$) durch ein Zusatzgesetz erreicht wird, das die Häufigkeit der Übergänge zwischen den Zuständen regelt und *Korrespondenzprinzip* genannt wird.

Ein grundlegender Unterschied zwischen der Quantentheorie und der klassischen Theorie besteht darin, daß wir bei dem heutigen Stand unserer Kenntnisse von den Elementarprozessen dem einzelnen „Quantensprung" keine „Ursache" zuschreiben können. In der klassischen Theorie verläuft der Übergang von einem Zustand zu einem andern zwangsläufig (kausal) nach den Differentialgleichungen der Mechanik oder Elektrodynamik. Wahrscheinlichkeitsbetrachtungen haben dort nur Platz, soweit es sich um Bestimmung von Anfangszuständen bei Systemen von sehr vielen Freiheitsgraden (z. B. Verteilungsgesetze in der kinetischen Gastheorie) handelt. In der Quantentheorie werden die Differentialgleichungen für die Übergänge zwischen den stationären Zuständen aufgegeben, und daher müssen hier besondere Regeln gesucht werden. Diese Übergänge haben Ähnlichkeit mit den Prozessen beim radioaktiven Zerfall. Die radioaktiven Umwandlungsakte geschehen nämlich nach allen Erfahrungen spontan und unbeeinflußbar und gehorchen nur statistischen Gesetzen. Wann ein radioaktives Atom zerfällt, läßt sich nicht angeben, wohl aber, welcher Prozentsatz unter einer großen Menge in gegebener Zeit zerfällt; oder was dasselbe ist, man kann für jeden radioaktiven Übergang eine *Wahrscheinlichkeit* angeben (die man a priori nennt, weil sie beim heutigen Stand der Kenntnisse auf nichts weiter zurückführbar ist). Diesen Begriff übertragen wir auf die Zustände eines atomaren Systems. *Wir schreiben jedem Übergang zwischen zwei stationären Zuständen eine Apriori-Wahrscheinlichkeit zu.*

Die theoretische Bestimmung dieser Apriori-Wahrscheinlichkeiten ist eine der tiefsten Aufgaben der Quantentheorie. Der einzige Weg, der sich bisher dafür darbietet, ist die Betrachtung solcher Vorgänge, bei denen die beim Elementarakt umgesetzte Energie klein ist gegen die gesamte Energie, bei denen daher die Quantengesetze in die klassischen Gesetze übergehen müssen.

Ein auf dieser Grundlage aufgestellter Satz ist das schon oben erwähnte BOHRsche Korrespondenzprinzip, bei dem die Übergänge zwischen stationären Zuständen hoher Quantenzahl (z. B. großes n beim Resonator) mit den entsprechenden klassischen Prozessen verglichen werden. Die genauere Formulierung dieses Prinzips kann erst im späteren Verlauf unserer Überlegungen gegeben werden.

Eine andere Anwendung dieses Gedankens kommt in einer *neuen Ableitung der* PLANCK*schen Strahlungsformel* vor, durch die EINSTEIN die quantentheoretische Auffassung und insbesondere die BOHRsche Frequenzbedingung wirksam gestützt hat.

Dabei wird über das strahlende System keine weitere Annahme gemacht, als daß es verschiedene stationäre Zustände konstanter Energie besitzt. Von diesen greifen wir zwei mit den Energien W_1 und W_2 ($W_1 > W_2$) heraus, sie mögen im statistischen Gleichgewicht in den Anzahlen N_1 und N_2 vorkommen. Dann ist nach dem BOLTZMANNschen Prinzip

$$\frac{N_2}{N_1} = \frac{e^{-\frac{W_2}{kT}}}{e^{-\frac{W_1}{kT}}} = e^{\frac{W_1 - W_2}{kT}},$$

also unter Benutzung der Frequenzbedingung

$$\frac{N_2}{N_1} = e^{\frac{h\tilde{\nu}}{kT}}.$$

In der *klassischen Theorie* setzt sich die Wechselwirkung eines atomaren Systems mit der Strahlung aus *dreierlei Prozessen* zusammen:

1. Wenn das System sich in einem Zustand höherer Energie befindet, strahlt es spontan Energie aus.

2. Das Strahlungsfeld wirkt je nach Phase und Amplitude der Wellen, aus denen es sich zusammensetzt, energiezuführend oder -abführend auf das System ein. Wir nennen diese Prozesse

a) positive Einstrahlung, wenn das System Energie absorbiert,

b) negative Einstrahlung, wenn es Energie abgibt.

In den beiden letzten Fällen ist der Beitrag der Prozesse zur Energieänderung der Energiedichte der Strahlung proportional.

In Analogie hiermit nehmen wir auch für die *quantenhafte Wechselwirkung* zwischen atomarem System und Strahlung die *drei entsprechenden Prozesse* an. Zwischen den beiden Energiestufen W_1 und W_2 finden also folgende Übergänge statt:

1. Spontane Energieverminderung durch Übergang von W_1 nach W_2. Die Häufigkeit dieses Vorgangs ist der Anzahl N_1 der im höheren Niveau W_1 befindlichen Systeme proportional, wird aber auch von dem Zustand niederer Energie W_2 mitbestimmt sein. Wir setzen diese Häufigkeit gleich

$$A_{12}\, N_1.$$

2a. Energiezunahme infolge des Strahlungsfeldes (also Übergang von W_2 nach W_1). Wir setzen für ihre Häufigkeit in entsprechender Weise

$$B_{21}\, N_2\, \varrho_\nu.$$

2b. Energieabnahme infolge des Strahlungsfeldes (Übergang von W_1 nach W_2) mit der Häufigkeit

$$B_{12}\, N_1\, \varrho_\nu.$$

Dabei lassen wir wieder offen, ob die Energie, die das atomare System gewinnt oder verliert, in jedem Einzelvorgang der Strahlung entzogen oder zugeführt wird oder ob das Energiegesetz nur statistisch aufrechterhalten wird.

Das statistische Gleichgewicht der Zustände N_1 und N_2 fordert nun

$$A_{12}\, N_1 = (B_{21}\, N_2 - B_{12}\, N_1)\, \varrho_\nu.$$

Hieraus ergibt sich

$$(2) \qquad \varrho_\nu = \frac{A_{12}}{B_{21}\, \dfrac{N_2}{N_1} - B_{12}} = \frac{A_{12}}{B_{21}\, e^{\frac{h\,\tilde\nu}{k\,T}} - B_{12}}.$$

An dieser Stelle benutzt nun EINSTEIN die oben allgemein erwähnte Überlegung, daß die Quantengesetze die klassischen als Grenzfall enthalten müssen. Hier handelt es sich offenbar um den Grenzfall hoher Temperaturen, wo $h\,\tilde\nu$ klein ist gegen $k\,T$. In diesem Fall muß unser Gesetz (2) in das von der klassischen Theorie geforderte (übrigens für hohe Temperaturen durch die Erfahrung bestätigte) RAYLEIGH-JEANSsche Gesetz (3) § 1

$$\varrho_\nu = \frac{8\,\pi}{c^3}\, \tilde\nu^2\, k\, T$$

übergehen. Da unser ϱ_ν für große T

$$\varrho_\nu = \frac{A_{12}}{B_{21} - B_{12} + B_{21}\dfrac{h\tilde{\nu}}{kT} + \cdots}$$

wird, ist dies nur möglich, wenn

$$B_{12} = B_{21}$$

und

$$\frac{A_{12}}{B_{12}} = \frac{8\pi}{c^3}\tilde{\nu}^3 h$$

ist. Wir erhalten also in der Tat das PLANCKsche Strahlungsgesetz

$$(3)\qquad \varrho_\nu = \frac{8\pi h}{c^3}\frac{\tilde{\nu}^3}{e^{\frac{h\tilde{\nu}}{kT}} - 1}.$$

Fassen wir unsere Überlegungen zusammen, so sehen wir, daß sich die ursprüngliche PLANCKsche Formulierung des Quantengesetzes für den Resonator in *zwei wesentlich verschiedene Forderungen* spaltet.

1. *Die Festlegung der stationären Zustände* (konstanter Energie): Sie geschieht beim Resonator durch die Gleichung

$$W = n \cdot \nu \cdot h,$$

Wir werden später diese Gleichung für beliebige periodische Systeme verallgemeinern.

2. *Die BOHRsche Frequenzbedingung*

$$h\tilde{\nu} = W_1 - W_2$$

bestimmt die Frequenz des beim Übergang zwischen zwei stationären Zuständen emittierten oder absorbierten Lichtes. Dabei sind die Bezeichnungen so gewählt, daß die Frequenz $\tilde{\nu}$ bei Emission als positive, bei Absorption als negative Zahl herauskommt.

Hierzu kommen noch bestimmte statistische Gesetze über die Häufigkeit der stationären Zustände und der Übergänge zwischen ihnen (hauptsächlich das schon erwähnte Korrespondenzprinzip).

§ 3. Die Vorstellungen vom Atom- und Molekelbau.

Nachdem wir soeben die Entwicklung der eigentümlichen (quantentheoretischen) Grundgesetze der Atommechanik kennen gelernt haben, wollen wir jetzt kurz darstellen, wie sich die Kenntnis des *stofflichen Substrats* entwickelt hat, auf das sie Anwendung finden.

Nachdem die Erscheinungen der Elektrolyse zuerst auf die Annahme der *atomistischen Struktur der Elektrizität* geführt hatten, lernte man in den Kathodenstrahlen und β-Strahlen der radioaktiven Stoffe die Träger negativer Elektrizität in freiem Zustand ·kennen. Durch Ablenkung dieser Strahlen in elektromagnetischen Feldern ließ sich das Verhältnis $\dfrac{e}{m}$ von Ladung und Masse der Teilchen bestimmen. Man fand

$$\frac{e}{m} = 5{,}31 \cdot 10^{17} \text{ e.-st. E. pro Gramm.}$$

Unter der Annahme, daß es sich hier und in der Elektrolyse um dasselbe Elementarquantum der Elektrizität handelt (was sich experimentell angenähert bestätigen läßt), wird man zu dem Schluß geführt, daß diese negativen Elektrizitätsteilchen etwa den 1830ten Teil der Masse eines Wasserstoffatoms haben. Man nennt diese Träger der negativen Elektrizität *Elektronen* und hat durch optische und elektrische Versuche zeigen können, daß sie als Bausteine in aller Materie vorkommen. Recht genaue Werte für die Ladung von Elektronen ließen sich dadurch bestimmen, daß es gelang, auf sehr kleinen (submikroskopischen) Metallteilchen oder Öltröpfchen die Ladung von ganz wenigen Elektronen herzustellen und zu messen. MILLIKAN fand

$$e = 4{,}77 \cdot 10^{-10} \text{ e.-st. E.}$$

Die *positive Elektrizität* hat man immer nur in Verbindung mit Masse von atomarer Größe gefunden. Es gelang, positive Strahlen (α-Strahlen radioaktiver Stoffe, Anoden- und Kanalstrahlen) herzustellen; die Bestimmung von $\dfrac{e}{m}$ durch Ablenkungsversuche ergab für die α-Teilchen die Masse der Heliumatome, für die Teilchen der Anodenstrahlen die Masse der Atome der Anodensubstanz, für die Teilchen der Kanalstrahlen die Masse der Atome des benützten Gases. Man muß hiernach annehmen, daß *jedes Atom aus einem positiven Teilchen besteht, das auch wesentlich seine Masse enthält, und aus einer Anzahl von Elektronen.* Im neutralen Atom ist die Anzahl der Elementarladungen des positiven Bestandteils gleich der Anzahl der Elektronen; durch Verlust von Elektronen entstehen positive Ionen, durch Aufnahme überflüssiger Elektronen entstehen negative Ionen.

Über die Größe der Elektronen kann man höchstens unsichere theoretische Betrachtungen anstellen und kommt dabei auf Größenordnungen von 10^{-13} cm. Dagegen ist LENARD zuerst zu ganz bestimmten Aussagen über die Größe der positiven Teilchen gelangt, die er Dynamiden nennt. Auf Grund von Versuchen über den Durchgang von Kathodenstrahlen durch Materie fand er, daß nur ein verschwindender Bruchteil des von Materie erfüllten Raumes für schnelle Kathodenstrahlen undurchdringlich ist. Zu ganz analogen Resultaten gelangte später RUTHERFORD auf Grund von Versuchen über den Durchgang von α-Strahlen durch Materie. Durch Studium der Reichweite und der Zerstreuung dieser Strahlen konnte er feststellen, daß die Ausmaße der positiven Teilchen, die er *Kerne* nennt, mindestens 10000 mal kleiner sind als die eines Atoms; bis zu dieser Grenze lassen sich nämlich die beobachteten Ablenkungen durch COULOMBsche Kräfte zwischen den geladenen Teilchen darstellen. Die Messungen ließen auch Schlüsse auf die Ladung der positiven Teilchen zu und ergaben als Zahl der Elementarladungen ungefähr den halben Wert des Atomgewichts; ebenso groß muß auch die Anzahl der Elektronen im neutralen Atom sein. Dieses Resultat wurde durch Versuche über die Zerstreuung von Röntgenstrahlen gestützt; der Betrag der Zerstreuung hängt nämlich wenigstens bei locker gebundenen Elektronen wesentlich nur von deren Anzahl ab.

Überblickt man nun die Gesamtheit aller Atome, so wird man sich durch das auf Grund chemischer Erfahrungen aufgestellte „*periodische System*" leiten lassen. Dieses gibt eine ganz bestimmte Reihenfolge der Elemente; es ist im wesentlichen die Reihenfolge der Atomgewichte, doch gibt es auch einige Abweichungen davon (z. B. A und K). Das oben gewonnene Ergebnis, daß die Kernladungszahl ungefähr gleich dem halben Atomgewicht ist, hat VAN DEN BROEK zu der Hypothese geführt, daß die Kernladungszahl genau mit der Nummer des Atoms im periodischen System (Atomnummer oder Ordnungszahl) übereinstimmt.

Nachdem auf Grund der Entdeckung v. LAUES die Röntgenspektroskopie durch BRAGG ins Leben gerufen worden ist, fand die VAN DEN BROEKsche Annahme eine Bestätigung durch die MOSELEYschen Untersuchungen über die charakteristischen Röntgenspektra der Elemente. Er fand, daß alle Elemente wesentlich dasselbe Röntgenspektrum haben; nur rücken alle Linien mit wachsender Atomnummer nach höheren Schwingungszahlen, und zwar wächst die Wurzel aus der Frequenz um nahezu gleiche Beträge von einem Element zum nächsten. Damit ist der fundamentale Charakter der Atomnummer (im Gegensatz zum Atomgewicht) nachgewiesen. Weiter läßt die Gleichartigkeit der Röntgenspektren auf die Gleichartigkeit gewisser Züge im Atombau schließen. Nimmt man nun an, daß der Aufbau des Atoms, d. h. Zahl und Anordnung seiner Elektronen, im wesentlichen durch die Kernladung bestimmt ist, so muß man auf eine enge Beziehung zwischen Kernladung und Atomnummer schließen; die genauere Theorie der Röntgenspektren, die wir später ausführen werden, liefert in der Tat unter der Annahme der Gleichheit beider Größen das MOSELEYsche Gesetz.

Fassen wir die Ergebnisse über den Atombau zusammen, so haben wir uns von dem *Atom mit der Ordnungszahl Z* folgendes Bild zu machen: *Es besteht aus einem Z-fach geladenen Kern*[1]), *der fast die ganze Masse des Atoms trägt, und* (im neutralen Zustand) *aus Z Elektronen.* RUTHERFORD stellt sich vor, daß diese den Kern in ähnlicher Weise umkreisen, wie Planeten die Sonne, und nimmt an, daß die zusammenhaltenden Kräfte im wesentlichen die elektrostatischen Anziehungen und Abstoßungen der geladenen Teilchen sind.

Versucht man nun auf Grund dieser Vorstellungen und der klassischen Gesetze eine mechanische Theorie des Atoms zu entwerfen, so stößt man auf folgende grundsätzliche Schwierigkeiten: Ein System bewegter elektrischer Ladungen, wie es

---

[1]) Die neuere Forschung, besonders durch J. J. THOMSON, RUTHERFORD, ASTON, DEMPSTER hat gezeigt, daß die Kerne selbst wieder aus Elektronen und Wasserstoffkernen, die man Protonen nennt, aufgebaut sind. Damit ist die alte PROUTsche Hypothese in etwas veränderter Form wieder zur Geltung gebracht. Die Abweichungen der Atomgewichte von der Ganzzahligkeit, an denen früher die Hypothese scheiterte, lassen sich heute auf Isotopie und energetische Massendefekte zurückführen. Das Gebiet der Kernmechanik ist jedoch noch wenig bekannt und soll in diesem Buche unberücksichtigt bleiben.

das BOHRsche Modell vorstellt, würde dauernd durch elektromagnetische Ausstrahlung Energie verlieren und müßte daher allmählich zusammenstürzen. Ferner haben sich alle Bemühungen als fruchtlos erwiesen, auf Grund der klassischen Gesetze den eigenartigen Bau der Serienspektra abzuleiten, besonders die Häufung der Linien im Endlichen.

BOHR ist es gelungen, diese Schwierigkeiten durch Aufgabe der klassischen Gesetze und Heranziehung der in § 1 und § 2 erörterten Quantentheorie im Prinzip zu überwinden. *Er fordert die Existenz diskreter stationärer Zustände, die durch Quantenbedingungen festgelegt sind, und regelt den Austausch der Energie dieser Zustände mit dem Strahlungsfeld durch seine Frequenzbedingung* (1) § 2. *Die Existenz eines stationären Zustandes kleinster Energie*, den das Atom spontan nicht verlassen kann, *gewährleistet die* von der Erfahrung geforderte *absolute Stabilität der Atome. Weiter ist es ihm gelungen, beim Wasserstoffatom* durch rationelle Verallgemeinerung der Annahme PLANCKs *die Energiestufen so zu berechnen, daß die Frequenzbedingung gerade auf das beobachtete Spektrum* (BALMERsche Formel) *führt*. Auch hat er die Prinzipien angegeben, wie die Quantenbedingungen in verwickelteren Fällen aufzustellen sind; davon wird das folgende zu handeln haben.

Die BOHRschen Grundvorstellungen (diskrete stationäre Zustände und Frequenzbedingung) erfahren ihre *direkteste Bestätigung* durch Versuche, die zuerst von FRANCK und HERTZ angestellt und später von diesen und anderen Forschern weitgehend verfeinert worden sind. Sie bestehen darin, daß man den Atomen durch Beschießung mit Elektronen gemessener Geschwindigkeit bestimmte Energiebeträge zuführt. Man beobachtet dann das unstetige Einsetzen der stationären Zustände einmal durch den plötzlichen Energieverlust der auftreffenden Elektronen, sodann durch das gleichzeitige plötzliche Aufblitzen derjenigen Spektrallinien, die den Übergängen von dem erreichten Zustand zu anderen von niederer Energie zugeordnet sind.

Ganz analoge Erfahrungen gewinnt man im Reich der Röntgenstrahlen, wo das Auftreten von Emissionslinien und Absorptionskanten mit der Erreichung bestimmter, durch Elektronenstoß zugeführter Energien (Anregungsspannung) verbunden ist. Sowohl im optischen wie im Röntgengebiet läßt sich aus den Messungen der zugeführten Energie und der Strahlenfrequenz nach der Frequenzbedingung die Konstante h bestimmen unabhängig von benutztem Atom und Quantenübergang und in guter Übereinstimmung mit dem aus Messung der Wärmestrahlung gewonnenen Werte.

Nicht nur der Bau der Atome, sondern auch ihre Vereinigung zu Molekeln und ausgedehnten Körpern und die für diese geltenden Bewegungsgesetze werden von denselben Quantenregeln beherrscht. Hierher gehört z. B. die genauere Ausführung der schon oben erwähnten Theorie der spezifischen Wärme fester Körper, ferner die Theorie der Bandenspektren der Molekeln, auf die wir in diesem Buche ausführlich eingehen werden.

Wir wollen zum Schluß die Gedanken, die zur BOHRschen Atomtheorie geführt haben, auf eine kurze Formel bringen: *Es gibt zwei grundlegende Erfahrungen: erstens die Stabilität der Atome, zweitens die Gültigkeit der klassischen Mechanik und Elektrodynamik für die makroskopischen Vorgänge.* Die Anwendung der klassischen Theorie auf atomare Vorgänge führt jedoch zu Widersprüchen mit der Stabilität. Daher entsteht die Aufgabe, eine *„Atommechanik"* zu schaffen, die diese Widersprüche nicht enthält. Diese neue Mechanik ist dadurch gekennzeichnet, daß an Stelle der kontinuierlichen Mannigfaltigkeit von Zuständen eine *diskrete Mannigfaltigkeit* tritt, die durch *„Quantenzahlen"* beschrieben wird.

Erstes Kapitel.

Hamilton-Jacobische Theorie.

§ 4. Bewegungsgleichungen und Hamiltonsches Prinzip.

Der *Ausgangspunkt* für alle folgenden Betrachtungen sind die NEWTON*schen Bewegungsgleichungen* eines Systems freier Massenpunkte

$$(1) \qquad \frac{d}{dt}\,(m_k\,\mathfrak{v}_k) = \mathfrak{K}_k,$$

wo m_k die Masse des k-ten Punktes, $\mathfrak{v}_k$ seine Geschwindigkeit und $\mathfrak{K}_k$ die auf ihn wirkende Kraft bedeutet. Das Produkt $m_k\,\mathfrak{v}_k$ heißt auch Impuls oder Bewegungsgröße.

In dieser Fassung gelten die Gleichungen (1) auch, wenn die Masse vom Betrage der Geschwindigkeit abhängt, wie es die EINSTEIN*sche* Relativitätstheorie lehrt.

In vielen Fällen ist das Gleichungssystem (1) gleichbedeutend mit einem Variationsprinzip, dem sogenannten HAMIL-TON*schen Prinzip*

$$(2) \qquad \int\limits_{t_1}^{t_2} L\,dt = \text{Extremum.}$$

Darin ist L eine bestimmte Funktion der Koordinaten und der Geschwindigkeiten aller Punkte, unter Umständen auch der Zeit, und die Extremalaufgabe ist so aufzufassen: Zu den Zeiten t_1 und t_2 ist die Konfiguration (Koordinaten) des Massensystems gegeben und es wird diejenige Bewegung gesucht (die Koordinaten als Funktionen der Zeit), die das System aus der ersten Konfiguration in die zweite derart überführt, daß das

2*

Integral ein Extremum wird[1]). Der wesentliche Vorteil eines solchen Variationsprinzips ist seine Unabhängigkeit vom Koordinatensystem.

Das Variationsprinzip (2) liefert als notwendige Bedingungen die LAGRANGEschen Gleichungen[2])

$$(3) \qquad \frac{d}{dt} \frac{\partial L}{\partial \dot{x}_k} - \frac{\partial L}{\partial x_k} = 0 .$$

Wir haben nun L so zu bestimmen, daß diese Gleichungen mit den NEWTONschen Gleichungen (1) übereinstimmen.

Wenn die Kräfte $\mathfrak{K}_k$ ein Potential U haben, also

$$\mathfrak{K}_{kx} = - \frac{\partial U}{\partial x_k}$$

ist, bestimmen wir eine Funktion T^* der Geschwindigkeitskomponenten so, daß

$$\frac{\partial T^*}{\partial \dot{x}_k} = m_k \dot{x}_k$$

$$\frac{\partial T^*}{\partial \dot{y}_k} = m_k \dot{y}_k$$

$$\frac{\partial T^*}{\partial \dot{z}_k} = m_k \dot{z}_k$$

ist. Die Gleichungen (1) können dann in der Form

$$\frac{d}{dt} \frac{\partial T^*}{\partial \dot{x}_k} - \frac{\partial(-U)}{\partial x_k} = 0$$

oder

$$\frac{d}{dt} \frac{\partial(T^* - U)}{\partial \dot{x}_k} - \frac{\partial(T^* - U)}{\partial x_k} = 0$$

geschrieben werden.

Wir setzen daher in unserem Variationsprinzip (2)

$$(4) \qquad L = T^* - U .$$

---

[1]) Es kommt nicht darauf an, ob es ein Maximum oder Minimum oder ein Sattelwert ist.

[2]) Von den drei den Koordinaten x, y, z entsprechenden Gleichungen schreiben wir im folgenden gewöhnlich nur die erste auf.

Berücksichtigen wir die Relativitätstheorie nicht, sehen wir also m_k als konstant an, so ist T^* gleich der kinetischen Energie T. Setzen wir, wie die Relativitätstheorie lehrt,

$$m = \frac{m_0}{\sqrt{1 - \left(\frac{v}{c}\right)^2}},$$

wo m_0 die „Ruhmasse" und c die Lichtgeschwindigkeit ist, so haben wir (für einen Punkt)

$$(5) \qquad T^* = m_0\, c^2 \left[1 - \sqrt{1 - \left(\frac{v}{c}\right)^2}\right],$$

was im Grenzfall $c = \infty$ in den Ausdruck $\dfrac{m_0}{2}\, v^2$ übergeht.

Diese Funktion ist von der kinetischen Energie

$$(6) \qquad T = m_0\, c^2 \left[\frac{1}{\sqrt{1 - \left(\frac{v}{c}\right)^2}} - 1\right]$$

verschieden; natürlich geht auch T für $c = \infty$ in den Ausdruck $\dfrac{m_0}{2}\, v^2$ über.

Oft enthalten die Kräfte außer einem Bestandteil $\mathfrak{K}$, der sich aus einem Potential U ableiten läßt, noch einen Bestandteil $\mathfrak{K}^*$, der von den Geschwindigkeiten abhängt (wie bei den magnetischen Kräften auf elektrische Ladungen). Man bestimmt dann eine Funktion M so, daß

$$(7) \qquad \frac{d}{dt}\frac{\partial M}{\partial \dot{x}} - \frac{\partial M}{\partial x} = \mathfrak{K}_x^*$$

wird und setzt im Variationsprinzip (2)

$$(8) \qquad L = T^* - U - M.$$

Die LAGRANGEschen Gleichungen (3) lauten dann nämlich

$$\frac{d}{dt}\frac{\partial T^*}{\partial \dot{x}} + \frac{\partial U}{\partial x} - \frac{d}{dt}\frac{\partial M}{\partial \dot{x}} + \frac{\partial M}{\partial x} = 0,$$

d. h. unser Variationsprinzip ist tatsächlich mit den NEWTONschen Bewegungsgleichungen

$$\frac{d}{d\,t}\,(m\,\dot{x}) - \Re_x - \Re_x{}^* = 0$$

gleichbedeutend.

Das HAMILTONsche Prinzip gilt auch dann noch, wenn zwischen den Massenpunkten „*Bindungen*" bestehen, die durch Gleichungen $f_h(x_1, y_1, z_1, x_2, y_2, z_2 \ldots) = 0$ zwischen den Koordinaten wiedergegeben werden [1]. Nach den Regeln der Variationsrechnung hat man dann zu den übrigen Kräften noch Zusatzkräfte von der Form

$$\Re_k{}^{(h)} = \lambda_h \frac{\partial f_h}{\partial x_k}$$

hinzuzufügen, wo die λ_h sogenannte „LAGRANGEsche Multiplikatoren" sind. Diese sind neben den Koordinaten als Unbekannte anzusehen; die Anzahl der Bestimmungsgleichungen, nämlich Differentialgleichungen und Nebenbedingungen, ist dann wieder gleich der Anzahl der Unbekannten.

Der Hauptvorzug des HAMILTONschen Prinzips besteht (wie schon einmal betont) darin, daß es *eine von der besonderen Wahl der Koordinaten unabhängige Fassung des Bewegungsgesetzes* darstellt. Wenn eine Anzahl Bedingungsgleichungen vorgeschrieben ist, so kann man die gleiche Zahl von Koordinaten mit ihrer Hilfe eliminieren. Es bleibt dann eine gewisse Zahl unabhängiger Koordinaten

$$q_1 \, q_2 \cdots q_f$$

übrig; f nennt man die Anzahl der Freiheitsgrade. Die LAGRANGEsche Funktion wird dann eine Funktion der q und ihrer zeitlichen Ableitungen, unter Umständen auch der Zeit:

$$L = L(q_1, \dot{q}_1, q_2, \dot{q}_2, \ldots q_f, \dot{q}_f, t),$$

und das Variationsprinzip (2) liefert die LAGRANGE*schen Gleichungen*

$$(9) \qquad \frac{d}{dt}\frac{\partial L}{\partial \dot{q}_k} - \frac{\partial L}{\partial q_k} = 0 \qquad\qquad k = 1, 2 \ldots f.$$

Diese gelten auch, wenn die q_k Koordinaten in beliebig bewegten oder gar deformierten Bezugssystemen sind.

---

[1] Solche Bedingungen, die die Geschwindigkeitskomponenten nicht enthalten, nennt man holonom.

§ 5. Die kanonischen Gleichungen.

Jede der LAGRANGEschen Gleichungen ist eine Differentialgleichung zweiter Ordnung. In vielen Fällen, besonders bei allgemeinen Betrachtungen, ist es zweckmäßig, sie durch ein System von doppelt so viel Differentialgleichungen erster Ordnung zu ersetzen. Der einfachste Weg, dies zu erreichen, besteht darin, daß man $\dot{q}_k = s_k$ setzt, diese Differentialgleichungen hinzufügt und die s_k neben den q_k als unbekannte Funktionen behandelt. Eine viel symmetrischere Formulierung erhält man auf folgendem Wege:

Man führt statt der $\dot{q}_k$ die neuen Veränderlichen

$$(1) \qquad p_k = \frac{\partial L}{\partial \dot{q}_k}$$

ein, die man *Impulse* nennt; die LAGRANGEschen Gleichungen (9) des § 4 lauten jetzt

$$(2) \qquad \dot{p}_k = \frac{\partial L}{\partial q_k},$$

wo L immer noch als Funktion der q_k und $\dot{q}_k$ anzusehen ist. Man kann nun die Auflösung der Gleichungen (1) auf eine ganz ähnliche Form bringen, indem man statt der Funktion $L(q_1 \dot{q}_1 \cdots t)$ eine neue Funktion $H(q_1 p_1 \cdots t)$ einführt mittels einer „LEGENDREschen Transformation" [1]

$$(3) \qquad H = \sum_k \dot{q}_k p_k - L.$$

Bildet man nämlich das totale Differential

$$dH = \sum_k \dot{q}_k\, d p_k + \sum_k p_k\, d\dot{q}_k - \sum_k \frac{\partial L}{\partial q_k}\, d q_k - \sum_k \frac{\partial L}{\partial \dot{q}_k}\, d\dot{q}_k - \frac{\partial L}{\partial t}\, d t,$$

so heben sich wegen (1) die Glieder mit $d\dot{q}_k$ weg. Für die

---

[1] Eine LEGENDREsche Transformation führt allgemein eine Funktion $f(xy)$ über in eine Funktion $g(x, z)$, wo $z = \dfrac{\partial f}{\partial y}$ ist, derart, daß die Ableitung von g nach der neuen Variabeln z gleich der alten Variabeln y ist. Solche Transformationen spielen in allen Gebieten der Physik eine große Rolle; so verhält sich z. B. in der Thermodynamik die Energie zur freien Energie wie eine Funktion zu ihrer LEGENDREschen Transformierten.

partiellen Ableitungen von $H(q_1\,p_1\cdots t)$ nach p_k und q_k erhält man daher

(4)
$$\frac{\partial H}{\partial p_k} = \dot{q}_k$$
$$\left(\frac{\partial H}{\partial q_k}\right)_p = -\left(\frac{\partial L}{\partial q_k}\right)_{\dot{q}},$$

wobei durch die Indizes neben den Klammern angedeutet wird, welches die unabhängigen Variabeln sein sollen. Nun kann man (2) und die Auflösung (4) von (1) mit Hilfe der neuen Variabeln in der Form

(5)
$$\dot{q}_k = \frac{\partial H}{\partial p_k}$$
$$\dot{p}_k = -\frac{\partial H}{\partial q_k}$$

schreiben. Dies ist die sogenannte *kanonische Form der Bewegungsgleichungen.* $H(q_1, p_1, q_2, p_2\cdots t)$ heißt die HAMILTONsche *Funktion.* Die Variabeln q_k und p_k heißen einander *kanonisch konjugiert.*

Dieselben Gleichungen bekommt man, wenn man im Variationsprinzip (2) § 4 die Funktion L mit Hilfe der Gleichung (3) durch H ausdrückt. Man erhält dann

(6)
$$\int_{t_1}^{t_2} \left[\sum_k p_k\,\dot{q}_k - H(q_1\,p_1\cdots t)\right] dt = \text{Extremum.}$$

Hier sind die q_k und p_k als gesuchte Funktionen zu betrachten. Man sieht leicht, daß die LAGRANGEschen Gleichungen mit (5) übereinstimmen, wobei man beachten muß, daß die Ableitungen der p_k im Integranden gar nicht explizite auftreten; aus diesem Grunde darf man als Grenzbedingungen nur die Werte der q_k zu den Zeiten t_1 und t_2 vorschreiben, nicht die der p_k.

Alle Überlegungen gelten auch dann, wenn die Funktion L und damit auch H von der Zeit t explizit abhängt. Das letztere tritt z. B. ein, entweder wenn von der Zeit abhängige äußere Einwirkungen stattfinden (U ist von t abhängig) oder wenn man bei einem abgeschlossenen System zur Beschreibung der Bewegung ein Koordinatensystem benutzt, das selbst eine vorgeschriebene nicht gleichförmige Bewegung ausführt. Wenn aber H die Zeit *nicht* explizit enthält, so gilt

$$\frac{dH}{dt} = \sum_k \left[\frac{\partial H}{\partial q_k} \dot{q}_k + \frac{\partial H}{\partial p_k} \dot{p}_k \right].$$

Drückt man $\dot{q}_k$ und $\dot{p}_k$ mit Hilfe der Bewegungsgleichungen (5) aus, so folgt

$$\frac{dH}{dt} = 0,$$

d. h.

$$(7) \qquad H(p_1 q_1 \cdots) = \text{const}$$

ist ein *erstes Integral der Bewegungsgleichungen* (5).

Wir fragen nun nach der *mechanischen Bedeutung der Größe H* und betrachten zunächst den Fall der klassischen (nichtrelativistischen) Mechanik. In beliebigen Koordinaten eines ruhenden Bezugssystems ist die kinetische Energie eine homogene Funktion zweiten Grades T_2 der Geschwindigkeiten $\dot{q}_k$; in bewegten Koordinatensystemen können hierzu noch lineare und von den $\dot{q}_k$ freie Glieder treten, so daß wir schreiben können:

$$T = T_0 + T_1 + T_2.$$

Dabei bedeutet T_n eine homogene Funktion n-ten Grades der $\dot{q}_k$, die im übrigen von den q_k beliebig abhängen kann. Nach dem EULERschen Satz gilt

$$n\,T_n = \sum_k \frac{\partial T_n}{\partial \dot{q}_k} \dot{q}_k,$$

also

$$(8) \qquad \sum_k p_k \dot{q}_k = \sum_k \frac{\partial T}{\partial \dot{q}_k} \dot{q}_k = T_1 + 2\,T_2.$$

Setzen wir nun voraus, daß eine gewöhnliche potentielle Energie vorhanden, also

$$L = T - U$$

ist, so gilt

$$\begin{aligned} H &= T_1 + 2\,T_2 - (T_0 + T_1 + T_2) + U \\ &= -\,T_0 + T_2 + U. \end{aligned}$$

Im Falle des ruhenden Koordinatensystems $(T = T_2)$ *ist also*

$$(9) \qquad H = T + U$$

die Gesamtenergie. Wenn die Zeit nicht explizit in H vorkommt, gibt dies zusammen mit Gleichung (7) den Energiesatz.

Bei bewegten Koordinatensystemen (T_0, T_1 nicht 0) kann es vorkommen, daß zwar H von der Zeit unabhängig, also

$$H = \text{const}$$

ein Integral ist, aber nicht das Energieintegral.

Beispiel: Wir betrachten ein mit der Winkelgeschwindigkeit ω rotierendes Koordinatensystem (ξ, η). Man transformiert auf dieses vom ruhenden System (x, y) mit Hilfe der Formeln

$$x = \xi \cos \omega\, t - \eta \sin \omega\, t$$
$$y = \xi \sin \omega\, t + \eta \cos \omega\, t$$
$$z = \zeta \, .$$

Die kinetische Energie wird dann (unter Weglassung der Indizes)

$$T = \sum \frac{m}{2} \left[\omega^2 (\xi^2 + \eta^2) + 2\,\omega\,(\xi\,\dot\eta - \eta\,\dot\xi) + \dot\xi^2 + \dot\eta^2 + \dot\zeta^2 \right] .$$

Zu den Koordinaten ξ und η gehören also die Impulse

$$p_\xi = m\,(\dot\xi - \omega\,\eta)$$
$$p_\eta = m\,(\dot\eta + \omega\,\xi)$$
$$p_\zeta = m\,\dot\zeta \, ,$$

so daß wir auch

$$T = \sum \frac{1}{2\,m}\,(p_\xi{}^2 + p_\eta{}^2 + p_\zeta{}^2)$$

schreiben können. Für H erhalten wir

$$H = \sum \left[\dot\xi\,p_\xi + \dot\eta\,p_\eta + \dot\zeta\,p_\zeta - \frac{1}{2\,m}\,(p_\xi{}^2 + p_\eta{}^2 + p_\zeta{}^2) \right] + U$$

oder

$$H = \sum \left[\omega\,(\eta\,p_\xi - \xi\,p_\eta) + \frac{1}{2\,m}\,(p_\xi{}^2 + p_\eta{}^2 + p_\zeta{}^2) \right] + U \, .$$

Wenn U Rotationssymmetrie um die z-Achse hat, so enthält H die Zeit nicht explizit und ist daher konstant. Man nennt

$$H = \text{const}$$

das Jacobische Integral. Es ist aber verschieden von der ebenfalls konstanten Energie

$$E = T + U = \sum \frac{1}{2\,m}\,(p_\xi{}^2 + p_\eta{}^2 + p_\zeta{}^2) + U \, .$$

Aus beiden Integralen folgt

$$E - H = \text{const.}$$

Dies liefert den Flächensatz. Es ist nämlich

$$E - H = \omega \cdot \Sigma \, (\xi \, p_\eta - \eta \, p_\xi) = \omega \cdot \Sigma \, m \, (\xi \, \dot{\eta} - \eta \, \dot{\xi}) + \omega^2 \, \Sigma \, m \, (\xi^2 + \eta^2) \, .$$

Transformiert man auf x, y zurück, so wird

$$E - H = \omega \, \Sigma \, m \, (x \, \dot{y} - y \, \dot{x}) \, .$$

Jetzt betrachten wir den Fall der *relativistischen Mechanik*. Nach (4) und (5) § 4 ist für den Massenpunkt

$$L = T^* - U = m_0 \, c^2 \left[1 - \sqrt{1 - \frac{v^2}{c^2}} \right] - U \, ,$$

also

$$(10) \qquad p_x = \frac{m_0 \, \dot{x}}{\sqrt{1 - \dfrac{v^2}{c^2}}}$$

und

$$H = \dot{x} \, p_x + \dot{y} \, p_y + \dot{z} \, p_z - L$$
$$= m_0 \, c^2 \left[\frac{1}{\sqrt{1 - \dfrac{v^2}{c^2}}} - 1 \right] + U$$
$$= T + U \, ,$$

d. h. *auch hier ist H die Gesamtenergie.* Das Ergebnis ist vom Koordinatensystem unabhängig, solange dieses ruht.

§ 6. Zyklische Variable.

Der allgemeinen Theorie der Integration der kanonischen Gleichungen wollen wir einige einfache Fälle vorausschicken. Wenn die HAMILTONsche Funktion H eine Koordinate, z. B. q_1, nicht enthält, also

$$H = H(p_1 \, q_2 \, p_2 \cdots t)$$

ist, so folgt aus den kanonischen Gleichungen:

$$\dot{p}_1 = 0$$
$$p_1 = \text{const.}$$

Wir haben also sogleich ein Integral dieser Gleichungen gefunden. Man nennt nach HELMHOLTZ die Koordinate q_1 (weil sie häufig einer Drehung um eine Achse entspricht) *zyklische Koordinate*.

Dies ist offenbar immer dann der Fall, wenn das mechanische System gegen eine Änderung der Koordinate q_1 (z. B. gegen eine Translation oder Rotation) unempfindlich ist.

Wenn z. B. ein System von Massenpunkten $(\mathfrak{r}_1 \, \mathfrak{r}_2 \cdots \mathfrak{r}_n)$ sich *nur unter der Wirkung gegenseitiger Kräfte* bewegt, so ist die potentielle Energie nur von den Differenzen

$$\mathfrak{z}_2 = \mathfrak{r}_2 - \mathfrak{r}_1, \quad \mathfrak{z}_3 = \mathfrak{r}_3 - \mathfrak{r}_1 \cdots \mathfrak{z}_n = \mathfrak{r}_n - \mathfrak{r}_1$$

abhängig; man führe daher die Komponenten $x_1 \, y_1 \, z_1$ von $\mathfrak{r}_1$ und die Komponenten $\xi_k \, \eta_k \, \zeta_k$ dieser Differenzen $\mathfrak{z}_k$ als Koordinaten ein. Da U von $x_1 \, y_1 \, z_1$ unabhängig ist, so folgt, daß $p_{x_1} \, p_{y_1} \, p_{z_1}$ konstant sind. Nun ist die kinetische Energie

$$T = \sum_k \frac{m_k}{2} (\dot{x}_k{}^2 + \dot{y}_k{}^2 + \dot{z}_k{}^2) \qquad (k = 1, 2 \cdots n).$$

Wegen

$$\dot{x}_k = \dot{x}_1 + \dot{\xi}_k \qquad (k = 2, 3 \cdots n)$$

folgt

$$p_{x_1} = \frac{\partial T}{\partial \dot{x}_1} = \sum_k m_k \dot{x}_k \qquad (k = 1, 2 \cdots n),$$

d. h. die drei Integrale liefern den *Impulssatz.*

Ein anderer wichtiger Fall ist der, daß die *potentielle Energie bei einer Drehung* des ganzen Systems um eine raumfeste Achse *ungeändert* bleibt. Sind $\varphi_1, \varphi_2 \cdots$ die Azimute der Systempunkte um diese Achse, so führe man als Koordinaten die Größen

$$\Phi_1 = \varphi_1; \qquad \Phi_k = \varphi_k - \varphi_1 \qquad (k = 2, 3 \cdots)$$

ein und gewisse andere, die nur von der relativen Lage der Systempunkte gegeneinander und gegen die Achse abhängen (z. B. Zylinderkoordinaten r_k, z_k oder Polarkoordinaten r_k, ϑ_k). Da die HAMILTONsche Funktion von Φ_1 nicht abhängt, so ist Φ_1 zyklische Variable (hier im wirklichen Sinne des Wortes), und der ihr konjugierte Impuls $p_\Phi = p_{\Phi_1}$ ist konstant. Wegen

$$\varphi_k = \dot{\Phi}_1 + \dot{\Phi}_k \qquad (k = 2, 3, \ldots, n)$$

und

$$T = \sum_{k=1}^{n} \tfrac{1}{2} m_k (r_k{}^2 \dot{\varphi}_k{}^2 + \cdots),$$

wo r_k der Abstand von der Achse ist, hat p_φ den Wert

$$p_{\Phi} = \frac{\partial T}{\partial \dot{\Phi}_1} = \sum_{k=1}^{n} \frac{\partial T}{\partial \dot{\varphi}_k} = \sum_{k=1}^{n} m_k r_k^2 \dot{\varphi}_k,$$

ist also der *Drehimpuls um die Symmetrieachse.*

Im Falle, daß sich die *Massenpunkte nur unter der Wirkung gegenseitiger Kräfte* bewegen, gelten unsere Betrachtungen für jede raumfeste Richtung. Da die Größe p_{Φ} die Komponente des Gesamt-Drehimpulses

$$\sum_{k=1}^{n} m_k \left[\mathfrak{r}_k \dot{\mathfrak{r}}_k \right]$$

in einer *beliebigen* Richtung und stets konstant ist, folgt die *Konstanz des Drehimpulsvektors.*

Es kann vorkommen, daß H nur von den p_k abhängt:

$$H = H(p_1\, p_2 \cdots),$$

dann lassen sich die kanonischen Gleichungen sofort vollständig integrieren. Wir erhalten nämlich:

$$\dot{p}_k = 0, \qquad\qquad p_k = \alpha_k,$$

$$\dot{q}_k = \frac{\partial H}{\partial p_k} = \omega_k, \qquad q_k = \omega_k t + \beta_k.$$

Dabei sind die ω_k dem System eigentümliche Konstante, α_k und β_k jedoch Integrationskonstante. Hieran erkennt man, daß *ein mechanisches Problem gelöst* ist, *sobald es gelingt, solche Koordinaten einzuführen, daß die* HAMILTON*sche Funktion nur von den kanonisch konjugierten Impulsen abhängt.* Die im folgenden behandelten Methoden werden im Wesentlichen dieses Ziel verfolgen. Im allgemeinen kann man zu solchen Variabeln nicht durch eine einfache Punkttransformation der q_k in neue Koordinaten gelangen, sondern muß die Gesamtheit $(q_k\, p_k)$ der Koordinaten und Impulse in neue konjugierte Variable transformieren.

Vorher jedoch betrachten wir noch einige Beispiele:

1. *Der Rotator.* Darunter verstehen wir einen starren Körper, der sich um eine raumfeste Achse drehen kann. Ist φ der Drehwinkel und A das Trägheitsmoment um die Achse, so ist

$$T = \tfrac{1}{2} A \dot{\varphi}^2,$$

und der zu φ gehörige Impuls ist

$$p = A \dot{\varphi}.$$

Für die kräftefreie Bewegung $(U = 0)$ ist

$$(1) \qquad H = T = \frac{1}{2\,A}\, p^2,$$

φ ist also zyklisch, mithin gilt

$$p = \text{const}$$

und

$$\dot{\varphi} = \omega = \frac{p}{A}\,, \qquad \varphi = \omega\, t + \beta\,.$$

Die kräftefreie Bewegung ist also eine gleichförmige Drehung um die Achse.

2. *Der symmetrische Kreisel.* Ist A_x das Trägheitsmoment um eine zur Symmetrieachse (z) senkrechte Richtung, A_z das Trägheitsmoment um die Symmetrieachse und sind $\mathfrak{d}_x$, $\mathfrak{d}_y$, $\mathfrak{d}_z$ die Komponenten der Drehgeschwindigkeit im *körperfesten* Bezugssystem $(x,\,y,\,z)$, so ist

$$T = \tfrac{1}{2}\left[A_x\,(\mathfrak{d}_x{}^2 + \mathfrak{d}_y{}^2) + A_z\,\mathfrak{d}_z{}^2\right].$$

Wir führen als Koordinaten die EULERschen Winkel ϑ, φ, ψ ein:

    ϑ Winkel zwischen Symmetrie (z)-Achse und einer **raumfesten** Richtung $(\bar{z}$-Achse$)$,

    φ Winkel zwischen x-Achse und Knotenlinie (Schnittgerade zwischen der $(x,\,y)$-Ebene und der zur $\bar{z}$-Achse senkrechten $(\bar{x},\,\bar{y})$-Ebene durch den Nullpunkt),

    ψ Winkel zwischen $\bar{x}$-Achse und Knotenlinie.

Dann werden die Komponenten der Drehgeschwindigkeit

$$\begin{aligned}
\mathfrak{d}_x &= \dot{\vartheta}\,\cos\varphi + \dot{\psi}\,\sin\vartheta\,\sin\varphi\,,\\
(2) \qquad \mathfrak{d}_y &= \dot{\vartheta}\,\sin\varphi - \dot{\psi}\,\sin\vartheta\,\cos\varphi\,,\\
\mathfrak{d}_z &= \dot{\varphi} + \dot{\psi}\,\cos\vartheta
\end{aligned}$$

und die kinetische Energie

$$T = \tfrac{1}{2}\left[A_x\,(\dot{\vartheta}^2 + \dot{\psi}^2\sin^2\vartheta) + A_z\,(\dot{\varphi} + \dot{\psi}\cos\vartheta)^2\right].$$

Zu ϑ, φ, ψ gehören also die Impulse

$$\begin{aligned}
p_\vartheta &= \frac{\partial T}{\partial \dot{\vartheta}} = A_x\,\dot{\vartheta}\,,\\[4pt]
(3) \qquad p_\varphi &= \frac{\partial T}{\partial \dot{\varphi}} = A_z\,(\dot{\varphi} + \dot{\psi}\cos\vartheta)\,,\\[4pt]
p_\psi &= \frac{\partial T}{\partial \dot{\psi}} = (A_x\sin^2\vartheta + A_z\cos^2\vartheta)\,\dot{\psi} + A_z\cos\vartheta\,\dot{\varphi}\,.
\end{aligned}$$

Um die physikalische Bedeutung dieser Impulse zu erkennen, ersetzen wir mittels (2) die $\dot{\vartheta}$, $\dot{\varphi}$, $\dot{\psi}$ durch die Komponenten von $\mathfrak{d}$, dann wird

$$\begin{aligned}
p_\vartheta &= A_x\,(\mathfrak{d}_x\cos\varphi + \mathfrak{d}_y\sin\varphi)\,,\\
p_\varphi &= A_z\,\mathfrak{d}_z\,,\\
p_\psi &= A_x\,(\mathfrak{d}_x\sin\varphi - \mathfrak{d}_z\cos\varphi)\sin\vartheta + A_z\,\mathfrak{d}_z\cos\vartheta\,.
\end{aligned}$$

Darin bedeutet offenbar $(\mathfrak{d}_x \cos\varphi + \mathfrak{d}_y \sin\varphi)$ die Drehgeschwindigkeit um die Knotenlinie und $(\mathfrak{d}_x \sin\varphi - \mathfrak{d}_y \cos\varphi)$ die Drehgeschwindigkeit um eine dazu senkrechte Richtung der (x, y)-Ebene. Wir lesen also aus den Gleichungen ab:

p_ϑ ist der Drehimpuls um die Knotenlinie,

p_φ ist der Drehimpuls um die Symmetrieachse,

p_ψ ist der Drehimpuls um die raumfeste $(\bar{z})$-Richtung.

Für kräftefreie Bewegung $(U = 0)$ ergibt eine einfache Rechnung

$$H = T = \frac{1}{2\,A_x} \left[p_\vartheta^2 + \left(\frac{p_\psi - p_\varphi \cos\vartheta}{\sin\vartheta}\right)^2 \right] + \frac{p_\varphi^2}{2\,A_z} \, .$$

Hier kommen φ und ψ nicht vor, sie sind also zyklisch; mithin ist

$$p_\varphi = \text{const}, \qquad p_\psi = \text{const}.$$

Da wir hier außerdem noch den Satz von der Erhaltung des gesamten Drehimpulses zur Verfügung haben, läßt sich die Integration vollständig ausführen. Wir können nämlich die bisher willkürliche $\bar{z}$-Achse in die Richtung des gesamten Drehimpulses legen. Da die Knotenlinie auf dieser senkrecht steht, wird dann der Drehimpuls um die Knotenlinie

$$p_\vartheta = 0 \, .$$

Die kanonischen Gleichungen liefern erstens

$$\vartheta = \text{const},$$

sodann

$$\frac{\partial H}{\partial \vartheta} = 0 \, .$$

Die Ausrechnung hiervon führt auf

$$(p_\varphi - p_\psi \cos\vartheta)\,(p_\psi - p_\varphi \cos\vartheta) = 0 \, .$$

Da seiner Bedeutung nach $p_\psi \gtreqless p_\varphi$ sein muß, folgt

$$p_\varphi - p_\psi \cos\vartheta = 0 \, ,$$

was auch anschaulich klar ist. Die HAMILTONsche Funktion erhält jetzt die einfache Form

$$H = \frac{1}{2\,A_x}\, p_\psi^2 + \frac{1}{2}\left(\frac{1}{A_z} - \frac{1}{A_x}\right) p_\varphi^2 \, ;$$

ψ und φ machen daher gleichförmige Umläufe mit den Winkelgeschwindigkeiten

$$\dot\varphi = \omega_\varphi = \frac{\partial H}{\partial p_\varphi} = \left(\frac{1}{A_z} - \frac{1}{A_x}\right) p_\varphi$$

$$\dot\psi = \omega_\psi = \frac{\partial H}{\partial p_\psi} = \frac{1}{A_x}\, p_\psi \, .$$

Die kräftefreie Bewegung des symmetrischen Kreisels besteht in einer gleichförmigen Rotation um die Symmetrieachse, verbunden mit einer gleichförmigen Präzession dieser Achse um die Richtung des gesamten Drehimpulses.

§ 7. Kanonische Transformationen.

Wie schon oben erwähnt, liegt es nahe, die Integration der Bewegungsgleichungen dadurch zu erreichen, daß man neue Koordinaten einführt, die zyklischen Charakter haben. Wir wollen daher in sehr allgemeiner Weise eine solche Transformation

$$p_k = p_k(\bar{q}_1\,\bar{q}_2\,\cdots\,\bar{p}_1\,\bar{p}_2\,\cdots\,t)$$
$$q_k = q_k(\bar{q}_1\,\bar{q}_2\,\cdots\,\bar{p}_1\,\bar{p}_2\,\cdots\,t)$$

aufsuchen, derart, daß die neuen Variabeln wiederum Bewegungsgleichungen der kanonischen Form genügen. Dazu ist notwendig und hinreichend, daß das Variationsprinzip (6) § 5

$$\int \Big[\sum_k p_k\,\dot{q}_k - H(q_1\,p_1\,\cdots\,t) \Big]\,dt = \text{Extremum}$$

übergeht in

$$\int \Big[\sum_k \bar{p}_k\,\dot{\bar{q}}_k - \bar{H}(\bar{q}_1\,\bar{p}_1\,\cdots\,t) \Big]\,dt = \text{Extremum}.$$

Dies ist dann und nur dann der Fall, wenn die Differenz der Integranden die vollständige Ableitung $\dfrac{dV}{dt}$ einer Funktion von $2\,f$ der alten und neuen Variabeln und der Zeit ist; denn faßt man V als Funktion der q_k und $\bar{q}_k$ auf, so liegen die Werte von V an den Integrationsgrenzen fest. Je nachdem wir nun V als Funktion von $q_k,\ \bar{q}_k,\ t$ oder von $q_k,\ \bar{p}_k,\ t$ oder von $\bar{q}_k,\ p_k,\ t$ oder schließlich von $p_k,\ \bar{p}_k,\ t$ schreiben, erhalten wir vier Hauptformen für *kanonische Transformationen*.

Wir wählen also eine willkürliche Funktion $V(q_1,\,\bar{q}_1\,\cdots\,t)$. Die Bedingung

$$\sum_k p_k\,\dot{q}_k - H(q_1,\,p_1\,\cdots\,t) = \sum_k \bar{p}_k\,\dot{\bar{q}}_k - \bar{H}(\bar{q}_1,\,\bar{p}_1\,\cdots\,t)$$
$$+ \frac{d}{dt}\,V(q_1,\,\bar{q}_1\,\cdots\,t)$$

ist erfüllt, wenn die Koeffizienten von $\dot{q}_k$ und $\dot{\bar{q}}_k$ sowie die davon freien Glieder auf beiden Seiten übereinstimmen, wenn also

$$p_k = \frac{\partial}{\partial q_k} V(q_1, \bar{q}_1 \cdots t)$$

$$(1) \qquad \bar{p}_k = -\frac{\partial}{\partial \bar{q}_k} V(q_1, \bar{q}_1 \cdots t)$$

$$H = \bar{H} - \frac{\partial}{\partial t} V(q_1, \bar{q}_1 \cdots t)$$

ist. Da man aus den Gleichungen der zweiten Zeile im allgemeinen die q_k und dann aus denen der ersten Zeile die p_k als Funktionen der $\bar{q}_k$ und $\bar{p}_k$ ausrechnen kann, ersetzt das System (1) die Transformationsgleichungen.

Um auch mittels einer willkürlichen Funktion $V(q_1, \bar{p}_1 \cdots t)$ eine kanonische Transformation zu erhalten, schreiben wir unsere Bedingung in der Form:

$$\sum_k p_k \dot{q}_k - H(q_1, p_1 \cdots t) = \sum_k \bar{p}_k \dot{\bar{q}}_k - \bar{H}(\bar{q}_1, \bar{p}_1 \cdots t)$$

$$+ \frac{d}{dt}\left(V - \sum_k \bar{p}_k \bar{q}_k\right)$$

oder, was dasselbe ist.

$$\sum_k p_k \dot{q}_k - H(q_1, p_1 \cdots t) = -\sum_k \bar{q}_k \dot{\bar{p}}_k - \bar{H}(\bar{q}_1, \bar{p}_1 \cdots t)$$

$$+ \frac{d}{dt} V(q_1, \bar{p}_1 \cdots t).$$

Der Vergleich der Koeffizienten von $\dot{q}_k$ und $\dot{\bar{p}}_k$ liefert hier:

$$p_k = \frac{\partial}{\partial q_k} V(q_1, \bar{p}_1 \cdots t),$$

$$(2) \qquad \bar{q}_k = \frac{\partial}{\partial \bar{p}_k} V(q_1, \bar{p}_1 \cdots t),$$

$$H = \bar{H} - \frac{\partial}{\partial t} V(q_1, \bar{p}_1 \cdots t).$$

Auch diese Gleichungen können wir als Transformationsgleichungen ansehen.

Die dritte Fassung erhalten wir einfach hieraus durch Vertauschen der alten und neuen Variabeln, wobei wir auch V durch $-V$ ersetzen wollen, um ein möglichst einfaches Entsprechen der vier Formulierungen zu gewinnen. Wir finden:

$$\overline{p}_k = - \frac{\partial}{\partial \overline{q}_k} V(\overline{q}_1, p_1 \cdots t),$$

$$(3) \qquad q_k = - \frac{\partial}{\partial p_k} V(\overline{q}_1, p_1 \cdots t),$$

$$H = \overline{H} - \frac{\partial}{\partial t} V(\overline{q}_1, p_1 \cdots t).$$

Um schließlich die vierte Fassung zu erhalten, schreiben wir die Bedingung in der Form:

$$\sum_k p_k \dot{q}_k - H(q_1, p_1 \cdots t) = \sum_k \overline{p}_k \dot{\overline{q}}_k - \overline{H}(\dot{q}_1, \overline{p}_1 \cdots t)$$
$$+ \frac{d}{dt}\left(V - \sum_k \overline{p}_k \overline{q}_k + \sum_k p_k q_k\right)$$

oder:

$$-\sum q_k \dot{p}_k - H(q_1, p_1 \cdots t) = -\sum \overline{q}_k \dot{\overline{p}}_k - \overline{H}(\overline{q}_1, \overline{p}_1 \cdots t)$$
$$+ \frac{d}{dt} V(p_1, \overline{p}_1 \cdots t)$$

und erhalten:

$$q_k = - \frac{\partial}{\partial p_k} V(p_1, \overline{p}_1 \cdots t),$$

$$(4) \qquad \overline{q}_k = \frac{\partial}{\partial \overline{p}_k} V(p_1, \overline{p}_1 \cdots t),$$

$$H = \overline{H} - \frac{\partial}{\partial t} V(p_1, \overline{p}_1 \cdots t).$$

Wir können die vier Fassungen gemeinsam folgendermaßen aussprechen: *In der willkürlichen Funktion* $V(x_1, \overline{x}_1, x_2, \overline{x}_2 \cdots t)$ *sei* x_k *eine der Variabeln* q_k *und* p_k, $\overline{x}_k$ *eine der Variabeln* $\overline{q}_k$, $\overline{p}_k$; *dann geben die Gleichungen*

$$y_k = \pm \frac{\partial V}{\partial x_k},$$

$$(5) \qquad \overline{y}_k = \mp \frac{\partial V}{\partial \overline{x}_k},$$

$$H = \overline{H} - \frac{\partial V}{\partial t}$$

eine kanonische Transformation. Dabei ist y_k *zu* x_k, $\overline{y}_k$ *zu* $\overline{x}_k$ *konjugiert, und es gilt das obere Zeichen, wenn nach einer Koor-*

dinate differenziert wird, und das untere Zeichen, wenn nach einem Impuls differenziert wird. Die Funktion V wollen wir die *erzeugende Funktion* oder kurz die *Erzeugende* der kanonischen Transformation nennen.

Es muß noch betont werden, daß die Eigenschaft einer Transformation, kanonisch zu sein, gar nicht von dem besonderen mechanischen Problem abhängt; wenn eine Transformation kanonisch ist, so ist sie es für jede Form der Funktion H. Wir geben einige Transformationen an, die wir später gebrauchen werden:

Die Funktion

$$V = q_1 \bar{p}_1 + q_2 \bar{p}_2 + \cdots$$

liefert die identische Transformation

$$q_1 = \bar{q}_1 \qquad p_1 = \bar{p}_1$$
$$q_2 = \bar{q}_2 \qquad p_2 = \bar{p}_1 .$$

Die Funktion

$$V = q_1 \bar{p}_1 \pm q_1 \bar{p}_2 + q_2 \bar{p}_2$$

führt nach Auflösung von (2) nach q_k und p_k auf die Transformation

$$(6) \qquad \begin{aligned} q_1 &= \bar{q}_1 & p_1 &= \bar{p}_1 \pm \bar{p}_2 \\ q_2 &= \bar{q}_2 \mp \bar{q}_1 & p_2 &= \bar{p}_2 , \end{aligned}$$

und die Funktion

$$V = q_1 \bar{p}_1 + q_1 \bar{p}_2 + q_2 \bar{p}_1 - q_2 \bar{p}_2$$

führt auf

$$7) \qquad \begin{aligned} q_1 &= \tfrac{1}{2}(\bar{q}_1 + \bar{q}_2) & p_1 &= \bar{p}_1 + \bar{p}_2 \\ q_2 &= \tfrac{1}{2}(\bar{q}_1 - \bar{q}_2) & p_2 &= \bar{p}_1 - \bar{p}_2 . \end{aligned}$$

Eine Transformation für drei Variabelnpaare liefert

$$V = q_1 \bar{p}_1 + q_1 \bar{p}_2 + q_1 \bar{p}_3 + q_2 \bar{p}_2 + q_2 \bar{p}_3 + q_3 \bar{p}_3 ,$$

nämlich

$$(8) \qquad \begin{aligned} q_1 &= \bar{q}_1 & p_1 &= \bar{p}_1 + \bar{p}_2 + \bar{p}_3 \\ q_2 &= \bar{q}_2 - \bar{q}_1 & p_2 &= \bar{p}_2 + \bar{p}_3 \\ q_3 &= \bar{q}_3 - \bar{q}_2 & p_3 &= \bar{p}_3 . \end{aligned}$$

In allen diesen Beispielen wurden die Koordinaten unter sich und die Impulse unter sich transformiert. Die allgemeine notwendige und hinreichende Bedingung dafür ist offenbar, daß V in den q und den $\bar{p}$ linear ist:

$$V = \sum_{i,k} \alpha_{ik}\, q_i\, \bar{p}_k + \sum_{k} \beta_k\, q_k + \sum_{k} \gamma_k\, \bar{p}_k\,.$$

Diese Funktion liefert

$$\begin{aligned}
p_i &= \sum_{k} \alpha_{ik}\, \bar{p}_k + \beta_i \\
\bar{q}_i &= \sum_{k} \alpha_{ki}\, q_k + \gamma_i\,.
\end{aligned}$$

(9)

Wenn die Konstanten β_i und γ_i null sind, so haben wir eine Transformation, die die q_k und p_k homogen linear und kontragredient in die $\bar{q}_k$ und $\bar{p}_k$ überführt. Es ist nämlich

$$\sum_{k} p_k\, q_k = \sum_{k,l} \alpha_{kl}\, \bar{p}_l\, q_k = \sum_{l} \bar{q}_l\, \bar{p}_l\,.$$

Die notwendige und hinreichende Bedingung dafür, daß die q_k unter sich transformiert werden, ist die Linearität von V in den $\bar{p}_k$. In der Tat liefert

$$V = \sum_{k} f_k(q_1, q_2 \cdots)\, \bar{p}_k + g(q_1, q_2 \cdots)$$

die Transformation:

$$\begin{aligned}
p_k &= \sum_{l} \frac{\partial f_l}{\partial q_k}\, \bar{p}_l + \frac{\partial g}{\partial q_k} \\
\bar{q}_k &= f_k(q_1, q_2 \cdots)\,.
\end{aligned}$$

(10)

Linearität von V in den q_k hingegen gibt Transformation der Impulse unter sich;

$$V = \sum_{k} f_k(\bar{p}_1, \bar{p}_2 \cdots)\, q_k + g(\bar{p}_1, \bar{p}_2 \cdots)$$

liefert

$$\begin{aligned}
p_k &= f_k(\bar{p}_1, \bar{p}_2 \cdots, \\
\bar{q}_k &= \sum_{l} \frac{\partial f_l}{\partial \bar{p}_k}\, q_l + \frac{\partial g}{\partial \bar{p}_k}\,.
\end{aligned}$$

(11)

Man sieht: *Wenn die Variabeln der einen Art unter sich transformiert werden, so werden die neuen Variabeln der zweiten Art lineare Funktionen der alten Variabeln der zweiten Art*, deren Koeffizienten bestimmte Funktionen und deren freie Glieder willkürliche Funktionen der Variabeln der ersten Art sind.

Häufig gebrauchte Transformationen der Koordinaten unter sich sind diejenigen, welche rechtwinklige Koordinaten in Zylinder- oder Polarkoordinaten überführen, sowie diejenigen, welche Drehungen des Koordinatensystems entsprechen.

Die Funktion

$$V = p_x\, r \cos \varphi + p_y\, r \sin \varphi + p_z\, z$$

führt *rechtwinklige Koordinaten in Zylinderkoordinaten* über. Sie liefert nämlich

$$
(12) \qquad
\begin{aligned}
x &= r \cos \varphi & p_r &= p_x \cos \varphi + p_y \sin \varphi \\
y &= r \sin \varphi & p_\varphi &= -\,p_x\, r \sin \varphi + p_y\, r \cos \varphi \\
z &= z & p_z &= p_z\,.
\end{aligned}
$$

Der Ausdruck

$$p_x{}^2 + p_y{}^2$$

geht dabei in

$$p_r{}^2 + \frac{1}{r^2}\, p_\varphi^2$$

über.

Beim *Übergang zu räumlichen Polarkoordinaten* benutzen wir

$$V = p_x\, r \cos \varphi \sin \vartheta + p_y\, r \sin \varphi \sin \vartheta + p_z\, r \cos \vartheta\,.$$

Diese Funktion liefert nämlich die Transformation

$$
(13) \qquad
\begin{aligned}
x &= r \cos \varphi \sin \vartheta \\
y &= r \sin \varphi \sin \vartheta \\
z &= r \cos \vartheta \\
p_r &= p_x \cos \varphi \sin \vartheta + p_y \sin \varphi \sin \vartheta + p_z \cos \vartheta \\
p_\varphi &= -\,p_x\, r \sin \varphi \sin \vartheta + p_y\, r \cos \varphi \sin \vartheta \\
p_\vartheta &= p_x\, r \cos \varphi \cos \vartheta + p_y\, r \sin \varphi \cos \vartheta - p_z\, r \sin \vartheta\,.
\end{aligned}
$$

Sie führt den Ausdruck

$$p_x{}^2 + p_y{}^2 + p_z{}^2$$

über in

$$p_r{}^2 + \frac{1}{r^2}\, p_\vartheta^2 + \frac{1}{r^2 \sin^2 \vartheta}\, p_\varphi^2\,.$$

Eine *Drehung des rechtwinkligen Koordinatensystems* (x, y, z) bedeutet eine lineare Transformation der Koordinaten mit konstanten Koeffizienten. Die Impulse transformieren sich dann kontragredient. In diesem Falle, wo die Koeffizienten α_{ik} der Drehung die Bedingungen

$$\sum_j \alpha_{ij}\, \alpha_{kj} = \begin{cases} 1 & (i = k) \\ 0 & (i \neq k) \end{cases}$$

erfüllen, ist die kontragrediente Transformation mit der ursprünglichen gleichbedeutend. Die Impulse transformieren sich wie die Koordinaten; es ist

$$(14) \quad \begin{aligned} \bar{x} &= \alpha_{11}\, x + \alpha_{12}\, y + \alpha_{13}\, z \\ \bar{y} &= \alpha_{21}\, x + \alpha_{22}\, y + \alpha_{23}\, z \\ \bar{z} &= \alpha_{31}\, x + \alpha_{32}\, y + \alpha_{33}\, z \end{aligned} \qquad \begin{aligned} \bar{p}_x &= \alpha_{11}\, p_x + \alpha_{12}\, p_y + \alpha_{13}\, p_z \\ \bar{p}_y &= \alpha_{21}\, p_x + \alpha_{22}\, p_y + \alpha_{23}\, p_z \\ \bar{p}_z &= \alpha_{31}\, p_x + \alpha_{32}\, p_y + \alpha_{33}\, p_z, \end{aligned}$$

und es wird

$$p_x^2 + p_y^2 + p_z^2 = \bar{p}_x^2 + \bar{p}_y^2 + \bar{p}_z^2.$$

Wir geben noch zwei andere Transformationen an, bei denen V von q_k und $\bar{q}_k$ abhängt. Die Funktion

$$V = \sum_k q_k\, \bar{q}_k$$

liefert nach (1) .

$$\begin{aligned} q_k &= -\, \bar{p}_k \\ p_k &= \bar{q}_k, \end{aligned}$$

sie vertauscht also Koordinaten und Impulse.

Eine häufig gebrauchte Transformation vermittelt

$$V = \tfrac{1}{2}\, q^2 \operatorname{ctg} \bar{q};$$

sie liefert

$$(15) \quad \begin{aligned} q &= \sqrt{2\, \bar{p}}\, \sin \bar{q} \\ p &= \sqrt{2\, \bar{p}}\, \cos \bar{q} \end{aligned}$$

und führt den Ausdruck $q^2 + p^2$ über in $2\,\bar{p}$. Die etwas allgemeinere Funktion

$$V = \frac{m}{2}\, \omega\, q^2 \operatorname{ctg} \bar{q}$$

liefert

$$(16) \quad \begin{aligned} q &= \sqrt{\frac{2\, \bar{p}}{m\, \omega}}\, \sin \bar{q} \\ p &= \sqrt{2\, m\, \omega\, \bar{p}}\, \cos \bar{q} \end{aligned}$$

und führt

$$\frac{1}{2\, m}\, p^2 + \frac{m\, \omega^2}{2}\, q^2$$

in $\omega\, \bar{p}$ über.

Wir wollen jetzt an einem *Beispiel* zeigen, in welcher Weise die kanonischen Substitutionen zur Integration der Bewegungsgleichungen benutzt werden können.

Linearer harmonischer Oszillator. Für diesen hat man

$$T = \frac{m}{2}\,\dot{q}^2, \qquad U = \frac{\varkappa}{2}\,q^2;$$

dabei bedeutet q den Ausschlag, m die Masse und $\varkappa$ die elastische Konstante. Führt man den Impuls

$$p = m\,\dot{q}$$

ein und setzt

$$\frac{\varkappa}{m} = \omega^2,$$

so wird

(17)
$$H = \frac{1}{2\,m}\,p^2 + \frac{m\,\omega^2}{2}\,q^2.$$

Hier ist also die zuletzt genannte kanonische Transformation (16) am Platze. Wir wollen die neuen Variabeln φ und α nennen und setzen also:

(18)
$$q = \sqrt{\frac{2\,\alpha}{m\,\omega}}\,\sin\varphi$$
$$p = \sqrt{2\,m\,\omega\,\alpha}\,\cos\varphi.$$

Die HAMILTONsche Funktion wird dann

$$H = \omega\,\alpha;$$

die Bewegungsgleichungen liefern

$$\alpha = \text{const}$$
$$\varphi = \omega\,t + \beta;$$

der Ausschlag q wird also durch

$$q = \sqrt{\frac{2\,\alpha}{m\,\omega}}\,\sin(\omega\,t + \beta)$$

wiedergegeben.

Die kanonischen Transformationen sind dadurch definiert, daß sie die Form der kanonischen Bewegungsgleichungen oder das Integral des HAMILTONschen Prinzips invariant lassen. Die Frage liegt nahe, ob es noch andere *Invarianten bei kanonischen Transformationen* gibt. Das ist in der Tat der Fall; wir wollen hier eine Reihe von POINCARÉ[1]) eingeführter *Integralinvarianten* angeben.

---

[1]) H. POINCARÉ, Méthodes nouvelles de la mécanique céleste, Bd. III, Kap. 22—24 (Paris 1899); der Beweis der Invarianz nach E. BRODY, Zeitschr. f. Physik Bd. 6, S. 224, 1921.

Wir können zeigen, daß das Integral

$$(19) \qquad J_1 = \int\!\int \sum_k dp_k\, dq_k,$$

erstreckt über eine beliebige zweidimensionale Mannigfaltigkeit des $2f$-dimensionalen (p, q)-Raumes, eine solche Invariante ist. Wenn wir uns die zweidimensionale Mannigfaltigkeit dadurch darstellen, daß wir p_k und q_k als Funktionen zweier Parameter u und v angeben, so wird

$$J_1 = \int\!\int \sum_k \begin{vmatrix} \dfrac{\partial p_k}{\partial u} & \dfrac{\partial q_k}{\partial u} \\[2ex] \dfrac{\partial p_k}{\partial v} & \dfrac{\partial q_k}{\partial v} \end{vmatrix} du\, dv.$$

Wir beweisen unsere Behauptung, indem wir zeigen, daß

$$\sum_k \begin{vmatrix} \dfrac{\partial \overline{p}_k}{\partial u} & \dfrac{\partial \overline{q}_k}{\partial u} \\[2ex] \dfrac{\partial \overline{p}_k}{\partial v} & \dfrac{\partial \overline{q}_k}{\partial v} \end{vmatrix} = \sum_k \begin{vmatrix} \dfrac{\partial p_k}{\partial u} & \dfrac{\partial q_k}{\partial u} \\[2ex] \dfrac{\partial p_k}{\partial v} & \dfrac{\partial q_k}{\partial v} \end{vmatrix}$$

ist, sobald $\overline{q}_k$, $\overline{p}_k$ aus q_k, p_k durch eine kanonische Transformation hervorgehen. Wir schreiben die Transformation in der Form (2)

$$p_k = \frac{\partial V(q_1, \overline{p}_1 \cdots t)}{\partial q_k}$$

$$\overline{q}_k = \frac{\partial V(q_1, \overline{p}_1 \cdots t)}{\partial \overline{p}_k}$$

und ersetzen mit Hilfe der ersten Gleichung q_k, p_k durch q_k, $\overline{p}_k$; dann wird

$$\sum_k \begin{vmatrix} \dfrac{\partial p_k}{\partial u} & \dfrac{\partial q_k}{\partial u} \\[2ex] \dfrac{\partial p_k}{\partial v} & \dfrac{\partial q_k}{\partial v} \end{vmatrix} = \sum_k \begin{vmatrix} \displaystyle\sum_i \dfrac{\partial^2 V}{\partial q_k\, \partial \overline{p}_i} \cdot \dfrac{\partial \overline{p}_i}{\partial u} & \dfrac{\partial q_k}{\partial u} \\[3ex] \displaystyle\sum_i \dfrac{\partial^2 V}{\partial q_k\, \partial \overline{p}_i} \cdot \dfrac{\partial \overline{p}_i}{\partial v} & \dfrac{\partial q_k}{\partial v} \end{vmatrix}$$

$$= \sum_{ik} \frac{\partial^2 V}{\partial q_k\, \partial \overline{p}_i} \begin{vmatrix} \dfrac{\partial \overline{p}_i}{\partial u} & \dfrac{\partial q_k}{\partial u} \\[2ex] \dfrac{\partial \overline{p}_i}{\partial v} & \dfrac{\partial q_k}{\partial v} \end{vmatrix}.$$

Durch Vertauschung der Indizes k, i erhalten wir

$$\sum_{ik} \frac{\partial^2 V}{\partial q_i \partial \overline{p}_k} \begin{vmatrix} \dfrac{\partial \overline{p}_k}{\partial u} & \dfrac{\partial q_i}{\partial u} \\[2ex] \dfrac{\partial \overline{p}_k}{\partial v} & \dfrac{\partial q_i}{\partial v} \end{vmatrix},$$

und wenn wir mit Hilfe der zweiten der Transformationsgleichungen jetzt $q_k, \overline{p}_k$ in $\bar{q}_k, \overline{p}_k$ überführen, so wird der Integrand gleich

$$\sum_k \begin{vmatrix} \dfrac{\partial \overline{p}_k}{\partial u} & \displaystyle\sum_i \dfrac{\partial^2 V}{\partial \overline{p}_k \partial q_i} \cdot \dfrac{\partial q_i}{\partial u} \\[3ex] \dfrac{\partial \overline{p}_k}{\partial v} & \displaystyle\sum_i \dfrac{\partial^2 V}{\partial \overline{p}_k \partial q_i} \cdot \dfrac{\partial q_i}{\partial v} \end{vmatrix} = \sum_k \begin{vmatrix} \dfrac{\partial \overline{p}_k}{\partial u} & \dfrac{\partial \bar{q}_k}{\partial u} \\[2ex] \dfrac{\partial \overline{p}_k}{\partial v} & \dfrac{\partial \bar{q}_k}{\partial v} \end{vmatrix};$$

damit ist die Invarianz des Integrals (19) bewiesen.

Ganz entsprechend läßt sich die Invarianz von

$$J_2 = \iiiint \sum dp_i \, dp_k \, dq_i \, dq_k$$

beweisen, wobei im Integranden jede Kombination zweier Indizes vorkommt. Dasselbe gilt für

$$J_3 = \iiiint\!\!\iint \sum dp_i \, dp_k \, dp_l \, dq_i \, dq_k \, dq_l$$

usw. Das letzte Integral der Reihe ist

$$J_f = \int \cdots \int dp_1 \cdots dp_f \, dq_1 \cdots dq_f.$$

Das Volumen im Phasenraum ist also invariant gegen eine kanonische Transformation.

§ 8. Die Hamilton-Jacobische Differentialgleichung.

An dem in § 7 mitgeteilten Beispiel des Oszillators wird der Grundgedanke der Integrationsmethode deutlich, die den Problemen der Atommechanik (ebenso wie denen der Himmelsmechanik) besonders angemessen ist. Wenn sie auch für den Oszillator recht schwerfällig erscheint, so ist sie andrerseits mächtig genug, auch bei den verwickeltsten (besonders den periodischen) Bewegungen zum Ziel zu führen. Wir wollen sie jetzt für den Fall, daß die HAMILTONsche Funktion die Zeit nicht explizit enthält, allgemein formulieren: *Wir versuchen, die*

*Variabeln q_k, p_k durch eine kanonische Transformation derart in
neue Variable φ_k, α_k überzuführen, daß die* HAMILTON*sche Funktion
nur von den (den Impulsen entsprechenden) Größen α_k abhängt.*
Hierzu eignet sich am besten die Form (2) § 7 der kanonischen
Transformation; wir suchen also eine Funktion

$$S(q_1, q_2 \cdots \alpha_1, \alpha_2 \cdots)$$

so zu bestimmen, daß mittels der Transformation

$$
\begin{aligned}
p_k &= \frac{\partial}{\partial q_k} S(q_1, q_2 \cdots \alpha_1, \alpha_2 \cdots) \\[2mm]
\varphi_k &= \frac{\partial}{\partial \alpha_k} S(q_1, q_2 \cdots \alpha_1, \alpha_2 \cdots)
\end{aligned}
\tag{1}
$$

H in eine nur von den α_k abhängige Funktion

$$W(\alpha_1, \alpha_2 \cdots)$$

übergeht. Die φ_k sind dann zyklische Variable und die Bewegungsgleichungen führen sofort zu der Lösung:

$$
\alpha_k = \text{const}
$$
$$
\varphi_k = \omega_k t + \beta_k, \qquad \omega_k = \frac{\partial W}{\partial \alpha_k}.
\tag{2}
$$

*Die Bestimmung der Funktion S läßt sich auf die Lösung
einer partiellen Differentialgleichung erster Ordnung zurückführen.*
Man wähle insbesondere die Funktion W gleich α_1 und ersetze
in H die p_k durch $\dfrac{\partial S}{\partial q_k}$, dann hat S die Bedingung zu erfüllen

$$
H\left(q_1, q_2 \cdots q_f, \frac{\partial S}{\partial q_1}, \frac{\partial S}{\partial q_2} \cdots, \frac{\partial S}{\partial q_f}\right) = \alpha_1;
\tag{3}
$$

sie heißt die HAMILTON-JACOBI*sche Differentialgleichung.* Die
Aufgabe ist nun, eine Lösung zu finden, die außer von α_1 noch
von $f-1$ Integrationskonstanten $\alpha_2, \alpha_3 \cdots \alpha_f$ abhängt, eine
sogenannte *vollständige Lösung*. Diese Funktion S liefert eine
Transformation (1) der gewünschten Art; es tritt dabei die
Besonderheit auf, daß

$$
\omega_1 = \frac{\partial W}{\partial \alpha_1} = 1; \quad \omega_2 = \omega_3 = \cdots = \omega_f = 0
$$

wird. Die Lösung der Bewegungsgleichungen wird dann durch
Auflösung der Gleichungen (1) nach q_k und p_k gegeben, wenn darin

$$\alpha_k = \text{const}$$
$$\varphi_1 = t + \beta_1$$
$$(4) \qquad \varphi_2 = \beta_2$$
$$\cdot \quad \cdot \quad \cdot \quad \cdot$$
$$\varphi_f = \beta_f$$

gesetzt wird.

Das Problem, das *System* der $2f$ *gewöhnlichen* Differentialgleichungen erster Ordnung (der kanonischen) aufzulösen, ist also äquivalent mit dem Problem, eine vollständige Lösung der (für $f > 1$) *partiellen* Differentialgleichung (3) aufzusuchen. Es ist dies ein besonderer Fall allgemeiner Sätze über den Zusammenhang zwischen gewöhnlichen und partiellen Differentialgleichungen.

Für manche Zwecke ist es vorteilhafter, nicht (wie hier geschehen) eines der α auszuzeichnen. Man führe dann eine kanonische Transformation aus, bei der die α_k (ohne Koppelung mit den φ_k) in ebenso viele neue Variable übergehen, die wir auch $\alpha_1 \cdots \alpha_f$ nennen wollen. Dabei gehe α_1 in

$$W(\alpha_1, \alpha_2 \cdots \alpha_f)$$

über. Nach einem im § 7 bewiesenen Satz (Gleichung (11)) lassen sich dann neue Variable φ_k einführen, die den α_k konjugiert und lineare Funktionen der alten φ_k mit Koeffizienten sind, die nur von den Konstanten α_k abhängen. Die neuen φ_k sind also auch lineare Funktionen der Zeit und es gelten die Bewegungsgleichungen in der Form (2).

Die Funktion S kann man dann auffassen als eine Lösung der Differentialgleichung

$$(5 \qquad H\left(q_1, q_2 \cdots \frac{\partial S}{\partial q_1}, \frac{\partial S}{\partial q_2} \cdots \right) = W,$$

die von f Konstanten $\alpha_1 \cdots \alpha_f$ abhängt, zwischen denen und W eine Gleichung

$$W = W(\alpha_1 \cdots \alpha_f)$$

besteht. Die Transformation (1) führt nach (5) die Funktion H in die Funktion $W(\alpha_1 \cdots \alpha_f)$ über, und es gilt auch hier

$$\omega_k = \frac{\partial W}{\partial \alpha_k}.$$

Eine wichtige Eigenschaft der Funktion S ergibt sich aus (1); es ist

$$dS = \sum_k \frac{\partial S}{\partial q_k}\, dq_k = \sum_k p_k\, dq_k\,.$$

S ist also das über die Bahnkurve genommene Linienintegral

$$(6) \qquad S = \int_{Q_0}^{Q} \sum_k p_k\, dq_k\,,$$

wo Q_0 einen festen und Q einen beweglichen Punkt der Bahn bedeutet.

Im Falle der klassischen Mechanik und bei ruhendem Koordinatensystem hat dies Integral eine einfache Bedeutung. Dann ist nämlich (vgl. (8) § 5):

$$2\,T = \sum_k p_k\, \dot{q}_k\,,$$

also

$$(7) \qquad S = 2 \int_{t_0}^{t} T\, dt\,.$$

Im Falle der Relativitätstheorie (für einen Massenpunkt) ist hierin $2\,T$ durch

$$T + T^* = m_0\, \frac{v^2}{\sqrt{1 - \dfrac{v^2}{c^2}}}$$

zu ersetzen. Man sieht, daß in beiden Fällen S *eine monoton wachsende Funktion der Zeit* ist. Wegen des in Gleichung (7) erscheinenden formalen Zusammenhangs mit dem bekannten JACOBIschen Prinzip der kleinsten Wirkung pflegt man S auch *Wirkungsfunktion* zu nennen.

Wir betrachten den einfachsten *Fall*, nämlich den *eines Freiheitsgrades*. Dann wird die Differentialgleichung (5) eine gewöhnliche. Man kann dann die Gleichung

$$H(q,\, p) = H\!\left(q,\, \frac{\partial S}{\partial q}\right) = W$$

nach

$$p = \frac{\partial S}{\partial q}$$

auflösen und erhält

$$S = \int_{q_0}^{q} p(q, W)\, dq\, ;$$

dies kann auch als Spezialfall der allgemeinen Darstellung (6) aufgefaßt werden. Die so gefundene Funktion S, die außer W keine Konstante enthält, liefert die allgemeine Lösung der Bewegungsgleichungen; man hat nämlich

$$\varphi = \int_{q_0}^{q} \frac{\partial p(q, W)}{\partial W}\, dq = t - t_0$$

und erhält daraus durch Auflösen q als Funktion der Zeit miden Integrationskonstanten W und t_0.

Für ruhende Koordinatensysteme hat T die Form

$$T = \frac{p^2}{2\,\mu}\,,$$

wo μ Masse, Trägheitsmoment oder dergleichen bedeutet. Dann hat man

$$H = \frac{p^2}{2\,\mu} + U(q) = W,$$

also

$$(8)\qquad p = \frac{\partial S}{\partial q} = \sqrt{2\,\mu}\,\sqrt{W - U(q)}$$

und

$$S = \sqrt{2\,\mu} \int_{q_0}^{q} \sqrt{W - U(q)}\, dq$$

$$(9)\qquad t - t_0 = \sqrt{\frac{\mu}{2}} \int_{q_0}^{q} \frac{dq}{\sqrt{W - U(q)}}\,.$$

Beispiel 1. *Freier Fall und vertikaler Wurf.*

Hier bedeutet q die Höhe des bewegten Körpers und μ die Masse. Die potentielle Energie ist

$$U = \mu g q,$$

wo g die Konstante der Schwerebeschleunigung ist. Dann wird

$$t - t_0 = \sqrt{\frac{\mu}{2}} \int_{q_0}^{q} \frac{dq}{\sqrt{W - \mu g q}} = -\frac{\sqrt{2}}{g\sqrt{\mu}}\,\sqrt{W - \mu g q}\,,$$

wo $q_0 = \dfrac{W}{\mu g}$ gewählt ist und offenbar die größte, im Zeitpunkt t_0 errreichte Höhe bedeutet. Durch Auflösen nach q erhält man die bekannte Formel

$$q - q_0 = -\frac{g}{2}(t - t_0)^2 .$$

Beispiel 2: *Physisches Pendel.*

Hier bedeutet q den Ausschlag und $\mu = A$ das Trägheitsmoment des Pendelkörpers. Die potentielle Energie ist

$$U = -D \cos q ,$$

wo D Direktionskraft heißt. Wir erhalten

$$(10) \qquad p = \sqrt{2A}\,\sqrt{W + D \cos q}$$

$$t - t_0 = \sqrt{\frac{A}{2}} \int_0^q \frac{dq}{\sqrt{W + D \cos q}} = \sqrt{\frac{A}{2}} \int_0^q \frac{dq}{\sqrt{W + D - 2D \sin^2 \frac{q}{2}}} ,$$

und wenn wir

$$W + D = 2D \sin^2 \frac{a}{2}$$

setzen:

$$t - t_0 = \frac{1}{2}\sqrt{\frac{A}{D}} \int_0^q \frac{dq}{\sqrt{\sin^2 \frac{a}{2} - \sin^2 \frac{q}{2}}} .$$

Die Auflösung dieser Gleichung, die ein elliptisches Integral enthält, nach q liefert q als eine periodische Funktion der Zeit, die zwischen $+a$ und $-a$ hin und her schwankt. Für hinreichend kleine a können wir

$$t - t_0 = \sqrt{\frac{A}{D}} \int_0^q \frac{dq}{\sqrt{a^2 - q^2}}$$

schreiben und erhalten die Auflösung in geschlossener Form. Es wird

$$t - t_0 = \sqrt{\frac{A}{D}}\,\text{arc} \sin \frac{q}{a}$$

und

$$q = a \sin\left[\sqrt{\frac{D}{A}}(t - t_0)\right] .$$

Auf den Fall eines Freiheitsgrades reduzieren sich offenbar auch die Probleme, bei denen *alle Koordinaten, außer einer,* *zyklisch* sind. Es sei

$$H \overset{!}{=} H(q_1, p_1, p_2, \ldots p_f);$$

dann wird die Lösung dargestellt durch

$$p_2 = \alpha_2, \cdots p_f = \alpha_f$$

und

$$S = \int p_1 (q_1, W, \alpha_2 \cdots \alpha_f)\, dq_1,$$

wobei sich p_1 durch Auflösung von

(11) $$H(q_1, p_1, \alpha_2 \cdots \alpha_f) = W$$

ergibt. Also wird

$$t - t_0 = \int \frac{\partial}{\partial W} p_1 (q_1, W, \alpha_2 \cdots \alpha_f)\, dq_1$$

$$\beta_k = \int \frac{\partial}{\partial \alpha_k} p_1 (q_1, W, \alpha_2 \cdots \alpha_f)\, dq_1 \quad (k = 2, 3 \ldots f).$$

Beispiel 3: *Wurfbewegung.* Seien $q_1 = z$ die vertikale (nach oben positiv gerechnete) Koordinate und $q_2 = x$, $q_3 = y$ die horizontalen Koordinaten, so ist

$$T = \frac{m}{2}(\dot{x}^2 + \dot{y}^2 + \dot{z}^2)$$

$$U = mgz,$$

also

$$H = \frac{1}{2m}(p_x{}^2 + p_y{}^2 + p_z{}^2) + mgz.$$

Da x und y zyklische Variable sind, setzen wir

$$p_x = \alpha_2, \qquad p_y = \alpha_3$$

und erhalten:

$$p_z = \sqrt{2m(W - mgz) - \alpha_2{}^2 - \alpha_3{}^2}$$

$$t - t_0 = \int_{z_0}^{z} \frac{m\, dz}{\sqrt{2m(W - mgz) - \alpha_2{}^2 - \alpha_3{}^2}} = -\sqrt{\frac{2}{g}}\,\sqrt{z_0 - z},$$

wo

$$2mW - \alpha_2{}^2 - \alpha_3{}^2 = 2m^2 g z_0$$

gewählt ist. Daraus folgt

$$z - z_0 = -\frac{g}{2}(t - t_0)^2.$$

Die beiden anderen Bewegungsgleichungen folgen am einfachsten aus

$$m\dot{x} = \alpha_2, \qquad m\dot{y} = \alpha_3.$$

Wir finden

$$x - x_0 = \frac{\alpha_2}{m}(t - t_0)$$

$$y - y_0 = \frac{\alpha_3}{m}(t - t_0).$$

Durch Elimination von t aus den drei Bewegungsgleichungen ergeben sich die Gleichungen der Bahn (Wurfparabel):

$$z - z_0 = - \frac{g}{2} \frac{m^2}{\alpha_2^2} (x - x_0)^2$$

$$z - z_0 = - \frac{g}{2} \frac{m^2}{\alpha_3^2} (y - y_0)^2 .$$

Beispiel 4: *Schwerer symmetrischer Kreisel.*
Im § 6 fanden wir für die kinetische Energie

$$T = \frac{1}{2 A_x} \left[p_\vartheta^2 + \left(\frac{p_\psi - p_\varphi \cos \vartheta}{\sin \vartheta} \right)^2 \right] + \frac{p_\varphi^2}{2 A_z} ;$$

dazu kommt jetzt die potentielle Energie

$$U = D \cos \vartheta ,$$

so daß

$$H = \frac{1}{2 A_x} \left[p_\vartheta^2 + \left(\frac{p_\psi - p_\varphi \cos \vartheta}{\sin \vartheta} \right)^2 \right] + \frac{p_\varphi^2}{2 A_z} + D \cos \vartheta$$

wird. Da φ und ψ zyklische Variable sind, haben wir

(12)
$$p_\varphi = \alpha_2, \qquad p_\psi = \alpha_3$$

und

$$p_\vartheta = \sqrt{ 2 A_x W - \left(\frac{\alpha_3 - \alpha_2 \cos \vartheta}{\sin \vartheta} \right)^2 - \frac{\alpha_2^2 A_x}{A_z} - 2 A_x D \cos \vartheta } .$$

In der Gleichung für t setzen wir $\cos \vartheta = u$ und erhalten

(13)
$$t - t_0 = - \int \frac{du}{\sqrt{F}} ,$$

wo

$$F = \frac{1}{A_x^2} \left[(1 - u^2) \left(2 A_x W - \frac{A_x}{A_z} \alpha_2^2 - 2 A_x D u \right) - (\alpha_3 - \alpha_2 u)^2 \right]$$

ist. Die EULERschen Winkel φ und ψ lassen sich durch ähnliche elliptische Integrale ausdrücken. Lösen wir nämlich die Gleichungen (3) § 6 nach $\dot\varphi$ und $\dot\psi$ auf, so erhalten wir unter Berücksichtigung von (12)

$$\dot\varphi = \alpha_2 \left(\frac{1}{A_z} - \frac{1}{A_x} \right) + \frac{\alpha_2 - \alpha_3 \cos \vartheta}{A_x \sin^2 \vartheta}$$

$$\dot\varphi = \frac{\alpha_3 - \alpha_2 \cos \vartheta}{A_x \sin^2 \vartheta}$$

und

$$\varphi = \int \dot\varphi \, dt = \alpha_2 \left(\frac{1}{A_z} - \frac{1}{A_x} \right) t - \int \frac{\alpha_2 - \alpha_3 u}{A_x (1 - u^2)} \frac{du}{\sqrt{F}}$$

(14)

$$\psi = \int \dot\psi \, dt = \int \frac{\alpha_3 - \alpha_2 u}{A_x (1 - u^2)} \frac{du}{\sqrt{F}} .$$

Die Auflösung eines elliptischen Integrals von der Form (13) liefert $u = \cos\vartheta$ als eine periodische Funktion der Zeit. Sie schwankt zwischen zwei Nullstellen von F hin und her, die ein Intervall einschließen, in dem F positiv ist. Wenn nicht gerade

$$\alpha_2 = \alpha_3$$

ist, so sind

$$F(-1) = -\frac{1}{A_x{}^2}(\alpha_3 + \alpha_2)^2$$

und

$$F(1) = -\frac{1}{A_x{}^2}(\alpha_3 - \alpha_2)^2$$

beide negativ. Soll überhaupt eine Bewegung möglich sein, so muß F irgendwo im Intervall $(-1, +1)$ nicht negativ sein; es hat zwei Nullstellen u_1 und u_2, die auch zusammenfallen können. Sind die Nullstellen verschieden, so bedeutet das, daß der Durchstoßungspunkt der Kreiselachse mit einer um den Kreiselmittelpunkt gelegten Kugel zwischen zwei Parallelkreisen $\vartheta = \vartheta_1$ und $\vartheta = \vartheta_2$ hin und her schwankt. Er beschreibt die in der Abbildung 1 gezeichnete Kurve. Im Falle der Doppelwurzel versagen zwar unsere Gleichungen (13) und (14), die Bewegung läßt sich aber leicht auf elementarem Wege ausrechnen: es ist $\vartheta = \mathrm{const}$ und wir haben den Fall der regulären Präzession.

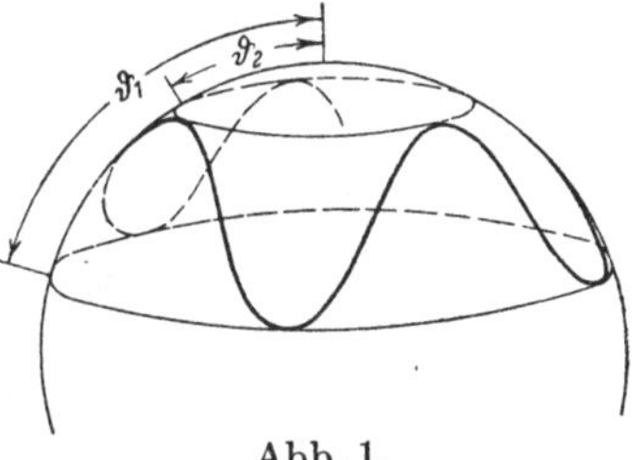

Abb. 1.

Eine allgemeine Vorschrift für die strenge Lösung der HAMILTON-JACOBI*schen Differentialgleichung (5) läßt sich nicht angeben.* In manchen Fällen gelingt die Lösung durch den Ansatz, daß S die Summe von f Funktionen ist, deren jede nur von einer der Koordinaten q (außerdem von den Integrationskonstanten $\alpha_1 \cdots \alpha_f$) abhängt:

$$(15) \qquad S = S_1(q_1) + \cdots + S_f(q_f).$$

Die partielle Differentialgleichung (5) zerfällt dann in f gewöhnliche Differentialgleichungen von der Form

$$F_k\!\left(\frac{dS_k}{dq_k}, q_k\right) = \alpha_k,$$

oder nach $\dfrac{dS_k}{dq_k}$ aufgelöst:

$$\frac{dS_k}{dq_k} = p_k(q_k, \alpha_k).$$

Man sagt in diesem Falle, die Differentialgleichung (5) ist durch *Separation der Variabeln* lösbar, oder kurz *separierbar*.

Der oben behandelte Fall, wo alle Koordinaten bis auf *eine* (q_1) zyklisch sind, läßt sich als Spezialfall hiervon auffassen. Man mache den Ansatz

$$S = S_1\,(q_1, \alpha_1 \cdots \alpha_f) + \alpha_2\,q_2 + \cdots + \alpha_f\,q_f;$$

dann lautet die Differentialgleichung

$$H\left(q_1, \frac{\partial S}{\partial q_1} \cdots \frac{\partial S}{\partial q_f}\right) = H\left(q_1, \frac{dS_1}{dq_1}, \alpha_2 \cdots \alpha_f\right) = W,$$

was genau mit (11) übereinstimmt.

Zweites Kapitel.

Periodische und mehrfach periodische Bewegungen.

§ 9. Periodische Bewegungen mit einem Freiheitsgrad.

Wir haben gesehen, daß bei Systemen von einem Freiheitsgrad statt der Variabeln q, p neue Variable φ, α eingeführt werden können, derart, daß α konstant und φ eine lineare Funktion der Zeit wird. Die Variabeln φ und α sind dadurch nicht eindeutig bestimmt; vielmehr können wir α durch eine beliebige Funktion von α ersetzen, wobei sich φ mit einem von α abhängigen Faktor multipliziert.

Bei *periodischen* Bewegungen ist es vorteilhaft, eine *ganz bestimmte Wahl von φ und α* zu treffen. Nun gibt es zwei Arten von periodischem Verhalten. Entweder entsprechen verschiedenen Werten von q verschiedene Lagen des Systems, und q und p sind periodische Funktionen der Zeit; dann sind sie es auch von der linear damit verknüpften Variabeln φ:

$$q\,(\varphi + \tilde{\omega}) = q\,(\varphi).$$

Oder jedesmal nach einer bestimmten Zunahme von q, die wir gleich $2\,\pi$ setzen wollen, nimmt das System die gleiche Lage ein. Dann erfolgt diese Zunahme von q um $2\,\pi$ immer in der gleichen Zeit und es ist

$$q\,(\varphi + \tilde{\omega}) = q\,(\varphi) + 2\,\pi.$$

Im ersten Fall sprechen wir von *Libration*, im zweiten von *Rotation*. Beispiele hierfür sind das hin- und herschwingende und das umschlagende Pendel (s. u.).

In beiden Fällen wollen wir φ in ganz bestimmter Weise wählen und dann w nennen, nämlich so, daß es während einer Periode der Bewegung um 1 zunimmt. Die zugehörige konjugierte Variable möge J heißen. w nennen wir *Winkelvariable*, J *Wirkungsvariable*.

Wenn wir S als Funktion von q und J auffassen, so ist

$$w = \frac{\partial S(q, J)}{\partial J},$$

also der Differentialquotient von w längs der Bahn

$$\frac{dw}{dq} = \frac{\partial}{\partial J}\left(\frac{\partial S}{\partial q}\right).$$

Die Forderung, daß die Periode in w gleich 1 sein soll, bedeutet also

$$\oint dw = \frac{\partial}{\partial J}\oint \frac{\partial S}{\partial q}\, dq = \frac{\partial}{\partial J}\oint p\, dq = 1,$$

wobei das Zeichen $\oint$ die Integration über eine Periode bebedeutet, d. h. im Falle der Libration über einen Hin- und Herweg von q, im Falle der Rotation über einen Weg der Länge 2π.

Diese Forderung können wir offenbar so erfüllen, daß wir

$$(1) \qquad J = \oint \frac{\partial S}{\partial q}\, dq = \oint p\, dq$$

setzen, d. h. unter J die Zunahme von S während einer Periode verstehen [1]).

---

[1]) $\oint p\, dq = J +$ const würde der Forderung auch genügen. Die Transformation

$$(\varphi, \alpha) \longrightarrow (w, J),$$

die die genannte Periodizitätsforderung erfüllt, enthält in der Tat neben einer Phasenkonstanten für w noch eine willkürliche Konstante. Ihre Erzeugende ist nämlich

$$V = \pm \frac{\varphi J}{\omega} + c_1\,\varphi + c_2\,J.$$

Die oben angegebene Bestimmung von J wird sich in der Quantentheorie als fruchtbar erweisen.

Die Einführung der Variabeln w, J kann also auf folgende Weise geschehen. Wenn H als Funktion von irgendwelchen kanonischen Variabeln q, p gegeben ist, bestimme man durch Integration der HAMILTON-JACOBIschen Gleichung die Wirkungsfunktion

$$S = S(q, \alpha)$$

und berechne das Integral

$$J = \oint \frac{\partial S}{\partial q}\, dq$$

als Funktion von α oder W. Dann führe man J statt α (bzw. W) in S ein.

Durch die Transformation

(2)
$$p = \frac{\partial S(q, J)}{\partial q}$$
$$w = \frac{\partial S(q, J)}{\partial J}$$

werden q und p periodische Funktionen von w mit der Periode 1 und H eine Funktion W von J allein. Aus den kanonischen Gleichungen folgt

$$J = \text{const}$$

und

(3)
$$\dot{w} = \frac{dW}{dJ} = \nu$$
$$w = \nu t + \beta.$$

Da wir w so gewählt haben, daß es während jeder Periode der Bewegung um 1 zunimmt, ist ν eine positive Zahl, und zwar die Zahl der Perioden in der Zeiteinheit, die *Frequenz* der Bewegung. Aus $\nu > 0$ folgt ferner, daß W eine monoton wachsende Funktion von J ist.

Kennt man die zu α konjugierte Variable φ schon, so kann man J aus der Gleichung

$$J = \oint \alpha\, d\varphi = \pm\, \alpha\, \tilde{\omega}$$

finden. Die Transformationsgleichungen sind dann

$$J = \pm\, \tilde{\omega}\alpha, \qquad w = \pm\, \frac{\varphi}{\tilde{\omega}}.$$

Die oben angegebene Bestimmung von J als Zunahme von S während einer Periode hat zur Folge, daß die Funktion

$$(4) \qquad S^* = S - wJ$$

eine periodische Funktion von w mit der Periode 1 ist. Man kann auch umgekehrt diese Forderung zur eindeutigen Bestimmung der durch $\oint dw = 1$ nur bis auf eine additive Konstante bestimmten Größe J benutzen und kommt dann auf Gleichung (1). Die Funktion S^* kann man statt S auch als Erzeugende der kanonischen Transformation auffassen, die q und p in w und J überführt. Nach § 7 genügt ja S der Gleichung

$$p\,\dot{q} = -\,w\dot{J} + \frac{d\,S}{d\,t}\,;$$

daraus folgt für S^*

$$p\,\dot{q} = J\dot{w} + \frac{d\,S^*}{d\,t}$$

und dies besagt, daß S^* Erzeugende der Transformation

$$p = \frac{\partial}{\partial q}\,S^*\,(q,w)$$

$$(5)$$

$$J = -\,\frac{\partial}{\partial w}\,S^*\,(q,w)$$

ist.

Die Berechnung des Integrals J erfordert ein Studium des Zusammenhangs zwischen q und p, wie er durch die Gleichung

$$(6) \qquad H\,(q,p) = W$$

gegeben ist. Man stellt diesen Zusammenhang durch eine Kurvenschar (mit dem Parameter W) in der (p,q)-Ebene dar. Den beiden Fällen der Libration und Rotation entsprechen dann zwei typische Figuren.

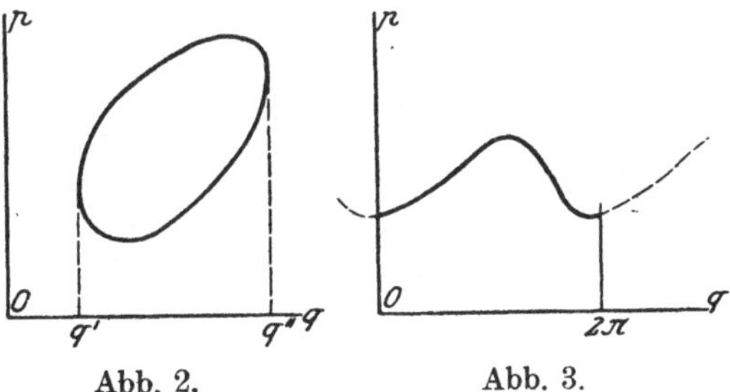

Abb. 2.   Abb. 3.

Bei *Libration* muß ein geschlossener Zweig der Kurve (6) vorhanden sein, und J bedeutet den eingeschlossenen Flächeninhalt (der nach (19) § 7 eine kanonische Invariante ist).

Bei *Rotation* muß p als Funktion von q periodisch sein mit der Periode 2π, und J bedeutet die Fläche zwischen Kurve, q-Achse und zwei Endordinaten im Abstand 2π.

Zur Veranschaulichung wollen wir den Fall der klassischen Mechanik unter Zugrundelegung eines ruhenden Koordinatensystems behandeln. Nach (8) § 8 ist

$$p = \sqrt{2\,\mu}\,\sqrt{W - U(q)}\,.$$

Damit *Libration* eintritt, muß der Radikand zwei Nullstellen q' und q'' haben, zwischen denen er positiv ist; dann verschwindet p nur an den Enden des Intervalls (q',q''). Damit aus den beiden Zweigen der Kurve (6) sich ein geschlossener Zug zusammensetzen kann, ist weiter notwendig, daß $\dfrac{dp}{dq}$ für q' und q'' unendlich ist. Nun ist

$$\frac{dp}{dq} = -\sqrt{\frac{\mu}{2}}\,\frac{1}{\sqrt{W - U(q)}} : \frac{dU}{dq}\,;$$

die Bedingung ist also erfüllt, wenn nicht zugleich

$$\frac{dU}{dq} = 0$$

ist, d. h. wenn q' und q'' einfache Nullstellen des Radikanden sind. In diesem Fall wird der entstehende, zur q-Achse symmetrische Kurvenzug auch vollständig im selben Sinne durchlaufen. Denn nach (8) § 5 ist

$$p\dot{q} = 2\,T,$$

also $p\,dq$ immer positiv; daher muß beim Hingang ($dq > 0$) der obere Zweig ($p > 0$), beim Rückgang ($dq < 0$) der untere Zweig ($p > 0$) durchlaufen werden. Die Koordinate q bestreicht das ganze Gebiet zwischen den Nullstellen q' und q'', diese Nullstellen bilden die *Librationsgrenzen*.

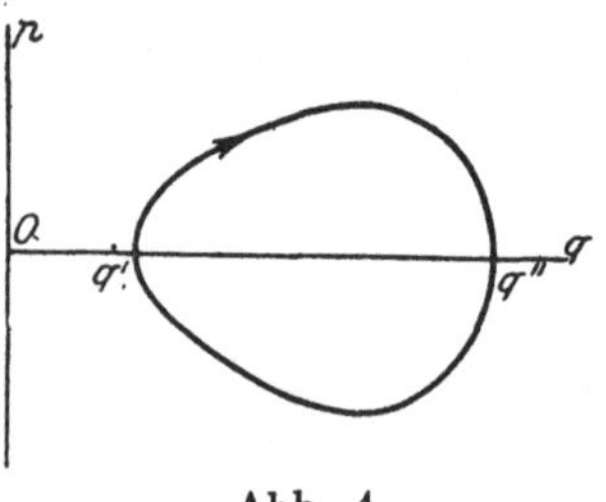

Abb. 4.

Variiert man W, so liegen die entsprechenden Kurven ineinander, ohne sich zu schneiden. Läßt man W abnehmen, so rücken die Nullstellen gegeneinander und konvergieren gegen einen Punkt, sobald nicht zwischen ihnen neue Nullstellen auftreten. Diesen Punkt nennen wir *Librationszentrum*, in ihm ist

$$\frac{dU}{dq} = 0.$$

Er entspricht einer stabilen Gleichgewichtslage des Systems, da die bei wenig veränderten Anfangsbedingungen entstehende Bewegung in seiner Nähe bleibt. Treten zwischen q' und q'' neue Nullstellen auf, so fallen sie im ersten Augenblick zusammen, und es ist dort auch

$$\frac{dU}{dq} = 0.$$

Wir haben es dann aber mit einer labilen Gleichgewichtslage zu tun, denn bei einer kleinen Änderung von W bleibt die Bewegung nicht in unmittelbarer Nähe des Gleichgewichtspunktes.

Vergrößert man W, so kann der Fall eintreten, daß bei q' oder q'' die Ableitung $\frac{dU}{dq}$ verschwindet; wir haben es dann ebenfalls mit einer labilen Gleichgewichtslage zu tun. Für solche Werte von W kann es (wie hier nicht näher gezeigt werden soll) vorkommen, daß die Bewegung sich der labilen Gleichgewichtslage asymptotisch in der Zeit nähert. Man spricht dann von *Limitationsbewegung*.

Damit *Rotationsbewegung* eintritt, muß zunächst U periodisch in q sein (wir nehmen die Periode 2π an); ferner muß der Radikand stets positiv sein.

Zur Erläuterung der Begriffe betrachten wir das *Pendel*, bei dem alle drei Möglichkeiten: Rotation, Libration und Limitation auftreten. Es ist (vgl. (10) § 8)

$$p = \sqrt{2A}\,\sqrt{W + D\cos q} \qquad D > 0;$$

die Kurven (6) haben also das in der Abbildung 5 dargestellte Aussehen.

Für
$$W = -D$$
ziehen sich die Kurven auf das Librationszentrum $q = 0$ zusammen. Für
$$-D < W < D$$
haben wir Libration zwischen den Grenzen
$$q' = \operatorname{arc\,cos}\left(-\frac{D}{W}\right)$$
$$q'' = -\operatorname{arc\,cos}\left(-\frac{D}{W}\right);$$
für
$$W > D$$
dagegen haben wir Rotation, das Pendel läuft stets im gleichen Sinne um. Im Grenzfalle
$$W = D$$
nähert es sich asymptotisch der Lage $q = \pi$.

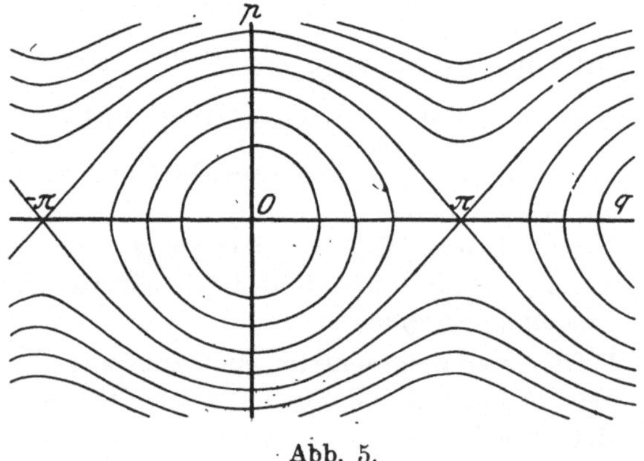

Abb. 5.

Das Integral
$$(7) \qquad J = \oint \sqrt{2\,A}\,\sqrt{W + D\cos q}\,d q$$

ist in diesem Fall ein elliptisches. Nur wenn die Librationsgrenzen nahe beieinander liegen (zu beiden Seiten des Librationszentrums) läßt es sich durch ein elementares Integral annähern. Die Rechnung entspricht dann ganz der beim linearen harmonischen Oszillator, zu dem wir jetzt übergehen wollen.

Beispiel: *Linearer harmonischer Oszillator.*

Im § 7 haben wir schon Variable φ und α gefunden, dabei hat q nach (18) § 7 in φ die Periode $\bar{\omega} = 2\pi$. Der Übergang zu w und J geschieht dann durch die Formeln

$$J = \int_0^{2\pi} \alpha\, d\varphi = 2\pi\alpha$$

und

$$w = \frac{\varphi}{2\pi} = \nu\, t + \delta\,,$$

wo

$$\nu = \frac{\omega}{2\pi}\,, \quad \delta = \frac{\beta}{2\pi}$$

ist.

Die Bewegung wird jetzt wiedergegeben durch

$$q = \frac{1}{2\pi} \sqrt{\frac{2\, J}{m\, \nu}} \sin 2\pi w$$

$$p = \sqrt{2\, m\, \nu\, J} \cos 2\pi w\,.$$

Die Energie wird

$$H = W = \nu J\,,$$

woraus man die Beziehung

$$\nu = \frac{W}{\partial J}$$

ohne weiteres ablesen kann.

Um zu zeigen, wie man, ohne φ und α zu kennen, den Übergang zu Winkel- und Wirkungsvariabeln durchführt, wollen wir den Oszillator noch einmal berechnen und dabei von

$$H = \frac{p^2}{2\, m} + \frac{m}{2}\, \omega^2 q^2$$

ausgehen. Setzen wir diesen Ausdruck gleich W, so wird

$$p = \sqrt{2\, m\, W - m^2\, \omega^2\, q^2} = \sqrt{2\, m\, W} \sqrt{1 - \frac{q^2}{a^2}}\,,$$

wo zur Abkürzung

$$\frac{2\, W}{m\, \omega^2} = a^2$$

gesetzt ist. Hieraus sieht man, daß die Librationsgrenzen bei $q = +a$ und $q = -a$ liegen. Das Integral

$$J = \sqrt{2\, m\, W} \oint \sqrt{1 - \frac{q^2}{a^2}}\, dq$$

berechnen wir, indem wir durch die Gleichung

$$q = a \sin \varphi$$

die Hilfsvariable φ einführen, die während der Periode der Bewegung von 0 bis 2π läuft. Wir erhalten

$$J = \frac{2W}{\omega} \int_0^{2\pi} \cos^2 \varphi \, d\varphi = \frac{2\pi}{\omega} W$$

und damit die Energie oder die HAMILTONsche Funktion

$$(8) \qquad\qquad W = H = \nu J,$$

worin wir

$$\omega = 2\pi\nu$$

gesetzt haben.

Um die Koordinate q durch die neuen Variabeln w, J und damit durch die Zeit auszudrücken, brauchen wir S selbst nicht zu berechnen. Es wird nämlich

$$w = \frac{\partial}{\partial J} S(q, J) = \int \frac{\partial p}{\partial J} \, dq,$$

worin wir p als Funktion von q und J aufzufassen haben:

$$p = \sqrt{2\,m\,\nu\,J - 4\,\pi^2\,\nu^2\,m^2\,q^2}\,.$$

Wir erhalten

$$w = \int \frac{m\,\nu\,dq}{\sqrt{2\,m\,\nu\,J - 4\,\pi^2\,\nu^2\,m^2\,q^2}} = \frac{1}{2\pi} \ \text{arc sin} \ \sqrt{\frac{2\,\pi^2\,\nu\,m}{J}}\,q$$

und

$$(9) \qquad\qquad q = \sqrt{\frac{J}{2\,\pi^2\,\nu\,m}} \ \sin 2\pi w,$$

wo

$$w = \nu\,t + \delta$$

ist. Für p folgt

$$(10) \qquad\qquad p = \sqrt{2\,m\,\nu\,J} \cos 2\pi w\,.$$

Für das Pendel mit kleinem Ausschlag lauten die entsprechenden Formeln:

$$W = \nu J$$

$$(11) \qquad\qquad q = \frac{1}{2\pi} \sqrt{\frac{2J}{A\nu}} \ \sin 2\pi w$$

$$p = \sqrt{2\,A\,\nu\,J} \cos 2\pi w\,.$$

§ 10. Die adiabatische Invarianz der Wirkungsvariabeln und die Quantenbedingungen für einen Freiheitsgrad.

Nachdem wir die Mechanik der periodischen Systeme mit einem Freiheitsgrad ausführlich behandelt haben, können wir nun zu der Frage übergehen, ob und in welcher Weise sich die mechanischen Gesetze auf die *Atommechanik* anwenden lassen, deren Hauptmerkmal die *Existenz diskreter, stationärer Zustände ist.*

Wir haben hier als Vorbild die Behandlung des einfachen, linearen harmonischen Oszillators nach PLANCK (s. § 1). Die stationären Zustände wurden dort durch die Forderung festgelegt, daß die Energie nur die diskreten Werte

$$(1) \qquad W = n \cdot \nu h \qquad (n = 0, 1, 2, \ldots)$$

haben soll. Es handelt sich nun darum, ob man bei beliebigen periodischen Systemen mit einem Freiheitsgrad in ähnlicher Weise verfahren kann.

In der Entwicklung der Atommechanik hat der heuristische Gesichtspunkt eine große Rolle gespielt, die klassische Mechanik so weit wie möglich beizubehalten. So beruht die PLANCKsche Oszillatortheorie auf der Vorstellung, daß die Bewegung des schwingenden Teilchens durchaus nach den klassischen Gesetzen erfolgt; nur sind nicht alle Bewegungen mit beliebigen Anfangszuständen (Energiewerten) gleichberechtigt, sondern gewisse Bewegungen sind als „stationäre Zustände", gekennzeichnet durch die Energiewerte (1), bei der Wechselwirkung mit der Strahlung durch besondere „Stabilität" bevorzugt.

Das Bestreben, der klassischen Mechanik so nahe wie möglich zu bleiben, hat sich als fruchtbar erwiesen; wir stellen daher an die Spitze unserer Betrachtungen die *Forderung, daß die stationären Zustände eines atomaren Systems so weit wie möglich nach den Gesetzen der klassischen Mechanik berechnet werden sollen, wobei von der klassischen Ausstrahlung abzusehen ist.* Damit diese Forderung erfüllbar ist, muß die Bewegung vor allem so beschaffen sein, daß sie als „Zustand" des Systems angesprochen werden kann. Das wäre z. B. nicht der Fall, wenn die Bahn einmal ins Unendliche ausliefe, oder wenn sie sich asymptotisch einer Grenzkurve näherte. Wohl aber kann man bei *periodischen Bewegungen* sagen, daß das System in einem bestimmten Zustande ist. Später werden wir sehen, daß es noch eine weitere Klasse von Bewegungen, die mehrfach-periodischen, gibt, von denen dasselbe gilt. Andererseits hat die Entwicklung der Quantentheorie gezeigt, daß damit wahrscheinlich der Kreis derjenigen Bewegungsvorgänge erschöpft ist, bei denen man für die stationären Zustände die Gültigkeit der klassischen Mechanik verlangen kann; wir werden uns in diesem Buch im wesentlichen innerhalb dieses Kreises halten.

Die nächste Frage ist, durch *welche* Bedingungen aus der kontinuierlichen Mannigfaltigkeit der mechanischen Bewegungen die stationären herausgehoben werden. Wir wollen sie zunächst an dem Falle periodischer Systeme mit einem Freiheitsgrade zu beantworten suchen.

Der nächstliegende Gedanke wäre, hier einfach die beim Oszillator bewährte Formel (1) beizubehalten. Da im allgemeinen dann ν eine Funktion von W ist, hätte man zur Bestimmung von W eine (transzendente) Gleichung aufzulösen. Dieser Ansatz muß aber verworfen werden; er führt in besonderen Fällen zu Widersprüchen mit der Erfahrung (z. B. bei zweiatomigen Molekeln, deren Atome anharmonisch miteinander gebunden sind, s. § 12) und läßt sich auch theoretisch als unhaltbar erweisen.

Die Quantenbedingungen, durch welche die stationären Bahnen hervorgehoben werden, wird man auf die Form bringen können, daß eine gewisse mechanisch definierte Größe ein ganzzahliges Vielfaches der PLANCKschen Konstanten h ist. Beim Oszillator ist das der Quotient $\dfrac{W}{\nu}$; die Frage ist, was bei andern Systemen an die Stelle dieser Größe zu treten hat.

Wir untersuchen nun die Bedingungen, denen eine solche zu „quantelnde" Größe zu genügen hat. In erster Linie muß sie *eindeutig bestimmt* und *vom Koordinatensystem unabhängig* sein. Hierdurch wäre die Wahl aber natürlich nur sehr wenig eingeschränkt, und wenn man nichts anderes wüßte, so könnte man sich nur von dem Erfolge, der Übereinstimmung der Theorie mit der Erfahrung, leiten lassen. Darum hat sich EHRENFEST ein großes Verdienst um die Entwicklung der Quantentheorie erworben, indem er ein naheliegendes Postulat aufstellte, durch das eine rein theoretische Bestimmung der Quantengrößen ermöglicht wird.

Der Gedanke von EHRENFEST beruht darauf, die atomaren Systeme nicht, wie bisher, als isoliert zu betrachten, sondern äußere Einwirkungen mit heranzuziehen. Wir haben oben postuliert, daß für isolierte Systeme in den stationären Zuständen die klassische Mechanik gelten soll; wir fordern jetzt mit EHRENFEST, daß auch bei Wirksamkeit äußerer Einflüsse die klassische Mechanik so weit wie irgend möglich aufrechterhalten werden soll.

Nun müssen wir untersuchen, wie weit dies eben möglich ist, ohne mit den Prinzipien der Quantentheorie in Zwiespalt zu kommen. Nach diesen kann die zu quantelnde Größe sich nur um ganzzahlige Vielfache von h ändern. Reicht also eine äußere Einwirkung nicht aus, eine Änderung um h zu erzwingen, so muß die Quantengröße völlig ungeändert bleiben.

Wovon wird es nun abhängen, ob die äußere Einwirkung zur Erzeugung einer Änderung (eines Quantensprunges) fähig ist oder nicht? Man weiß aus der Erfahrung, daß durch Licht und durch molekulare Stöße Quantensprünge erzwungen werden können. Es handelt sich dabei um zeitlich sehr schnell wechselnde Einwirkungen. Faßt man im Gegensatz hierzu sehr langsam veränderliche Wirkungen ins Auge (langsam verglichen mit den Bewegungsvorgängen im atomaren System), z. B. das Einschalten elektrischer oder magnetischer Felder, so lehrt die Erfahrung, daß hierdurch Quantensprünge nicht angeregt werden; man beobachtet weder Lichtemission noch andere Vorgänge, die mit Quantensprüngen verbunden sein könnten.

Die Quantensprünge verlaufen sicherlich gänzlich unmechanisch. Die von EHRENFEST geforderte Aufrechterhaltung der klassischen Mechanik bei äußeren Einwirkungen ist also überhaupt nur in dem Falle denkbar, daß durch die Einwirkungen keine Quantensprünge erzeugt werden, d. h. bei zeitlich äußerst langsamen Vorgängen.

EHRENFEST nennt diese *Forderung, daß im Grenzfall unendlich langsamer Veränderungen die Gesetze der klassischen Mechanik gültig bleiben,* die *Adiabatenhypothese*, in Analogie zum Sprachgebrauch der Thermodynamik[1]); BOHR spricht von dem *Prinzip der mechanischen Transformierbarkeit.*

Dieses Postulat schränkt nun die Willkür bei der Wahl der zu quantelnden Größe aufs äußerste ein. Denn es sind jetzt nur solche Größen in Betracht zu ziehen, die nach den Gesetzen der klassischen Mechanik bei langsamen Veränderungen invariant bleiben; man nennt sie mit EHRENFEST *„adiabatische Invarianten"*.

---

[1]) Proc. Amsterdam Bd. 16, S. 591. 1914 und Ann. d. Physik Bd. 51, S. 327. 1916. — EHRENFEST hat seine „Adiabatenhypothese" auf ganz anderem Wege gefunden, nämlich durch eine Untersuchung der statistischen Grundlagen der PLANCKschen Strahlungsformel.

Zur Erläuterung des Begriffes adiabatische Invarianz betrachten wir das Beispiel eines mathematischen Pendels von der Masse m, dessen Fadenlänge l dadurch langsam verkürzt wird, daß der Faden durch den Aufhängepunkt hindurchgezogen wird. Diese Verkürzung bewirkt eine Änderung der Energie W und der Frequenz ν des Pendels; wir können aber zeigen, daß für kleine Schwingungen die Größe $\dfrac{W}{\nu}$ invariant bleibt.

Die Kraft, die den Pendelfaden spannt, besteht beim Ausschlag φ aus dem Anteil der Schwere $mg\cos\varphi$ und der Zentrifugalkraft $ml\dot\varphi^2$. Die bei einer Verkürzung des Fadens geleistete Arbeit ist also

$$A = - \int mg\cos\varphi\, dl - \int ml\dot\varphi^2\, dl.$$

Erfolgt diese Verkürzung so, daß ihr zeitlicher Ablauf in keiner Beziehung zur Schwingungsdauer steht und langsam genug ist, daß es einen Sinn hat, von einer jeweiligen Amplitude zu sprechen, können wir

$$dA = - mg\,\overline{\cos\varphi}\, dl - ml\,\overline{\dot\varphi^2}\, dl$$

schreiben, wo der Strich die Mittelbildung über eine Periode bedeutet. Für kleine Schwingungen setzen wir

$$\cos\varphi = 1 - \frac{\varphi^2}{2}.$$

Setzt man das ein, so zerfällt dA in einen Anteil $- mg\,dl$, der die Arbeit zur Hebung des Pendelkörpers darstellt, und einen zweiten Anteil

$$dW = \left(\frac{mg}{2}\,\overline{\varphi^2} - ml\,\overline{\dot\varphi^2}\right) dl,$$

der die der Schwingung zugeführte Energie bedeutet. Die Mittelwerte der kinetischen und potentiellen Energie der Pendelschwingung sind einander gleich, also gleich der halben Gesamtenergie W:

$$\frac{W}{2} = \frac{m}{2}\, l^2\,\overline{\dot\varphi^2} = \frac{m}{2}\, gl\,\overline{\varphi^2}.$$

Durch Einsetzen folgt

$$dW = - \frac{W}{2\,l}\, dl.$$

Da nun die Schwingungszahl ν proportional $\dfrac{1}{\sqrt{l}}$, also

$$\frac{d\nu}{\nu} = - \frac{dl}{2\,l}$$

ist, gilt auch

$$\frac{dW}{W} = \frac{d\nu}{\nu}.$$

Diese Differentialgleichung besagt, wie bei der adiabatischen Verkürzung die Schwingungsenergie mit der Frequenz verknüpft ist, und zwar folgt durch Integration die Behauptung:

$$\frac{W}{\nu} = \text{const}.$$

Eine ähnliche Überlegung gilt, wenn man ν durch eine andere äußere Beeinflussung langsam ändert. Da der harmonische Oszillator einem Pendel mit unendlich kleinen Ausschlägen mathematisch äquivalent ist, so ist auch bei ihm $\dfrac{W}{\nu}$ konstant: die PLANCKsche Quantenbedingung (1) ist somit im Einklang mit der Adiabatenhypothese. Dagegen kann man zeigen, daß $\dfrac{W}{\nu}$ für andere periodische Systeme von einem Freiheitsgrad nicht adiabatisch invariant ist.

Wir erinnern uns nun daran, daß nach (8) § 9 die Größe $\dfrac{W}{\nu}$ beim harmonischen Oszillator zugleich die Wirkungsvariable J ist. Man könnte also daran denken, allgemein für periodische Systeme von einem Freiheitsgrad die Quantenbedingung

$$(2) \qquad\qquad J = n\,h$$

aufzustellen. Die Größe J erfüllt die Forderung der Eindeutigkeit, sie ist unabhängig vom Koordinatensystem (wegen der Invarianz von $\int\!\int dp\,dq$, vgl. § 7), und wir zeigen jetzt, daß sie *adiabatisch invariant* ist.

Der *allgemeine Beweis des Satzes von der adiabatischen Invarianz* (oder wie BOHR sagt: von der mechanischen Transformierbarkeit) *der Wirkungsvariabeln* wurde (zugleich für mehrere Freiheitsgrade) von BURGERS[1] und KRUTKOW[2] geführt.

---

[1] J. M. BURGERS: Ann. d. Physik Bd. 52, S. 195. 1917.
[2] S. KRUTKOW: Proc. Amsterdam Akad. Bd. 21, S. 1112 (comm. 1918).

Wir denken uns ein mechanisches System von einem Freiheitsgrad einem äußeren Einfluß unterworfen. Dies kann man dadurch ausdrücken, daß man in die Bewegungsgleichungen außer den Variabeln noch einen Parameter einführt, der von der Zeit abhängt, $a(t)$. Wir betrachten nun als adiabatische Änderung des Systems eine solche, die erstens keine Beziehung zu der Periode des ungestörten Systems hat und zweitens hinreichend langsam erfolgt, so daß $\dot{a}$ als beliebig klein angesehen werden kann. Wir nehmen ferner an, daß in einem gewissen Bereich von a für konstant gehaltenes a die Bewegung periodisch ist und wir Winkel- und Wirkungsvariable w und J einführen können. Dann gilt der Satz:

Die Wirkungsvariable J ist adiabatisch invariant, solange die Frequenz nicht verschwindet.

Die HAMILTONsche Funktion

$$H(q,\, p,\, a(t))$$

ist von der Zeit abhängig; es gilt also nicht der Energiesatz, wohl aber gelten die kanonischen Bewegungsgleichungen

$$\dot{q} = \frac{\partial H}{\partial p}, \qquad \dot{p} = -\frac{\partial H}{\partial q}.$$

Wir denken uns nun diejenige kanonische Transformation ausgeführt, die bei konstantem a die Variabeln $q,\, p$ in die Winkel- und Wirkungsvariabeln $w,\, J$ überführt. Es ist hier zweckmäßig, die Transformation in der Form [vgl. (1) § 7 und (5) § 9]

$$p = \frac{\partial S^*}{\partial q},$$

$$J = -\frac{\partial S^*}{\partial w}$$

zu schreiben. In der Funktion S^* kommt außer q und w der Parameter a vor; sie wird dadurch von der Zeit abhängig und nach (1) § 7 geht H in

$$\overline{H} = H + \frac{\partial S^*}{\partial t}$$

über. Die transformierten kanonischen Gleichungen lauten also

$$\dot{w} = \frac{\partial H}{\partial J} + \frac{\partial}{\partial J}\left(\frac{\partial S^*}{\partial t}\right),$$

$$\dot{J} = -\frac{\partial H}{\partial w} - \frac{\partial}{\partial w}\left(\frac{\partial S^*}{\partial t}\right).$$

Da H nur von der Wirkungsvariabeln abhängt, folgt

$$\dot{J} = -\frac{\partial}{\partial w}\left(\frac{\partial S^*}{\partial t}\right) = -\frac{\partial}{\partial w}\left(\frac{\partial S^*}{\partial a}\right)\dot{a}.$$

Dabei ist die Differentiation nach t und a bei festem q und w auszuführen, die Differentation nach w bei festgehaltenem J und a. Die Änderung von J in einem Zeitintervall (t_1, t_2) beträgt jetzt

$$J^{(2)} - J^{(1)} = -\int_{t_1}^{t_2}\dot{a}\,\frac{\partial}{\partial w}\left(\frac{\partial S^*}{\partial a}\right)dt.$$

Bei der vorausgesetzten langsamen und mit der Periode des Systems nicht verknüpften Änderung von a kann man $\dot{a}$ vor das Integralzeichen setzen.

Wir werden den Beweis der Invarianz von J so führen, daß wir zeigen:

$$(3)\qquad \frac{J^{(2)} - J^{(1)}}{\dot{a}} = -\int_{t_1}^{t_2}\frac{\partial}{\partial w}\left(\frac{\partial S^*}{\partial a}\right)dt$$

hat die Größenordnung $\dot{a}\,(t_2 - t_1)$; daraus folgt nämlich, daß in der Grenze unendlich langsamer Änderung $(\dot{a} \to 0)$ und bei endlich bleibendem $\dot{a}\,(t_2 - t_1)$ die Änderung von J verschwindet.

Da S^* (nach § 9) eine periodische Funktion von w ist, gilt dies auch für $\dfrac{\partial S^*}{\partial a}$; es bleibt gültig, wenn wir darin die Variablen w, J, a einführen. Der Integrand von (3) ist also eine Fourier-Reihe

$$\sideset{}{'}\sum_{\tau} A_\tau(J, a)\,e^{2\pi i\tau w}$$

ohne konstantes Glied (den letzteren Umstand deuten wir durch den Akzent am Summenzeichen an). Schreiben wir w als Funktion der Zeit, so wird das abzuschätzende Integral:

$$\int_{t_1}^{t_2}\sideset{}{'}\sum_{\tau} A_\tau(J, a)\,e^{2\pi i\tau [\nu(J, a)t + \delta(J, a)]}\,dt.$$

Der Integrand ist nicht mehr genau periodisch in t; in der Umgebung eines bestimmten Zeitpunktes, für den wir jetzt $t = 0$ setzen, läßt er sich aber in der Form

$$(4) \quad \sum_{\tau}{}' \left(A_\tau{}^0 + A_\tau{}^1\, \dot{a}\, t + \cdots\right) e^{2\pi i \tau [\nu^0 t + \delta^0 + \dot{a}(\nu^1 t^2 + \delta^1 t)\cdots]}$$

$$= \sum_{\tau}{}' A_\tau{}^0\, e^{2\pi i \tau (\nu^0 t + \delta^0)}$$

$$+ \dot{a} \sum_{\tau}{}' \left[2\pi i\, A_\tau{}^0\, \tau\, (\nu^1 t^2 + \delta^1 t) + A^1 t\right] e^{2\pi i \tau (\nu^0 t + \delta^0)} + \cdots$$

schreiben, wo die Werte $A_\tau{}^0$, $A_\tau{}^1$, ν^0, ν^1, δ^0, δ^1 sich auf den Punkt $t = 0$ beziehen. Wenn wir diesen Ausdruck über eine Periode des ersten Gliedes integrieren, so erhalten wir Ausdrücke von der Größenordnung $\dot{a}\, T$ und $\dot{a}\, T^2$, wo T die Länge der Periode ist. Wir denken uns die Entwicklung (4) zunächst am Anfang des Intervalls (t_1, t_2) ausgeführt und das Integral über eine Periode des ersten Gliedes gebildet. Dann denken wir eine neue Entwicklung (4) am Anfang des Restintervalls ausgeführt und wieder das Integral über eine Periode des ersten Gliedes gebildet. Das Verfahren setzen wir so lange fort, bis das Intervall (t_1, t_2) erschöpft ist. Das letzte Integral wird dabei im allgemeinen nicht über eine volle Periode zu erstrecken sein, es hat endliche Größe, auch wenn $t_2 - t_1$ beliebig groß wird. Man sieht: wenn T auf dem ganzen Integrationsweg endlich bleibt, also ν^0 nicht verschwindet, so hat das gesamte Integral die Größenordnung $\dot{a}\,(t_2 - t_1)$.

Damit haben wir die adiabatische Invarianz der J bewiesen. Auf Grund dieser Invarianz und des speziellen Ergebnisses beim Resonator wird man zur Wahl von J als der allgemein zu quantelnden Größe geführt. Diese Annahme hat sich in der weiteren Entwicklung der Quantentheorie bestätigt. Wir sprechen sie folgendermaßen aus:

Quantenbedingung. *In den stationären Zuständen eines periodischen Systems von einem Freiheitsgrad ist die Wirkungsvariable ein ganzzahliges Vielfaches von* h:

$$J = n\,h.$$

Durch diese Quantenbedingung[1]) *sind auch die Energiestufen* als Funktionen der Quantenzahl n *festgelegt.* Das in der Ein-

---

[1]) Diese Quantenbedingung wurde in geometrischer Form zuerst von M. Planck: Vorlesungen über die Theorie der Wärmestrahlung, 1. Aufl., § 150. 1906 angegeben. Sie findet sich weiter bei P. Debye: Vorträge über kinetische Theorie der Materie und der Elektrizität (Wolfskehl-Kongreß), S. 27. 1913.

leitung erwähnte experimentelle Verfahren des Elektronenstoßes gestattet, rein empirisch die Energiestufen der atomaren Systeme zu bestimmen. Der Vergleich dieser Bestimmung mit den theoretischen Energiewerten ermöglicht eine Prüfung der Grundlagen der Quantentheorie, soweit wir sie bisher durchgeführt haben.

Die Verkoppelung der atomaren Systeme mit der Strahlung geschieht, wie wir ebenfalls in der Einleitung erwähnt haben, durch ein weiteres unabhängiges Quantengesetz, die BOHRsche *Frequenzbedingung*,

$$h\tilde{\nu} = W^{(1)} - W^{(2)},$$

die die Frequenzen des emittierten und absorbierten Lichtes bei atomaren Systemen regelt. Dabei bedeuten $W^{(1)}$ und $W^{(2)}$ die Energien zweier stationärer Zustände und $\tilde{\nu}$ die Frequenz des Lichtes, dessen Emission oder Absorption mit dem Übergang des Systems von dem Zustand 1 in den Zustand 2 gekoppelt ist. Im Falle der Emission ($W^{(1)} > W^{(2)}$) liefert unsere Formel ein positives $\tilde{\nu}$, im Falle der Absorption ($W^{(1)} < W^{(2)}$) ein negatives $\tilde{\nu}$.

Die BOHRsche Frequenzbedingung ermöglicht eine viel schärfere Prüfung der Quantenregeln durch Benützung der aus den Spektren bekannten Frequenzen.

§ 11. Das Korrespondenzprinzip für einen Freiheitsgrad.

Durch die beiden im § 10 aufgestellten Gesetze der Atommechanik ist der in der Einleitung erhobenen *Grundforderung der Stabilität* der Atome Genüge getan. Wir wenden uns jetzt der Frage zu, wie weit sie der *anderen Grundforderung* entsprechen, daß die *klassische Theorie als Grenzfall der Quantentheorie* erscheint.

In den beiden Quantengesetzen kommt als charakteristische Größe die PLANCKsche Konstante h vor, die den Abstand der Quantenzustände mißt. Unsere Forderung bedeutet, daß die Quantengesetze im Grenzfall $h \rightarrow 0$ in die klassischen Gesetze übergehen. Die *diskreten Energiestufen* rücken dann zu dem Kontinuum der klassischen Theorie zusammen. Eine besondere Untersuchung erfordert die Frequenzbedingung: Wir haben zu untersuchen, ob die nach ihr berechnete *Frequenz* in der Grenze mit der nach der klassischen Theorie zu erwartenden übereinstimmt.

Die *Strahlung eines Systems elektrisch geladener Teilchen* mit den Ladungen e_k an den Stellen $\mathfrak{r}_k$ wird nach der klassischen Theorie bestimmt durch das elektrische Moment.

$$\mathfrak{p} = \sum_k e_k \mathfrak{r}_k\,.$$

Ist die Ausstrahlung während einer Periode gering, so kann man für eine gewisse Zeit von der Dämpfung absehen. Bei einem System von einem Freiheitsgrad, wie wir es hier betrachten, werden dann die rechtwinkligen Koordinaten der Ladungen periodische Funktionen von

$$w = \nu t + \delta$$

mit der Periode 1. Da dasselbe von $\mathfrak{p}$ gilt, kann man jede Komponente des elektrischen Moments in eine FOURIER-Reihe von der Form

$$\sum_{\tau=-\infty}^{\infty} C_\tau\, e^{2\pi i \tau w}$$

entwickeln. Die C_τ sind dabei komplexe Zahlen; da aber das elektrische Moment reell ist, müssen C_τ und $C_{-\tau}$ konjugiert komplexe Größen sein.

Auf Grund dieser Darstellung läßt sich die zeitliche Schwankung des elektrischen Moments auffassen als eine Übereinanderlagerung von harmonischen Schwingungen mit der Frequenz $\tau\nu$; die Amplituden der entsprechenden Teilschwingungen des Momentes sind dabei gleich $|C_\tau|$, ihre Energien proportional $|C_\tau|^2$. Eine solche Teilschwingung würde klassisch eine Strahlungsfrequenz[1]

$$\tag{1} \tilde{\nu}_{kl} = \tau\nu = \tau\,\frac{\partial W}{\partial J} = \frac{dW}{\dfrac{dJ}{\tau}}$$

liefern.

Wir vergleichen hiermit die quantentheoretische Frequenz[2]

---

[1] Da in der FOURIER-Entwicklung neben τ stets auch $-\tau$ als Koeffizient auftritt, kommt dem Vorzeichen des Ausdrucks für die klassische Strahlungsfrequenz keine Bedeutung zu.

[2] Positives $\tilde{\nu}$ in dem Ausdruck der quantentheoretischen Frequenz bedeutet Emission, negatives $\tilde{\nu}$ Absorption.

$$\tilde{\nu}_{qu} = -\frac{\Delta W}{h};$$

Nimmt bei dem betrachteten Quantenübergang die Quantenzahl n um τ ab, so ist

$$\Delta J = J_2 - J_1 = (n_2 - n_1)\,h = -\tau\,h,$$

so daß wir

(2).
$$\tilde{\nu}_{qu} = \frac{\Delta W}{\Delta \dfrac{J}{\tau}}$$

schreiben können.

Geht man zur Grenze $h \to 0$ oder $\Delta \dfrac{J}{\tau} \to 0$ über, so werden (2) und (1) identisch.

Für den Fall endlicher h können wir das Verhältnis der beiden Frequenzen (1) und (2) folgendermaßen aussprechen: Die Quantentheorie ersetzt den *klassischen Differentialquotienten* durch einen *Differenzenquotienten*. Man geht nicht zur Grenze unendlich kleiner Änderungen der unabhängigen Veränderlichen über, sondern bleibt bei endlichen Intervallen von der Größe h stehen.

Der Übergang zwischen zwei benachbarten Quantenzuständen, bei dem $\tau = 1$ ist, entspricht oder „korrespondiert" mit der klassischen *Grundschwingung*; ein Übergang, bei dem sich n um τ ändert, korrespondiert mit der klassischen τ-ten *Oberschwingung* $\tilde{\nu} = \tau\nu$.

Diese Beziehung zwischen klassischen und quantentheoretischen Frequenzen bildet den Inhalt des Bohr*schen Korrespondenzprinzipes*.

Bei diesem Entsprechen ist die quantentheoretische Frequenz $\tilde{\nu}$ im allgemeinen von der klassischen Frequenz $\tau\nu$ verschieden. Geht man (statt lim: $h \to 0$) zum Grenzfall großer Quantenzahlen n über und betrachtet nur solche Änderungen von n, die relativ zum Wert von n klein sind, so wird wegen des monotonen Charakters (§ 9) der Funktion $W(J)$ der Differenzenquotient sehr nahe mit dem Differentialquotienten übereinstimmen, und man erhält die näherungsweise richtige Gleichung

$$\tilde{\nu} = \tau\nu = (n_1 - n_2)\nu \qquad \left(n_1,\ n_2\ \text{groß};\ \frac{n_1 - n_2}{n_1}\ \text{klein}\right).$$

Wenn $n_1 - n_2$ nicht mehr klein gegen n_1 ist, wird die Übereinstimmung der klassischen und quantentheoretischen Frequenz schlechter. Bei gegebenem n_1 hat sogar die *Korrespondenz* der Frequenzen bei Emission $(n_1 > n_2)$ eine *Schranke*, indem $\tau = n_1 - n_2$ nicht größer als n_1 sein kann.

Die beiden bisher aufgestellten Quantengesetze geben *noch keine vollständige Beschreibung* der Strahlungsvorgänge. Eine Lichtwelle hat nämlich als Bestimmungsstücke außer der Frequenz noch Intensität, Phase und Polarisationszustand. Die Quantentheorie vermag heute noch nicht exakte Auskunft über sie zu geben. Jedoch hat Bohr gezeigt, wie man durch *Übertragung des Korrespondenzprinzips von den Frequenzen auf die Amplituden* wenigstens angenäherte Angaben über Intensität und Polarisation erhalten kann.

Damit nämlich Quantentheorie und klassische Theorie trotz des ganz verschiedenen Strahlungsmechanismus im Grenzfall großer Quantenzahlen (oder im lim: $h \to 0$) dieselbe Ausstrahlung, auch bezüglich der Verteilung der Intensität auf die Teilschwingungen ergeben, muß man annehmen, daß die Fourier-Koeffizienten C_τ in jenem Grenzfall die Stärke der quantentheoretischen Lichtemission bestimmen. Ihre physikalische Bedeutung ist verschieden, je nachdem welche Auffassung man vom Mechanismus der Strahlung hat (s. § 1, S. 7). Nimmt man an, daß die Strahlung nur während der Übergangsprozesse stattfindet unter strenger Währung des Energiesatzes, so bestimmen die C_τ die Übergangs-Wahrscheinlichkeiten. In der neueren Auffassung von Bohr strahlt das atomare System in einem angeregten Zustand (Zustand höherer Energie) spontan die Frequenzen $\tilde{\nu}_{qu}$, die den Übergängen nach Zuständen tieferer Energie entsprechen, mit gewissen Amplituden $C_{\tau,\,qu}$. Das Korrespondenzprinzip besagt dann, daß für große Quantenzahlen die $C_{\tau,\,qu}$ näherungsweise mit den klassischen C_τ übereinstimmen. Überdies bestimmen die $C_{\tau,\,qu}$ auch hier die Wahrscheinlichkeiten für die Übergänge, damit der Energiesatz statistisch erhalten bleibt. Indem man die verschiedenen Komponenten des elektrischen Moments $\mathfrak{p}$ betrachtet, bekommt man mit den Intensitäten zugleich eine Bestimmung der Polarisationsverhältnisse.

Besonders wichtig ist der Fall, daß $C_\tau = 0$ ist; dann wird die korrespondierende Frequenz auch quantentheoretisch nicht ausgesandt werden und der ihr entsprechende Übergang darf nicht auftreten. Da das Korrespondenzprinzip aber nur ein Entsprechen zwischen klassischer und quantentheoretischer *Strahlung* gibt, gelten die aus ihm abgeleiteten Möglichkeiten nur für Fälle, bei denen das atomare System in Wechselwirkung mit Strahlung steht. Sie brauchen für Übergänge bei Stößen zwischen atomaren Systemen nicht zu gelten.

Auf Grund des Korrespondenzprinzips läßt sich nun die Schwierigkeit beim *Resonator*, auf die wir in der Einleitung (§ 1, 2) gestoßen sind, überwinden. Die Darstellung des Ausschlags q als Funktion der Winkelvariabeln lautet nach (9) § 9:

$$= \sqrt{\frac{J}{2\,\pi^2\,\nu\,m}}\,\sin 2\,\pi\,w\,;$$

dies ist offenbar eine FOURIERsche Reihe mit nur dem einen Glied $\tau = \pm 1$, je nachdem ob wir die Wurzel positiv oder negativ nehmen. Nach dem Korrespondenzprinzip darf· sich daher die Quantenzahl beim Resonator nur um 1 ändern und daraus folgt

$$\tilde{\nu} = \nu\,;$$

das ·Korrespondenzprinzip hat also zur Folge, daß sich ein Resonator bezüglich der Frequenz der Ausstrahlung quantentheoretisch genau so verhält wie klassisch. Bei anderen atomaren Systemen· ist dies aber, wie wir sehen werden, keineswegs der Fall.

§ 12. Anwendung auf den Rotator und den anharmonischen Oszillator.

1. **Der Rotator.** Nach (1) § 6 ist die HAMILTONsche Funktion

$$H = \frac{1}{2\,A}\,p^2,$$

wo p der zum Drehwinkel φ konjugierte Impuls ist und die Bedeutung des Drehimpulses hat. Hier wird

$$J = \oint p\,d\varphi = 2\,\pi\,p,$$

da jedesmal nach Zunahme von φ um $2\,\pi$ das System dieselbe Lage einnimmt. Dann wird die Energie als Funktion der Wirkungsvariabeln bzw. der Quantenzahl m

$$(1) \qquad W = H = \frac{1}{8\,\pi^2\,A}\,J^2 = \frac{h^2}{8\,\pi^2\,A}\cdot m^2$$

und die Winkelvariable

$$w = \frac{\varphi}{2\,\pi} = \nu\,t + \delta,$$

wo

$$\nu = \frac{\partial W}{\partial J} = \frac{J}{4\,\pi^2\,A} = \frac{h}{4\,\pi^2\,A}\cdot m$$

ist.

Diese Rechnung findet in der Physik Anwendung auf die Bewegung zweiatomiger Molekeln, und zwar in zwei Erscheinungsgebieten, der *Bandentheorie* und in der *Theorie der spezifischen Wärme der Gase*. Das einfachste Modell einer zweiatomigen Molekel ist die sogenannte „Hantel"; d. h. man denkt sich die beiden Atome als Massenpunkte in einem festen Abstand l und nimmt an, daß das Gebilde um eine zur Verbindungslinie der Atome senkrechte Achse mit dem Trägheitsmoment A rotiert. Eine strenge Begründung dieser Annahmen (Vernachlässigung der Drehung um die Atomverbindung und der damit verknüpften Kreiselbewegung, Annahme des starren Abstandes) bzw. ihre Ergänzung durch allgemeinere Voraussetzungen wird später (§ 19) gegeben werden.

a) **Bandentheorie.** Wir nehmen an, daß die Molekel ein elektrisches Moment hat (z. B. H Cl als Verbindung der Ionen H^+ und Cl^-), dann würde sie nach der klassischen Theorie Licht ausstrahlen, und zwar Licht von der Frequenz

$$\nu = \frac{\partial W}{\partial J} = \frac{J}{4\,\pi^2\,A};$$

Oberschwingungen treten dabei nicht auf. Die Komponenten des elektrischen Moments $\mathfrak{p}$ in der Ebene der Drehung sind, wenn die Massenpunkte die Ladungen e und $-e$ haben:

$$\mathfrak{p}_x = e\,(x_2 - \dot{x}_1) = e\,l\cos 2\,\pi\,w$$
$$\mathfrak{p}_y = e\,(y_2 - y_1) = e\,l\sin\,(\pm\,2\,\pi\,w),$$

wobei die beiden Vorzeichen den beiden möglichen Drehungssinnen entsprechen. Die Darstellung der Komponenten von $\mathfrak{p}$ durch w enthält also nur je ein FOURIER-Glied $\tau = 1$ oder $\tau = -1$.

Man wird erwarten, daß eine solche Molekel mit Moment auch quantentheoretisch ausstrahlt, doch werden die quantentheoretischen Frequenzen von den klassischen verschieden sein.

§ 12. Anwendung auf den Rotator und den anharmonischen Oszillator.

Die Energien der stationären Zustände sind durch (1) gegeben. Da nur ein FOURIER-Glied auftritt, kann sich die Quantenzahl nur um $+ 1$ oder $- 1$ ändern, die BOHRsche Frequenzbedingung liefert also für Emission $(m + 1) \rightarrow m$:

$$(2) \qquad \tilde{\nu} = \frac{h}{8\,\pi^2\,A}\left[(m + 1)^2 - m^2\right] = \frac{h}{8\,\pi^2\,A}(2\,m + 1).$$

Vergleicht man diese Formel mit der für die klassische Frequenz

$$\nu = \frac{h}{8\,\pi^2\,A}\cdot 2\,m,$$

so erkennt man an der Beziehung

$$\tilde{\nu} = \nu\left(1 + \frac{1}{2\,m}\right)$$

daß der relative Unterschied der beiden Frequenzen um so kleiner wird, je größer m ist.

Bis auf den kleinen additiven Unterschied der Frequenzen geben hier die klassische Theorie und die Quantentheorie nichts wesentlich Verschiedenes, nämlich ein System äquidistanter Linien im Emissions- und Absorptionsspektrum. Es ist dies der einfachste Fall der von DESLANDRES zuerst empirisch gefundenen Bandengesetze. Man schätzt leicht ab, daß diese Linien im Ultrarot zu suchen sind. Bei H Cl z. B. rotiert das leichte H-Atom von der Masse $1{,}65 \cdot 10^{-24}$ g wesentlich um das sehr viel schwerere Cl-Atom in einem Abstand, der die Größenordnung aller molekularen Abstände, sagen wir a ÅNGSTRÖM oder $a \cdot 10^{-8}$ cm hat. Dann wird das Trägheitsmoment

$$A = a^2 \cdot 1{,}65 \cdot 10^{-40}\ \text{g cm}^2,$$

die Frequenz der ersten Linie

$$\tilde{\nu} = \frac{5 \cdot 10^{11}}{a^2}\ \text{sek}^{-1}$$

und die Wellenlänge

$$\lambda = \frac{c}{\tilde{\nu}} = 0{,}06 \cdot a^2\ \text{cm}.$$

Da a von der Größenordnung 1 ist, handelt es sich um Linien jenseits des optisch zugänglichen Ultrarot. Diese reinen „Rotationsbanden" sind z. B. beim Wasserdampf beobachtet worden. Bei vielen Gasen hat man Banden gefunden, die auf der vereinigten Wirkung der Schwingung der Kerne gegeneinander und der Rotation beruhen; diese haben den gleichen Typus äquidistanter Linien, liegen aber bei wesentlich kürzeren Wellen. Wir werden ihre Theorie weiter unten (§ 20) behandeln.

b) **Rotationswärme zweiatomiger Gase.** Bekanntlich führt dieselbe Vorstellung von den hantelförmigen Molekeln, die wir bei den Banden benutzt haben, bei hohen Temperaturen auch für die spezifischen Wärmen zu dem richtigen Ergebnis. Man schreibt nämlich einer solchen Hantel 3 translatorische und 2 rotatorische Freiheitsgrade zu, indem man die Drehung um die Atomverbindungslinie nicht zählt. Jedem Freiheitsgrad ohne potentielle Energie entspricht nach dem Gleichverteilungssatz der klassischen statistischen Mechanik die mittlere Energie $\frac{1}{2} k T$, also den 5 genannten Freiheitsgraden der Molekeln die Energie $\frac{5}{2} k T$; die Molwärme ist also $\frac{5}{2} R$. Nun hat aber EUCKEN[1]) durch das Experiment festgestellt, daß mit sinkender Temperatur die Molwärme des Wasserstoffs sinkt, etwa bei $T = 40^0$ abs. den Wert $\frac{3}{2} R$ erreicht und weiterhin konstant bleibt. Der Wasserstoff verwandelt sich also gewissermaßen aus einem zweiatomigen in ein einatomiges Gas; seine Rotationsenergie verschwindet mit sinkender Temperatur. Die elementare Theorie dieses Vorgangs hat EHRENFEST[2]) gegeben. Die mittlere Energie eines Rotators, der nur in den Quantenzuständen (1) existieren kann, ist

$$\overline{W}_r = \frac{\sum\limits_{m=0}^{\infty} W_m e^{-\frac{W_m}{kT}}}{\sum\limits_{m=0}^{\infty} e^{-\frac{W_m}{kT}}} = -\frac{d}{d\beta} \log Z,$$

wo

$$Z = \sum\limits_{m=0}^{\infty} e^{-\beta W_m}, \qquad \beta = \frac{1}{kT}$$

ist. Setzt man für W_m die Werte (1) ein, so wird

$$Z = \sum\limits_{m=0}^{\infty} e^{-\sigma m^2},$$

wo

$$\sigma = \frac{h^2}{8\pi^2 A} \cdot \beta$$

---

[1]) A. EUCKEN: Sitzungsber. d. preuß. Akad. d. Wiss. 1912, S. 141; siehe auch K. SCHEEL u. W. HEUSE: Ebenda 1913, S. 44; Ann. d. Physik Bd. 40, S. 473. 1913.

[2]) P. EHRENFEST: Verhandl. d. Dtsch. Physikal. Ges. Bd. 15, S. 451. 1913.

ist. Die Rotationswärme berechnet EHRENFEST in der Weise, daß er für die mittlere Energie einer Molekel die doppelte mittlere Energie eines unserer Rotatoren annimmt, weil die Molekel zwei aufeinander senkrechte Achsen für die Rotation zur Verfügung hat. Die Rotationswärme pro Mol ist also

$$c_r = 2\,N\,\frac{d\,\overline{W}_r}{d\,T}$$

$$= 2\,R\,\sigma^2\,\frac{d^2}{d\,\sigma^2}\log Z\,.$$

Wir untersuchen das Verhalten dieses Ausdrucks für tiefe und hohe Temperaturen.

Für kleine T ist σ groß, also $e^{-\sigma}$ sehr klein, daher kann die Reihe für Z nach den ersten beiden Gliedern abgebrochen werden:

$$Z = 1 + e^{-\sigma}$$
$$\log Z = e^{-\sigma}\,,$$

somit

$$c_r = 2\,R\,\sigma^2\,e^{-\sigma}\,,$$

und dieser Ausdruck geht mit abnehmendem T (wachsendem σ) gegen 0.

Für große T ist σ klein, dann kann man in dem Ausdruck für Z die Summe durch ein Integral ersetzen und hat

$$Z = \int\limits_0^\infty e^{-\sigma\,m^2}\,dm = \frac{1}{2}\sqrt{\frac{\pi}{\sigma}}$$

$$\log Z = -\tfrac{1}{2}\log\sigma + \mathrm{const}\,,$$

somit

$$c_r = R\,.$$

Die Rotationswärme bewirkt also in der Tat bei wachsender Temperatur ein Anwachsen der gesamten Molwärme von $\tfrac{3}{2}R$ auf $\tfrac{5}{2}R$.

Die Theorie von EHRENFEST kann natürlich nur eine rohe Annäherung an die wirklichen Verhältnisse geben, da die beiden Rotationsfreiheitsgrade nicht unabhängig voneinander sind. Eine genauere Untersuchung hat die Kreiselbewegung der Molekeln zu berücksichtigen[1]).

---

[1]) Siehe die zusammenfassende Darstellung von F. REICHE: Ann. d. Physik. Bd. 58, S. 657. 1919.

2. **Der anharmonische Oszillator.** Wir wollen die Bewegung eines linearen Oszillators von schwach anharmonischem Charakter behandeln, d. h. eines Systems mit einem Freiheitsgrad und der HAMILTONschen Funktion

$$(3) \qquad H = \frac{p^2}{2\,m} + \frac{m}{2}\,\omega_0{}^2\,q^2 + a\,q^3 = W,$$

wo a klein sein soll[1]).

Unser erstes Ziel wird sein, die *Beziehung zwischen Wirkungsvariable J und Energie W* aufzusuchen, und zwar in Form einer Entwicklung nach Potenzen von a.

Es ist

$$p = \sqrt{2\,m\,a}\,\sqrt{f(q)},$$

wo

$$(4) \qquad f(q) = -\,q^3 - \frac{m\,\omega_0{}^2}{2\,a}\,q^2 + \frac{W}{a}$$

ist. Dafür schreiben wir

$$f(q) = (e_1 - q)\,(q - e_2)\,(q - e_3).$$

Für kleine a liegen zwei der Nullstellen, sagen wir e_1 und e_2, in der Nähe von $\pm\sqrt{\dfrac{2\,W}{m\,\omega_0{}^2}}$, zwischen ihnen findet die Bewegung statt; die dritte Nullstelle e_3 liegt in großem Abstand von 0. Wir schreiben daher

$$f(q) = -\,e_3\,(e_1 - q)\,(q - e_2)\left(1 - \frac{q}{e_3}\right)$$

$$(5) \quad \sqrt{f(q)} = \sqrt{-\,e_3}\,\sqrt{(e_1 - q)\,(q - e_2)}\left(1 - \frac{q}{2\,e_3} - \frac{q^2}{8\,e_3{}^2} + \cdots\right)$$

und erhalten folgende Entwicklung für J:

$$J = \oint p\,dq = \sqrt{-\,2\,m\,a\,e_3}\left(J_0 - \frac{1}{2\,e_3}\,J_1 - \frac{1}{8\,e_3{}^2}\,J_2 + \cdots\right);$$

---

[1]) Dieses Problem hat zuerst S. BOGUSLAWSKI, Physikal. Zeitschr. Bd. 15, S. 569. 1914, behandelt, mit dem Ziel, die Pyroelektrizität mit Hilfe der Quantentheorie zu erklären. Das Phasenintegral ist im Wesentlichen eine Periode der zu $f(q)$ gehörigen elliptischen Funktion und läßt sich durch hypergeometrische Funktionen exakt darstellen. Bei der physikalischen Anwendung beschränkt sich auch BOGUSLAWSKI auf kleine a und kommt zu derselben Schlußformel, wie sie im Text gegeben ist.

darin ist

$$J_0 = \oint \sqrt{(e_1 - q)(q - e_2)}\, dq$$
$$J_1 = \oint q \sqrt{(e_1 - q)(q - e_2)}\, dq$$
$$J_2 = \oint q^2 \sqrt{(e_1 - q)(q - e_2)}\, dq.$$

Die Integrale formen wir mittels der Substitution (vgl. Anhang II)

$$(6) \qquad \frac{2\,q - (e_1 + e_2)}{e_1 - e_2} = \sin \psi$$

um. Wenn q zwischen den Librationsgrenzen e_1 und e_2 hin- und hergeht, geht ψ von $\frac{\pi}{2}$ bis $\frac{\pi}{2} + 2\,\pi$; wir finden so:

$$J_0 = \left(\frac{e_1 - e_2}{2}\right)^2 \int_0^{2\pi} \cos^2 \psi\, d\psi$$

$$J_1 = \left(\frac{e_1 - e_2}{2}\right)^2 \left[\frac{e_1 + e_2}{2} \int_0^{2\pi} \cos^2 \psi\, d\psi + \frac{e_1 - e_2}{2} \int_0^{2\pi} \sin \psi \cos^2 \psi\, d\psi\right]$$

$$J_2 = \left(\frac{e_1 - e_2}{2}\right)^2 \left[\left(\frac{e_1 + e_2}{2}\right)^2 \int_0^{2\pi} \cos^2 \psi\, d\psi\right.$$
$$\left. + \frac{e_1^2 - e_2^2}{2} \int_0^{2\pi} \sin \psi \cos^2 \psi\, d\psi + \left(\frac{e_1 - e_2}{2}\right)^2 \int_0^{2\pi} \sin^2 \psi \cos^2 \psi\, d\psi\right]$$

und

$$J_0 = \frac{\pi}{4} (e_1 - e_2)^2$$

$$J_1 = \frac{e_1 + e_2}{2} \cdot J_0$$

$$J_2 = \tfrac{1}{16} \left[5\,(e_1 + e_2)^2 - 4\,e_1\,e_2\right] \cdot J_0.$$

Die Nullstellen e_1 und e_2 erhalten wir, wenn wir q als Potenzreihe von a schreiben und untersuchen, für welche Werte der Koeffizienten das Polynom $f(q)$ verschwindet; wir finden so

$$(7) \qquad \begin{aligned} e_1 &= q_0 + a\,q_1 + a^2\,q_2,\\ e_2 &= -\,q_0 + a\,q_1 - a^2\,q_2, \end{aligned}$$

wo

$$q_0 = \sqrt{\frac{2\,W}{m\,\omega_0{}^2}}, \qquad q_1 = -\frac{q_0{}^2}{m\,\omega_0{}^2}, \qquad q_2 = \frac{5}{2}\frac{q_0{}^3}{m^2\,\omega_0{}^4}$$

ist. Die dritte Nullstelle erhalten wir, wenn wir untersuchen, für welche Koeffizienten von

$$q = \frac{1}{a}\,(\alpha + \beta\,a + \gamma\,a^2 + \cdots)$$

die Funktion $f(q)$ verschwindet; wir finden so

$$(8) \qquad e_3 = \frac{1}{a}\left(\alpha + \frac{W}{a^2}\,a^2 + \cdots\right), \qquad \alpha = -\frac{m\,\omega_0{}^2}{2}.$$

Führen wir diese Ausdrücke in die Gleichungen für J_0, J_1 und J_2 ein, so erhalten wir nach längerer Rechnung

$$J = 2\,\pi\,\frac{W}{\omega_0}\left(1 + \frac{15}{4}\,a^2\,\frac{W}{m^3\,\omega_0{}^6} + \cdots\right).$$

Setzen wir die erste Näherung

$$W = \frac{\omega_0}{2\,\pi}\,J = \nu_0\,J$$

in der Klammer für W ein, so folgt schließlich

$$(9) \qquad W = \nu_0\,J - \frac{15\,a^2}{4\,(2\,\pi\,\nu_0)^6\,m^3}\,(\nu_0\,J)^2.$$

Wir sehen daraus, daß die Frequenz nicht ν_0, sondern in dieser Annäherung

$$\nu = \nu_0 - \frac{15}{2\,(2\,\pi)^6\,\nu_0{}^4\,m^3}\,a^2\cdot J$$

ist.

Für die *Ausstrahlung* eines atomaren Systems, das sich durch einen anharmonischen Oszillator annähern läßt, ist es wesentlich, welche Übergänge zwischen den durch (9) angegebenen Energiestufen nach dem Korrespondenzprinzip erlaubt sind. Um dies zu erkennen, berechnen wir q als Funktion der Winkelvariabeln w. Für diese gilt

$$w = \frac{\partial S}{\partial J} = \int \frac{\partial p}{\partial J}\,dq = \sqrt{\frac{m}{2\,a}}\,\frac{dW}{dJ}\int \frac{dq}{\sqrt{f(q)}}$$

und mit der Entwicklung (5):

$$w = \sqrt{-\frac{m}{2\,a\,e_3}}\,\frac{dW}{dJ}\int \frac{dq}{\sqrt{(e_1-q)(q-e_2)}}\left(1+\frac{q}{2\,e_3}\right),$$

$$w = \sqrt{-\frac{m}{2\,a\,e_3}}\,\frac{dW}{dJ}\left(K_0+\frac{1}{2\,e_3}\,K_1\right).$$

Die Integrale

$$K_0 = \int \frac{dq}{\sqrt{(e_1-q)(q-e_2)}}, \quad K_1 = \int \frac{q\,dq}{\sqrt{(e_1-q)(q-e_2)}}$$

berechnen wir wieder mit der Substitution (6) und erhalten

$$K_0 = \psi, \quad K_1 = \frac{e_1+e_2}{2}\,\psi - \frac{e_1-e_2}{2}\cos\psi.$$

Setzen wir jetzt die oben gefundenen Werte (7) und (8) für e_1, e_2, e_3 ein, so wird

$$w = \frac{1}{\omega_0}\,\frac{dW}{dJ}\left[\psi + \frac{a}{m\,\omega_0{}^2}\sqrt{\frac{2\,W}{m\,\omega_0{}^2}}\cos\psi + \cdots\right].$$

Wenn wir die Glieder mit a^2 vernachlässigen, können wir

$$\frac{dW}{dJ} = \nu_0$$

setzen und erhalten

$$(10) \qquad w = \frac{1}{2\,\pi}\left[\psi + a\sqrt{\frac{2\,\nu_0\,J}{(2\,\pi\,\nu_0)^6\,m^3}}\cos\psi\right].$$

Aus (6) folgt für q:

$$q = a\,q_1 + q_0\sin\psi,$$

wo wir $\sin\psi$ aus (10) zu berechnen haben. Unter Vernachlässigung von a^2 erhalten wir

$$q = q_0\sin 2\,\pi\,w - a\,\frac{q_0{}^2}{2\,m\,\omega_0{}^2}(3 + \cos 4\,\pi\,w)$$

und schließlich

$$(11) \quad q = \sqrt{\frac{J}{2\,\pi^2\,\nu_0\,m}}\sin 2\,\pi\,w - a\,\frac{\nu_0\,J}{(2\,\pi\,\nu_0)^4\,m^2}(3 + \cos 4\,\pi\,w).$$

Die Abweichung der Koordinate q von ihrem Wert beim harmonischen Oszillator $(a = 0)$ ist schon von der Ordnung a, während die Abweichung der Energie die Ordnung a^2 hatte.

Der Mittelwert der Koordinate wird nicht null, sondern in unserer Annäherung

$$(12) \qquad \bar{q} = - 3\,a\,\frac{\nu_0\,J}{(2\,\pi\,\nu_0)^4\,m^2} = - 3\,a\,\frac{W}{(2\,\pi\,\nu_0)^4\,m^2}.$$

Beim anharmonischen Oszillator schwingt also die Koordinate um einen von der Gleichgewichtslage verschiedenen Mittelwert. Die Schwingung ist nicht harmonisch, vielmehr treten Oberschwingungen auf, die erste davon mit einer Amplitude von der Ordnung a.

Auf Grund des Korrespondenzprinzips sind bei unserem atomaren System auch Quantenübergänge möglich, bei denen sich die Quantenzahl um *mehr als eine* Einheit ändert. Die Wahrscheinlichkeit für eine Änderung der Quantenzahl um 2 ist dabei von der Ordnung a^2 (Quadrat der Amplitude der korrespondierenden Schwingung).

Die Tatsache, daß der Mittelwert des Ausschlags nicht verschwindet, sondern proportional der Energie wächst, hat BOGUSLAWSKI[1]) benutzt, um die Erscheinung der *Pyroelektrizität* zu erklären. Er denkt sich die (geladenen) Atome eines azentrischen Kristalls anharmonisch an Gleichgewichtslagen gebunden; dann wird mit wachsender Temperatur (d. h. Energie) ein mittleres elektrisches Moment entstehen. BOGUSLAWSKI hat zuerst für die mittlere Energie den klassischen Wert kT gesetzt, später die Quantentheorie berücksichtigt, indem er für die mittlere Energie die PLANCKsche Resonatorformel ((5) § 1) benutzte.

Ferner findet die Theorie des anharmonischen Oszillators Anwendung bei der Erklärung des Anwachsens der *spezifischen Wärme* fester Körper bei sehr hohen Temperaturen über den DULONG-PETITschen Wert hinaus[2]) und bei der Erklärung der Bandenspektren (s. § 20).

§ 13. Mehrfach periodische Funktionen.

Ehe wir daran gehen können, unsere Betrachtungen auf *Systeme von mehreren Freiheitsgraden* zu übertragen, müssen wir

---

[1]) S. BOGUSLAWSKI: Physikal. Zeitschr. Bd. 15. S. 283, 569, 805. 1914.

[2]) M. BORN u. E. BRODY: Physikal. Zeitschr. Bd. 6, S. 132. 1921; ausführliche Literaturangaben s. M. BORN: Atomtheorie des festen Zustandes. Leipzig 1923, S. 698.

den Begriff der *mehrfach periodischen Funktion* einführen und einige ihrer Eigenschaften untersuchen.

Definition 1: *Eine Funktion $F(x_1 \cdots x_f, y_1 \cdots)$ hat in den Variabeln $x_1 \cdots x_f$ die Periode $\tilde{\omega}$ mit den Komponenten*

$$\tilde{\omega}_1, \ \tilde{\omega}_2 \cdots \tilde{\omega}_f,$$

wenn identisch in den $x_1 \cdots x_f$

$$(1) \qquad F(x_1 + \tilde{\omega}_1, \ x_2 + \tilde{\omega}_2 \cdots x_f + \tilde{\omega}_f) = F(x_1, x_2 \cdots x_f)$$

ist.

Deutet man die $x_1 \cdots x_f$ als Koordinaten in einem f-dimensionalen Raum, so entspricht jeder Periode ein Vektor in diesem Raum.

Wenn man in (1) $(x_1, x_2 \cdots x_f)$ durch $(x_1 \pm \tilde{\omega}_1, x_2 \pm \tilde{\omega}_2 \cdots x_f \pm \tilde{\omega}_f)$ ersetzt und diese Operation beliebig oft wiederholt, erkennt man die Richtigkeit folgenden Satzes:

Satz 1: *Eine Funktion, die die Periode $\tilde{\omega}$ hat, hat auch die Periode $\tau \tilde{\omega}$, d. h. die Periode mit den Komponenten $\tau \tilde{\omega}_1, \tau \tilde{\omega}_2 \cdots \tau \tilde{\omega}_f$, wo τ eine beliebige ganze Zahl ist.*

Wenn die Funktion F neben $\tilde{\omega}$ noch die Periode $\tilde{\omega}'$ hat, so erkennt man, indem man in (1) $(x_1, x_2 \cdots x_f)$ durch $(x_1 + \tilde{\omega}_1', x_2 + \tilde{\omega}_2' \cdots x_f + \tilde{\omega}_f')$ ersetzt:

Satz 2: *Die vektorielle Summe $\tilde{\omega} + \tilde{\omega}'$ zweier Perioden $\tilde{\omega}$ und $\tilde{\omega}'$, d. h. der Vektor mit den Komponenten*

$$\tilde{\omega}_1 + \tilde{\omega}_1', \ \tilde{\omega}_2 + \tilde{\omega}_2' \cdots \tilde{\omega}_f + \tilde{\omega}_f',$$

ist ebenfalls eine Periode.

Durch Verbindung der Sätze 1 und 2 erhält man den allgemeinen

Satz 3: *Hat eine Funktion mehrere Perioden*

$$\tilde{\omega}^{(1)} = \left(\tilde{\omega}_1^{(1)}, \ \tilde{\omega}_2^{(1)} \cdots \tilde{\omega}_f^{(1)} \right)$$
$$\tilde{\omega}^{(2)} = \left(\tilde{\omega}_1^{(2)}, \ \tilde{\omega}_2^{(2)} \cdots \tilde{\omega}_f^{(2)} \right)$$
$$\cdots \cdots \cdots \cdots \cdots \cdots$$
$$\tilde{\omega}^{(g)} = \left(\tilde{\omega}_1^{(g)}, \ \tilde{\omega}_2^{(g)} \cdots \tilde{\omega}_f^{(g)} \right),$$

so ist jede ganzzahlige lineare Kombination dieser Perioden

$$(2) \qquad \sum_k \tau_k \tilde{\omega}^{(k)} = \left(\sum_k \tau_k \tilde{\omega}_1^{(k)}, \ \sum_k \tau_k \tilde{\omega}_2^{(k)} \cdots \sum_k \tau_k \tilde{\omega}_f^{(k)} \right)$$

ebenfalls eine Periode.

Definition 2: *Man nennt zwei Punkte $(x_1 \cdots x_f)$ und $(x_1' \cdots x_f')$ äquivalent, wenn der sie verbindende Vektor die Form $\sum_k \tau_k \tilde{\omega}^{(k)}$ hat.*

Um unwesentliche Ausnahmefälle auszuschließen, stellen wir die Forderung auf:

Forderung: *Die Funktion F soll keine unendlich kleine Periode besitzen*, d. h. keine solche, für die die Länge des darstellenden Vektors kleiner als jede beliebige Zahl ist.

Wir betrachten jetzt zwei durch parallele Vektoren dargestellte Perioden $\tilde{\omega}$ und $\lambda\tilde{\omega}$. Dann muß λ eine rationale Zahl sein, andernfalls könnte man die Periode $(\tau + \tau'\lambda)\cdot\tilde{\omega}$ durch geeignete Wahl der ganzen Zahlen τ und τ' beliebig klein machen[1]).

Ist nun q der kleinste Nenner, durch den sich λ in der Form $\dfrac{p}{q}$ darstellen läßt, so ist $\dfrac{1}{q}\cdot\tilde{\omega}$ ebenfalls eine Periode. Wir können nämlich nach einem zahlentheoretischen Satz stets zwei ganze Zahlen τ und τ' angeben, so daß

$$q\tau + p\tau' = 1,$$

also

$$\tau + \tau'\frac{p}{q} = \frac{1}{q}$$

wird. Wir sehen jetzt, daß wir *jede Periode, deren Vektor eine bestimmte Richtung hat, als ganzzahliges Vielfaches einer kleinsten* darstellen können.

Von diesem Satz läßt sich eine Verallgemeinerung angeben, die für alle Perioden einer Funktion F gilt. Um sie abzuleiten, denken wir uns alle Perioden nach dem Betrag ihrer Vektoren geordnet:

$$(3) \qquad |\tilde{\omega}| \leqq |\tilde{\omega}'| \leqq |\tilde{\omega}''| \leqq \cdots.$$

Aus dieser Reihe greifen wir die erste Periode heraus und die erste folgende, deren Vektor eine andere Richtung hat. Diese beiden Perioden, die wir jetzt $\tilde{\omega}^{(1)}$ und $\tilde{\omega}^{(2)}$ nennen wollen, bestimmen dann ein Parallelogrammnetz in der Ebene der entsprechenden Vektoren mit der Eigenschaft, daß jeder Vektor, der zwei Eckpunkte dieses Netzes verbindet, ebenfalls eine Periode darstellt. Damit sind aber auch alle Perioden erschöpft, deren Vektoren in dieser Ebene liegen. Gibt es nämlich einen Vektor $\tilde{\omega}$, dessen Endpunkt nicht in einen Netzpunkt fällt, so

---

[1]) s. Anhang I.

gibt es jedenfalls einen Netzpunkt, der von jenem Endpunkt um weniger als $|\tilde{\omega}^{(2)}|$ entfernt liegt. Wäre $\tilde{\omega}$ eine Periode, so entspräche dem Vektor dieser Entfernung ebenfalls eine Periode; ihr Betrag wäre aber kleiner als $|\tilde{\omega}^{(2)}|$. Zu $\tilde{\omega}^{(1)}$ und $\tilde{\omega}^{(2)}$ fügen wir jetzt die in der Reihe (3) nächstfolgende Periode hinzu, deren Vektor nicht in der durch $\tilde{\omega}^{(1)}$ und $\tilde{\omega}^{(2)}$ bestimmten Ebene liegt, und nennen sie $\tilde{\omega}^{(3)}$. Diese drei Perioden bestimmen dann ein paral-

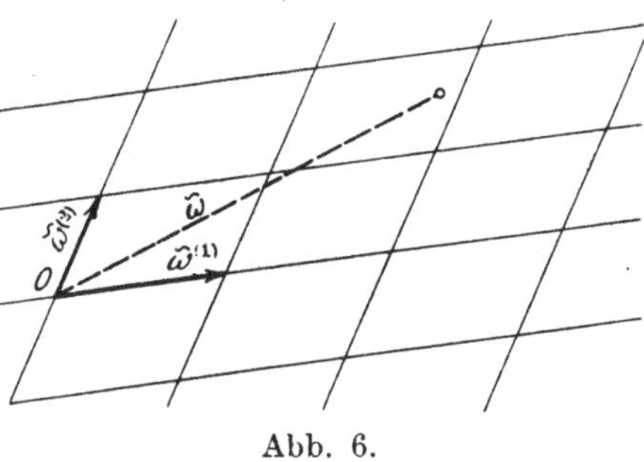

Abb. 6.

lelflächiges (3-dimensionales) Gitter, mit den Eigenschaften, daß jeder zwei Gitterpunkte verbindende Vektor einer Periode entspricht und daß damit auch alle Perioden erschöpft sind, deren Vektoren in dem durch $\tilde{\omega}^{(1)}$, $\tilde{\omega}^{(2)}$, $\tilde{\omega}^{(3)}$ bestimmten dreidimensionalen Raum liegen. Setzen wir dieses Verfahren fort, bis alle Perioden erschöpft sind, was spätestens beim Übergang zum f-dimensionalen Raum der Fall ist, so erkennen wir

Satz 4. *Zu jeder periodischen Funktion $F(x_1 \cdots x_f, y_1 \cdots)$ von $x_1 \cdots x_f$ gibt es ein System von Perioden $\tilde{\omega}^{(1)}$, $\tilde{\omega}^{(2)} \ldots \tilde{\omega}^{(g)}$ mit der Eigenschaft, daß sich jede beliebige Periode $\tilde{\omega}$ der Funktion F in der Form*

$$\tilde{\omega} = \sum_k \tau_k \, \tilde{\omega}^{(k)}$$

darstellen läßt; die Anzahl g der Perioden ist dabei höchstens gleich der Zahl f der Variabeln.

Definition 3: *Ein System von Perioden, das die im Satz 4 erwähnte Eigenschaft hat, heißt ein primitives Periodensystem.*

Wir hatten eben alle Perioden von F durch ein g-dimensionales Gitter dargestellt. Dabei sind natürlich nur die Gitterpunkte wesentlich, nicht die sie verbindenden Vektoren. Wir können das System $\tilde{\omega}^{(1)} \tilde{\omega}^{(2)} \ldots \tilde{\omega}^{(g)}$ durch ein anderes System von gleichviel (g) Perioden

$$\begin{aligned}
\tilde{\omega}^{(1)\prime} &= \sum_k \tau_{1\,k}\,\tilde{\omega}^{(k)} \\
\tilde{\omega}^{(2)\prime} &= \sum_k \tau_{2\,k}\,\tilde{\omega}^{(k)} \\
&\;\cdots\cdots\cdots \\
\tilde{\omega}^{(g)\prime} &= \sum_k \tau_{g\,k}\,\tilde{\omega}^{(k)}
\end{aligned}$$

(4)

ersetzen, das die gleichen Eckpunkte liefert. Das ist offenbar dann und nur dann der Fall, wenn die Determinante der τ_{ik} den Wert ± 1 hat; diese Determinante stellt nämlich das Verhältnis dar, in dem die Zellvolumina der beiden Gitter stehen.

Satz 5. *Alle primitiven Periodensysteme einer Funktion hängen durch ganzzahlige lineare Transformationen mit der Determinante ± 1 zusammen.*

Wir betrachten im folgenden nur solche Funktionen, bei denen die Zahl der Perioden im primitiven System gleich der Zahl f der Variabeln ist, für die die Periodizität gilt. Wir betrachten also nur f-fach periodische Funktionen.

Führt man statt des Koordinatensystems $x_1 \cdots x_f$ in unserem f-dimensionalen Raum ein neues Koordinatensystem $w_1 \cdots w_f$ ein, dessen Achsen den Vektoren parallel sind, die einem primitiven Periodensystem entsprechen, und für das jene Vektoren die Einheiten bilden, so hat die Funktion F, als Funktion der w geschrieben, das primitive Periodensystem

(5)
$$\begin{aligned}
&(1,\ 0,\ 0 \cdots 0) \\
&(0,\ 1,\ 0 \cdots 0) \\
&(0,\ 0,\ 1 \cdots 0) \\
&\;\cdots\cdots\cdots \\
&(0,\ 0,\ 0 \cdots 1).
\end{aligned}$$

Wir sagen in diesem Fall, F habe die „*primitive Periode 1*“. Wir erkennen

Satz 6. *Durch eine lineare Transformation der Variabeln, in denen eine Funktion periodisch ist, läßt sich erreichen, daß sie die primitive Periode 1 erhält.*

Wir wollen jetzt untersuchen, wieweit dieses Koordinatensystem $w_1, w_2 \ldots$ noch willkürlich ist. Zunächst sieht man, daß durch eine Transformation

$$(6) \quad \begin{aligned} w_1 &= \overline{w}_1 + \psi_1(\overline{w}_1\ \overline{w}_2 \cdots \overline{w}_f, y_1 y_2 \cdots) \\ w_2 &= \overline{w}_2 + \psi_2(\overline{w}_1\ \overline{w}_2 \cdots \overline{w}_f, y_1 y_2 \cdots) \\ &\;\;\cdots\cdots\cdots\cdots\cdots\cdots\cdots \\ w_f &= \overline{w}_f + \psi_f(\overline{w}_1\ \overline{w}_2 \cdots \overline{w}_f, y_1 y_2 \cdots), \end{aligned}$$

in der die ψ periodisch in den $\overline{w}_k$ sind mit der Periode 1 (sie braucht nicht primitiv zu sein), an den Periodizitätseigenschaften vor $F(x_1 \cdots x_f, y_1 \cdots)$ nichts geändert wird. Die Gitterpunkte des w-Koordinatensystems gehen durch eine einfache Verschiebung in die Gitterpunkte des $\overline{w}$-Koordinatensystems über. Man sieht ferner, daß die angegebene Transformation die einzige ist, bei der dieser Übergang eine einfache Verschiebung ist. Geht man nämlich von einem Punkt im w-Raum zu einem äquivalenten über, so nimmt jedes w_k um eine ganze Zahl zu. Um die gleichen ganzen Zahlen müssen die $\overline{w}_k$ zunehmen, wenn wir den gleichliegenden Übergang im $\overline{w}_k$-Raum ausführen. Die Differenzen $w_k - \overline{w}_k$ müssen also in allen äquivalenten Punkten denselben Wert haben, d. h. sie sind periodisch in den $\overline{w}_k$ und in den w_k.

Nun gibt es aber noch Transformationen, bei denen zwar die Anordnung der Gitterpunkte geändert wird, aber doch Gitterpunkt auf Gitterpunkt abgebildet wird. Jedem der in Satz 5 erwähnten primitiven Periodensysteme in den x_k entspricht z. B. eine solche Transformation; dies sind die ganzzahligen homogenen linearen Transformationen mit der Determinante ± 1.

Wenn man nun die allgemeinste Transformation, die das Periodizitätsgitter in sich überführt, zerlegt in eine geeignete solche lineare und eine andere Transformation, so muß diese zweite die Form (6) haben. Die gesuchte allgemeinste Transformation ist also

$$(7) \quad \begin{aligned} w_1 &= \sum \tau_{1k}\,\overline{w}_k + \psi_1(\overline{w}_1 \cdots \overline{w}_f, y_1 \cdots) \\ w_2 &= \sum \tau_{2k}\,\overline{w}_k + \psi_2(\overline{w}_1 \cdots \overline{w}_f, y_1 \cdots) \\ &\;\;\cdots\cdots\cdots\cdots\cdots\cdots\cdots \\ w_f &= \sum \tau_{fk}\,\overline{w}_k + \psi_f(\overline{w}_1 \cdots \overline{w}_f, y_1 \cdots). \end{aligned}$$

Satz 7. *Alle Variabelnsysteme, in denen eine f-fach periodische Funktion die primitive Periode 1 hat, hängen miteinander durch Transformationen der Form (7) zusammen, wobei die τ_{ik}*

ganze Zahlen sind, deren System die Determinante ± 1 hat, und die ψ_i periodisch in den $\bar{w}_k$ sind mit der Periode 1. [1])

Mit Hilfe der Variabeln $w_1 \cdots w_f$ läßt sich die Funktion F sehr einfach schreiben. Sie läßt sich nämlich als FOURIER-Reihe

$$(8) \qquad F(w_1 \cdots w_f) = \sum_{\tau_1 \cdots \tau_f = -\infty}^{\infty} C_{\tau_1 \tau_2 \cdots \tau_f}\, e^{2\pi i(\tau_1 w_1 + \tau_2 w_2 + \cdots + \tau_f w_f)}$$

darstellen, für die wir auch kurz

$$(8') \qquad F(w) = \sum_{\tau} C_\tau\, e^{2\pi i (\tau w)}$$

schreiben wollen. Multipliziert man die Funktion F mit $e^{-2\pi i (\tau' w)}$ und integriert über den Einheitskubus des w-Raumes, so erhält man

$$\int F(w)\, e^{-2\pi i(\tau' w)}\, dw = \sum_{\tau} C_\tau \cdot \int e^{2\pi i[(\tau w)-(\tau' w)]}\, dw = C_{\tau'};$$

die Koeffizienten der FOURIER-Darstellung lassen sich also in der Form

$$(9) \qquad C_\tau = \int F(w)\, e^{-2\pi i(\tau w)}\, dw$$

aus der Funktion F gewinnen.

Wenn die Funktion $F(w)$ reell ist, so sind $C_{\tau_1 \cdots \tau_f}$ und $C_{-\tau_1 \cdots -\tau_f}$ konjugiert komplexe Größen.

---

[1]) Man kann diesen Satz analytisch auch folgendermaßen beweisen: Wir suchen eine Transformation

$$w_k = f_k(\bar{w}_1 \bar{w}_2 \cdots \bar{w}_f, y_1 \cdots),$$

bei der die Periodizität der Funktion

$$F(w_1 w_2 \cdots w_f, y_1 \cdots) = \bar{F}(\bar{w}_1 \bar{w}_2 \cdots \bar{w}_f, \bar{y}_1 \cdots)$$

in den f ersten Variablen erhalten bleibt. Wenn wir

$$f_k(\bar{w}_1 + 1,\, \bar{w}_2 \cdots \bar{w}_f,\, y_1 \cdots) = w_k'$$

setzen, wird

$$F(w_1' w_2' \cdots w_f',\, y_1 \cdots) = \bar{F}(\bar{w}_1 + 1,\, \bar{w}_2 \cdots \bar{w}_f,\, \bar{y}_1 \cdots) = \bar{F}(\bar{w}_1,\, \bar{w}_2 \cdots \bar{w}_f,\, \bar{y}_1 \cdots)$$
$$= F(w_1 w_2 \cdots w_f,\, y_1 \cdots).$$

Das bedeutet aber, daß w_k' und w_k sich um eine ganze Zahl unterscheiden:

$$f_k(\bar{w}_1 + 1,\, \bar{w}_2 \cdots \bar{w}_f,\, y_1 \cdots) = f_k(\bar{w}_1,\, \bar{w}_2 \cdots \bar{w}_f,\, y_1 \cdots) + \tau_{k1}.$$

Entsprechend kann man schließen

$$f_k(\bar{w}_1 \cdots \bar{w}_l + 1 \cdots \bar{w}_f,\, y_1 \cdots) = f_k(\bar{w}_1,\, \bar{w}_2 \cdots \bar{w}_f,\, y_1 \cdots) + \tau_{kl}.$$

Dies ist aber nur möglich, wenn f_k die Form hat:

$$f_k(\bar{w} \cdots \bar{w}_f,\, y_1 \cdots) = \Sigma\, \tau_{kl}\, \bar{w}_l + \psi_k(\bar{w}_1 \cdots \bar{w}_f,\, y_1 \cdots),$$

wo ψ_k periodisch in den $\bar{w}$ ist mit der Periode 1.

§ 14. Separierbare mehrfach periodische Systeme.

Unsere nächste Aufgabe besteht darin, die für periodische Systeme mit einem Freiheitsgrad gefundenen Zusammenhänge auf Systeme mit mehreren Freiheitsgraden zu übertragen. Für ganz beliebige Systeme hat natürlich die Einführung von Winkel- und Wirkungsvariabeln gar keinen Sinn, da diese an das Vorhandensein von Periodizitäts-Eigenschaften geknüpft sind.

Wir betrachten zunächst den einfachen Fall, daß die HAMILTONsche *Funktion* des Systems in eine *Summe von Gliedern* zerfällt, von deren jedes nur ein Variabelnpaar q_k, p_k enthält:

$$H = H_1\left(q_1, p_1\right) + \cdots + H_f\left(q_f, p_f\right).$$

Man löst die HAMILTON-JACOBISche Gleichung dann durch Separation der Variabeln, indem man

$$H_k\left(q_k \frac{\partial S_k}{\partial q_k}\right) = W_k$$

setzt, wo zwischen den W_k die Beziehung

$$W_1 + \cdots + W_f = W$$

besteht. Man sieht, die Bewegung entspricht vollkommen der von f unabhängigen Systemen von je einem Freiheitsgrad. Wir betrachten nur den Fall, wo die Änderung jeder der Koordinaten q_k periodisch mit der Zeit erfolgt. Dann ist die folgerichtige Verallgemeinerung der früheren Betrachtungen, die Wirkungsvariabeln durch

$$(1) \qquad J_k = \oint p_k \, dq_k$$

zu definieren, die Funktion S_k durch q_k und J_k auszudrücken und

$$(2) \qquad w_k = \frac{\partial S_k}{\partial J_k}$$

zu setzen.

Beispiel: *Räumlicher Oszillator.* Ein Massenpunkt sei durch irgendwelche Kräfte an eine stabile Gleichgewichtslage gebunden (z. B. ein leichtes Atom in einer Molekel, die sonst aus lauter schweren, also relativ unbeweglichen Atomen besteht). Dann ist für kleine Verrückungen die potentielle Energie eine positiv definite quadratische Form der Verrückungskomponenten. Man kann dann immer die Achsen des Koordinatensystems (x, y, z) in die Hauptachsen des dieser quadratischen Form entsprechenden Ellipsoids legen. Die HAMILTONsche Funktion ist dann

$$(3) \qquad H = \frac{1}{2\,m}\,(p_x{}^2 + p_y{}^2 + p_z{}^2) + \frac{m}{2}\,(\omega_x{}^2\,x^2 + \omega_y{}^2\,y^3 + \omega_z{}^2\,z^2)\,;$$

sie hat also die oben angegebene Form. Die Bewegung kann daher als Resultante der Schwingungen von drei linearen Oszillatoren in den Koordinatenachsen angesehen werden. Es wird somit nach (9) und (10) § 9:

$$
\begin{aligned}
x &= \sqrt{\frac{J_x}{2\,\pi^2\,\nu_x\,m}}\,\sin 2\,\pi\,w_x & p_x &= \sqrt{2\,\nu_x\,m\,J_x}\,\cos 2\,\pi\,w_x \\[2ex]
y &= \sqrt{\frac{J_y}{2\,\pi^2\,\nu_y\,m}}\,\sin 2\,\pi\,w_y & p_y &= \sqrt{2\,\nu_y\,m\,J_y}\,\cos 2\,\pi\,w_y \\[2ex]
z &= \sqrt{\frac{J_z}{2\,\pi^2\,\nu_z\,m}}\,\sin 2\,\pi\,w_z\,, & p_z &= \sqrt{2\,\nu_z\,m\,J_z}\,\cos 2\,\pi\,w_z\,,
\end{aligned}
$$

(4

wo

$$w_x = \nu_x\,t + \delta_x\,, \qquad \nu_x = \frac{\omega_x}{2\,\pi}$$

ist. Die Energie beträgt

$$(5) \qquad\qquad W = \nu_x\,J_x + \nu_y\,J_y + \nu_z\,J_z\,.$$

Die *Bewegung* hat einen ganz verschiedenen Typus, je nachdem ob zwischen den ν ganzzahlige lineare Beziehungen

$$\tau_x\,\nu_x + \tau_y\,\nu_y + \tau_z\,\nu_z = 0$$

bestehen oder nicht. Nehmen wir zunächst an, daß dies nicht der Fall ist. Wir werden beweisen (s. Anhang I), daß in solchen Fällen ganz allgemein die Bahnkurve ein Gebiet von soviel Dimensionen, als Freiheitsgrade vorhanden sind, voll ausfüllt, indem sie jedem Punkt darin beliebig nahe kommt. Hier berufen wir uns vorläufig auf die Anschauung, daß die Bahnkurve jedem Punkt eines achsenparallelen Quaders beliebig nahe kommt, dessen Kanten die Längen

$$\sqrt{\frac{2}{\pi^2\,m\,\nu_x}}\cdot\sqrt{J_x}\,, \qquad \sqrt{\frac{2}{\pi^2\,m\,\nu_y}}\cdot\sqrt{J_y}\,, \qquad \sqrt{\frac{2}{\pi^2\,m\,\nu_z}}\cdot\sqrt{J_z}$$

haben (räumliche LISSAJOUS-Figur).

Um zu erläutern, was für Besonderheiten vorkommen können, wenn eine *Kommensurabilität* zwischen den ν besteht, betrachten wir den einfachen Fall, daß $\nu_x = \nu_y$ ist. Er tritt dann ein, wenn das der potentiellen Energie entsprechende Ellipsoid Rotationssymmetrie um die z-Achse hat. Die Bahnkurve verläuft dann auf einem elliptischen Zylinder, der die z-Achse umschließt. Einer bestimmten Bewegung entsprechen jetzt nicht mehr eindeutig bestimmte Werte von J_x und J_y, da wir das Koordinatensystem beliebig um die z-Achse drehen können, wobei die zur z-Achse senkrechten Kanten des die Bahnkurve berührenden Quaders ihre Längen ändern. J_z dagegen bleibt eindeutig bestimmt als Höhe des elliptischen Zylinders, auf dem die Bahnkurve verläuft (wenn nicht neue Kommensurabilitäten hinzukommen). Da die Energie

$$(6) \qquad W = \nu\,(J_x + J_y) + \nu_z\,J_z \qquad\qquad (\nu_x = \nu_y = \nu)$$

ist, so ist nur die Summe $J_x + J_y$ durch die Bewegung bestimmt.

Wenn vollends alle drei Frequenzen gleich sind, so verläuft die Bewegung auf einer Ellipse und alle drei J sind nicht eindeutig bestimmt, da das Koordinatensystem noch beliebig gedreht werden kann. Die Energie ist

$$(7) \qquad W = \nu\,(J_x + J_y + J_z),$$

die Summe der J wird also bei einer solchen Drehung nicht geändert.

Fragen wir nun nach den *Quantenbedingungen* eines solchen System von mehreren unabhängigen Freiheitsgraden, so liegt es nahe

$$(8) \qquad J_k = n_k\,h$$

zu setzen. Im Falle des Oszillators mit zwei gleichen Frequenzen $\nu_x = \nu_y$ haben die Bedingungen

$$J_x = n_x\,h, \qquad J_y = n_y\,h$$

offenbar keinen Sinn. Haben wir nämlich eine Bewegung, für die bei irgendeiner Lage der x- und y-Achse J_x und J_y ganzzahlige Vielfache von h sind, so können wir stets das Koordinatensystem so drehen, daß diese Eigenschaft zerstört wird; dagegen bleibt die Summe $J_x + J_y$ ganzzahlig. Es hätte also Sinn,

$$(9) \qquad J_x + J_y = n\,h$$

zu setzen. Da in der Energie J_x und J_y nur in dieser Kombination vorkommen, würde diese Quantenbedingung zwar nicht zu einer eindeutigen Festlegung der Bahn, wohl aber der Energie führen. Für J_z bleibt die Quantenbedingung

$$(10) \qquad J_z = n_z\,h$$

sinnvoll. Das Beispiel lehrt also, daß *nur so viele Quantenbedingungen angesetzt werden dürfen, als es voneinander verschiedene Perioden gibt.*

Wenn alle drei Frequenzen zusammenfallen, bleibt nur die eine Bedingung

$$(11) \qquad J_x + J_y + J_z = n\,h$$

übrig. Durch sie ist wieder die Energie eindeutig festgelegt.

Wir wollen genauer untersuchen, wie sich im Falle $\nu_x = \nu_y$ die Wirkungsvariabeln ändern, wenn wir das Koordinatensystem drehen. Zu den rechtwinkligen Koordinaten x, y mögen die Wirkungsvariabeln J_x, J_y gehören, zu den Koordinaten

$$\bar{x} = x \cos\alpha - y \sin\alpha$$
$$\bar{y} = x \sin\alpha + y \cos\alpha$$

die Wirkungsvariabeln $J_{\bar{x}}$, $J_{\bar{y}}$. Drücken wir in

$$\nu\,J_{\bar{x}} = \frac{1}{2\,m}\,p_{\bar{x}}^{\,2} + \frac{m}{2}\,\omega^2\,\bar{x}^2$$

$$\nu\,J_{\bar{y}} = \frac{1}{2\,m}\,p_{\bar{y}}^{\,2} + \frac{m}{2}\,\omega^2\,\bar{y}^{\,2}$$

die überstrichenen Koordinaten und Impulse durch die ungestrichenen aus (die Impulse transformieren sich wie die Koordinaten), so folgt

$$J_{\overline{x}} = \left(\frac{1}{2\,m}\,p_x{}^2 + \frac{m}{2}\,\omega^2\,x^2\right)\cos^2\alpha + \left(\frac{1}{2\,m}\,p_y{}^2 + \frac{m}{2}\,\omega^2\,y^2\right)\sin^2\alpha$$

$$- \left(\frac{1}{m}\,p_x\,p_y + m\,\omega^2\,x\,y\right)\sin\alpha\cos\alpha\,,$$

$$\nu\,J_{\overline{y}} = \left(\frac{1}{2\,m}\,p_x{}^2 + \frac{m}{2}\,\omega^2\,x^2\right)\sin^2\alpha + \left(\frac{1}{2\,m}\,p_y{}^2 + \frac{m}{2}\,\omega^2\,y^2\right)\cos^2\alpha$$

$$+ \left(\frac{1}{m}\,p_x\,p_y + m\,\omega^2\,x\,y\right)\sin\alpha\cos\alpha.$$

Die Koeffizienten von $\cos^2\alpha$ und $\sin^2\alpha$ sind offenbar die Größen $\nu\,J_x$ und $\nu\,J_y$. Den Koeffizienten von $\sin\alpha\cos\alpha$ bestimmen wir aus den Transformationsgleichungen (4) und erhalten

$$J_{\overline{x}} = J_x\cos^2\alpha + J_y\sin^2\alpha - 2\,\sqrt{J_x\,J_y}\,\cos(w_x - w_y)\sin\alpha\,\cos\alpha\,,$$

$$J_{\overline{y}} = J_x\sin^2\alpha + J_y\cos^2\alpha + 2\,\sqrt{J_x\,J_y}\,\cos(w_x - w_y)\sin\alpha\,\cos\alpha.$$

Darin ist in unserem Falle $w_x - w_y$ eine Konstante; die Konstanten J_x, J_y müssen ja auch in Konstante $J_{\overline{x}}$, $J_{\overline{y}}$ übergehen.

Die Transformation, die die zu einem rechtwinkligen Koordinatensystem gehörigen Winkel- und Wirkungsvariabeln in die zu einem anderen rechtwinkligen Koordinatensystem gehörigen überführt, ist keine solche, die die Winkel- und Wirkungsvariable unter sich transformiert. Vielmehr geht die *konstante* Differenz der Winkelvariabeln in die Transformationsgleichungen für die J ein. Wir werden ein entsprechendes Verhalten noch bei einem zweiten Beispiel und später ganz allgemein im Falle der Entartung finden.

Es kann vorkommen, daß die HAMILTONsche Funktion zwar nicht additiv zerfällt in Glieder, die nur von einem Variabelnpaar $q_k\,p_k$ abhängen, daß sich aber die HAMILTON-JACOBIsche Gleichung durch *Separation der Variabeln* lösen läßt, d. h. durch den Ansatz

$$S = S_1(q_1) + S_2(q_2) + \cdots + S_f(q_f).$$

Dann ist

$$p_k = \frac{\partial S_k}{\partial q_k}$$

eine Funktion von q_k allein. Wir nehmen jetzt an, daß jede der Koordinaten q_k sich so verhält, wie wir es oben (§ 9) bei Systemen von einem Freiheitsgrad voraussetzten, d. h. daß q_k entweder periodisch mit der Zeit zwischen zwei festen Librationsgrenzen hin- und herschwankt oder daß das entsprechende

p_k eine periodische Funktion von q_k ist (Fall der Libration und der Rotation). Da die über eine Periode genommenen Integrale

$$(12) \qquad J_k = \oint p_k \, dq_k$$

Konstante sind, können wir auch hier die J_k statt $\alpha_1 \, \alpha_2 \cdots$ als konstante Impulse einführen. Die Funktion H hängt dann nur von den J_k ab; S läßt sich als Funktion der q_k und der J_k schreiben. Statt der q_k wird man jetzt die zu J_k konjugierten Größen w_k einführen, die mit den q_k durch die Gleichungen

$$(13) \qquad w_k = \frac{\partial S}{\partial J_k} = \sum_l \frac{\partial S_l}{\partial J_k}$$

zusammenhängen.

Wir behaupten jetzt, daß die so eingeführten Variabeln $w_k J_k$ ganz ähnliche Eigenschaften haben, wie w und J bei einem Freiheitsgrad, daß nämlich die q_k *mehrfach periodische Funktionen der w_k* sind *mit dem primitiven Periodensystem*

$$
\begin{aligned}
&(1,\ 0,\ 0 \cdots 0)\\
&(0,\ 1,\ 0 \cdots 0)\\
&(0,\ 0,\ 1 \cdots 0)\\
&\cdot \ \cdot \ \cdot \ \cdot \ \cdot \ \cdot\\
&(0,\ 0,\ 0 \cdots 1).
\end{aligned}
$$

Wir suchen die Änderung von w_k während eines Hin- und Hergangs bzw. während eines Umlaufs einer Koordinate q_h bei festgehaltenen übrigen Koordinaten:

$$\Delta_h w_k = \oint \frac{\partial w_k}{\partial q_h} \, dq_h.$$

Nun folgt durch partielles Differenzieren der Gleichung (13)

$$\frac{\partial w_k}{\partial q_h} = \sum_l \frac{\partial^2 S_l}{\partial J_k \, \partial q_h} = \frac{\partial}{\partial J_k} \sum_l \frac{\partial S_l}{\partial q_h} = \frac{\partial}{\partial J_k} \frac{\partial S_h}{\partial q_h}$$

und hieraus durch Integration

$$\Delta_h w_k = \frac{\partial}{\partial J_k} \oint \frac{\partial S_h}{\partial q_h} \, dq_h = \frac{\partial J_h}{\partial J_k} = \begin{cases} 1 & (h = k) \\ 0 & (h \neq k). \end{cases}$$

Faßt man jetzt die Funktionen $q_l(w_1 \cdots w_f)$ ins Auge und vermehrt man w_k um 1, während die andern w ungeändert bleiben, so durchläuft q_k eine Periode; die andern q können zwar von den w_k abhängen, aber sie kehren zum Ausgangspunkt zurück, ohne eine Periode zu durchlaufen (würde z. B. q_l eine Periode durchlaufen, so würde w_l um 1 zunehmen). Hieraus folgt unsere Behauptung.

Es kann dabei vorkommen, daß ein bestimmtes q nicht von allen der w_k abhängt, also nicht voll f-fach periodisch ist; aber das System aller q zusammen hängt natürlich von allen w_k ab.

Bei unserer Behandlung des räumlichen Oszillators hing z. B. jede der Koordinaten nur von einem w ab.

Unter allen Umständen läßt sich q_k darstellen als FOURIER-Reihe in der Form

$$(14) \qquad q_k = \sum_\tau C_\tau^{(k)} \cdot e^{2\pi i (\tau w)}.$$

Wir bekommen die w als Funktionen der Zeit aus den kanonischen Gleichungen:

$$(15) \qquad w_k = \nu_k t + \delta_k, \qquad \nu_k = \frac{\partial H}{\partial J_k}.$$

Als Funktion von t geschrieben:

$$q_k = \sum_\tau C_\tau^{(k)} \cdot e^{2\pi i [(\tau \nu) t + (\tau \delta)]},$$
$$(\tau \nu) = \tau_1 \nu_1 + \tau_2 \nu_2 + \cdots + \tau_f \nu_f$$
$$(\tau \delta) = \tau_1 \delta_1 + \tau_2 \delta_2 + \cdots + \tau_f \delta_f,$$

ist q_k im allgemeinen nicht periodisch, sondern dann und nur dann, wenn $f - 1$ rationale Beziehungen zwischen den ν bestehen (z. B. wenn alle ν gleich sind). Periodizität der Bewegung bedeutet nämlich, daß alle Einzelperioden $\dfrac{1}{\nu_k}$ ein gemeinsames Vielfaches $\left(\text{sagen wir } \dfrac{1}{\nu}\right)$ haben, d. h. daß eine Beziehung

$$\frac{\nu_1}{\tau_1'} = \frac{\nu_2}{\tau_2'} = \cdots = \frac{\nu_f}{\tau_f'} = \nu$$

existiert; das sind aber $(f - 1)$ rationale Beziehungen zwischen den ν. Umgekehrt lassen sich aus $(f-1)$ unabhängigen linearen homogenen Gleichungen mit ganzzahligen Koeffizienten

$$\tau_{11}\,\nu_1 + \tau_{12}\,\nu_2 + \cdots + \tau_{1f}\,\nu_f = 0$$
$$\tau_{21}\,\nu_1 + \tau_{22}\,\nu_2 + \cdots + \tau_{2f}\,\nu_f = 0$$
$$\cdot\;\cdot\;\cdot\;\cdot\;\cdot\;\cdot\;\cdot\;\cdot\;\cdot\;\cdot\;\cdot\;\cdot\;\cdot$$
$$\tau_{f-1,1}\,\nu_1 + \tau_{f-1,2}\,\nu_2 + \cdots + \tau_{f-1,f}\,\nu_f = 0$$

die ν_k bis auf einen willkürlichen Faktor ν bestimmen

$$\nu_k = \nu\,\tau_k',$$

wo τ_k' ganzzahlig gewählt werden kann. Die FOURIER-Darstellung der Koordinaten q_k erhält in diesem Falle die Form

$$q_k = \sum_{\tau}{}' C^{(k)}_{\tau_1\cdots\tau_f}\, e^{2\pi i[(\tau_1\tau_1'+\tau_2\tau_2'+\cdots+\tau_f\tau_f')\,\nu t+(\tau\,\delta)]};$$

auch ihr sieht man ohne weiteres die Periodizität an.

Im nichtperiodischen Fall ist die Bewegung analog dem, was man bei zwei Dimensionen eine LISSAJOUS-Bewegung nennt, die nur bei Gültigkeit einer rationalen Beziehung zwischen den ν geschlossen ist. Die Bahnkurve im w-Raum kommt nämlich (wie im Anhang I bewiesen wird) jedem Punkt des Einheitskubus beliebig nahe, wenn man sie dadurch auf diesen Kubus beschränkt, daß man jeden Bahnpunkt durch den äquivalenten Punkt des Einheitskubus ersetzt. Der Übergang vom w-Raum zum q-Raum bedeutet eine stetige Abbildung; die Bahnkurve im q-Raum kommt daher jedem Punkt eines f-dimensionalen Gebiets beliebig nahe.

Die Astronomen nennen solche Bewegungen *bedingt periodisch*.

Aus der Tatsache, daß die Funktion S jedesmal um J_k wächst, wenn die Koordinate q_k eine Periode durchläuft und die anderen q ungeändert bleiben, kann man (wie im § 9) schließen, daß die *Funktion*

$$(16) \qquad\qquad S^* = S - \sum_k w_k J_k$$

eine mehrfach periodische Funktion der w mit der primitiven Periode 1 ist. Denn ändert sich w_k um 1 und bleiben die andern w ungeändert, so durchläuft q_k eine Periode und die andern q kehren zum Ausgangswert zurück, ohne eine Periode durchlaufen zu haben, d. h. S nimmt um J_k zu und S^* bleibt ungeändert.

S^* läßt sich statt S als Erzeugende einer kanonischen Transformation ansehen, die die q_k und p_k in die w_k und J_k überführt. Die Gleichung

$$\sum p_k \dot{q}_k = - \sum w_k \dot{J}_k + \frac{dS}{dt}$$

ist nämlich gleichbedeutend mit

$$\sum p_k \dot{q}_k = \sum J_k \dot{w}_k + \frac{dS^*}{dt},$$

und diese liefert die Transformation

$$(17) \qquad
\begin{aligned}
J_k &= - \frac{\partial}{\partial w_k} S^*(q, w),\\[2mm]
p_k &= \frac{\partial}{\partial q_k} S^*(q, w).
\end{aligned}$$

Hieraus können wir einen einfachen Ausdruck für die mittlere kinetische Energie im Falle der nichtrelativistischen Mechanik ableiten. Es ist nämlich

$$2\,\overline{T} = \frac{1}{t_2 - t_1} \int_{t_1}^{t_2} \sum p_k \dot{q}_k \, dt = \frac{1}{t_2 - t_1} \int_{t_1}^{t_2} \sum p_k \, dq_k$$

$$= \frac{1}{t_2 - t_1} \int_{t_1}^{t_2} \sum J_k \, dw_k + \frac{1}{t_2 - t_1} \int_{t_1}^{t_2} dS^*.$$

Wählen wir den Zeitraum (t_1, t_2) hinreichend lang, so folgt

$$2\,\overline{T} = \frac{1}{t_2 - t_1} \int_{t_1}^{t_2} \sum J_k \nu_k \, dt$$

$$(18) \qquad 2\,\overline{T} = \sum J_k \nu_k.$$

Die hier eingeführten Integrale J_k (12) scheinen sich ohne weiteres zur *Formulierung von Quantenbedingungen* in der Form $J_k = n_k h$ darzubieten. Der Definition nach sind sie aber an ein Koordinatensystem (q, p) geknüpft; man muß daher zunächst die Bedingungen untersuchen, unter denen dieses Koordinatensystem, das durch die Forderung der Separierbarkeit festgelegt wurde, eindeutig bestimmt ist. Wir werden also untersuchen, ob es Punkttransformationen (d. h. Transforma-

tionen der Koordinaten unter sich) gibt, die Separationsvariable
in Separationsvariable überführen.

Wir nehmen an, daß es ein Koordinatensystem gibt, in dem
die HAMILTON-JACOBIsche Gleichung der betrachteten Bewegung
separierbar ist. Wir nehmen weiter an, daß zwischen den
Perioden der Bewegung keine von den Anfangsbedingungen
unabhängige, wir sagen „identische" Kommensurabilitäten bestehen. Dann können wir die Anfangsbedingungen so wählen,
daß sich die Bahn nicht schließt. Wenn eine Variable q_k eine
Libration ausführt, so verläuft die Bewegung zwischen zwei
bestimmten $(f-1)$-dimensionalen Ebenen $q_k =$ const, die sie
abwechselnd berührt. Wenn q_k aber eine Rotation ausführt,
kann man sie auf den Bereich von 0 bis $\tilde{\omega}_k$ beschränken, wo
$\tilde{\omega}_k$ die zugehörige Periode ist, indem man die Teile der Bahn in
den Abschnitten

$$(\tau\,\tilde{\omega}_k,\ (\tau + 1)\,\tilde{\omega}_k)$$

in den Abschnitt $(0,\ \tilde{\omega}_k)$
zurückverlegt: Die ganze
Bahn verläuft dann inner-
halb eines f-dimensionalen
Quaders, der nach den
Koordinatenachsen orien-

Abb. 7.

tiert ist. Die $(f-1)$-dimensionalen Ebenen, die den Quader be-
grenzen, haben eine vom Koordinatensystem unabhängige Bedeutung. Durch Änderung der Anfangsbedingungen können
wir die Abmessungen des Quaders verändern und so die invarianten Ebenen verschieben. Hieraus folgt, daß die Koordinatenrichtungen invariante Bedeutung haben und nur die
Skala jeder einzelnen Variabeln geändert werden kann.

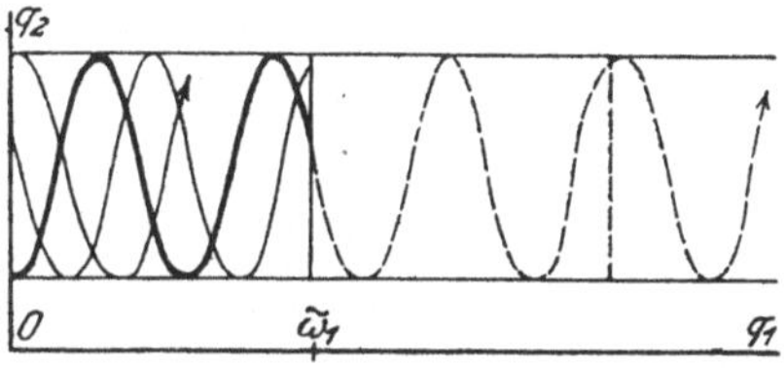

Beim Fehlen identischer Kommensurabilitäten hängen alle Koor-
dinatensysteme, in denen Separation der Variabeln möglich ist,
durch eine Transformation der Form

$$\bar{q}_k = f_k(q_k)$$

zusammen. Die zugehörigen Impulse transformieren sich nach
(10) § 7 mittels der Gleichung

$$p_k = \bar{p}_k \frac{df_k}{dq_k} + g_k(q_1 \cdots q_f),$$

also wird

$$\oint p_k \, dq_k = \oint \bar{p}_k \frac{df_k}{dq_k} \, dq_k + \oint g_k \, dq_k .$$

Das zweite Integral der rechten Seite verschwindet (wegen des geschlossenen Integrationsweges) und das erste Integral wird

$$\oint \bar{p}_k \, d\bar{q}_k .$$

Die Integrale J_k sind also wirklich eindeutig bestimmt.

Beim räumlichen Oszillator erfüllte im allgemeinen Fall die Bahnkurve einen Quader. Beim Fehlen von identischen Kommensurabilitäten sind also die rechtwinkligen Koordinaten oder Funktionen von ihnen die einzigen Separationsvariabeln, und die Integrale J_x, J_y und J_z haben invariante Bedeutung.

Wenn identische Kommensurabilitäten bestehen, so füllt die Bahnkurve den Quader im q-Raum nicht völlig aus, und die Koordinatenrichtungen brauchen nicht mehr invariante Bedeutung zu haben. *Die J_k brauchen dann auch nicht eindeutig bestimmt zu sein.*

So konnten wir beim räumlichen Oszillator im Falle $\nu_x = \nu_y$ das Koordinatensystem beliebig um die z-Achse drehen, ohne daß die Separation gestört wurde; wir erhielten in den verschiedenen Koordinatensystemen auch verschiedene J_x und J_y. Ferner sind die rechtwinkligen Koordinaten nicht die einzigen, in denen der Oszillator für $\nu_x = \nu_y$ sich durch Separation behandeln läßt.

Um dies zu zeigen und zugleich ein Beispiel zu geben für die Lösung der HAMILTON-JACOBIschen Gleichung durch Separation in einem Falle, wo sie nicht additiv zerfällt, wollen wir den räumlichen Oszillator für $\nu_x = \nu_y = \nu$ mit Zylinderkoordinaten behandeln. Die kanonische Transformation (12) § 7:

$$
\begin{aligned}
x &= r \cos \varphi & p_r &= p_x \cos \varphi + p_y \sin \varphi \\
y &= r \sin \varphi & p_\varphi &= - p_x \, r \sin \varphi + p_y \, r \cos \varphi \\
z &= z & p_z &= p_z
\end{aligned}
$$

führt die HAMILTONsche Funktion über in

$$H = \frac{1}{2m} \left(p_r{}^2 + p_z{}^2 + \frac{1}{r^2} p_\varphi^2 \right) + \frac{m}{2} \left(\omega^2 r^2 + \omega_z{}^2 z^2 \right) .$$

Wir versuchen, die HAMILTON-JACOBIsche Gleichung

$$\left(\frac{\partial S}{\partial r} \right)^2 + \left(\frac{\partial S}{\partial z} \right)^2 + \frac{1}{r^2} \left(\frac{\partial S}{\partial \varphi} \right)^2 + m^2 \left(\omega^2 r^2 + \omega^2{}_z z^2 \right) = 2 \, m \, W$$

mittels des Ansatzes

$$S = S_r (r) + S_\varphi (\varphi) + S_z (z)$$

zu lösen. Da φ zyklische Koordinate ist, wird

$$S_\varphi = \alpha_\varphi\, \varphi\,.$$

Fassen wir nun die von z abhängigen Glieder zusammen und setzen sie gleich einer Konstanten, die wir mit $m^2\, \omega_z^2\, \alpha_z^2$ bezeichnen:

$$\left(\frac{dS_z}{dz}\right)^2 + m^2\, \omega_z^2\, z^2 = m^2\, \omega_z^2\, \alpha_z^2\,,$$

so bleibt für die von r abhängigen Glieder

$$\left(\frac{dS_r}{dr}\right)^2 + \frac{\alpha_\varphi^2}{r^2} + m^2\, \omega^2\, r^2 = 2\, m\, W - m^2\, \omega_z^2\, \alpha_z^2\,.$$

Bilden wir die drei Wirkungsintegrale, so lassen sich zwei sofort ausführen (und zwar J_z unter Einführung der Hilfsvariabeln $\psi = \arcsin \dfrac{z}{\alpha_z}$ wie im § 9); wir erhalten:

$$J_r = m\, \omega \oint \sqrt{-r^4 + \frac{2\, W - m\, \omega_z^2\, \alpha_z^2}{m\, \omega^2}\, r^2 - \frac{\alpha_\varphi^2}{m^2\, \omega^2}}\ \frac{dr}{r}$$

(19)
$$J_\varphi = 2\, \pi\, \alpha_\varphi$$

$$J_z = m\, \omega_z \oint \sqrt{\alpha_z^2 - z^2}\ dz = \pi\, m\, \omega_z\, \alpha_z^2\,.$$

Das erste Integral erhält durch die Substitution $r^2 = x$ die Form

$$J_r = \frac{m\, \omega}{2} \oint \sqrt{-a + 2\, b\, x - x^2}\ \frac{dx}{x}\,,$$

wo

$$a = \frac{\alpha_\varphi^2}{m^2\, \omega^2}\,, \qquad b = \frac{W - \frac{1}{2}\, m\, \omega_z^2\, \alpha_z^2}{m\, \omega^2}$$

ist. Dieses Integral läßt sich nach einer der im Anhang angegebenen Methoden auswerten. Man erhält (vgl. (5) im Anhang II):

$$J_r = \frac{m\, \omega}{2} \cdot 2\, \pi\, (b - \sqrt{a}) = \pi\left(\frac{W}{\omega} - \alpha_\varphi - \frac{m\, \omega_z^2\, \alpha_z^2}{2\, \omega}\right)\,.$$

Drückt man hierin α_φ und α_z durch J_φ und J_z aus, so bekommt man für die Energie

(20)
$$W = \nu\, (2\, J_r + J_\varphi) + \nu_z\, J_z\,, \qquad \nu = \frac{\omega}{2\, \pi}\,, \qquad \nu_z = \frac{\omega_z}{2\, \pi}\,.$$

Man sieht an den Gleichungen (19), daß J_r und J_φ vollkommen andere Bedeutung haben als die Größen J_x und J_y bei Separation in rechtwinkligen Koordinaten; z. B. ist jetzt J_φ das $2\,\pi$-fache des Drehimpulses um die z-Achse. J_z jedoch hat die gleiche Bedeutung wie früher; ferner bedeutet der Faktor von ν, nämlich $2\, J_r + J_\varphi$, dasselbe wie früher $J_x + J_y$ (er ist der ν-te Teil der Energie eines Oszillators, bei dem die in beiden Fällen gleichbedeutende Größe J_z gleich 0 ist). Die Quantenbedingungen

$$2\,J_r + J_\varphi = n\,h$$
$$J_z = n_z\,h$$

hätten hier also einen Sinn. Dagegen würde die Festlegung von J_r und J_φ einzeln durch solche Bedingungen zu ganz anderen Quantenbahnen führen, als die entsprechende Festlegung von J_x und J_y bei einem bestimmten rechtwinkligen Koordinatensystem.

Wir betrachten jetzt näher den Zusammenhang zwischen den $w_x,\,w_y$, $J_x,\,J_y$ und den $w_r,\,w_\varphi,\,J_r,\,J_\varphi$. Es ist

$$J_\varphi = 2\,\pi\,p_\varphi,$$

wo

$$p_\varphi = m\,(x\,\dot y - y\,\dot x)$$

die Komponente des Drehimpulses um die z-Achse ist. Drückt man hierin x und y durch die Winkel- und Wirkungsvariabeln nach (9) § 9 aus, so erhält man:

$$(21) \qquad J_\varphi = \frac{2}{\nu}\,\sqrt{J_x\,J_y}\,\sin 2\,\pi\,(w_x - w_y).$$

Hier ist $w_x - w_y = \delta_x - \delta_y$ eine Konstante. Dagegen ist

$$\frac{w_x + w_y}{2} = \nu\,t + \frac{\delta_x + \delta_y}{2}$$

gleich der zu J_φ konjugierten Variabeln $w_\varphi = \dfrac{\varphi}{2\,\pi}$. Den Ausdruck für J_r bekommen wir aus der Gleichung

$$2\,J_r + J_\varphi = J_x + J_y$$

und finden

$$J_r = \frac{1}{2}\,(J_x + J_y) - \frac{1}{\nu}\,\sqrt{J_x\,J_y}\,\sin 2\,\pi\,(w_x - w_y)\,.$$

Die Gleichung für w_r endlich kann so erhalten werden, daß man w_r mit Hilfe der Bewegungsgleichungen aus J_r und J_φ berechnet und für diese Größen die eben gewonnenen Ausdrücke einsetzt.

Die Transformation, die das Variabelnsystem $w_r\,w_\varphi\,J_r\,J_\varphi$ mit dem System $w_x\,w_y\,J_x\,J_y$ verbindet, ist auch hier keine solche, die die w unter sich und die J unter sich verknüpft. Vielmehr geht die *konstante* Differenz $w_x - w_y$ in die Beziehungen zwischen $J_\varphi\,J_r$ und $J_x\,J_y$ ein. Wir werden sehen, daß jedes entartete System dieses Verhalten zeigt.

§ 15. Allgemeine mehrfach periodische Systeme. Eindeutigkeit der Wirkungsvariabeln.

Bisher haben wir nur solche mechanischen Systeme der Quantentheorie unterworfen, deren Bewegung sich durch Separation der Variabeln berechnen läßt. Wir wollen uns jetzt allgemein fragen, wann man solche Winkel- und Wirkungsvariabeln

w_k und J_k einführen kann, die sich zur Anwendung der Quantentheorie eignen. Hierzu ist in erster Linie notwendig, die J durch geeignete Postulate so festzulegen, daß nur noch ganzzahlige lineare Transformationen mit der Determiante ± 1 möglich sind; denn nur dann haben die Quantenforderungen

$$(1) \qquad J_k = n_k h$$

einen Sinn.

Indem wir unsere bisherigen Betrachtungen verallgemeinern, fassen wir mechanische Systeme ins Auge[1]), deren HAMILTONsche Funktion $H(q_1, p_1 \cdots)$ die Zeit nicht explizit enthält. Wir nehmen weiter an, es lassen sich aus den q_k, p_k neue Variabeln w_k, J_k durch eine kanonische Transformation mit der Erzeugenden $S(q_1, J_1 \cdots q_f, J_f)$

$$(2) \qquad \begin{aligned} p_k &= \frac{\partial S}{\partial q_k} \\ w_k &= \frac{\partial S}{\partial J_k} \end{aligned}$$

so einführen, daß folgende Bedingungen erfüllt sind:

(A) *Die Lage des Systems soll periodisch von den w_k abhängen mit der primitiven Periode 1.* Die q_k, die eindeutig durch die Lage bestimmt sind, sollen periodische Funktionen der w_k sein mit der primitiven Periode 1; wenn q_k durch die Lage nur bis auf ein Vielfaches einer Konstanten (etwa 2π) bestimmt ist, soll es auch nur modulo dieser Konstanten (2π) periodisch sein. In dem letzten Falle gibt es auch Funktionen (z. B. $\sin q_k$), die im eigentlichen Sinne (des § 13) periodisch in den w_k sind.

(B) *Die HAMILTONsche Funktion geht in eine Funktion W über, die nur von den J_k abhängt.*

Daraus folgt, daß die w_k lineare Funktionen der Zeit und die J_k konstant sind. Die Funktionen $q_k(w_1 \cdots w_f)$ haben ein kubisches Periodizitätsgitter im w-Raum, die Kantenlänge der Zellen ist 1.

Es läßt sich nun leicht zeigen, daß durch die beiden Bedingungen (A) und (B) die Größen J_k noch nicht eindeutig (bis

---

[1]) Die folgenden Bedingungen nach J. M. BURGERS: Het Atoommodél van RUTHERFORD-BOHR (Diss. Leyden). Haarlem 1918. § 10.

auf eine ganzzahlige Transformation mit der Determinante ± 1) festgelegt sind.

Eine einfache kanonische Transformation, die die Bedingungen (A) und (B) unversehrt läßt, ist nämlich

$$
\begin{aligned}
\overline{w}_k &= w_k + f_k(J_1 \cdots J_f) \\
\overline{J}_k &= J_k + c_k,
\end{aligned}
$$
(3)

bei der die c_k Konstante sind. Die Willkür in der Wahl von c_k stört die Anwendung der Quantenbedingungen (1). Sind nämlich die J_k als ganzzahlige Vielfache von h festgelegt, so sind es die $\overline{J}_k$ im allgemeinen nicht. Wir müssen also diese Willkür ausschließen. Wir tun es, indem wir eine früher bei separierbaren Systemen gefundene Eigenschaft der w und J allmein fordern:

(C) *Die Funktion*

(4)
$$
S^* = S - \sum_k w_k J_k ,
$$

welche die Erzeugende unserer Transformation $(q_k\, p_k \to w_k\, J_k)$ *in der Form*

(5)
$$
\begin{aligned}
{}_k p &= \frac{\partial}{\partial q_k} S^* (q_1\, w_1 \ldots) \\
J_k &= - \frac{\partial}{\partial w_k} S^* (q_1\, w_1 \ldots)
\end{aligned}
$$

ist, soll periodische Funktion der w_k *sein mit der Periode 1.*

Es ist dabei gleichgültig, ob wir S^* als Funktion von q_k und w_k oder von J_k und w_k auffassen, da die q_k auch in den w_k periodisch sind.

Fordert man in (C), daß 1 primitive Periode ist, so wird (A) überflüssig. Berechnet man nämlich aus dem zweiten Gleichungssystem die q_k als Funktionen der w_k und J_k, so werden sie periodisch in den w_k mit der primitiven Periode 1. Aus dem ersten Gleichungssystem ersieht man überdies, daß dasselbe für die p_k gilt.

Wir haben jetzt zu beweisen, daß die Bedingungen (A), (B) und (C) wirklich genügen, um Quantenbedingungen der Form (1) sinnvoll anzuwenden; wir führen den Beweis, indem wir die *allgemeinste kanonische Transformation*

$$w_k\, J_k \longrightarrow \overline{w}_k\, \overline{J}_k$$

aufsuchen, *die die Bedingungen (A), (B) und (C) ungeändert läßt.*

Wir suchen die *erste Reihe* der Transformationsgleichungen auf, nämlich die für $\overline{w}_k$. Mit Rücksicht auf (A) muß die Transformation das System der Gitterpunkte, die der primitiven Periode 1 entsprechen, in sich selbst überführen. Nach (7) § 13 müssen sich dann die w_k folgendermaßen transformieren:

$$(6) \qquad w_k = \tau_{k1}\overline{w}_1 + \cdots + \tau_{kf}\overline{w}_f + \psi_k(\overline{w}_1, J_1, \overline{w}_2, J_2, \ldots).$$

Dabei hat das System der ganzzahligen τ_{kl} die Determinante ± 1. Die ψ sind periodisch in den $\overline{w}_k$ mit der Periode 1 und, als Funktionen der w_k geschrieben, auch in diesen; sie lassen sich also in der Form

$$\psi = \sum_\sigma C_\sigma\, e^{2\pi i(\sigma_1 w_1 + \cdots + \sigma_f w_f)}$$

darstellen. Die Bedingung (B) bringt eine neue Einschränkung. Als Funktionen der Zeit betrachtet, müssen die w_k wie die $\overline{w}_k$ linear sein; aus (6) folgt, daß dann auch ψ_k lineare Funktionen der Zeit, wegen der Periodizität also konstant sein müssen. Das bedeutet aber, daß im Exponenten der FOURIER-Darstellung nur solche Kombinationen der w_k auftreten, für die

$$\sigma_1 w_1 + \cdots + \sigma_f w_f = (\sigma_1 \nu_1 + \cdots + \sigma_f \nu_f)\, t + (\sigma_1 \delta_1 + \cdots + \sigma_f \delta_f)$$

von t unabhängig, also (identisch in den J_k)

$$\sigma_1 \nu_1 + \cdots + \sigma_f \nu_f = 0$$

ist. ν_k bedeutet dabei die Ableitung $\dfrac{\partial W}{\partial J_k}$.

Der Fall, wo identische Beziehungen

$$(\tau\, \nu) = \tau_1 \nu_1 + \cdots + \tau_f \nu_f = 0$$

zwischen den Frequenzen bestehen, wird ganz allgemein in unseren Überlegungen eine große Rolle spielen. Wir nennen Systeme, bei denen er eintritt, *entartete Systeme;* die übrigen nennen wir *nichtentartet.*

Auch der Fall, wo nur für bestimmte Werte der J_k Kommensurabilitätsbeziehungen gelten, wird uns beschäftigen; das mechanische System ist dann nicht entartet; aber die betr. *Bewegungen,* für die $(\tau\, \nu) = 0$ ist, wollen wir *zufällig entartet* nennen, während die Bewegungen eines entarteten Systems $[(\tau\, \nu) = 0$ identisch$]$ *eigentlich entartet* heißen sollen.

Wir betrachten zunächst *nichtentartete Systeme*. Für diese hat die Transformation (6) die Form

$$(7) \qquad w_k = \sum_l \tau_{kl}\, \overline{w}_l + \psi_k (J_1 \cdots J_f).$$

Um nun die *zweite Reihe* der Transformationsgleichungen für den Fall eines nichtentarteten Systems zu finden, bilden wir zur Transformation (7) die Erzeugende. Sie lautet:

$$V(\overline{w}_1, J_1 \cdots \overline{w}_f, J_f) = \sum_{kl} \tau_{kl}\, J_k \overline{w}_l + \Psi(J_1 \cdots J_f) + F(\overline{w}_1 \cdots \overline{w}_f),$$

wo Ψ die partiellen Ableitungen ψ_k hat[1]). Die zweite Reihe der Transformationsgleichungen wird jetzt

$$(8) \qquad \overline{J}_k = \frac{\partial V}{\partial \overline{w}_k} = \sum_l \tau_{lk}\, J_l + f_k(\overline{w}_1 \cdots \overline{w}_f).$$

Um zu sehen, ob die Transformation

$$(9) \qquad \begin{aligned} w_k &= \sum_l \tau_{kl}\, \overline{w}_l + \psi_k(J_1 \cdots J_f) \\ \overline{J}_k &= \sum_l \tau_{lk}\, J_l + f_{\it k}(\overline{w}_1 \ldots \overline{w}_f) \end{aligned}$$

wirklich die Bedingungen (A), (B) und (C) ungeändert läßt, oder ob wir die Gesamtheit der zulässigen Transformationen noch einschränken müssen, zerlegen wir sie in drei Transformationen

$$(10) \qquad w_k = \mathfrak{w}_k + \psi_k(J_1 \cdots J_f), \qquad J_k = \mathfrak{J}_k$$

$$(11) \qquad \mathfrak{w}_k = \sum_l \tau_{kl}\, \overline{\mathfrak{w}}_l, \qquad\qquad \mathfrak{J}_k = \sum_l \tau_{lk}\, \mathfrak{J}_l \cdot$$

$$(12) \qquad \overline{\mathfrak{w}}_k = \overline{w}_k, \qquad\qquad \overline{J}_k = \overline{\mathfrak{J}}_k + f_k(\overline{w}_1 \cdots \overline{w}_f).$$

Alle drei sind kanonisch; man kann nämlich zu jeder eine Erzeugende im Sinne des § 7 angeben.

Die erste Transformation (10) läßt (A) und (B) unverletzt. Daß sie auch (C) unverletzt läßt, sehen wir folgendermaßen ein: Sind $S(q, J)$ und $\mathfrak{S}(q, \mathfrak{J})$ die Erzeugenden von Transformationen der Form (2), die q, p in w, J und $\mathfrak{w}, \mathfrak{J}$ überführen, so gilt

$$\frac{\partial S(q, J)}{\partial q_k} = \frac{\partial \mathfrak{S}(q, \mathfrak{J})}{\partial q_k} = p_k;$$

---

[1]) Man sieht daran, daß die ψ_k in (7) gewisse Differentialbeziehungen erfüllen müssen, damit die Transformation kanonisch ist.

da die bei der Differentiation konstant gehaltenen Variabeln dieselben sind, folgt, daß $S - \mathfrak{S}$ von q_k unabhängig ist. Für $S^* - \mathfrak{S}^*$ gilt dann

$$S^* - \mathfrak{S}^* = S - \mathfrak{S} - \sum_k w_k J_k + \sum_k (w_k - \psi_k) J_k$$
$$= S - \mathfrak{S} - \sum_k \psi_k J_k;$$

daran sieht man, daß (C) unverletzt bleibt.

Daß (11) die Bedingungen (A) und (B) unverletzt läßt, sieht man ohne weiteres; für (C) schließen wir folgendermaßen. Für $\mathfrak{S}^*(q, \mathfrak{w})$ und $\overline{\mathfrak{S}}^*(q, \overline{\mathfrak{w}})$ gilt einmal:

$$\frac{\partial \mathfrak{S}^*}{\partial q_k} = \frac{\partial \overline{\mathfrak{S}}^*}{\partial q_k} = p_k;$$

da bei der Differentiation dieselben Variabeln konstant gehalten werden (die $\mathfrak{w}$ werden ja in die $\overline{\mathfrak{w}}$ mit nicht verschwindender Determinante transformiert), folgt, daß $\mathfrak{S}^* - \overline{\mathfrak{S}}^*$ von q nicht abhängt. Andrerseits ist

$$\frac{\partial \overline{\mathfrak{S}}^*}{\partial \overline{\mathfrak{w}}_k} = \sum_l \tau_{lk} \frac{\partial \mathfrak{S}^*}{\partial \mathfrak{w}_l} = \sum_l \frac{\partial \mathfrak{S}^*}{\partial \mathfrak{w}_l} \frac{\partial \mathfrak{w}_l}{\partial \overline{\mathfrak{w}}_k} = \frac{\partial \mathfrak{S}^*}{\partial \overline{\mathfrak{w}}_k}$$

und daraus folgt, daß $\mathfrak{S}^* - \overline{\mathfrak{S}}^*$ auch von den $\overline{\mathfrak{w}}$ und $\mathfrak{w}$ nicht abhängt.

Dafür, daß die Gesamttransformation (9) die drei Bedingungen unversehrt läßt, ist nun notwendig und hinreichend, daß es für (12) der Fall ist.

Für $\overline{\mathfrak{S}}^*(q, \overline{\mathfrak{w}})$ und $\overline{S}^*(q, \overline{w})$ gilt:

$$\frac{\partial \overline{\mathfrak{S}}^*}{\partial q_k} = \frac{\partial \overline{S}^*}{\partial q_k} = p_k,$$

also

$$\overline{\mathfrak{S}}^* - \overline{S}^* = R(\overline{w}_1 \cdots \overline{w}_f).$$

Weiter gilt

$$\frac{\partial \overline{\mathfrak{S}}^*}{\partial \overline{\mathfrak{w}}_k} = \frac{\partial \overline{S}^*}{\partial \overline{w}_k} - f_k(\overline{w}_1 \cdots \overline{w}_f),$$

also

$$\frac{\partial R}{\partial \overline{w}_k} = -\, f_k(\overline{w}_1 \cdots \overline{w}_f)\,.$$

Soll (C) bei der Transformation (12) unverletzt bleiben, so muß R periodisch von den $\overline{w}_k$ abhängen, f_k ist also durch eine Fourier-Reihe ohne konstantes Glied darstellbar. Soll (B) unverletzt bleiben, so darf f_k nicht von der Zeit abhängen. Aus beiden Bedingungen folgt das Verschwinden der f_k.

Wenn $f_k = 0$ ist, so bleiben (A), (B) und (C) unverletzt.

Damit haben wir bewiesen, daß für die Wirkungsvariabeln die Transformation

$$(13) \qquad \overline{J}_k = \sum_l \tau_{lk} J_l$$

die allgemeinste ist. Wenn wir jetzt die J_k als ganzzahlige Vielfache von h festlegen, so sind auch die $\overline{J}_k$ ganzzahlige Vielfache von h und umgekehrt.

Wenn wir bei unseren Überlegungen uns auch von dem Gedanken der ganzzahligen $\dfrac{J_k}{h}$ haben leiten lassen, so wollen wir doch zunächst den bewiesenen mechanischen Satz unabhängig von aller Quantentheorie aussprechen:

Eindeutigkeitssatz für nicht entartete Systeme: Wenn wir in einem mechanischen System Variable w_k und J_k einführen können, so daß die Bedingungen (A), (B) und (C) erfüllt sind, und wenn zwischen den Größen

$$\nu_k = \frac{\partial W}{\partial J_k}$$

keine Kommensurabilität besteht,. so sind die J_k eindeutig bestimmt bis auf homogene lineare ganzzahlige Transformationen mit der Determinante ± 1.

Wir gehen jetzt zur Behandlung *entarteter Systeme* über. Wenn zwischen den ν_k eine Anzahl $(f - s)$ Kommensurabilitätsbedingungen

$$(14) \qquad \sum_k \tau_k \nu_k = 0$$

bestehen, so können wir durch eine kanonische Transformation, die die Bedingungen (A), (B) und (C) ungeändert läßt, erreichen, daß $f - s$ der Frequenzen $\overline{\nu}_k = \dfrac{\partial W}{\partial \overline{J}_k}$ verschwinden und zwischen den s übrigen keine Beziehung der Form (14) besteht. Nennen wir die neuen Variabeln wieder w_k und J_k, so haben wir

$$\nu_\alpha \text{ inkommensurabel, } \alpha = 1, 2 \cdots s,$$
$$\nu_\varrho = 0 \qquad \varrho = s + 1, s + 2 \cdots f,$$

und die HAMILTONsche Funktion hat die Form

$$W(J_\alpha).$$

Die w_α und J_α nennen wir *eigentliche Winkel- und Wirkungsvariable*, die w_ϱ und J_ϱ *uneigentliche* oder *entartete Variable;* die w_ϱ bleiben während der Bewegung konstant. Die Anzahl s der unabhängigen Frequenzen ν_α heißt *Periodizitätsgrad des Systems.*

Im Falle zufälliger Entartung ist für bestimmte Bewegungen die Zahl der unabhängigen Frequenzen geringer als für das ganze System. Wir nennen jene Zahl den Periodizitätsgrad der betr. Bewegung.

Wir haben jetzt die allgemeinste Transformation aufzusuchen, die diese Zweiteilung der Variabeln und die Bedingungen (A), (B) und (C) nicht verletzt. Die erste Reihe der Transformationsgleichungen hat jetzt die Form:

$$w_k = \sum_l \tau_{kl} \overline{w}_l + \psi_k(\overline{w}_{s+1} \cdots \overline{w}_f, J_1 \cdots J_f).$$

Die Erzeugende heißt also:

$$(15) \quad \begin{aligned} &V(\overline{w}_1 \cdots \overline{w}_f, J_1 \cdots J_f) \\ &= \sum_{kl} \tau_{kl} J_k \overline{w}_l + \Psi(\overline{w}_{s+1} \cdots \overline{w}_f, J_1 \cdots J_f) + F(\overline{w}_1 \cdots \overline{w}_f), \end{aligned}$$

wo Ψ periodisch von den $\overline{w}_\varrho$ abhängt. Damit wird die zweite Reihe der Transformationsgleichungen:

$$\overline{J}_k = \sum_l \tau_{lk} J_l + \frac{\partial \Psi}{\partial \overline{w}_k} + f_k(\overline{w}_1 \cdots \overline{w}_\varrho);$$

die Ableitung von Ψ tritt nur auf, wenn k eine der Zahlen $s + 1 \cdots f$ ist.

Damit die Teilung in nichtentartete und entartete Variable bestehen bleibt, dürfen die w_ϱ nicht von den $\overline{w}_\alpha$ und die $\overline{w}_\varrho$ nicht von den w_α abhängen. Das bedeutet aber, daß die $\tau_{\varrho\alpha}$ verschwinden. Die Transformationsgleichungen können wir dann folgendermaßen schreiben:

$$(16) \quad \begin{cases} w_\alpha = \sum_l \tau_{\alpha l} \overline{w}_l + \psi_\alpha(\overline{w}_\sigma, J) \\ w_\varrho = \sum_\sigma \tau_{\varrho\sigma} \overline{w}_\sigma + \psi_\varrho(\overline{w}_\sigma, J) \\ \overline{J}_\alpha = \sum_\beta \tau_{\beta\alpha} J_\beta + f_\alpha(\overline{w}) \\ \overline{J}_\varrho = \sum_l \tau_{l\varrho} J_l + \varphi_\varrho(\overline{w}_\sigma, J) + f_\varrho(\overline{w}), \end{cases} \quad \begin{matrix} \alpha, \beta = 1 \cdots s \\ \varrho, \sigma = s+1 \cdots f \\ k, l = 1 \cdots f \end{matrix}$$

wo $\dfrac{\partial \Psi}{\partial \overline{w}_\varrho} = \varphi_\varrho$ gesetzt ist. Da die τ_{kl} ganze Zahlen sind und die $\tau_{\varrho\alpha}$ verschwinden, folgt aus dem Wert der Determinante

$$| \tau_{kl} | = \pm 1$$

auch

$$| \tau_{\alpha\beta} | = \pm 1$$

Wir zerlegen jetzt die Transformation (16) in zwei Teile:

$$(17) \quad \begin{aligned} w_\alpha &= \sum_l \tau_{\alpha l} \mathfrak{w}_l + \psi_\alpha(\mathfrak{w}_\sigma, J) & \mathfrak{I}_\alpha &= \sum_\beta \tau_{\beta\alpha} J_\beta \\ w_\varrho &= \sum_\sigma \tau_{\varrho\sigma} \mathfrak{w}_\sigma + \psi_\varrho(\mathfrak{w}_\sigma, J) & \mathfrak{I}_\varrho &= \sum_l \tau_{l\varrho} J_l + \varphi_\varrho(\mathfrak{w}_\sigma, J) \end{aligned}$$

und

$$(18) \quad \mathfrak{w}_k = \overline{w}_k, \qquad \overline{J}_k = \mathfrak{I}_k + f_k(\overline{w})$$

und zeigen, daß die erste die Bedingung (C) unverletzt läßt und die zweite dies nur für $f_\alpha = 0$ tut.

Wir betrachten die Funktion $S - \mathfrak{S}$ in ihrer Abhängigkeit von $\mathfrak{w}$ und J, d. h. wir schreiben

$$S = S(q(\mathfrak{w}, J), J), \qquad \mathfrak{S} = \mathfrak{S}(q(\mathfrak{w}, J), \mathfrak{I}(\mathfrak{w}, J))$$

und bilden

$$\frac{\partial}{\partial \mathfrak{w}_k}(S - \mathfrak{S}) = \sum_l \frac{\partial S}{\partial q_l}\frac{\partial q_l}{\partial \mathfrak{w}_k} - \sum_l \frac{\partial \mathfrak{S}}{\partial q_l}\frac{\partial q_l}{\partial \mathfrak{w}_k} - \sum_l \frac{\partial \mathfrak{S}}{\partial \mathfrak{I}_l}\frac{\partial \mathfrak{I}_l}{\partial \mathfrak{w}_k}$$

$$= - \sum_\sigma \mathfrak{w}_\sigma \frac{\partial \varphi_\sigma}{\partial \mathfrak{w}_k}.$$

Es ist also:

$$(19) \quad \frac{\partial}{\partial \mathfrak{w}_\alpha}(S - \mathfrak{S}) = 0, \qquad \frac{\partial}{\partial \mathfrak{w}_\varrho}(S - \mathfrak{S}) = - \sum_\sigma \mathfrak{w}_\sigma \frac{\partial \varphi_\sigma}{\partial \mathfrak{w}_\varrho}.$$

Weiter bilden wir:

$$\frac{\partial}{\partial J_k}(S - \mathfrak{S}) = \sum_l \frac{\partial S}{\partial q_l}\frac{\partial q_l}{\partial J_k} + \frac{\partial S}{\partial J_k} - \sum_l \frac{\partial \mathfrak{S}}{\partial q_l}\frac{\partial q_l}{\partial J_k} - \sum_l \frac{\partial \mathfrak{S}}{\partial \mathfrak{J}_l}\frac{\partial \mathfrak{J}_l}{\partial J_k}$$

(20)

$$= w_k - \sum_l \mathfrak{w}_l \frac{\partial \mathfrak{J}_l}{\partial J_k} = \psi_k - \sum_\sigma \mathfrak{w}_\sigma \frac{\partial \varphi_\sigma}{\partial J_k}.$$

Aus (19) und (20) folgt

$$S - \mathfrak{S} = \Psi(\mathfrak{w}_\sigma, J) - \sum_\sigma \mathfrak{w}_\sigma \varphi_\sigma,$$

wo Ψ dieselbe Bedeutung hat wie in (15). Mithin wird

$$S^* - \mathfrak{S}^* = S - \mathfrak{S} - \sum_k \left(\sum_l \tau_{kl} \mathfrak{w}_l + \psi_k\right) J_k$$

$$+ \sum_k \mathfrak{w}_k \left(\sum_l \tau_{lk} J_l + \varphi_k\right)$$

$$= \Psi(\mathfrak{w}_\sigma, J) - \sum_k J_k \psi_k(\mathfrak{w}_\sigma, J);$$

das bedeutet aber, daß (C) unverletzt bleibt.

Die Bedingung dafür, daß (C) bei der Transformation (18) erhalten bleibt, finden wir wie im nichtentarteten Fall. Es ist

$$f_k(\overline{w}) = - \frac{\partial}{\partial w_k} R(\overline{w}).$$

Wenn (C) und (B) erfüllt sind, ist $f_k(\overline{w})$ eine periodische Funktion der Form

$$f_k(\overline{w}) = \sum_\tau C_\tau \tau_k e^{2\pi i(\tau\,\overline{w})},$$

in der nur Exponenten auftreten dürfen, die allein $\overline{w}_\varrho$ enthalten; also ist stets $\tau_\alpha = 0$. Daraus folgt aber

$$f_\alpha(\overline{w}) = 0.$$

Die allgemeinste zulässige Transformation der nichtentarteten Wirkungsvariabeln ist also

(21)
$$\overline{J}_\alpha = \sum_\beta \tau_{\beta\alpha} J_\beta.$$

Die J_ϱ dagegen brauchen sich nicht ganzzahlig zu transformieren. Da die Bedingung (C) hier das Auftreten von $\overline{w}_l$ in der Transformation der J_ϱ nicht verbietet, läßt sich aus einem System J_ϱ, in dem alle J_ϱ ganze Vielfache von h sind, stets ein System $\overline{J}_\varrho$

herstellen, das diese Eigenschaft nicht hat (vgl. die Beispiele des § 14).

Das Ergebnis unserer Untersuchungen sprechen wir unabhängig von der Anwendung auf die Quantentheorie folgendermaßen aus:

Wenn wir in einem mechanischen System Variable $w_k J_k$ einführen können, die die Bedingungen (A), (B) und (C) erfüllen, so lassen sie sich stets so wählen, daß gewisse der partiellen Ableitungen

$$v_k = \frac{\partial W}{\partial J_k},$$

nämlich die v_α ($\alpha = 1 \cdots s$), inkommensurabel sind und die übrigen v_ϱ ($\varrho = s + 1 \cdots f$) verschwinden. Die J_α sind dann eindeutig festgelegt bis auf homogene ganzzahlige lineare Transformationen mit der Determinante ± 1.[1]

Aus der Periodizität von S^* als Funktion von q und w oder J und w wollen wir noch eine Folgerung ziehen: Die Funktion

$$S = S^* + \sum w_k J_k$$

nimmt um J_k zu, wenn w_k um 1 wächst und die anderen w und die J konstant bleiben. Dies können wir auch in der Form schreiben:

$$J_k = \int_0^1 dw_k \left(\frac{\partial S}{\partial w_k}\right)_J = \int_0^1 dw_k \sum_l \frac{\partial S}{\partial q_l} \frac{\partial q_l}{\partial w_k}.$$

oder:

$$(22) \qquad J_k = \int_0^1 dw_k \sum_l p_l \frac{\partial q_l}{\partial w_k}.$$

Man kann dieses Integral dazu benutzen, um zu sehen, ob eine vorgegebene Bewegung die Quantenbedingungen erfüllt oder nicht, da man nur die p und q als Funktionen der w_α zu kennen braucht.

---

[1] J. M. BURGERS, der den wesentlichen Inhalt dieses Satzes in seiner Dissertation angibt, teilt keinen vollständigen Beweis mit (a. a. O. § 12).

§ 16. Die adiabatische Invarianz der Wirkungsvariabeln und die Quantenbedingungen für mehrere Freiheitsgrade.

Gerade wie bei einem Freiheitsgrad (s. § 10) ist die Eindeutigkeit der J_α nur *eine* notwendige Bedingung dafür, daß Quantenbedingungen von der Form

$$J_\alpha = n_\alpha h$$

einen Sinn haben. Als *zweite* Bedingung haben wir auch hier zu verlangen, daß die J_α nicht nur für das isolierte System, sondern auch für das langsam veränderlichen Einflüssen unterworfene System nach den Gesetzen der klassischen Mechanik konstant sind.

In der Tat gilt auch hier der Satz:

Die Wirkungsvariabeln J_α sind adiabatisch invariant, solange sie in einem von neuen Entartungen freien Bereiche bleiben.

Den *Beweis* führen wir (im Anschluß an J. M. BURGERS) genau so, wie wir es bei einem Freiheitsgrad taten. Mit den Variabeln q_k, p_k, die die kanonischen Gleichungen

$$\dot{q}_k = \frac{\partial H}{\partial p_k}, \qquad \dot{p}_k = -\frac{\partial H}{\partial q_k}$$

erfüllen, denken wir uns diejenige kanonische Transformation

$$p_k = \frac{\partial S^*}{\partial q_k},$$

$$J_k = -\frac{\partial S^*}{\partial w_k}$$

ausgeführt, die bei konstantem a die Variabeln q_k, p_k in die Winkel- und Wirkungsvariabeln w_k, J_k überführt. Nach (1) § 7 geht dabei H in

$$\bar{H} = H + \frac{\partial S^*}{\partial t}$$

über. Die transformierten kanonischen Gleichungen lauten daher

$$\dot{w}_k = \frac{\partial H}{\partial J_k} + \frac{\partial}{\partial J_k}\left(\frac{\partial S^*}{\partial t}\right),$$

$$\dot{J}_k = -\frac{\partial H}{\partial w_k} - \frac{\partial}{\partial w_k}\left(\frac{\partial S^*}{\partial t}\right).$$

Da H nur von den J_k abhängt, folgt

$$\dot{J}_k = -\frac{\partial}{\partial w_k}\left(\frac{\partial S^*}{\partial t}\right) = -\frac{\partial}{\partial w_k}\left(\frac{\partial S^*}{\partial a}\right)\dot{a}.$$

Bei der Differentiation nach t und a ist S^* als Funktion von q_k, w_k und t bzw. a zu denken, bei der Differentiation nach w_k als Funktion von w_k, J_k und a. Die Änderung von J_k in einem Zeitintervall (t_1, t_2) beträgt jetzt

$$J_k^{(2)} - J_k^{(1)} = -\int_{t_1}^{t_2} \dot{a}\,\frac{\partial}{\partial w_k}\left(\frac{\partial S^*}{\partial a}\right)dt\,;$$

bei der vorausgesetzten langsamen und mit den Perioden des Systems nicht verknüpften Änderung von a kann man $\dot{a}$ vor das Integralzeichen setzen. Wir zeigen, daß

$$(1)\qquad \frac{J_k^{(2)} - J_k^{(1)}}{\dot{a}} = -\int_{t_1}^{t_2} \frac{\partial}{\partial w_k}\left(\frac{\partial S^*}{\partial a}\right)dt$$

die Größenordnung $\dot{a}\,(t_2 - t_1)$ hat (vgl. § 10).

Mit S^* ist auch $\dfrac{\partial S^*}{\partial a}$ eine periodische Funktion der w_k und der Integrand von (1) eine Fourier-Reihe ohne konstantes Glied

$$\sum_{\tau}{}' A_\tau\,(J, a)\, e^{2\pi i\,(\tau w)},$$

so daß das abzuschätzende Integral die Form erhält

$$\int_{t_1}^{t_2} \sum{}' A_\tau\, e^{2\pi i\,[(\tau\nu)t + (\tau\delta)]}\,dt\,;$$

dabei sind A_τ, ν und δ Funktionen der J und von a. Wir entwickeln den Integranden in der Umgebung eines bestimmten t-Punktes, den wir mit $t = 0$ bezeichnen, und erhalten

$$(2)\ \sum_{\tau}{}' (A_\tau^0 + A_\tau^1\,\dot{a}\,t + \cdots)\, e^{2\pi i\,\{(\tau\nu^0)t + (\tau\delta) + \dot{a}\,[(\tau\nu^1)t^2 + (\tau\delta^1)t] + \cdots\}}$$

$$= \sum_{\tau}{}' A_\tau^0\, e^{2\pi i\,[(\tau\nu^0)t + (\tau\delta^0)]}$$

$$+ \dot{a}\,\sum_{\tau}{}' \left\{2\pi i\,A_\tau^0[(\tau\nu^1)t^2 + (\tau\delta^1)t] + A_\tau^1 t\right\} e^{2\pi i\,[(\tau\nu^0)t + (\tau\ \delta^0)]} + \cdots.$$

Wir denken uns diese Entwicklung am Anfang des Intervalls (t_1, t_2) ausgeführt und das Integral darüber von t_1 ab soweit erstreckt, daß das Integral des ersten Gliedes verschwindet. Das ist stets möglich, da das unbestimmte Integral des ersten Gliedes eine mehrfach periodische Funktion ist und in Abständen der Größenordnung $\dfrac{1}{(\tau\,\nu^0)}$ stets wieder durch 0 geht. Das Integral des zweiten Gliedes hat die Größenordnung $a\,T$ oder $\dot{a}\,T^2$. Wir denken uns jetzt eine neue Entwicklung (2) ausgeführt am Anfang des Restintervalls und wieder das Integral so weit erstreckt, daß das erste Glied verschwindet. Dieses Verfahren setzen wir fort, zuletzt bleibt ein Intervall, für das das Integral des ersten Gliedes endliche Größe hat. Man sieht, wenn kein $(\tau\,\nu)$ auf dem Integrationsweg verschwindet, hat das Gesamtintegral die Größenordnung $\dot{a}\,(t_2 - t_1)$.

Im Falle, daß für einen bestimmten Wert von a eine identische (für alle J gültige) Beziehung $(\nu\,\tau) = 0$ besteht, kann man die $\dot{w}$ und J so wählen, daß die ν_α inkommensurabel und die ν_ϱ gleich 0 sind. Es treten dann in S^* konstante Exponenten $((\tau\,\nu) = 0)$ auf, aber sie enthalten nur die w_ϱ; die betreffenden Glieder fallen also weg, wenn nach w_α differenziert wird. Die J_α bleiben also auch an solchen Stellen der Entartung invariant; für die J_ϱ läßt sich dies nicht allgemein behaupten. Außer diesen Stellen identischen Verschwindens von $(\nu\,\tau)$ kann es noch solche Stellen geben, wo $(\nu\,\tau)$ gerade für die betrachteten Werte der J_k null wird; wir sprechen dann von „zufälligen Entartungen". Auch bei solchen Stellen brauchen die J nicht invariant zu sein, wenn das Glied mit dem entsprechenden Exponenten $(w\,\tau)$ in S mit endlicher Amplitude vorkommt.

Soll die adiabatische Invarianz der J_k gelten, so *müssen wir also auch solche Stellen ausschließen, bei denen zwischen Frequenzen, die in einem Gliede der* FOURIER-*Entwicklung von S^* gemeinsam auftreten, eine zufällige* (d. h. nur für die betrachteten Werte von J vorhandene) *Kommensurabilität besteht.*

Als *Beispiel* für die adiabatische Invarianz einer Wirkungsvariabeln betrachten wir den Fall, wo das mechanische System invariant ist gegen eine Drehung um eine raumfeste Achse. Sind (r, φ, z) die Zylinderkoordinaten, so kann man den Drehwinkel φ_1 und die Differenzen $\varphi_k - \varphi_1$

statt der einzelnen φ als Koordinaten einführen; φ_1 ist dann zyklische Variable, und (vgl. § 6) der ihr konjugierte Impuls ist der Drehimpuls des Systems um die z-Achse. Der *Satz von der Erhaltung des Drehimpulses* um eine Achse gilt nun auch dann, wenn in dem Ausdruck für die potentielle Energie die Zeit explizit vorkommt, sofern nur die Invarianz gegen eine Drehung um die Achse identisch in der Zeit besteht. Verstärkt oder schwächt man also das rotationssymmetrische Kraftfeld, so bleibt der Drehimpuls um die z-Achse invariant und wir haben einen besonderen Fall unseres Satzes von der adiabatischen Invarianz der Wirkungsvariabeln vor uns.

Um zu sehen, was beim *Durchgang* des Systems *durch einen entarteten Zustand* geschehen kann, betrachten wir noch einmal den räumlichen Oszillator. Wir denken uns sowohl die Richtungen der Hauptachsen der potentiellen Energie als auch die Größen der drei Frequenzen als Funktionen eines Parameters a, der willkürlich in der Zeit verändert werden kann. Besteht nun zwischen den Frequenzen für ein bestimmtes a keine Kommensurabilität, so sind die J adiabatische Invarianten. Liegt aber für einen bestimmten Wert von a Entartung vor, z. B. $\nu_x = \nu_y$, so ist das nicht mehr der Fall. Allerdings gibt es noch spezielle Änderungen, bei denen die J invariant bleiben. Wenn man nämlich die Richtungen der Hauptachsen unverändert läßt und nur die Frequenzen variiert, so verhalten sich die Koordinaten wie unabhängige lineare Oszillatoren und die J sind für jeden solchen einzeln adiabatisch invariant. Als Beispiel einer adiabatischen Änderung, bei der die J im Falle der Entartung nicht invariant bleiben, betrachten wir folgendes. Wir lassen das ursprünglich dreiachsige Ellipsoid der potentiellen Energie unter Beibehaltung der Achsen in ein Rotationsellipsoid übergehen; darauf behalten wir nur die Rotationsachse bei und lassen das Ellipsoid wieder zu einem dreiachsigen werden, dessen andere beiden Achsen gegen früher um einen endlichen Winkel gedreht sind. Im Augenblick der Entartung ist die Projektion der Bewegung auf die zur Rotationsachse senkrechte Ebene eine Ellipse. Die Grenzwerte der J, die sich an die J-Werte vor und nach der Entartung anschließen, sind durch die Amplituden dieser Ellipsenbewegung in den Richtungen der Hauptachsen der potentiellen Energie bestimmt; man sieht ohne weiteres, daß diese Werte für verschiedene Achsenrichtungen verschieden sind.

Die Eindeutigkeit der J_a (in dem in § 15 angegebnen Sinne) und ihre adiabatische Invarianz legen es nun sehr nahe, die im § 10 für einen Freiheitsgrad aufgestellte Quantenbedingung folgendermaßen zu verallgemeinern:

Bei einem mechanischen System, das die Bedingungen (A), (B) *und* (C) *des § 15 erfüllt, mögen die* w_k *und* J_k *so gewählt sein, daß die* ν_α $(\alpha = 1, 2 \cdots s)$-*inkommensurabel und die* ν_ϱ $(\varrho = s + 1 \cdots f)$ *gleich null sind (es kann auch* $s = f$ *sein). Die stationären Bewegungen dieses Systems werden durch die Bedingungen*

$$J_\alpha = n_\alpha h \qquad (\alpha = 1, 2 \cdots s)$$

festgelegt[1]).

Da die HAMILTONsche Funktion nur von den J_α abhängt, ist sie durch die Quantenzahlen n_α eindeutig bestimmt.

Hierzu tritt als zweites Quantengesetz die BOHR*sche Frequenzbedingung*

$$h\tilde{\nu} = W^{(1)} - W^{(2)}.$$

Wir fassen die Grundgedanken der bisher entwickelten Quantenmechanik noch einmal zusammen: *Von einem vorgegebenen Modell wird die Gesamtheit der* (als mehrfach periodisch vorausgesetzten) *Bewegungen nach den Gesetzen der klassischen Mechanik* (unter Vernachlässigung der Strahlungsdämpfung) *berechnet; aus diesem Kontinuum von Bewegungen wird durch die Quantenbedingungen eine diskrete Menge ausgesondert.* Die *Energien* dieser ausgesonderten Bewegungen sollen die *wirklichen*, durch Elektronenstoß meßbaren Energiewerte des Systems sein, und die Energiedifferenzen sollen nach der BOHRschen Frequenzbedingung mit den *wirklichen*, im Spektrum beobachteten *Lichtfrequenzen* zusammenhängen. Das ausgesandte Licht enthält außer den Frequenzen an beobachtbaren Eigenschaften noch Intensität, Phase und Polarisationszustand; über sie gibt die Theorie nur angenähert Rechenschaft (§ 17). Damit sind die beobachtbaren Eigenschaften der Bewegung des atomaren Systems erschöpft. Unsere Rechnung schreibt ihr aber *noch weitere Eigenschaften* zu, nämlich Umlaufsfrequenzen und Abstände, kurz den zeitlichen Ablauf der Bewegung. Es scheint, daß diese Größen prinzipiell der Beobachtung nicht zugänglich

---

[1]) Die erste Verallgemeinerung der Quantenbedingungen für Systeme von mehr als einem Freiheitsgrad wurde von M. PLANCK (Verh. d. Dtsch. Phys. Ges. Bd. 17, S. 407 u. 438. 1915) und A. SOMMERFELD (Sitzungsber. d. K. Bay. Akad. 1915. S. 425) gegeben. Bei beiden läuft das Verfahren darauf hinaus, für separierbare Systeme die Wirkungsintegrale gleich ganzzahligen Vielfachen von h zu setzen. Den allgemeinen Fall bedingt periodischer Systeme hat K. SCHWARZSCHILD (Sitzungsber. d. preuß. Akad. 1916. S. 548) behandelt, bei dem auch zum erstenmal der Begriff der Entartung und die Beschränkung der Quantenbedingungen auf die nichtentarteten J klar hervortritt. Die eindeutige Festlegung der J durch unsere Bedingungen (§ 15) findet sich bei J. M. BURGERS: Het Atoommodel van Rutherford-Bohr (Diss. Leyden 1918).

sind[1]). Damit kommen wir aber zu dem Urteil, daß *unser Verfahren vorläufig nur ein formales Rechenschema* ist, das in gewissen Fällen die noch unbekannten wahren Quantengesetze durch Rechnungen auf klassischer Grundlage zu ersetzen gestattet. Von diesen wahren Gesetzen müßten wir verlangen, daß sie nur Beziehungen zwischen beobachtbaren Größen, also Energien, Lichtfrequenzen, Intensitäten und Phasen enthalten. Solange diese Gesetze nicht bekannt sind, müssen wir immer darauf gefaßt sein, daß unsere vorläufigen Quantenregeln versagen; eine unserer Hauptaufgaben wird sein, die Gültigkeit dieser Regeln durch Vergleich mit der Erfahrung abzugrenzen.

§ 17. Das Korrespondenzprinzip für mehrere Freiheitsgrade.

Wie im § 11 müssen wir jetzt untersuchen, inwiefern die *klassische Theorie als Grenzfall der Quantentheorie* erscheint. Wir haben dazu in unseren Quantengesetzen den Grenzübergang $h \rightarrow 0$ zu machen. Die diskreten Energiestufen rücken auch hier zu dem Kontinuum der klassischen Theorie zusammen. Wir zeigen weiter, daß zwischen den klassisch berechneten und den quantentheoretischen Frequenzen ein ähnlicher Zusammenhang besteht wie bei einem Freiheitsgrad.

Das *elektrische Moment* des atomaren Systems wird bei Vernachlässigung der klassischen Strahlungsdämpfung durch eine FOURIER-Reihe der Form

$$(1) \qquad \mathfrak{p} = \sum_\tau \mathfrak{C}_\tau \, e^{2\pi i (\tau w)} = \sum_\tau \mathfrak{C}_\tau \, e^{2\pi i [(\tau \nu) t + (\tau \delta)]}$$

dargestellt. Die Komponenten der Vektoren $\mathfrak{C}_\tau$ sind komplexe Zahlen; wegen der Realität der Komponenten von $\mathfrak{p}$ gehen die Komponenten von $\mathfrak{C}_\tau$ bei Umkehrung der Vorzeichen sämtlicher τ_k in die konjugiert komplexen Größen über. Man kann es so einrichten, daß in den Exponenten nur die nichtverschwindenden (und inkommensurabeln) ν_α vorkommen, indem man die Glieder mit w_ϱ in die Konstanten zieht.

---

[1]) Messungen von Atomradien und dergleichen ergeben keine höheren Annäherungen an die Wirklichkeit als etwa die Übereinstimmung zwischen Umlaufsfrequenzen und Lichtfrequenzen.

Entsprechend den Verhältnissen bei einem Freiheitsgrad korrespondiert nun die quantentheoretische Frequenz, die zu einem Übergang gehört, bei dem sich die Quantenzahlen um $\tau_1 \cdots \tau_s$ ändern, mit der Oberschwingung der Frequenz

$$(\tau \nu) = \tau_1 \nu_1 + \cdots + \tau_s \nu_s.$$

Der Zusammenhang zwischen dieser klassischen Frequenz und der quantentheoretischen Frequenz ist auch hier der zwischen einem Differentialquotienten und einem Differenzenquotienten.

In dem J_α-Raum betrachten wir einen festen Punkt $J_\alpha{}^0$ und alle von diesem Punkt ausgehenden Geraden

$$J_\alpha = J_\alpha{}^0 - \tau_\alpha \lambda,$$

deren Richtungen man sich veranschaulichen kann als Verbindungslinien von $J_\alpha{}^0$ mit den Eckpunkten eines diesen Punkt umgebenden kubischen Gitters (beliebiger Maschengröße). Die klassische Frequenz läßt sich dann in der Form schreiben:[1]

$$(2) \qquad \tilde{\nu}_{kl} = \sum_\alpha \tau_\alpha \nu_\alpha = - \sum_\alpha \frac{\partial W}{\partial J_\alpha} \frac{dJ_\alpha}{d\lambda} = - \frac{dW}{d\lambda};$$

Die quantentheoretische Frequenz läßt sich in der Form

$$(3) \qquad \tilde{\nu}_{qu} = - \frac{\Delta W}{h}$$

schreiben. Um den Zusammenhang von (2) und (3) zu beschreiben, denken wir uns das oben definierte Gitter so gewählt, daß die Würfelkante gleich h ist, dann ist ν_{qu} die Abnahme der Energie beim Übergang vom Gitterpunkt $J_\alpha{}^0$ zum Gitterpunkt $J_\alpha{}^0 - \tau_\alpha h$ im Verhältnis zur Maschengröße h. Die klassische Frequenz erhält man, wenn man die Maschengröße h unendlich klein werden läßt.

Die quantentheoretische Frequenz kann auch als Mittelwert der klassischen Frequenz zwischen den Gitterpunkten $J_\alpha{}^0$ und $J_\alpha{}^0 - \tau_\alpha h$ bei endlichem h aufgefaßt werden, d. h. als ein gewisser Mittelwert zwischen Anfangs- und Endbahn des Quantenübergangs, der der Frequenz entspricht. Es ist nämlich[2]

---

[1] Die Vorzeichen sind so gewählt, daß Emission vorliegt, wenn alle τ_α positiv sind.

[2] Vgl. H. A. KRAMERS: Intensities of spectral lines (Diss. Leyden). Kopenhagen 1919.

$$(4) \qquad \tilde{\nu}_{qu} = -\frac{1}{h}\int dW = -\frac{1}{h}\int_0^h \frac{dW}{d\lambda}\,d\lambda = \frac{1}{h}\int_0^h \tilde{\nu}_{kl}\,d\lambda.$$

Sind die Änderungen τ_k der Quantenzahlen klein gegen diese Zahlen selbst, so sind die Ausdrücke (3) und (2) wenig voneinander verschieden.

Wie im Falle eines Freiheitsgrades läßt sich das Korrespondenzprinzip zur genäherten Bestimmung der Intensitäten und Polarisationsverhältnisse benutzen.

Wenn die Änderungen τ_k der Quantenzahlen klein sind gegen diese Zahlen selbst, sind die FOURIER-Koeffizienten $\mathfrak{C}_\tau$ für Anfangs- und Endzustand relativ wenig voneinander verschieden. Auf Grund des Korrespondenzprinzips müssen wir nun fordern: *Bei großen Werten und kleinen Änderungen der Quantenzahlen ist die dem Quantensprung $\tau_1 \cdots \tau_s$ entsprechende Lichtwelle näherungsweise dieselbe, wie sie ein klassischer Resonator mit dem Moment*

$$\mathfrak{C}_\tau\, e^{2\pi i(\tau\,w)}$$

aussenden würde. Hierdurch sind Intensität und Polarisationszustand der Welle näherungsweise bestimmt.

Dieselben Größen $\mathfrak{C}_\tau$ bestimmen auch die *Übergangswahrscheinlichkeiten* zwischen den stationären Zuständen. Nach der neueren BOHRschen Theorie (vgl. § 1) sind sie direkt die Amplituden der (virtuellen) Resonatoren, die den Quantensprüngen zugeordnet sind.

Wenn die Änderungen der Quantenzahlen von derselben Größenordnung sind wie ihre Werte selbst, so liegt es nahe, zur Bestimmung der Amplituden nach einem Mittelwert der $\mathfrak{C}_\tau$ zwischen Anfangs- und Endzustand zu suchen. Wie dieser Mittelwert zu bestimmen ist, ist eine noch offene Frage. Nur wenn gewisse Komponenten der klassischen $\mathfrak{C}_\tau$ identisch null sind, läßt sie sich beantworten; man wird annehmen dürfen, daß die entsprechende Schwingung auch quantentheoretisch nicht vorkommt.

Man kann diese Überlegungen zur Bestimmung der *Polarisation* nur dann praktisch anwenden, wenn bei dem Vorgang mindestens eine feste Raumrichtung durch äußere Bedingungen, z. B. ein äußeres Feld, für alle Atome gleichmäßig festgelegt ist. Im anderen Falle wären die Stellungen der Atome regellos verteilt und eine Polarisation nicht feststellbar. Wenn nun z. B. für alle Atome ein bestimmtes $\mathfrak{C}_\tau$ die gleiche Richtung hat, so entspricht diesem eine linear polarisierte Lichtwelle mit der aus der klassischen Theorie bekannten Verteilung der Intensität über die Raumrichtungen.

Von besonderer Wichtigkeit für die Anwendung der Quantenbedingungen und des Korrespondenzprinzips ist der Fall, daß die HAMILTONsche Funktion sich bei einer starren Drehung eines atomaren Systems um eine feste Raumrichtung nicht ändert. Führen wir dann das Azimut $\varphi = q_f$ eines der Systempunkte, die Differenzen der Azimute der anderen Punkte gegen φ und andere nur von der relativen Lage der Systempunkte gegen die feste Raumrichtung abhängige Größen als Koordinaten ein, so ist φ zyklische Variable, und der ihr konjugierte Impuls p_φ ist nach § 6 die in die feste Raumrichtung fallende Drehimpulskomponente des Systems. Wegen der Konstanz von $\dfrac{\partial S}{\partial \varphi}$ hat die Funktion S, die die q_k und ihre Impulse p_k in Winkel- und Wirkungsvariable überführt, die Form

$$S = \frac{1}{2\pi} F(J_1, J_2, \ldots J_f)\, \varphi + \bar{S}(q_1, q_2 \cdots q_{f-1}, J_1, J_2 \cdots J_f).$$

Daraus folgt

$$w_1 = \frac{1}{2\pi} \frac{\partial F}{\partial J_1}\, \varphi + \frac{\partial \bar{S}}{\partial J_1}$$

$$w_2 = \frac{1}{2\pi} \frac{\partial F}{\partial J_2}\, \varphi + \frac{\partial \bar{S}}{\partial J_2}$$

$$\cdots \cdots \cdots \cdots$$

$$w_f = \frac{1}{2\pi} \frac{\partial F}{\partial J_f}\, \varphi + \frac{\partial \bar{S}}{\partial J_f}.$$

Hält man nun $q_1 q_2 \cdots q_{f-1}$ fest und läßt φ um 2π wachsen (d. h. dreht man das ganze System um 2π), so müssen die w_k sich um ganze Zahlen ändern (denn die q_k sind periodisch in den w_k mit der Periode 1); dann sind aber die Ableitungen von F ganze Zahlen und F hat die Form

$$F = \tau_1 J_1 + \cdots + \tau_f J_f + c.$$

Durch eine geeignete ganzzahlige Transformation mit der Determinante ± 1 läßt es sich stets in die Form bringen:

$$F = J_\varphi + c,$$

so daß

$$S = \frac{1}{2\pi} J_\varphi \, \varphi + \frac{1}{2\pi} c \cdot \varphi + \overline{S}(q_1 \cdots q_{f-1}, J_1 \cdots J_{f-1}, J_\varphi)$$

wird. Daraus folgt

$$(5) \qquad
\begin{aligned}
w_k &= \Phi_k(q_1 \cdots q_{f-1}, J_1 \cdots J_{f-1}, J_\varphi) \qquad (k = 1 \cdots f-1) \\
w_\varphi = w_f &= \frac{1}{2\pi} \varphi + \Phi_f(q_1 \cdots q_{f-1}, J_1 \cdots J_{f-1}, J_\varphi)
\end{aligned}$$

und durch Auflösen nach den q_k

$$(6) \qquad
\begin{aligned}
q_k &= \Psi_k(w_1 \cdots w_{f-1}, J_1 \cdots J_{f-1}, J_\varphi) \qquad (k = 1 \cdots f-1) \\
\varphi = q_f &= 2\pi w_f + \Psi_f(w_1 \cdots w_{f-1}, J_1 \cdots J_{f-1}, J_\varphi),
\end{aligned}$$

so daß wir auch

$$S = w_\varphi(J_\varphi + c) + \frac{\Psi_f}{2\pi}(J_\varphi + c) + \Psi(w_1 \cdots w_{f-1}, J_1 \cdots J_{f-1}, J_\varphi)$$

schreiben können. Da $S - w_\varphi J_\varphi$ periodisch in w_φ sein muß, folgt $c = 0$ und

$$(7) \qquad S = \frac{1}{2\pi} J_\varphi \, \varphi + \overline{S}(q_1 \cdots q_{f-1}, J_1 \cdots J_{f-1}, J_\varphi).$$

Der Drehimpuls in der Richtung unserer raumfesten Achse ist demnach

$$p_\varphi = \frac{\partial S}{\partial \varphi} = \frac{1}{2\pi} J_\varphi.$$

Wenn keine Entartung vorliegt, ist

$$J_\varphi = m h$$

zu setzen.

In jedem System, dessen potentielle Energie invariant ist gegen eine Drehung um eine raumfeste Achse, ist das 2π-fache der Komponente des Drehimpulses um die Achse Wirkungsvariable. Falls die Energie überhaupt von ihr abhängt, ist diese Größe zu quanteln.

Da die Funktionen Φ_k in (5) nur von den relativen Lagen der Systempunkte gegeneinander und gegen die raumfeste Achse abhängen, so bestimmen auch $w_1, \ldots w_{f-1}$ diese relativen Lagen, während w_φ die absolute Lage des Systems festlegt. Nach (6) kann man $2\pi w_f$ als den Mittelwert des Azimuts φ des herausgegriffenen, beliebigen Systempunktes über die Bewegungen der „relativen“ Winkelvariabeln $w_1, \ldots w_{f-1}$ ansehen. Die Bewegung kann also aufgefaßt werden als eine mehrfach periodische relative Bewegung, die von einer gleichförmigen Präzession um die raumfeste Achse überlagert wird. Wenn H, als Funktion der J_k gedacht, von J_φ nicht abhängt, ist diese Präzession null; dann liegt Entartung vor.

Wir betrachten zunächst den Fall, daß das mechanische System seinen inneren Kräften überlassen ist. Dann ist *jede* raumfeste Gerade als Achse eines zyklischen Azimuts anzusehen. Die Energie hängt von den Komponenten des gesamten Drehimpulses nicht einzeln ab, sondern nur von ihrer Quadratsumme, d. h. von dem Betrage des Drehimpulses. Wählt man die Richtung des Drehimpulses als Achse, so ist das zugehörige Azimut ψ zyklisch und w_ψ nicht entartet. *Der gesamte Drehimpuls p ist also durch eine Quantenbedingung der Form*

$$(8) \qquad\qquad 2\pi p = J_\psi = j\,h$$

festgelegt.

Faßt man nun eine zweite, beliebige raumfeste Achse ins Auge, so gibt es zwar ein zyklisches Azimut φ um diese, die zugehörige Wirkungsvariable $J_\varphi = 2\pi p_\varphi$ kommt aber in der Energiefunktion *neben J_ψ* nicht vor, weil die Energie des Systems nicht von einer Impulskomponente in beliebiger Richtung abhängen kann. Die zu J_φ konjugierte Winkelvariable w_φ ist also entartet, und J_φ darf nicht gequantelt werden. Die Bedeutung von w_φ erkennt man aus der allgemein für eine zyklische Winkelvariable geltenden Angabe, daß diese gleich dem Mittelwert des Azimuts eines beliebigen Systempunkts über die Bewegungen relativ zur Achse ist. w_φ ist also ein konstanter Winkel, der gleich dem Azimut der Achse des gesamten Drehimpulses gegen eine, durch die raumfeste φ-Achse gelegte Ebene gewählt werden kann.

Wir betrachten jetzt den Fall, daß das mechanische System einem *homogenen äußeren* (elektrischen oder magnetischen) *Felde* ausgesetzt ist. Dann ist das Azimut φ eines Systempunktes um eine zum Felde parallele Achse zyklische Variable; im allgemeinen wird auch H von J_φ abhängen, und man hat die Quantenbedingung

$$(9) \qquad 2\pi\, p_\varphi = J_\varphi = m\, h.$$

Dagegen ist bei beliebigem äußeren Felde der gesamte Drehimpuls p im allgemeinen gar kein Integral der Bewegungsgleichungen, kann also auch nicht gequantelt werden. In besonderen Fällen kann es vorkommen, daß der Drehimpuls konstant und Wirkungsvariable ist. Dann gelten also die Bedingungen (8) und (9) gleichzeitig; nun ist aber p_φ die Projektion von p auf die Feldrichtung, und wenn α der Winkel zwischen Drehimpuls und Feldrichtung bedeutet, so gilt

$$(10) \qquad \cos\alpha = \frac{p_\varphi}{p} = \frac{J_\varphi}{J_\psi} = \frac{m}{j}.$$

Dieser Winkel ist also nicht nur konstant (reguläre Präzession des Drehimpulses um die Feldrichtung), sondern auch durch die Quantenbedingungen auf diskrete Werte beschränkt. Man spricht in diesem Falle von „*Richtungsquantelung*". Da m nach (10) nur die Werte $-j,\ -j+1,\ \ldots j$ annehmen kann, so gibt es zu jedem j im ganzen $2j+1$ mögliche Einstellungen des Drehimpulses. Dieser beschreibt bei konstantem Winkel α einen Kreiskegel um die Feldrichtung mit der Präzessionsgeschwindigkeit

$$\nu_\varphi = \frac{\partial H}{\partial J_\varphi}.$$

Im allgemeinen ist diese reguläre Präzession nur für gewisse Anfangsbedingungen möglich. Wir werden aber später (mit der Methode der säkularen Störungen, § 18) zeigen, daß bei schwachen Feldern im allgemeinen die Richtungsquantelung für jede Bewegung gilt; ausgenommen sind nur gewisse Fälle doppelter Entartung (z. B. Wasserstoffatom im elektrischen Feld, vgl. § 35).

Mit Hilfe des Korrespondenzprinzips lassen sich nun bestimmte Aussagen über die *Polarisationen des emittierten Lichtes* und die *Übergangsmöglichkeiten* machen.

Ist z die raumfeste Symmetrieachse, so fassen wir die darauf senkrechten Komponenten des elektrischen Moments $\mathfrak{p}_x,\ \mathfrak{p}_y$ zu einer komplexen Größe zusammen und schreiben:

$$\mathfrak{p}_x + i\,\mathfrak{p}_y = \sum_k e_k(x_k + i\,y_k)$$
$$\mathfrak{p}_z = \sum_k e_k z_k$$
$$(k = 1, 2, \ldots n).$$

Sind r_k die Abstände von der Achse und φ_k die Azimute (φ sei eines davon), so ist

$$x_k + i\,y_k = r_k\,e^{i\,\varphi_k} = e^{i\,\varphi}\left(r_k\,e^{i\,(\varphi_k - \varphi)}\right).$$

Nun hängt die Klammer $\left(r_k\,e^{i\,(\varphi_k - \varphi)}\right)$ ebenso wie z_k nur von den $q_1, \ldots q_{f-1}$ ab; setzt man für die Größen die Ausdrücke (6) ein, so erhält man

$$\mathfrak{p}_x + i\,\mathfrak{p}_y = e^{2\pi i w \varphi}\sum P_{\tau_1 \ldots \tau_{f-1}}\,e^{2\pi i(\tau_1 w_1 + \cdots + \tau_{f-1} w_{f-1})}$$
$$\mathfrak{p}_z = \sum Q_{\tau_1 \ldots \tau_{f-1}}\,e^{2\pi i(\tau_1 w_1 + \cdots + \tau_{f-1} w_{f-1})}.$$

Die ganze Zahl τ_φ kann also in der x- und y-Komponente des elektrischen Moments nur den Wert 1, in der z-Komponente nur den Wert 0 annehmen[1]). Nach dem Korrespondenzprinzip kann sich die zugehörige Quantenzahl nur um den Betrag 1 oder 0 ändern. (Dies gilt natürlich nur, wenn überhaupt J_φ zu quanteln ist, also keine Entartung vorliegt.) Die Änderung um ± 1 entspricht einer Rechts- oder Linksrotation des elektrischen Moments um die Symmetrieachse, also rechts- oder linkszirkular polarisiertem Licht. Da bei der Änderung der Quantenzahl um $+1$ der Drehimpuls des Systems zunimmt, der des Lichtfeldes also abnimmt, so ist für diesen Sprung $+1$ bei Emission das Licht negativ zirkular polarisiert, bei Absorption positiv; beim Sprunge -1 gilt das Umgekehrte[2]). Dem Übergang ohne Änderung des Drehimpulses korrespondiert Licht, das parallel zur Symmetrieachse polarisiert ist[3]). Wenn die Bewegung aller Systempunkte in Ebenen senkrecht zur Symmetrieachse erfolgt, so ist (außer für $\tau_1 = \cdots \tau_{f-1} = 0$)

---

[1]) Das Vorzeichen von τ hat keinen Sinn, da in der FOURIER-Entwicklung neben τ stets auch $-\tau$ auftritt.

[2]) RUBINOWICZ (Physikal. Zeitschr. Bd. 19, S. 441 u. 456. 1918) hat die Beziehung zwischen Polarisation und Drehimpuls (ungefähr gleichzeitig mit der Aufstellung des allgemeinen Korrespondenzprinzips durch BOHR) benutzt, um die Auswahlregeln für die Änderungen von Quantenzahlen aufzustellen.

[3]) Solches Licht würde man in der Optik senkrecht zur z-Richtung polarisiert nennen, da man traditionsgemäß als Polarisationsebene die Schwingungsebene des magnetischen Vektors ansieht.

$$Q_{\tau_1 \ldots \tau_{f-1}} = 0,$$

ein Übergang ohne Änderung des Drehimpulses kommt dann nicht vor.

Wir betrachten nun den Fall eines Systems, das *nur inneren Kräften* unterworfen ist. Dann sind obige Betrachtungen auf die Achse des gesamten Drehimpulses anwendbar, wobei an die Stelle von φ der oben mit ψ bezeichnete Winkel tritt und die Quantenbedingung (8) gilt. Die Polarisation des Lichtes ist aber nicht beobachtbar, da die Atome oder Molekeln in einem Gase alle möglichen Orientierungen haben. Hier kommt der oben erwähnte Fall, daß alle Systempunkte sich in Ebenen senkrecht zur Achse bewegen, häufig vor, z. B. beim Zweikörperproblem (Atom mit einem Elektron) und beim starren Rotator (Hantelmodell der Molekel); dann ist der Übergang $j \to j$ nicht möglich.

Weiter betrachten wir den Fall, daß das System der Wirkung eines *äußeren homogenen Feldes* unterliegt und Richtungsquantelung eintritt (was für schwache Felder näherungsweise gilt). Dann gelten für die Änderungen von m und die Polarisation des Lichtes relativ zur Feldrichtung die oben abgeleiteten Regeln. Es ist nun leicht einzusehen, daß auch für j die bei einem freien System geltenden Übergangsmöglichkeiten $\varDelta j = -1, 0, +1$ bestehen bleiben.

Dazu denken wir uns ein $\xi\,\eta\,\zeta$-Koordinatensystem so eingeführt, daß seine ζ-Achse in die Richtung des Drehimpulses fällt und die η-Achse senkrecht auf der Feldrichtung steht. In diesem Koordinatensystem läßt das elektrische Moment eine Darstellung der Form

$$\mathfrak{p}_\xi + i\,\mathfrak{p}_\eta = e^{2\pi i w_\psi} \sum_\tau P_\tau\, e^{2\pi i (\tau w)}$$

(11)

$$\mathfrak{p}_\zeta = \sum_\tau Q_\tau\, e^{2\pi i (\tau w)}$$

zu, wobei in den Summen nur die Winkelvariabeln der Relativbewegung $w_1 \cdots w_{f-1}$ (nicht w_φ und w_ψ) auftreten. Die Koordinaten ξ, η, ζ hängen mit denen des raumfesten Systems x, y, z so zusammen:

$$x + iy = e^{2\pi i w_\varphi} (\xi \cos\alpha - \zeta \sin\alpha + i\,\eta)$$

$$z = \xi \sin\alpha + \zeta \cos\alpha;$$

hierdurch ist ausgedrückt, daß die ζ-Achse mit der z-Achse den konstanten Winkel α bildet und eine reguläre Präzession $w_\varphi = \nu_\varphi\, t$ um sie beschreibt. Dieselben Transformationsformeln gelten für die Komponenten des Vektors $\mathfrak{p}$ bezüglich beider Koordinatensysteme. Setzt man darin die FOURIER-Reihen (11) für $\mathfrak{p}_\xi$, $\mathfrak{p}_\eta$, $\mathfrak{p}_\zeta$ ein, so sieht man unmittelbar, daß in den Exponenten der FOURIER-Reihen von $\mathfrak{p}_x$ und $\mathfrak{p}_y$ die Winkelvariabeln w_φ und w_ψ nur mit den Faktoren $\tau_\varphi = \pm 1$; $\tau_\psi = 0,\ \pm 1$ auftreten, in $\mathfrak{p}_z$ nur mit den Faktoren $\tau_\varphi = 0$; $\tau_\psi = 0,\ \pm 1$. *Es kann sich also die Quantenzahl j nur um 0 oder ± 1 ändern.*

§ 18. Methode der säkularen Störungen.

Ein mehrfach periodisches entartetes System kann häufig durch geringe Einwirkungen oder Veränderung der Bedingungen in ein nichtentartetes verwandelt werden. Wir wollen insbesondere den einfachen Fall betrachten, daß die Energiefunktion einen Parameter λ enthält und für $\lambda = 0$ entartet ist. Wir denken uns die Energiefunktion H nach Potenzen von λ entwickelt; dann können wir für hinreichend kleine λ diese Entwicklung hinter dem in λ linearen Glied abbrechen und schreiben

$$(1) \qquad\qquad H = H_0 + \lambda H_1.$$

In dieser Näherung kann man also jede Störung des durch H_0 gekennzeichneten „ungestörten" Systems durch additive Hinzufügung einer *„Störungsfunktion"* λH_1 berücksichtigen. Welchen Einfluß die Störungsfunktion auf die Bewegung hat, wenn H_0 nicht entartet ist, soll später untersucht werden. Hier wollen wir nur den Fall betrachten, wo H_0 *entartet* ist. Wir denken uns nun das Problem des ungestörten Systems gelöst und durch eine kanonische Substitution Winkel- und Wirkungsvariable $w_k{}^0$, $J_k{}^0$ eingeführt; wegen der Entartung wird dann H_0 nur von den eigentlichen Wirkungsvariabeln $J_\alpha{}^0$ $(\alpha = 1, 2 \cdots s)$ abhängen. H_1 wird eine Funktion aller $w_k{}^0$ und $J_k{}^0$, also:

$$(2) \qquad\qquad H = H_0\,(J_\alpha{}^0) + \lambda H_1\,(J_k{}^0, w_k{}^0).$$

Zu einer *angenäherten Lösung des „Störungsproblems"* gelangt man nun durch folgende anschauliche Überlegung, die später in allgemeinerem Zusammenhange mathematisch begründet wird.

Bei der ungestörten Bewegung sind die w_ϱ^0 konstant, die w_a^0 mit der Zeit veränderlich. Der Einfluß einer kleinen Störung wird nun darin bestehen, daß auch die w_ϱ^0 mit der Zeit veränderlich werden, aber so, daß ihre Änderungsgeschwindigkeit klein ist, d. h. zugleich mit λ gegen 0 geht. Da nun die Koordinaten $q_k\,p_k$ periodische Funktionen aller w_k^0 mit der Periode 1 sind, so wird in einer Zeit, in der sich die w_ϱ^0 um einen gewissen Betrag ändern, das System bereits eine große Zahl von Perioden (Umläufen oder Librationen) bezüglich der w_a^0 ausgeführt haben. Die Koppelung zwischen den Bewegungen der w_a und der w_ϱ wird also näherungsweise dadurch erfaßt werden können, daß man die Energiefunktion über die ungestörte Bewegung der w_a^0 mittelt; sie wird dann:

$$(3) \qquad \overline{H} = H_0\,(J_a^0) + \lambda\,\overline{H}_1\,(J_a^0;\ w_\varrho^0,\ J_\varrho^0).$$

In diesem Ausdruck treten die J_a^0 nur als Parameter auf; die einzigen Veränderlichen sind die w_ϱ^0 und J_ϱ^0. Für diese gelten die kanonischen Gleichungen:

$$(4) \qquad \begin{aligned} \dot{w}_\varrho^0 &= \lambda\,\frac{\partial \overline{H}_1}{\partial J_\varrho^0} \\[2mm] \dot{J}_\varrho^0 &= -\,\lambda\,\frac{\partial \overline{H}_1}{\partial w_\varrho^0}\,. \end{aligned}$$

Für die Qantentheorie kommen nur diejenigen Lösungen in Betracht, die mehrfach periodischen Charakter haben. Wir nehmen also an, daß es eine Wirkungsfunktion von der Form

$$(5) \qquad \supset = \sum_{k=1}^{f} w_k^0\,J_k + F(w_\varrho^0,\ J_\varrho)$$

gibt, wo F eine periodische Funktion der w_ϱ^0 ist mit der primitiven Periode 1, derart, daß die kanonische Transformation mit der Erzeugenden S:

$$(6) \qquad \begin{aligned} w_a &= w_a^0 & J_a^0 &= J_a \\[2mm] w_\varrho &= w_\varrho^0 + \frac{\partial F}{\partial J_\varrho} & J_\varrho^0 &= J_\varrho + \frac{\partial F}{\partial w_\varrho^0} \end{aligned}$$

die Funktion $\overline{H}_1$ in eine Funktion der J_k allein überführt:

$$(7) \qquad \overline{H}_1(J_a^0;\ w_\varrho^0,\ J_\varrho^0) = W_1(J_a,\ J_\varrho).$$

Der von den $w_\varrho{}^0$, J_ϱ abhängige Anteil von S

$$S_1 = S - \sum_{a=1}^{s} w_a{}^0 J_a$$

genügt der Hamilton-Jacobischen partiellen Differentialgleichung

$$(8) \qquad \overline{H}_1\left(J_a;\ w_\varrho{}^0,\ \frac{\partial S_1}{\partial w_\varrho{}^0}\right) = W_1.$$

Die Bewegungen der Variabeln $w_\varrho{}^0 J_\varrho{}^0$ bestimmen sich also aus der gemittelten Störungsfunktion wie die ursprünglichen Koordinaten eines Systems aus der gesamten Energiefunktion.

Die Lösung hat in dieser Näherung die Form

$$\begin{aligned} J_a &= \mathrm{const} & w_a &= \nu_a\, t + \delta_a \\ J_\varrho &= \mathrm{const} & w_\varrho &= \nu_\varrho\, t + \delta_\varrho, \end{aligned}$$

wo

$$\nu_a = \frac{\partial H_0}{\partial J_a} + \lambda\, \frac{\partial \overline{H}_1}{\partial J_a}$$

$$\nu_\varrho = \qquad\quad \lambda\, \frac{\partial \overline{H}_1}{\partial J_\varrho}$$

ist. Wir sehen also in der Tat, daß die Änderungsgeschwindigkeit der ν_ϱ klein ist gegen die der ν_a und für $\lambda = 0$ verschwindet. Für solche langsamen Bewegungen hat man in der Himmelsmechanik den Namen *„säkulare Störungen"* eingeführt.

Aus (6) erkennt man, daß die ursprünglichen Koordinaten q und p des Systems periodische Funktionen auch der neuen Winkelvariabeln w_ϱ sind.

Auch bei den durch Gleichung (8) dargestellten Bewegungen können alle Fälle von Libration, Rotation oder dem Grenzfall der Limitation vorkommen. Praktisch ist dieses Problem nur lösbar, wenn die Differentialgleichung (8) in den Variabeln $w_\varrho{}^0$ separierbar ist oder wenn es gelingt, andere Separationsvariable zu finden. Das ist z. B. der Fall, wenn alle Variabeln $w_\varrho{}^0$ oder alle außer einer zyklisch sind; der einfachste Fall ist der, daß überhaupt nur eine Variable $w_\varrho{}^0$ vorkommt, d. h. daß das ungestörte System einfach entartet ist.

Weiter kann es vorkommen, daß auch das durch $\overline{H}_1$ beschriebene Problem bezüglich gewisser w_ϱ entartet ist, dann bleiben diese w_ϱ bei der Bewegung konstant. Bei Hinzufügung einer weiteren Störungsfunktion können natürlich diese w_ϱ säkular veränderlich werden.

Die Berechnung des Mittelwertes der Störungsfunktion H_1 geschieht häufig einfacher mit Hilfe der ursprünglichen Variabeln q, p (durch Mittelung über den zeitlichen Ablauf) als mit Benutzung der Winkelvariabeln. Man hat dann nachträglich die im Mittelwert $\bar{H}_1$ noch vorkommenden Bahnkonstanten der ungestörten Bewegung durch die entarteten Winkelvariabeln $w_\varrho{}^0$ und durch die Wirkungsvariabeln $J_k{}^0$ auszudrücken.

Für ein nur inneren Kräften unterworfenes System ist das Azimut der durch die Achse des Gesamtimpulses und eine beliebige raumfeste Gerade gelegte Ebene um diese Gerade entartet. Wirkt nun auf dieses System ein schwaches äußeres homogenes Feld von der Richtung dieser Geraden, so kann der Mittelwert der Störungsfunktion λH_1 nicht von diesem Azimut abhängen. Wenn nun keine weitere entartete Variable des ungestörten Systems vorhanden ist, die durch die Störungsfunktion säkular verändert wird (wie es z. B. beim Wasserstoffatom im elektrischen Feld, vgl. § 37, der Fall ist), so ist die einzige vom äußeren Feld erzeugte säkulare Bewegung eine Präzession des Gesamtdrehimpulses um die Feldrichtung mit der Frequenz

$$\nu_\varphi = \lambda\,\frac{\partial \bar{H}_1}{\partial J_\varphi}\,.$$

Wir haben also den im vorigen Paragraphen behandelten Fall der *Richtungsquantelung* näherungsweise verwirklicht. Die genaue Bewegung unterscheidet sich von der beschriebenen um überlagerte kleine Schwingungen, sie ist eine „pseudoreguläre Präzession".

§ 19. Quantentheorie des Kreisels und Anwendung auf Molekelmodelle.

Wir haben früher (im § 12) die Bewegung von zweiatomigen Molekeln untersucht, die wir als „Rotatoren" auffaßten. Wir wollen jetzt den *allgemeinen Fall mehratomiger Molekeln* betrachten, die wir in erster Annäherung als starre Körper ansehen. Der oben erwähnte Fall der zweiatomigen Molekeln (und allgemeiner: solcher Molekeln, bei denen alle Atome auf einer Geraden liegen) wird dabei als ein Grenzfall herauskommen, und wir werden zugleich eine exaktere Begründung unserer früheren Ergebnisse erhalten.

Die Auffassung der Molekeln als starrer Körper müßte natürlich elektronentheoretisch begründet werden; denn in Wahrheit ist die Molekel ein kompliziertes System bestehend aus mehreren Kernen und einer großen Zahl von Elektronen. Man kann in der Tat zeigen[1]), daß die Kerne sich in großer Annäherung wie ein starres System bewegen; doch wird der gesamte Drehimpuls der Molekeln nicht mit dem Drehimpuls der Kernbewegung identisch sein, weil das System der Elektronen relativ· zu den Kernen selbst einen Drehimpuls von gleicher Größenordnung besitzt. Man gelangt so nach·KRAMERS und PAULI[2]) zu der Vorstellung, daß das adäquate Modell einer Molekel nicht einfach ein Kreisel ist, sondern ein *starrer Körper, in den ein Schwungrad* mit festen Lagern· *eingebaut ist.* Wir wollen daher in diesem Paragraphen gleich die Theorie dieses Kreisels mit Schwungrad betrachten.

Der Kreiselkörper einschließlich der Masse des Schwungrads (das achsensymmetrisch sein soll, so daß sich die Massenverteilung bei seiner Rotation nicht ändert) möge die Hauptträgheitsmomente A_x, A_y, A_z haben, deren Achsen zugleich die Koordinatenachsen (x, y, z) sein mögen; das Trägheitsmoment des Schwungrads sei A. $\mathfrak{a}$ sei der Einheitsvektor in Richtung der Achse des Schwungrads, ζ der Drehwinkel des Schwungrads um seine Achse und $\dot{\zeta} = \omega$ seine Winkelgeschwindigkeit. Den Vektor der Winkelgeschwindigkeit des ganzen Kreisels bezeichnen wir wie früher mit $\mathfrak{d}$, und zur Festlegung der Lage des Kreisels benutzen wir wieder die EULERschen Winkel ϑ, φ, ψ (ϑ und ψ Polabstand und Azimut der A_z-Achse, φ Winkel zwischen Knotenlinie und A_x-Achse). Die Beziehungen zwischen den Ableitungen von ϑ, φ, ψ und den Komponenten von $\mathfrak{d}$ hatten wir früher (in (2) § 6) angegeben. Der Vektor des gesamten Drehimpulses des Körpers sei $\mathfrak{D}$.

Die Komponenten des gesamten Drehimpulses· setzen sich

---

[1]) M. BORN u. W. HEISENBERG: Ann. d. Physik Bd. 74, S. 1. 1924.
[2]) H. A. KRAMERS: Zeitschr. f. Physik. Bd. 13, S. 343. 1923. — H. A. KRAMERS u. W. PAULI jr.: Zeitschr. f. Physik Bd. 13, S. 351. 1923.

zusammen aus den Komponenten des Drehimpulses des Kreiselkörpers allein und denen des Schwungrads:

$$(1) \qquad \begin{aligned} \mathfrak{D}_x &= A_x\,\mathfrak{b}_x + A \cdot \mathfrak{a}_x\,\omega \\ \mathfrak{D}_y &= A_y\,\mathfrak{b}_y + A \cdot \mathfrak{a}_y\,\omega \\ \mathfrak{D}_z &= A_z\,\mathfrak{b}_z + A \cdot \mathfrak{a}_z\,\omega\,. \end{aligned}$$

Der Drehimpuls des Schwungrads um seine Achse ist

$$(2) \qquad \mathsf{Z} = A\,(\omega + (\mathfrak{b}\,\mathfrak{a}))\,.$$

Die vier Bewegungsgleichungen werden hier durch Anwendung des Satzes vom Drehimpuls gewonnen. Erstens muß nämlich der Drehimpuls im Raume feststehen, was die EULERschen Gleichungen

$$\dot{\mathfrak{D}} = [\mathfrak{D},\,\mathfrak{b}]$$

liefert. Zweitens kann der Drehimpuls des Schwungrads nur geändert werden durch Wechselwirkung mit dem Kreiselkörper unter Vermittlung der Achsenlager; seine Änderung steht also senkrecht zur Achse, seine Komponente in der Achsenrichtung ist konstant:

$$(3) \qquad \mathsf{Z} = \text{const.}$$

Die kinetische Energie ist

$$(4) \qquad T = \tfrac{1}{2}\big[(\mathfrak{D}\,\mathfrak{b}) + \mathsf{Z}\,\omega\big];$$

durch Einsetzen der Ausdrücke (1) wird daraus:

$$(5) \qquad T = \tfrac{1}{2}\big[A_x\,\mathfrak{b}_x{}^2 + A_y\,\mathfrak{b}_y{}^2 + A_z\,\mathfrak{b}_z{}^2 + A\,\omega\,(\mathfrak{a}\,\mathfrak{b}) + \omega\,\mathsf{Z}\big].$$

Um die Energie als Funktion der Komponenten des Drehimpulses zu erhalten, setzen wir die aus (1) berechneten Werte von $\mathfrak{b}_x$, $\mathfrak{b}_y$, $\mathfrak{b}_z$ in (5) ein:

$$T = \frac{1}{2}\left[\frac{\mathfrak{D}_x{}^2}{A_x} + \frac{\mathfrak{D}_y{}^2}{A_y} + \frac{\mathfrak{D}_z{}^2}{A_z} - A\,\omega\left(\frac{\mathfrak{a}_x\,\mathfrak{D}_x}{A_x} + \frac{\mathfrak{a}_y\,\mathfrak{D}_y}{A_y} + \frac{\mathfrak{a}_z\,\mathfrak{D}_z}{A_z}\right) + \omega\,\mathsf{Z}\right].$$

ω berechnen wir, indem wir durch Multiplikation der Gleichungen (1) mit $\dfrac{\mathfrak{a}_x}{A_x}$, $\dfrac{\mathfrak{a}_y}{A_y}$, $\dfrac{\mathfrak{a}_z}{A_z}$ eine Beziehung zwischen ω und $(\mathfrak{b}\,\mathfrak{a})$ herleiten; aus dieser und (2) folgt dann:

$$\omega = \frac{\dfrac{\mathsf{Z}}{A} - \dfrac{\mathfrak{a}_x\,\mathfrak{D}_x}{A_x} - \dfrac{\mathfrak{a}_y\,\mathfrak{D}_y}{A_y} - \dfrac{\mathfrak{a}_z\,\mathfrak{D}_z}{A_z}}{1 - A\left(\dfrac{\mathfrak{a}_x{}^2}{A_x} + \dfrac{\mathfrak{a}_y{}^2}{A_y} + \dfrac{\mathfrak{a}_z{}^2}{A_z}\right)}$$

Wir bekommen also

$$(6) \quad T = \frac{1}{2}\left[\frac{\mathfrak{D}_x{}^2}{A_x} + \frac{\mathfrak{D}_y{}^2}{A_y} + \frac{\mathfrak{D}_z{}^2}{A_z} + \frac{\left(\dfrac{Z}{A} - \dfrac{\mathfrak{a}_x \mathfrak{D}_x}{A_x} - \dfrac{\mathfrak{a}_y \mathfrak{D}_y}{A_y} - \dfrac{\mathfrak{a}_z \mathfrak{D}_z}{A_z}\right)^2}{\dfrac{1}{A} - \dfrac{\mathfrak{a}_x{}^2}{A_x} - \dfrac{\mathfrak{a}_y{}^2}{A_y} - \dfrac{\mathfrak{a}_z{}^2}{A_z}} \right].$$

Außer diesem Integral haben wir noch den Satz von der Erhaltung des Drehimpulses:

$$(7) \quad \mathfrak{D}^2 = \mathfrak{D}_x{}^2 + \mathfrak{D}_y{}^2 + \mathfrak{D}_z{}^2 = \text{const.}$$

Den *allgemeinen Charakter der Bewegung* können wir folgendermaßen überblicken: Die Komponenten von $\mathfrak{D}$ sind die Koordinaten des Punktes, in dem die invariable Achse des Systems die Kugel (7) durchstößt. Dieser Punkt läuft entlang der Schnittkurve der Kugel mit dem Ellipsoid (6), das mit dem Kreisel fest verbunden ist. Im raumfesten Koordinatensystem führt also der Kreisel eine periodische Nutation aus, die von einer Präzession um die Drehimpulsachse überlagert wird. Im Falle, wo die Kugel das Ellipsoid berührt, wird die Bewegung zu einer Rotation um eine permanente Achse.

Um die *Quantenbedingungen* für die Bewegung formulieren zu können, müssen wir zu den Koordinaten ϑ, φ, ψ zurückkehren und die zugehörigen Impulse berechnen. Denken wir uns die kinetische Energie T mittels der Beziehungen (2) § 6

$$\mathfrak{d}_x = \dot{\vartheta} \cos \varphi + \dot{\psi} \sin \vartheta \sin \varphi$$
$$\mathfrak{d}_y = \dot{\vartheta} \sin \varphi - \dot{\psi} \sin \vartheta \cos \varphi$$
$$\mathfrak{d}_z = \dot{\varphi} + \dot{\psi} \cos \vartheta$$

als Funktion von ϑ, φ, ψ und ihrer Ableitungen geschrieben, so erhalten wir:

$$p_\vartheta = \frac{\partial T}{\partial \dot{\vartheta}} = \frac{\partial T}{\partial \mathfrak{d}_x}\frac{\partial \mathfrak{d}_x}{\partial \dot{\vartheta}} + \frac{\partial T}{\partial \mathfrak{d}_y}\frac{\partial \mathfrak{d}_y}{\partial \dot{\vartheta}} + \frac{\partial T}{\partial \mathfrak{d}_z}\frac{\partial \mathfrak{d}_z}{\partial \dot{\vartheta}}$$

$$p_\varphi = \frac{\partial T}{\partial \dot{\varphi}} = \frac{\partial T}{\partial \mathfrak{d}_x}\frac{\partial \mathfrak{d}_x}{\partial \dot{\varphi}} + \frac{\partial T}{\partial \mathfrak{d}_y}\frac{\partial \mathfrak{d}_y}{\partial \dot{\varphi}} + \frac{\partial T}{\partial \mathfrak{d}_z}\frac{\partial \mathfrak{d}_z}{\partial \dot{\varphi}}$$

$$\dot{p}_\psi = \frac{\partial T}{\partial \dot{\psi}} = \frac{\partial T}{\partial \mathfrak{d}_x}\frac{\partial \mathfrak{d}_x}{\partial \dot{\psi}} + \frac{\partial T}{\partial \mathfrak{d}_y}\frac{\partial \mathfrak{d}_y}{\partial \dot{\psi}} + \frac{\partial T}{\partial \mathfrak{d}_z}\frac{\partial \mathfrak{d}_z}{\partial \dot{\psi}}$$

$$p_\zeta = \frac{\partial T}{\partial \omega}.$$

Da nach (5) die Ableitungen von T nach $\mathfrak{b}_x$, $\mathfrak{b}_y$, $\mathfrak{b}_z$ gerade die Komponenten $\mathfrak{D}_x$, $\mathfrak{D}_y$, $\mathfrak{D}_z$ des Drehimpulses (1) sind, folgt

$$p_\vartheta = \mathfrak{D}_x \cos\varphi + \mathfrak{D}_y \sin\varphi$$
$$p_\psi = \mathfrak{D}_x \sin\vartheta \sin\varphi - \mathfrak{D}_y \sin\vartheta \cos\varphi + \mathfrak{D}_z \cos\vartheta$$
$$p_\varphi = \mathfrak{D}_z$$
$$p_\zeta = Z.$$

Da der konstante Drehimpuls beliebige Richtung im Raum haben kann, ist die Bewegung entartet und wir können die Zahl der Freiheitsgrade um 1 erniedrigen. Ohne Einschränkung der Allgemeinheit können wir nämlich die raumfeste Polarachse in die Richtung von $\mathfrak{D}$ legen. Wir erhalten dann:

$$(8) \qquad \begin{aligned} \mathfrak{D}_x &= D \sin\vartheta \sin\varphi \\ \mathfrak{D}_y &= - D \sin\vartheta \cos\varphi \\ \mathfrak{D}_z &= D \cos\vartheta \end{aligned}$$

und die Impulse werden:

$$(9) \qquad \begin{aligned} p_\vartheta &= 0 \\ p_\psi &= D \\ p_\varphi &= D \cos\vartheta \\ p_\zeta &= Z. \end{aligned}$$

Dadurch, daß für den Endpunkt von $\mathfrak{D}$ eine Kurve auf dem körperfesten Ellipsoid (6) vorgeschrieben ist und diese Kurve während eines Umlaufs von φ gerade einmal durchlaufen wird, ist $\cos\vartheta$ als eindeutige Funktion von φ bestimmt. Man erkennt so, daß die Bewegung in den Koordinaten $\vartheta, \psi, \varphi, \zeta$ separierbar ist, und erhält die Wirkungsintegrale

$$\oint p_\psi \, d\psi = 2\pi D; \qquad \oint p_\varphi \, d\varphi = D \oint \cos\vartheta \, d\varphi; \qquad \oint p_\zeta \, d\zeta = 2\pi Z$$

und die Quantenbedingungen[1]:

$$(10) \qquad \begin{aligned} D &= \frac{m\,h}{2\pi} \\ D \oint \cos\vartheta \, d\varphi &= n^* h \\ Z &= \frac{n_\zeta\, h}{2\pi}. \end{aligned}$$

---

[1] Wir bezeichnen hier beim Kreisel die Quantenzahl des gesamten Drehimpulses nicht, wie in der allgemeinen Theorie, mit j, sondern mit m, weil dieser Buchstabe für die Bezeichnung der Terme eines molekularen Rotationsspektrums gebräuchlich ist (s. Rotator § 12).

Die zweite Quantenbedingung ist einer anschaulichen Deutung
fähig. Die Fläche, die die Spitze des Vektors $\mathfrak{D}$ auf der
Kugel (7) mit negativem Umlaufssinn umläuft, ist nämlich

$$F = - \mathfrak{D}^2 \iint \sin \vartheta \, d\vartheta \, d\varphi = \mathfrak{D}^2 \iint d \cos \vartheta \, d\varphi .$$

Führen wir die Integration nach ϑ aus, so erhalten wir, wenn
die Berandung der Fläche die Polarachse nicht umschließt:

$$F = \mathfrak{D}^2 \oint \cos \vartheta \, d\varphi = 2 \pi D^2 \frac{n^*}{m} ,$$

wenn sie die positive Polarachse umschließt:

$$F = \mathfrak{D}^2 \oint (1 - \cos \vartheta) \, d\varphi = 2 \pi D^2 \frac{m - n^*}{m} ,$$

wenn sie die negative Polarachse umschließt:

$$F = \mathfrak{D}^2 \oint (1 + \cos \vartheta) \, d\varphi = 2 \pi D^2 \frac{m + n^*}{m} ,$$

und wenn sie beide Seiten der Polarachse umschließt:

$$F = \mathfrak{D}^2 \oint (2 - \cos \vartheta) \, d\varphi = 2 \pi D^2 \frac{2 m - n^*}{m} .$$

In allen Fällen wird das Verhältnis zur Halbkugel

$$(11) \qquad \frac{F}{2 \pi D^2} = \frac{n}{m} ,$$

wo n eine ganze Zahl ist, und wir können die zweite Quantenbedingung so formulieren, daß das Verhältnis der vom Vektor $\mathfrak{D}$
auf der Kugel (7) ausgeschnittenen Fläche zur Halbkugel gleich
$\dfrac{n}{m}$ ist; n kann die Werte $0, 1 \ldots 2\,m$ annehmen.

Wir wollen unsere Betrachtungen noch auf den Fall des
gewöhnlichen Kreisels ohne eingebautes Schwungrad spezialisieren[1].
Statt (1) erhalten wir für die Komponenten des Drehimpulses:

$$\mathfrak{D}_x = A_x \mathfrak{d}_x , \quad \mathfrak{D}_y = A_y \mathfrak{d}_y , \quad \mathfrak{D}_z = A_z \mathfrak{d}_z ;$$

die Gleichung (5) für die Energie geht über in

$$T = \tfrac{1}{2} [A_x \mathfrak{d}_x{}^2 + A_y \mathfrak{d}_y{}^2 + A_z \mathfrak{d}_z{}^2] .$$

---

[1] Siehe F. REICHE: Physikal. Zeitschr. Bd. 19, S. 394. 1918. —
P. S. EPSTEIN: Verh. d. Dtsch. phys. Ges. Bd. 18, S. 398. 1916. —
P. S. EPSTEIN: Physkal. Zeitschr. Bd. 20, S. 289. 1919.

Durch Einsetzen der Drehimpulskomponenten folgt:

$$(12) \qquad T = \frac{1}{2}\left[\frac{\mathfrak{D}_x^{\ 2}}{A_x} + \frac{\mathfrak{D}_y^{\ 2}}{A_y} + \frac{\mathfrak{D}_z^{\ 2}}{A_z}\right].$$

Legen wir auch hier die raumfeste Polarachse in die Richtung des gesamten Drehimpulses, so gelten wieder die Beziehungen (8) und es wird

$$(13) \qquad T = \frac{1}{2} D^2\left[\sin^2\vartheta\left(\frac{\sin^2\varphi}{A_x} + \frac{\cos^2\varphi}{A_y}\right) + \frac{\cos^2\vartheta}{A_z}\right].$$

Wir erhalten zwei Quantenbedingungen

$$(14) \qquad \begin{aligned} \oint p_\psi\, d\psi &= 2\pi D = m\,h \\ \oint p_\varphi\, d\varphi &= D \oint \cos\vartheta\, d\varphi = n\,h. \end{aligned}$$

In der zweiten Bedingung haben wir $\cos\vartheta$ mit Hilfe der Energie $T = W$ als Funktion von φ zu schreiben. Aus (13) folgt

$$\cos^2\vartheta = \frac{\dfrac{2W}{D^2} - \left(\dfrac{\sin^2\varphi}{A_x} + \dfrac{\cos^2\varphi}{A_y}\right)}{\dfrac{1}{A_z} - \left(\dfrac{\sin^2\varphi}{A_x} + \dfrac{\cos^2\varphi}{A_y}\right)},$$

und die zweite Quantenbedingung wird:

$$(15) \qquad \oint \sqrt{\frac{2W - D^2\left(\dfrac{\sin^2\varphi}{A_x} + \dfrac{\cos^2\varphi}{A_y}\right)}{\dfrac{1}{A_z} - \left(\dfrac{\sin^2\varphi}{A_x} + \dfrac{\cos^2\varphi}{A_y}\right)}}\; d\varphi = n\,h.$$

Sie führt auf ein elliptisches Integral, das die Energie W als Parameter enthält. Die Berechnung von W als Funktion der Quantenzahlen m und n läßt sich explizite nicht ausführen, außer in dem Fall der Rotationssymmetrie $(A_x = A_y)$, den wir schon früher behandelt haben (§ 6).

In diesem Falle $A_x = A_y$ geht die Energie (13) über in

$$T = \frac{1}{2} D^2\left(\frac{\sin^2\vartheta}{A_x} + \frac{\cos^2\vartheta}{A_z}\right);$$

φ wird ebenfalls zyklische Variable und ϑ ist konstant. Die Quantenbedingungen lauten:

$$D = \frac{m\,h}{2\,\pi}$$

$$D \cos \vartheta = \frac{n\,h}{2\,\pi};$$

es ist also

$$\cos \vartheta = \frac{n}{m},$$

d. h. wir haben eine Art von *Richtungsquantelung*, wobei der Drehimpuls nicht um eine raumfeste Achse, sondern um die körperfeste Figurenachse präzessiert. Die Energie als Funktion der Quantenzahlen wird:

$$(16) \qquad W = \frac{h^2}{8\,\pi^2} \left[\frac{m^2}{A_x} + n^2 \left(\frac{1}{A_z} - \frac{1}{A_x} \right) \right].$$

Überlegt man sich, wie die Koordinaten eines Kreiselpunktes sich durch die zyklischen Koordinaten ψ und φ ausdrücken (endliche FOURIER-Reihen), so sieht man, daß in der Entwicklung des elektrischen Moments im allgemeinen die Frequenzen ν_φ und ν_ψ mit den Koeffizienten 0 und ± 1 auftreten. Die Quantenzahlen n und m können sich also um 0 und ± 1 ändern. Nur wenn das elektrische Moment keine Komponente in der Richtung der Figurenachse hat, fällt der Übergang $\varDelta n = 0$ fort.

Eine Anwendung der Energiegleichung (16) auf mehratomige Molekeln würde mehrere Systeme von Rotationsbanden ergeben, die nur gegeneinander um feste Beträge verschoben sind. Die Linienfolgen genügen derselben Formel vom einfachsten DES-LANDRESschen Typus (vgl. § 12).

Wir wollen an dieser Stelle die Frage aufwerfen, wie man durch einen Grenzprozeß aus der Kreiselformel (16) die Formel (1) § 12 für den Rotator gewinnen kann, und zeigen, inwiefern die Anwendung der Rotatorformel auf eine zweiatomige Molekel berechtigt ist. Hat man den Idealfall eines aus zwei starr verbundenen Massenpunkten bestehenden Systems, so ist in der Kreiselformel (16) $A_z = 0$ zu setzen, und damit die Energie endlich bleibt, kann n nur den Wert 0 annehmen. Wir erhalten dann für die Energie die alte Rotatorformel (1) § 12:

$$W = \frac{h^2}{8\,\pi^2 A_x} m^2.$$

In Wirklichkeit aber handelt es sich bei den *zweiatomigen Molekeln* um Systeme, bei denen außer den fast punktförmigen Kernen von großer Masse eine Anzahl von Elektronen vorhanden ist, die sich um die Kerne herumbewegen und unter Umständen einen Impuls um die Kernverbindungslinie haben können. Man kann dieses System in grober Näherung als einen Kreisel auffassen, dessen Trägheitsmoment A_z um die Kernachse klein ist gegen das Trägheitsmoment A_x um eine dazu senkrechte Gerade. Bei unveränderter Elektronenkonfiguration ist n und damit das zweite Glied in der Energie (16) eine Konstante. Für die Abhängigkeit der Energie vom Rotationszustand erhalten wir also

$$(17) \qquad W = W_{\text{Elektr.}} + \frac{h^2}{8\,\pi^2\,A_x}\,m^2\,.$$

Bei einem Quantenübergang ändert sich im allgemeinen n und damit die „Elektronenenergie" $W_{\text{Elektr.}}$, und außerdem ändert sich m um 0 oder ± 1. Lassen wir die Abhängigkeit von $W_{\text{Elektr.}}$ von den Quantenzahlen dahingestellt, weil die Auffassung der Elektronen als starrer Kreisel natürlich sehr gewagt ist, so erhalten wir für die bei einem Übergang gestrahlte Frequenz (abgesehen von der $\varDelta m = 0$ entsprechenden Frequenz $\tilde{\nu} = \tilde{\nu}_{\text{Elektr.}}$):

$$(18) \qquad \begin{aligned} \tilde{\nu} &= \tilde{\nu}_{\text{Elektr.}} + \frac{h}{8\,\pi^2\,A_x}\,[(m \pm 1)^2 - m^2] \\ &= \tilde{\nu}_{\text{Elektr.}} + \frac{h}{4\,\pi^2\,A_x}\,(\pm\, m + \tfrac{1}{2})\,. \end{aligned}$$

$W_{\text{Elektr.}}$ und damit $\tilde{\nu}_{\text{Elektr.}}$ ist wegen der Kleinheit von A_z in (16) sehr groß gegen das von der Rotation herrührende Glied. Da nun das letztere für sich allein, wie wir früher gezeigt haben, Linien im Ultrarot ergibt, so rückt das durch (18) dargestellte Spektrum nach höheren Frequenzen, also etwa in das sichtbare Gebiet oder Ultraviolett. Wir haben damit die einfachste Bandenformel, die in allergröbster Näherung die beobachteten Banden darstellt. Aus dem beobachteten Linienabstand kann man das Trägheitsmoment A_x der Molekel berechnen.

Bei dem Übergang von der Energiegleichung (17) zur Frequenzgleichung (18) ist die Voraussetzung gemacht, daß sich das Trägheitsmoment A_x bei der Änderung der Elektronenkonfiguration nicht ändert. Läßt man diese Voraussetzung fallen und nimmt man an, daß A_x von $A_x^{(1)}$ nach $A_x^{(2)}$ übergeht, so erhält man für $\varDelta m = \pm 1$ die Frequenzen

$$\tilde{\nu} = \tilde{\nu}_{\text{Elektr.}} + \frac{h}{8\,\pi^2\,A_x^{(1)}}\,(m \pm 1)^2 - \frac{h}{8\,\pi^2\,A_x^{(2)}}\,m^2,$$

(19) $\qquad \tilde{\nu} = a \pm b\,m + c\,m^2,$

wo

$$a = \tilde{\nu}_{\text{Elektr.}} + \frac{h}{8\,\pi^2\,A_x^{(1)}}$$

(20) $\qquad b = \dfrac{h}{4\,\pi^2\,A_x^{(1)}}$

$$c = \frac{h}{8\,\pi^2}\left(\frac{1}{A_x^{(1)}} - \frac{1}{A_x^{(2)}}\right)$$

ist. Die Frequenzen (19) bilden den „*positiven und negativen Zweig*" der Bande. Für $\varDelta m = 0$ erhält man den „*Nullzweig*":

(21) $\qquad \tilde{\nu} = \tilde{\nu}_{\text{Elektr.}} + \dfrac{h}{8\,\pi^2}\left(\dfrac{1}{A_x^{(1)}} - \dfrac{1}{A_x^{(2)}}\right)m^2 = \tilde{\nu}_{\text{Elektr.}} + c\,m^2.$

Er fällt weg, wenn das elektrische Moment der Molekel senkrecht zur Drehimpulsachse steht.

Wir bekommen die Verteilung der Linien in den drei Zweigen, wenn wir die drei Parabeln (19) (mit $+$- und $-$-Zeichen) und (21) zeichnen und von den Punkten ganzzahliger positiver m die Lote auf die $\tilde{\nu}$-Achse fällen[1]). Einer der beiden Zweige (19) überdeckt einen Teil der $\tilde{\nu}$-Skala doppelt, an der Umkehrstelle, dem „*Bandenkopf*", häufen sich die Linien (mit endlicher Dichte). Die Linie, in der der positive und negative Zweig zusammenstoßen ($m = 0$), heißt „*Nullinie*".

Um aus einer empirisch gegebenen Bande das Trägheitsmoment berechnen zu können, muß man b kennen und dazu muß man wissen, wo die Nullinie der Bande liegt. Wenn ein Nullzweig vorhanden ist, kann man aus dessen Lage auf die der Nullinie schließen. Fehlt der Nullzweig, so reichen die hier angegebenen Eigenschaften der Bande nicht aus. Es zeigt sich aber, daß die Intensitäten beiderseits der Nullinie symmetrisch verteilt sind und die Nullinie selbst die Intensität 0 hat; wir werden auf diesen Punkt gleich zurückkommen.

---

[1]) Vgl. A. SOMMERFELD: Atombau und Spektrallinien, S. 522. 1922.

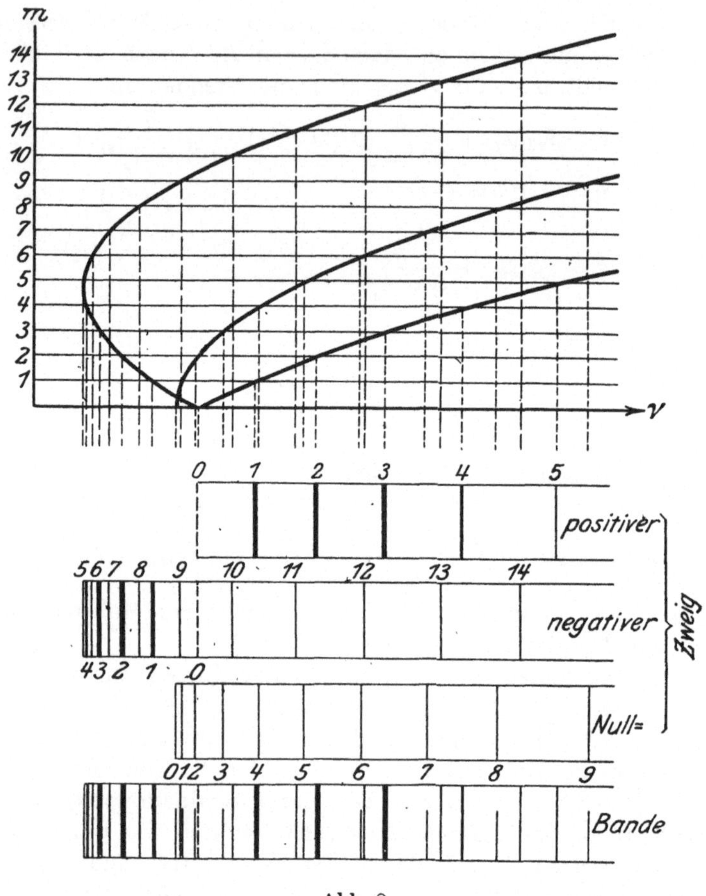

Abb. 8.

Eine Behandlung der *Banden von Molekeln mit beliebig gerichtetem Elektronenimpuls* und eine Erklärung für das *Ausfallen der Nullinie* versuchen KRAMERS und PAULI zu erhalten, indem sie das Modell des Kreisels mit eingebautem Schwungrad auf die Molekeln anwenden.

Der Kreiselkörper vertritt dabei das (starr gedachte) System der Kerne und das Schwungrad den Elektronenimpuls. Da in der Molekel die Ausmaße der Elektronenbahnen von gleicher Größenordnung sind wie die Kernabstände und die Elektronenmasse klein ist gegen die Kernmasse, ist A eine im Vergleich zu A_x, A_y und A_z kleine Größe; die Quantenbedingungen fordern weiter, daß der Elektronenimpuls Z die gleiche Größenordnung hat wie der Gesamtimpuls D.

Wir entwickeln nun T nach Potenzen von A und brechen hinter dem zweiten Glied ab:

$$T = \frac{Z^2}{2A} + \frac{1}{2}\left[\frac{1}{A_x}(\mathfrak{D}_x - Z\,\mathfrak{a}_x)^2 + \frac{1}{A_y}(\mathfrak{D}_y - Z\,\mathfrak{a}_y)^2 \right.$$
$$\left. + \frac{1}{A_z}(\mathfrak{D}_z - Z\,\mathfrak{a}_z)^2\right].$$

In diesem Ausdruck ist das erste Glied eine Konstante (die Energie der Elektronenbewegung), das zweite Glied

$$(22) \qquad E = \frac{1}{2}\left[\frac{1}{A_x}(\mathfrak{D}_x - Z\,\mathfrak{a}_x)^2 + \cdots\right]$$

ist die *Energie der Kreiselbewegung der Molekel*.

Die stationären Bewegungen erhält man, wenn man den Gesamtdrehimpuls $|\mathfrak{D}|$ gleich $\frac{mh}{2\pi}$ setzt und die Werte von E so wählt, daß das durch (22) dargestellte Ellipsoid mit dem Mittelpunkt $Z\,\mathfrak{a}$ aus der Kugel $|\mathfrak{D}| = \mathrm{const}$ eine Fläche herausschneidet, die zur Halbkugel im Verhältnis $\frac{n}{m}$ steht. Auf die Bedeutung von Z und die Frage, ob diese Größe einer Quantenbedingung zu unterwerfen ist, werden wir später zurückkommen.

Im Falle zweiatomiger Molekeln legen wir die z-Achse in die Kernverbindungslinie und die x-Achse in die durch Elektronenimpuls und Kernverbindung bestimmte Ebene, dann ist $\mathfrak{a}_y = 0$, A_z klein gegen A_x und A_y (im Verhältnis von Elektronenmasse zu Kernmasse) und (mit der gleichen Annäherung) $A_x = A_y$. Das durch (22) dargestellte Ellipsoid artet in eine flache Kreisscheibe parallel zur (x, y)-Ebene aus mit den Mittelpunktskoordinaten $Z\,\mathfrak{a}_x$, 0, $Z\,\mathfrak{a}_z$.

Die Schnittkurve des Ellipsoids mit der Kugel umschließt eine Fläche, deren Ausdehnung in der z-Richtung sich zum Kugelradius verhält wie $\sqrt{\dfrac{A_z}{A_x}}$. Für nicht zu große Werte des gesamten Drehimpulses ist daher nur die Quantenzahl $n = 0$ zulässig. Das bedeutet, daß das flache Ellipsoid die Kugel berührt. Läßt man E von 0 bis ∞ wachsen, so tritt eine solche Berührung zweimal ein, gleichgültig ob der Mittelpunkt des Ellipsoids innerhalb oder außerhalb der Kugel liegt. Von den beiden entsprechenden Bewegungsformen ist nur die für kleineres E stabil, da nur hier bei einer kleinen Vergrößerung von E die aus der Kugel ausgeschnittene Kurve den Berührungspunkt dicht umschließt, d. h. die Bewegung in der Nähe der stationären Bewegung bleibt.

Der Berührungspunkt muß in der durch den Mittelpunkt des Ellipsoids und die Kernachse gehenden Ebene liegen; daraus folgt $\mathfrak{D}_y = 0$. Aus der Beziehung

$$\mathfrak{D}_x : \mathfrak{D}_z = \frac{\mathfrak{D}_x - \mathfrak{a}_x Z}{A_x} : \frac{\mathfrak{D}_z - \mathfrak{a}_z Z}{A_z},$$

die aussagt, daß die Normale der Kugel im Berührungspunkt mit der des Ellipsoids übereinstimmt, schließen wir, daß

$$\frac{\mathfrak{D}_z - \mathfrak{a}_z Z}{\mathfrak{D}_x}$$

die Größenordnung $\dfrac{A_z}{A_x}$ hat. Wir können daher in der Energie (22) das dritte Glied vernachlässigen und erhalten

$$E = \frac{1}{2\,A_x}\,(\mathfrak{D}_x - \mathfrak{a}_x Z)^2.$$

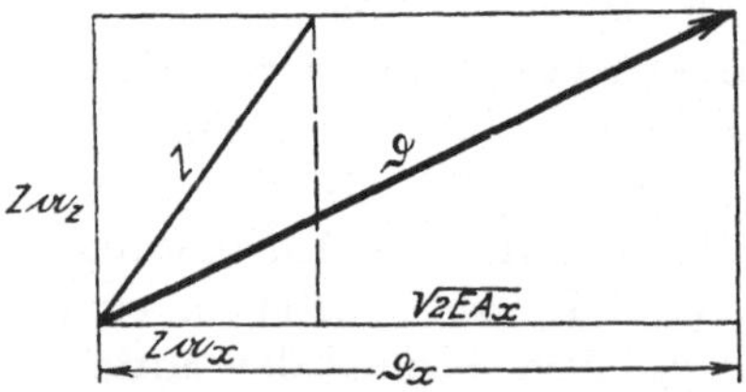

Abb. 9.

An der Figur sieht man, daß man hierfür auch

$$E = \frac{1}{2\,A_x}\,(\sqrt{\mathfrak{D}^2 - \mathfrak{a}_z{}^2 Z^2} - \mathfrak{a}_x Z)^2$$

schreiben kann. Führt man die Quantenzahl m und die Größen ξ und ζ durch

$$Z\,\mathfrak{a}_x = \frac{\xi\,h}{2\,\pi}, \qquad Z\,\mathfrak{a}_z = \frac{\zeta\,h}{2\,\pi}$$

ein, so folgt

$$(23) \qquad E = \frac{h^2}{8\,\pi^2\,A_x}\,(\sqrt{m^2 - \zeta^2} - \xi)^2.$$

Dies ist eine Verallgemeinerung der Formel für die Energie eines einfachen Rotators; man erhält diese für

$$\xi = \zeta = 0\,.$$

Fällt der Elektronenimpuls in die Richtung der Kernverbindung ($\xi = 0$), so wird

$$E = \frac{h^2}{8\,\pi^2\,A_x}\,(m^2 - \zeta^2)\,.$$

Diese Formel stimmt mit der für den symmetrischen Kreisel (16) überein, wenn man dort das $\dfrac{1}{A_z}$ proportionale Glied (als Elektronenenergie) abspaltet und ζ gleich n setzt.

Die allgemeine Formel (23) haben KRATZER[1]) und KRAMERS und PAULI[2]) auf verschiedene Weise benutzt, um die beobachtete Tatsache zu erklären, daß im System der äquidistanten Bandenlinien eine Linie ausfällt. Man darf annehmen, daß an dieser Stelle positiver und negativer Zweig der Bande aneinanderstoßen wegen der symmetrischen Verteilung der Intensität und gewisser Störungen der Regelmäßigkeit beiderseits der Lücke.

KRATZER benutzt die Formel (23) für den Fall, wo $\zeta = 0$ ist, d. h. der Elektronenimpuls auf der Kernverbindung senkrecht steht. Er erhält aus

$$E = \frac{h^2}{8\,\pi^2\,A_x}\,(m - \xi)^2$$

die beim Übergang $m + 1 \to m$ (unter Beibehaltung der Elektronenkonfiguration) gestrahlte Frequenz

$$(24) \qquad \tilde{\nu} = \tilde{\nu}_{\text{Elektr.}} + \frac{h}{4\,\pi^2\,A_x}\,(m - \xi + \tfrac{1}{2})$$

und die beim Übergang $m \to m + 1$ gestrahlte Frequenz

$$25) \qquad \tilde{\nu} = \tilde{\nu}_{\text{Elektr.}} - \frac{h}{4\,\pi^2\,A_x}\,(m - \xi + \tfrac{1}{2})\,.$$

Der positive und der negative Zweig bestehen also aus äquidistanten Linien, die im allgemeinen an verschiedenen Stellen beginnen; der positive Zweig beginnt bei $\tfrac{1}{2} - \xi$, der negative

---

[1]) A. KRATZER: Sitz.-Ber. Bayr. Akad. Math.-phys. Kl. 1922, S. 107, § 3.
[2]) H. A. KRAMERS und W. PAULI jr.: Zeitschr. f. Physik. Bd. 13, S. 351. 1923.

bei $-\left(\frac{1}{2} - \xi\right)$. Dadurch, . daß KRATZER den Zustand $m = 0$ verbietet und $\xi = \frac{1}{2}$ setzt, bekommt er zwischen den beiden Zweigen eine *Lücke* von der doppelten Breite des gewöhnlichen Linienabstandes.

KRAMERS und PAULI zeigen, daß dies im wesentlichen auch gültig bleibt, wenn ζ nicht verschwindet. Dann muß $m \geqq \zeta$ sein und die Entwicklung von E nach $\dfrac{1}{m}$

$$E = \frac{h^2}{8\,\pi^2\,A_x}\left[(m - \xi)^2 + \zeta^2 + \frac{\zeta^2\,\xi}{m} + \cdots\right]$$

bleibt auch für kleine m (außer $m = 0$) noch angenähert gültig. Vernachlässigen wir das Glied $\dfrac{\zeta^2\,\xi}{m}$, so erhalten wir die gleichen Frequenzen (24) und (25) wie oben, also auch im Falle $\xi = \frac{1}{2}$ die richtige Größe der Lücke.

Der Wert $\xi = \frac{1}{2}$ kann so zustande kommen, daß der Elektronenimpuls gleich $\dfrac{h}{2\,\pi}$ ist und mit der Kernverbindung einen Winkel von 30^0 einschließt. Allerdings führt diese Annahme zu Schwierigkeiten bei der Diskussion der Intensitäten nach dem Korrespondenzprinzip[1]). Aus diesem Grunde kehren auch KRAMERS und PAULI zur Annahme $\xi = \frac{1}{2}$, $\zeta = 0$ zurück, also zu einem Elektronenimpuls (mit „halber" Quantenzahl) senkrecht zur Kernverbindung.

§ 20. Koppelung von Rotation und Schwingung bei zweiatomigen Molekeln.

Bisher wurden die Verbindungen zwischen den Atomen, die zu einer Molekel vereinigt sind, als starr angenommen; dies wird in Wirklichkeit nicht der Fall sein, vielmehr werden die Atome *kleine Schwingungen* gegeneinander ausführen. Es handelt sich jetzt darum, zu untersuchen, welchen Einfluß diese Schwin-

---

[1]) Andere Schwierigkeiten bestehen darin, daß ein Elektronenimpuls, der nicht parallel zur Kernverbindung liegt, nur möglich ist bei gewissen Entartungen der Elektronenbewegung (M. BORN und W. HEISENBERG: Ann. d. Physik. Bd. 74, S. 1. 1924). Herr W. PAULI teilt uns mit, daß die genaue Diskussion dieser Entartungen überhaupt nur auf parallele und senkrechte Stellung des Elektronenimpulses führt.

gungen auf die Energie und damit auf die Frequenz des gestrahlten oder absorbierten Lichtes ausüben.

Die wirkliche Natur der Kräfte, die die Molekel zusammen-
halten, wird in äußerst komplizierter Weise durch ihren Aufbau
aus Kernen und Elektronen bestimmt. Hier wollen wir die
denkbar einfachste Annahme machen, daß die Atome sich als
Kraftzentren auffassen lassen, die mit einer nur von der Entfernung abhängigen Kraft aufeinander wirken; man kann zeigen,
daß die so erhaltenen Resultate eine richtige Annäherung an
das wirkliche Verhalten darstellen[1]).

Was den Elektronenimpuls bei zweiatomigen Molekeln anlangt, so haben wir im vorigen Paragraphen gesehen, daß er
die Rotationsbewegung der Kerne nicht beeinflußt und zur
Energie nur ein additives Glied liefert, wenn er in die Richtung der Kernverbindung fällt. Dasselbe muß auch gelten,
wenn die Kerne in dieser Richtung gegeneinander schwingen;
wir wollen uns daher im folgenden auf diesen Fall beschränken.

Wir betrachten also eine zweiatomige Molekel, bestehend
aus zwei Massenpunkten m_1 und m_2 in der Entfernung r voneinander, zwischen denen eine potentielle Energie $U(r)$ wirksam ist.

Man kann ganz allgemein zeigen, *daß ein solches Zweikörperproblem sich auf ein Einkörperproblem zurückführen läßt.* Wir
wählen den Schwerpunkt der beiden Massenpunkte als Koordi-
natenursprung O und bestimmen die Richtung ihrer Verbindungslinie von m_2 nach m_1 durch die Polarkoordinaten ϑ, φ.
Sind dann r_1 und r_2 die Abstände der Massenpunkte von O,
so sind ihre Polarkoordinaten r_1, ϑ, φ und $r_2, \pi - \vartheta, \pi + \varphi$;
ferner gilt $r_1 + r_2 = r$. Die HAMILTONsche Funktion wird:

$$H = \frac{m_1}{2}\left(\dot{r}_1^{\,2}+r_1^{\,2}\dot{\vartheta}^2+r_1^{\,2}\dot{\varphi}^2\sin^2\vartheta\right)+\frac{m_2}{2}\left(\dot{r}_2^{\,2}+r_2^{\,2}\dot{\vartheta}^2+r_2^{\,2}\dot{\varphi}^2\sin^2\vartheta\right)$$

$$+\,U(r)=\tfrac{1}{2}\left(m_1\dot{r}_1^{\,2}+m_2\dot{r}_2^{\,2}\right)+\tfrac{1}{2}\left(m_1 r_1^{\,2}+m_2 r_2^{\,2}\right)\left(\dot{\vartheta}^2+\dot{\varphi}^2\sin^2\vartheta\right)+U(r).$$

Nach dem Schwerpunktsatz ist

$$m_1 r_1 = m_2 r_2$$

und daher

---

[1]) M. BORN u. W. HEISENBERG, Ann. d. Physik. Bd. 74, S. 1. 1924.

$$r_1 = \frac{m_2\, r}{m_1 + m_2}$$

$$r_2 = \frac{m_1\, r}{m_1 + m_2}\,.$$

Setzt man dies in H ein, so wird

$$(1) \qquad H = \frac{\mu}{2}\left(\dot{r}^2 + r^2\dot{\vartheta}^2 + r^2\dot{\varphi}^2\sin^2\vartheta\right) + U(r),$$

wo

$$(2) \qquad \frac{1}{\mu} = \frac{1}{m_1} + \frac{1}{m_2}$$

gesetzt ist. Der Ausdruck (1) ist nun die HAMILTONsche Funktion der Bewegung eines Massenpunktes von der Masse μ unter dem Einfluß eines Kraftzentrums, von dem er den Abstand r hat.

Wir werden im folgenden Kapitel dieses Problem von einem allgemeineren Gesichtspunkt aus untersuchen und hier nur den bei Molekeln in Betracht kommenden Fall ins Auge fassen, daß eine stabile Gleichgewichtslage existiert[1]). Dann gibt es eine Entfernung r_0, für die $U(r)$ ein Minimum hat, d. h. es ist

$$(3) \qquad U_0' = 0, \qquad U_0'' > 0,$$

wo der Index 0 hier und im folgenden bedeutet, daß $r = r_0$ ist.

Ein möglicher Bewegungszustand des Systems ist der, daß es um eine raumfeste, durch den Schwerpunkt O der Massen gehende, auf der Verbindungslinie der Massen (Kernachse) senkrechte Achse mit konstanter Winkelgeschwindigkeit $\dot{\varphi}_0$ und konstantem Kernabstand $\bar{r}$ rotiert. Dabei gilt:

$$(4) \qquad \mu\,\bar{r}\,\dot{\varphi}_0^2 = \overline{U'},$$

wo das Überstreichen hier und im folgenden bedeutet, daß $r = \bar{r}$ ist.

Diesen Bewegungszustand nehmen wir als Ausgang für ein Annäherungsverfahren zur Behandlung kleiner Schwingungen. Wir denken uns den Abstand $\bar{r}$ um die kleine Entfernung x vermehrt: $r = \bar{r} + x$, und entwickeln die HAMILTONsche Funk-

---

[1]) M. BORN und E. HÜCKEL: Physikal. Zeitschr. Bd. 24, S. 1. 1923; s. auch A. KRATZER: Zeitschr. f. Physik. Bd. 3, S. 289 u. 460. 1920.

tion, aufgefaßt als Funktion von x, φ und den zugehörigen Impulsen, nach Potenzen von x. Man hat

$$H = \frac{\mu}{2}\left[\dot{x}^2 + (\bar{r} + x)^2\,\dot{\varphi}^2\right] + U(\bar{r} + x).$$

Der zu φ gehörige Impuls

$$p = \mu(\bar{r} + x)^2\,\dot{\varphi}$$

ist konstant, weil φ zyklisch ist, und stimmt mit dem Drehimpuls überein; es ist also auch (für $x = 0$)

$$(5)\qquad p = \mu\,\bar{r}^2\,\dot{\varphi}_0\,.$$

Zu x gehört der Impuls

$$p_x = \mu\,\dot{x}\,.$$

Nunmehr wird

$$(6)\qquad H = \frac{p^2}{2\,\mu\,(\bar{r} + x)^2} + \frac{p_x^2}{2\,\mu} + U(\bar{r} + x).$$

Entwickeln wir nach Potenzen von x, so wird

$$H = \left[\frac{p^2}{2\mu\bar{r}^2} + \bar{U}\right] + \frac{p_x^2}{2\,\mu} + \left[-\frac{p^2}{\mu\bar{r}^3} + \bar{U}'\right]x + \left[3\,\frac{p^2}{2\,\mu\,\bar{r}^4} + \frac{1}{2!}\,\bar{U}''\right]x^2$$

$$+ \left[-4\,\frac{p^2}{2\,\mu\,\bar{r}^5} + \frac{1}{3!}\,\bar{U}'''\right]x^3 + \left[5\,\frac{p^2}{2\,\mu\,\bar{r}^6} + \frac{1}{4!}\,\bar{U}^{(4)}\right]x^4 + \cdots$$

Der Faktor von x verschwindet mit Rücksicht auf (4) und (5):

$$(7)\qquad \frac{p^2}{\mu\,\bar{r}^3} = \bar{U}'\,;$$

die HAMILTONsche Funktion hat also folgende Form:

$$(8)\qquad H = W_0 + \frac{p_x^2}{2\,\mu} + \frac{\mu}{2}\,\omega^2\cdot x^2 + a\,x^3 + b\,x^4 + \cdots,$$

wo

$$W_0 = \frac{p^2}{2\,\mu\,\bar{r}^2} + \bar{U}$$

$$(9)\qquad \omega^2 = (2\,\pi\nu)^2 = \frac{1}{\mu}\left[3\,\frac{p^2}{\mu\,\bar{r}^4} + \bar{U}''\right]$$

$$a = -\,4\,\frac{p^2}{2\,\mu\,\bar{r}^5} + \frac{1}{3!}\,\bar{U}'''$$

. . . .

ist. Damit ist das Problem auf das des unharmonischen Oszillators zurückgeführt, den wir im § 12 behandelt haben.

Wollen wir jetzt Winkel- und Wirkungsvariable einführen, so haben wir

$$J = 2\pi p$$

zu setzen und statt x und p_x in der beim unharmonischen Oszillator angegebenen Weise w_x und J_x einzuführen. Wenn wir in (8) die Glieder bis x^3 berücksichtigen, erhalten wir

$$(10) \qquad H = W_0(J) + J_x \nu(J) + J_x^2 \alpha(J),$$

wo zur Abkürzung

$$-\frac{15\, a^2\, \nu^2}{4\, (2\pi\nu)^6\, \mu^3} = \alpha$$

gesetzt ist. Berücksichtigen wir das Glied $b x^4$ ebenfalls, so erhält H in gleicher Näherung dieselbe Form, nur hängt α auch von b ab. Man findet die Funktionen $W_0(J)$ und $\nu(J)$, indem man aus (7) $\bar r$ als Funktion von p oder J berechnet und in (9) einsetzt. Um sie wirklich auszurechnen, müßte man die Funktion $U(r)$ genau kennen. Wenn wir uns aber auf so kleine Rotationsgeschwindigkeiten beschränken, daß die durch die Zentrifugalkraft erzeugte Abweichung $\bar r - r_0 = r_1$ klein gegen r_0 ist, so kann man durch eine Entwicklung nach r_1 zum Ziel kommen. Die Gleichung (7) schreibt sich dann wegen $U_0' = 0$ in erster Näherung

$$\frac{J^2}{4\pi^2\mu} = \bar r^3\, \overline{U'} = r_1 \left(\frac{d}{dr}\left(r^3\, U'\right)\right)_{r=r_0} = r_1\, r_0^3\, U_0'';$$

hieraus erhalten wir

$$r_1 = \frac{J^2}{4\pi^2\mu}\; \frac{1}{r_0^3\, U_0''}.$$

Ferner wird

$$W_0 = \frac{J^2}{8\pi^2\mu\,(r_0 + r_1)^2} + U(r_0 + r_1) = \frac{J^2}{8\pi^2\mu\, r_0^2} + U_0 + \cdots,$$

$$\nu^2 = \frac{1}{4\pi^2\mu}\left[3\,\frac{J^2}{4\pi^2\mu\,(r_0 + r_1)^4} + U''(r_0 + r_1)\right]$$

$$= \frac{1}{4\pi^2\mu}\left[\frac{3J}{4\pi^2\mu\, r_0^4} + U_0'' + \frac{J^2\, U_0''}{4\pi^2\mu\, r_0^3\, U_0''} + \cdots\right],$$

also

$$\nu = \frac{1}{2\pi}\sqrt{\frac{U_0''}{\mu}}\left[1 + \frac{J^2}{8\pi^2\mu U_0''}\left(\frac{3}{r_0^4} + \frac{U_0'''}{r_0^3 U''}\right) + \cdots\right]$$
$$= \nu_0 + \nu_1 J^2 + \cdots;$$

auch α hat eine Entwicklung von der Form

$$\alpha = \alpha_0 + \alpha_1 J^2 + \cdots.$$

Wir haben dabei alle Glieder weggelassen, die von höherer als erster Ordnung in J^2 sind. Die Energie als Funktion der Wirkungsvariabeln wird jetzt

$$(11)\qquad W = H = U_0 + \frac{J^2}{8\pi^2 A} + J_x\,\nu(J) + J_x^2\,\alpha(J) + \cdots,$$

wo $A = \mu r_0^2$ das Trägheitsmoment im rotationslosen Zustand ist und ν und α die oben angegebene Bedeutung haben.

Vernachlässigen wir die Glieder mit J_x^2 und $J_x J^2$, also die Anharmonizität und die Abhängigkeit des ν von J, so zerfällt die Energie in einen Rotationsanteil und in einen Schwingungsanteil von den wohlbekannten Formen. Als nächste Näherung ergibt sich eine Abhängigkeit der Schwingungsfrequenz von der Rotationsquantenzahl und der anharmonische Charakter der Schwingung. Unser Verfahren erlaubt natürlich auch eine Berechnung der höheren Näherungen der Energie, die von höheren Potenzen von J und J_x abhängen.

Wir wollen die gewonnenen Ergebnisse auf das Spektrum zweiatomiger Molekeln anwenden. Sie haben in den stationären Zuständen die Energie

$$(12)\qquad W = U_0 + \frac{h^2 m^2}{8\pi^2 A} + h\,n\,(\nu_0 + \beta m^2) + h^2 \alpha_0 n^2 + \cdots,$$

wo m die Rotations- und n die Schwingungsquantenzahl ist. Einem Übergang

$$n_1 \rightarrow n_2$$
$$m \pm 1 \rightarrow m$$

entspricht die Frequenz

$$(13)\qquad \tilde{\nu} = \frac{h}{8\pi^2 A}\left[(m \pm 1)^2 - m^2\right] + \beta\left[n_1(m \pm 1)^2 - n_2 m^2\right]$$
$$+ \nu_0(n_1 - n_2) + h\alpha_0(n_1^2 - n_2^2).$$

Für feste Werte von n_1 und n_2 liefert dies zunächst eine Bande mit den Zweigen (zu denen ein Nullzweig treten kann):

$$(14) \qquad \tilde{\nu} = a \pm b\,m + c\,m^2,$$

wo a, b und c etwas andere Bedeutung haben als in (20) § 19·
Um

$$\frac{h}{8\,\pi^2\,A} + \beta\,n_1$$

gegen die Nullinien dieser Banden verschoben, liegen die Oszillationsfrequenzen

$$(15) \qquad \tilde{\nu} = \nu_0\,(n_1 - n_2) + h\,\alpha_0\,(n_1{}^2 - n_2{}^2).$$

Wir erhalten also ein *Bandensystem*, das entsprechend der Mannigfaltigkeit der Werte von n_1 und n_2 in einzelne Banden zerfällt. Die Lage der einzelnen Banden im System wird durch 15) angegeben, während (14) das Gesetz der Linien in den einzelnen Banden gibt.

Von dem hier beschriebenen Typus, aber ohne Nullzweige, sind nun die *ultraroten Spektren der Halogenwasserstoffe*[1]). Diese Spektra bestehen aus einzelnen „Doppelbanden", d. h. nahezu äquidistanten Linienfolgen, die symmetrisch zu einer Lücke liegen. In dieser Lücke haben wir die in § 19 erwähnte Nulllinie zu sehen. Ein Umbiegen des einen Zweiges ist hier nicht wahrzunehmen. Die Rotationsfrequenzen liegen bei HCl an den Stellen $\tilde{\nu} = 2877$ und $\tilde{\nu} = 5657$ (in „Wellenzahlen", d. h. Anzahlen der Wellen pro cm). Die entsprechenden Banden treten bei gewöhnlicher Temperatur in Absorption auf. Sie entsprechen also einem Sprung der Schwingungsquantenzahl, bei welchem dem Anfangszustand so geringe Energie zukommt, daß er bei gewöhnlicher Temperatur in merklicher Häufigkeit vorkommt; das ist aber nur der Schwingungszustand $n_2 = 0$. Wir deuten daher die beiden beobachteten Banden als die zwei Übergänge

$$n = 0 \rightarrow 1$$
$$n = 0 \rightarrow 2.$$

Entsprechend der theoretischen Formel (15)

$$\tilde{\nu} = \nu_0\,n_1 + h\,\alpha_0\,n_1{}^2$$

liegt die zweite Bande nicht genau bei der doppelten Schwingungszahl der ersten.

---

[1]) Messungen, besonders von E. S. Imes: Astrophys. Journ. Bd. 50, S. 251. 1919. Die hier angegebene theoretische Deutung von A. Kratzer: Zeitschr. f. Physik. Bd. 3, S. 289. 1920.

Zu der Änderung der Rotations- und Schwingungsquantenzahl kann noch eine Änderung der Elektronenkonfiguration der Molekel kommen. Einem Übergang zwischen zwei stationären Zuständen mit den Energien

$$W^{(1)} = W_0^{(1)} + \frac{h^2 m_1^2}{8\pi^2 A_1} + h n_1 (\nu_{01} + \beta_1 m_1^2) + h^2 \alpha_{01} n_1^2 + \cdots$$

$$W^{(2)} = W_0^{(2)} + \frac{h^2 m_2^2}{8\pi^2 A_2} + h n_2 (\nu_{02} + \beta_2 m_2^2) + h^2 \alpha_{02} n_2^2 + \cdots$$

entspricht eine Linie

$$(16) \qquad \tilde{\nu} = \tilde{\nu}_{el} + \tilde{\nu}_{schw} + \tilde{\nu}_{rot},$$

wobei

$$(17) \qquad \tilde{\nu}_{schw} = \nu_{01} n_1 - \nu_{02} n_2 + h \alpha_{01} n_1^2 - h \alpha_{02} n_2^2$$

$$(18) \qquad \tilde{\nu}_{rot} = a \pm b m + c m^2, \qquad \tilde{\nu}_{rot} = a' + c m^2,$$

ist. Im ganzen erhalten wir ein Bandensystem, dessen einzelne Banden den im § 19 beschriebenen Bau zeigen und nach dem Gesetz (17) angeordnet sind. In etwas anderer Schreibung lautet es

$$\tilde{\nu}_{schw} = (n_1 - n_2) \nu_{01} + n_2 (\nu_{01} - \nu_{02}) + h (\alpha_{01} n_1^2 - \alpha_{02} n_2^2).$$

Da im allgemeinen ν_{01} und ν_{02} von gleicher Größenordnung sind und ihre Differenz klein gegen die Werte selbst ist, ist das erste Glied das wesentliche. Es definiert die Lage einer „Bandengruppe“ im Bandensystem; eine Gruppe enthält also alle Banden, bei denen n sich um den gleichen Betrag ändert. Das nächste Glied definiert die einzelnen Banden innerhalb der Gruppen nach Maßgabe ihrer Endquantenzahl.

Ein schönes Beispiel für ein Bandensystem ist das System

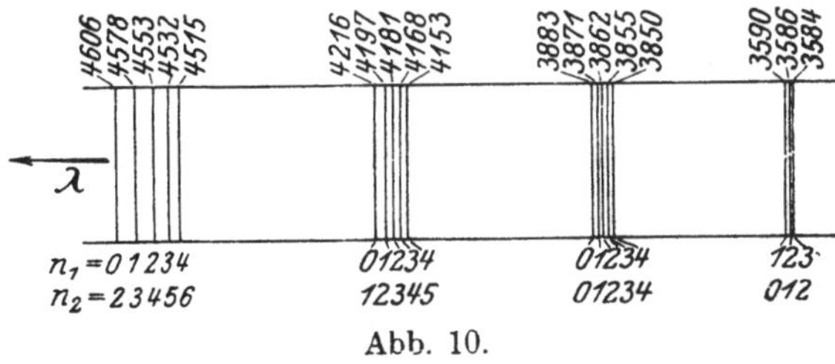

Abb. 10.

der violetten Cyanbanden[1]). Die Abb. 10 gibt die Lage der Nullinien und ihre Wellenlängen, die erste Zeile darunter die Schwingungsquantenzahl im Anfangszustand, die zweite Zeile die im Endzustand[2]).

Drittes Kapitel.

Systeme mit einem Leuchtelektron.

§ 21. Bewegungen in einem Zentralfeld.

Die Anwendungen der im zweiten Kapitel entwickelten Prinzipien der Quantenmechanik sind vorläufig noch dadurch sehr beschränkt, daß jene Prinzipien sich nur auf mehrfach periodische Systeme beziehen. Das erste Beispiel, das Bohr behandelt hat, nämlich die Systeme, die aus einem Kern und einem einzigen Elektron bestehen (das Wasserstoffatom und die ihm ähnlichen Ionen He^+, Li^{++} usw.), erfüllt die Periodizitätsvoraussetzung. Bei andern Atomen liegen bei der Untersuchung der Periodizitätseigenschaften der Bewegung die gleichen Schwierigkeiten vor wie beim Mehrkörperproblem der Astronomie. Hier kann also nur ein Annäherungsverfahren weiterhelfen. Bohr hat erkannt, daß eine große Reihe von Eigenschaften der Atome, vor allem die, die sich in den Serienspektren offenbaren, sich durch die Annahme verständlich machen lassen, daß bei den in Betracht kommenden stationären Zuständen *ein* Elektron, das *Leuchtelektron*, eine besondere Rolle spielt. Diese Zustände sollen in der Hauptsache dadurch gekennzeichnet sein, daß das Leuchtelektron sich in einer Bahn bewegt, die sich wenigstens zum Teil vom „*Rumpf*" weit entfernt und nur geringe Rückwirkung auf den Rumpf ausübt. Wir werden daher immer von *stationären Bahnen des Leuchtelektrons* sprechen, indem wir die Vorgänge im Rumpf nicht berücksichtigen. Das Spektrum des Atoms entspricht dann den Übergängen des Leuchtelektrons von einer stationären Bahn zu einer anderen.

---

[1]) Theoretisch gedeutet von A. Kratzer: Physikal. Zeitschr. Bd. 22, S. 552. 1921; Ann. d. Physik. Bd. 67, S. 127. 1922.

[2]) Nach A. Kratzer a. a. O.

Diese Annahme schließt ein, daß die Bewegung des äußeren Elektrons periodisch ist und beim Durchqueren des Rumpfes keine Energie an diesen abgibt oder von ihm erhält. Bewegungen dieser Art sind nach der klassischen Mechanik ganz singuläre Fälle; die Bewegungen der Rumpfelektronen müßten nämlich so verlaufen, daß ihre Energie nach jeder Periode des äußeren Elektrons dieselbe ist — eine Forderung, die wohl nur bei streng periodischen Lösungen des ganzen Mehrkörperproblems erfüllt ist. Da sich aber eine Reihe Erfahrungen durch solche stationäre Bahnen des Leuchtelektrons in überraschend einfacher Weise deuten lassen, so scheint es sich hier um einen allgemeinen Vorgang zu handeln, der sich schwer durch solche singuläre Bewegungsformen erklären läßt. Es handelt sich vielmehr um dasselbe Versagen der klassischen Mechanik, das wir aus den FRANCKschen Versuchen über Elektronenstoß kennen. In beiden Fällen ist der Energieaustausch zwischen Elektron und Atom bzw. Atomrumpf in ähnlicher Weise beschränkt, wie wir es vom Austausch zwischen Atom und Strahlung gewohnt sind.

Wir können zur Zeit dieses unmechanische Verhalten nicht in Formeln fassen. Wir suchen uns daher ein Ersatzmodell des Atoms zu machen, das diesen Hauptzug, nämlich das Fehlen des Energieaustausches zwischen Rumpf und Elektron, mit dem wirklichen Atom gemeinsam hat und ·auf das die im zweiten Kapitel entwickelten Prinzipien der Quantentheorie anwendbar sind. Die einfachste Annahme ist die, daß der Rumpf auf das Leuchtelektron so wirkt, wie ein zentralsymmetrisches Kraftfeld.

Aus diesem Grunde wollen wir jetzt die *Bewegung eines Massenpunktes in einem Zentralfeld* behandeln. Die Bewegung in einem COULOMBschen Kraftfeld (wie wir sie beim Wasserstoffatom haben) wird sich daraus durch Spezialisierung ergeben.

Für die Rechnungen ist es ganz gleichgültig, ob wir unsere Aufgabe als Einkörperproblem oder als Zweikörperproblem betrachten. Im ersten Fall haben wir ein festes Kraftzentrum, und das Potential des Kraftfeldes ist eine Funktion $U(r)$ des Abstandes vom Zentrum. Im zweiten Fall haben wir zwei Massen, deren gegenseitige Energie $U(r)$ nur von ihrem Abstand abhängt; sie bewegen sich um den gemeinsamen Schwerpunkt. Wie wir im § 20 allgemein gezeigt haben, ist die

HAMILTONsche Funktion in Polarkoordinaten für beide Fälle genau die gleiche, wenn man beim Einkörperproblem die Masse μ des bewegten Körpers und seinen Abstand r vom Zentrum einführt und wenn man beim Zweikörperproblem μ durch die Gleichung (2) § 20

$$\frac{1}{\mu} = \frac{1}{m_1} + \frac{1}{m_2}$$

definiert und unter r den gegenseitigen Abstand der beiden Massenpunkte versteht. Unsere folgenden Gleichungen lassen also immer beide Auslegungen zu.

Als Koordinaten führen wir räumliche Polarkoordinaten r, ϑ, φ ein. Unter Benutzung der kanonischen Transformation (13) § 7, die rechtwinklige Koordinaten in Polarkoordinaten überführt, erhalten wir für die kinetische Energie

$$T = \frac{1}{2\,\mu} \left(p_r{}^2 + \frac{p_\vartheta{}^2}{r^2} + \frac{p_\varphi{}^2}{r^2 \sin^2 \vartheta} \right),$$

wo $p_r, p_\vartheta, p_\varphi$ die zu r, ϑ, φ konjugierten Impulse sind. Den gleichen Ausdruck erhalten wir natürlich, wenn wir aus

$$T = \frac{\mu}{2} \left(\dot r^2 + r^2 \dot\vartheta^2 + r^2 \sin^2 \vartheta \, \dot\varphi^2 \right)$$

die Impulse berechnen:

$$p_r = \mu \dot r$$
$$p_\vartheta = \mu r^2 \dot\vartheta$$
$$p_\varphi = \mu r^2 \sin^2 \vartheta \, \dot\varphi$$

und $\dot r, \dot\vartheta, \dot\varphi$ durch sie ausdrücken. Der Bau der HAMILTONschen Funktion

$$(1) \qquad H = \frac{1}{2\,\mu} \left(p_r{}^2 + \frac{p_\vartheta{}^2}{r^2} + \frac{p_\varphi{}^2}{r^2 \sin^2 \vartheta} \right) + U(r)$$

zeigt nun, daß r, ϑ, φ *Separationsvariable* sind. Setzt man

$$(2) \qquad S = S_r(r) + S_\vartheta(\vartheta) + S_\varphi(\varphi),$$

so zerfällt die HAMILTON-JACOBIsche Differentialgleichung

$$\left(\frac{\partial S}{\partial r} \right)^2 + \frac{1}{r^2} \left(\frac{\partial S}{\partial \vartheta} \right)^2 + \frac{1}{r^2 \sin^2 \vartheta} \left(\frac{\partial S}{\partial \varphi} \right)^2 + 2\,\mu \left[U(r) - W \right] = 0$$

in drei gewöhnliche Differentialgleichungen:

$$\frac{dS_\varphi}{d\varphi} = \alpha_\varphi$$

$$\left(\frac{dS_\vartheta}{d\vartheta}\right)^2 + \frac{\alpha_\varphi{}^2}{\sin^2\vartheta} = \alpha_\vartheta{}^2$$

$$\left(\frac{dS_r}{dr}\right)^2 + \frac{\alpha_\vartheta{}^2}{r^2} + 2\,\mu\,[U(r) - W] = 0,$$

die man nach den Ableitungen von S auflösen kann:

$$(3)\qquad
\begin{aligned}
\frac{dS_r}{dr} &= p_r = \sqrt{2\,\mu\,[W - U(r)] - \frac{\alpha_\vartheta{}^2}{r^2}}\\[2mm]
\frac{dS_\vartheta}{d\vartheta} &= p_\vartheta = \sqrt{\alpha_\vartheta{}^2 - \frac{\alpha_\varphi{}^2}{\sin^2\vartheta}}\\[2mm]
\frac{dS_\varphi}{d\varphi} &= p_\varphi = \alpha_\varphi\,.
\end{aligned}$$

Von den drei Integrationskonstanten bedeutet W die Energie;

$$\alpha_\varphi = p_\varphi = \mu\,\dot r^2 \sin^2\vartheta\,\dot\varphi$$

ist der Drehimpuls um die Polarachse, und

$$\alpha_\vartheta = \sqrt{p_\vartheta{}^2 + \frac{p_\varphi{}^2}{\sin^2\vartheta}} = \mu\,r\cdot\sqrt{(r\,\dot\vartheta)^2 + (r\sin\vartheta\cdot\dot\varphi)^2}$$
$$= \mu\,|\,[\mathfrak{r}\,\dot{\mathfrak{r}}]\,|$$

ist der Betrag des gesamten Drehimpulses. Da auch die Richtung des Drehimpulses konstant ist (wie in jedem nur inneren Kräften unterworfenen System), ist die Bahnkurve eben und die Normale der Bahnebene parallel zum Drehimpulsvektor. Die Neigung i der Bahnebene zur (r,φ)-Ebene bestimmt sich also aus

$$\alpha_\varphi = \alpha_\vartheta \cos i\,.$$

Wir betrachten zunächst den *allgemeinen Charakter der Bewegung*, bestimmen dann für den Fall periodischer Bewegung die *Energie als Funktion der Wirkungsvariabeln* und betrachten schließlich den *Verlauf der Bewegung*.

Die Koordinate φ ist zyklisch und führt eine Rotations-bewegung (vgl. § 9) aus. Die Koordinate ϑ macht eine Libra-tions- oder Limitationsbewegung in einem zum Wert $\dfrac{\pi}{2}$ symmetrischen Intervall, dessen Grenzen durch die Nullstellen des Radikanden im Ausdruck für p_ϑ, also durch

$$\sin\vartheta = \pm\,\frac{\alpha_\varphi}{\alpha_\vartheta} = \pm\cos i$$

gegeben sind. Weiter hängt der Charakter der Bewegung ganz wesentlich vom Verhalten des Radikanden im Ausdruck für p_r

$$F(r) = 2\,\mu\,[W - U(r)] - \frac{\alpha_\vartheta{}^2}{r^2}$$

ab. Die dabei möglichen Fälle wollen wir unter der Voraussetzung untersuchen, $U(r)$ sei eine monotone Funktion von r und so normiert, daß es für $r = \infty$ verschwindet.

1. Fall. In einem · *abstoßenden* Zentralfeld ist $U(r)$ positiv. Damit überhaupt positive Werte von $F(r)$ vorkommen, muß W positiv sein. Dann wird $F(r)$ positiv für große r und nimmt mit abnehmendem r ebenfalls monoton ab, für kleine r ist $F(r)$ sicher negativ; $F(r)$ hat also genau *eine* Nullstelle. Die Bewegung verläuft zwischen einem kleinsten Wert von r und dem Unendlichen.

2. Fall. In einem *anziehenden* Zentralfeld ist $U(r)$ negativ, und W kann positiv, null oder negativ sein. Über das Vorzeichen von $F(r)$ für *große* r entscheidet W. Für positives W ist $F(r)$ dort positiv, und es gibt Bewegungen, die sich ins Unendliche erstrecken. Bei negativem W gibt es solche Bahnen nicht. Im Falle $W = 0$ ist noch der Verlauf von U und unter Umständen die Größe von α_ϑ maßgebend. Das Vorzeichen von $F(r)$ für *kleine* r hängt davon ab, wie rasch $|U(r)|$ unendlich wird. Nimmt es für kleine r rascher zu als $\frac{1}{r^2}$[1]), so wird $F(r)$

---

[1]) Mathematisch gesprochen bedeutet das: Die Größenordnung von $|U(r)|$ ist für kleine r größer als die von $\frac{1}{r^2}$. Die Größenordnung einer Funktion $f(x)\,(> 0)$ ist für kleines x größer als die Größenordnung der Funktion $g(x)\,(> 0)$, wenn

$$\lim_{x=0}\frac{g(x)}{f(x)} = 0$$

ist. $f(x)$ und $g(x)$ haben gleiche Größenordnung, wenn der Grenzwert von $\frac{g(x)}{f(x)}$ eine endliche Konstante ist.

dort positiv, und es gibt Bahnen, die dem Kraftzentrum beliebig nahe kommen; wenn $|U(r)|$ langsamer unendlich wird als $\frac{1}{r^2}$, gibt es solche Bahnen nicht; wenn $|U(r)|$ wie $\frac{1}{r^2}$ unendlich wird, entscheidet die Größe von α_ϑ. Es gibt weiter Fälle, wo außer den ins Zentrum und ins Unendliche laufenden Bahnen noch Bahnen existieren, die zwischen einem kleinsten Wert $r_{\min}$ von r und einem größten Wert $r_{\max}$ verlaufen, nämlich wenn $r_{\min}$ und $r_{\max}$ aufeinanderfolgende Nullstellen von $F(r)$ sind, zwischen denen F positiv ist. Für den Fall, daß $|U(r)|$ langsamer unendlich wird als $\frac{1}{r^2}$, gibt es sogar sicher Werte von W, für die eine solche Libration eintritt; für negatives W gibt es in diesem Falle überhaupt keine anderen Bewegungen als Librationen.

Für die Anwendungen in der Atomphysik kommen nur solche *Bewegungen* in Betracht, *die im endlichen Abstand vom Zentrum bleiben und die periodisch sind.* Wir betrachten daher im folgenden nur den Fall der *Anziehung* und setzen solche Werte von W voraus, für die $F(r)$ zwischen zwei aufeinanderfolgenden Nullstellen $r_{\min}$ und $r_{\max}$ positiv ist.

In diesem Falle können wir unsere für periodische Bewegungen entwickelten Methoden anwenden. Wir erhalten die Wirkungsintegrale

$$J_r = \oint \sqrt{2\,\mu\,[W - U(r)] - \frac{\alpha_\vartheta^2}{r^2}}\,dr$$

$$(4) \qquad J_\vartheta = \oint \sqrt{\alpha_\vartheta^2 - \frac{\alpha_\varphi^2}{\sin^2\vartheta}}\,d\vartheta$$

$$J_\varphi = 2\,\pi\,\alpha_\varphi.$$

Mit Hilfe der Substitution

$$\cos\vartheta = x \sin i = x\sqrt{1 - \frac{\alpha_\varphi^2}{\alpha_\vartheta^2}}$$

erhält das zweite Integral die Form

$$J_\vartheta = -\frac{\alpha_\vartheta^2 - \alpha_\varphi^2}{\alpha_\vartheta} \oint \frac{\sqrt{1 - x^2}\,dx}{1 - x^2\,\dfrac{\alpha_\vartheta^2 - \alpha_\varphi^2}{\alpha_\vartheta^2}}.$$

Die Ausrechnung [vgl. (3) und (8) des Anhangs II] liefert

$$J_\vartheta = 2\,\pi\,(\alpha_\vartheta - \alpha_\varphi).$$

Wir können jetzt α_ϑ und α_φ durch die Wirkungsvariabeln ausdrücken:

$$(5) \qquad \begin{aligned} \alpha_\vartheta &= \frac{J_\vartheta + J_\varphi}{2\,\pi} \\[2mm] \alpha_\varphi &= \frac{J_\varphi}{2\,\pi}. \end{aligned}$$

Um noch die Energie als Funktion der J zu erhalten, hätte man die Gleichung

$$(6) \qquad J_r = \oint \sqrt{2\,\mu\,[W - U(r)] - \frac{(J_\vartheta + J_\varphi)^2}{4\,\pi^2 r^2}}\; d\,r$$

nach W aufzulösen. Ohne nähere Bestimmung von $U(r)$ ist dies unmöglich; man sieht jedoch, daß die Auflösung W nur von J_r und der Verbindung $J_\vartheta + J_\varphi$ abhängt. Die beiden Frequenzen

$$\nu_\vartheta = \frac{\partial W}{\partial J_\vartheta}, \qquad \nu_\varphi = \frac{\partial W}{\partial J_\varphi}$$

sind daher gleich und das System ist entartet. Nach den im § 15 entwickelten Grundsätzen führen wir neue Variable w_1, w_2, w_3 und J_1, J_2, J_3 ein, so daß w_3 konstant ist. Dabei richten wir es gleich so ein, daß in dem bei COULOMBschem Kraftfeld eintretenden Fall, wo $\nu_r = \nu_\vartheta = \nu_\varphi$ ist, auch die Variable w_2 konstant wird. Wir setzen daher nach (8) § 7

$$(7) \qquad \begin{aligned} w_1 &= w_r & J_1 &= J_r + J_\vartheta + J_\varphi \\ w_2 &= w_\vartheta - w_r & J_2 &= J_\vartheta + J_\varphi \\ w_3 &= w_\varphi - w_\vartheta & J_3 &= J_\varphi. \end{aligned}$$

Die Gleichung (6) enthält dann außer W nur J_1 und J_2, und wir erhalten W in der Form

$$(8) \qquad W = W(J_1, J_2).$$

Für die stationären Bewegungen gelten in dem Falle, daß keine weitere Entartung vorliegt (z. B. kein COULOMBsches Feld), zwei Quantenbedingungen:

$$(9) \qquad \begin{aligned} J_1 &= n\,h \\ J_2 &= k\,h\,. \end{aligned}$$

Man nennt n die Hauptquantenzahl und k die Nebenquantenzahl[1]).

Die Wirkungsvariabeln haben folgende physikalische Bedeutung: J_2 ist bis auf den Faktor $\dfrac{1}{2\pi}$ der gesamte Drehimpuls, J_3 seine Komponente in der Richtung der Polarachse.

Daß J_1 nicht null sein kann, ist selbstverständlich. Was J_2 anlangt, so würde $J_2 = 0$ eine Bewegung auf einer Geraden durch das Kraftzentrum bedeuten, eine „Pendelbahn". Bei den physikalischen Anwendungen, wo das Kraftzentrum der Atomkern ist, muß natürlich dieser Fall ausgeschlossen werden.

Um die physikalische Bedeutung der Winkelvariabeln zu erkennen, rechnen wir sie mit Hilfe der Transformationsgleichungen

$$w_k = \frac{\partial S}{\partial J_k}.$$

aus. Führen wir die J_k in die Gleichungen (3) ein, so erhalten wir

$$p_r = \sqrt{2\,\mu\,[W(J_1 J_2) - U(r)] - \frac{J_2{}^2}{4\,\pi^2\,r^2}}$$

$$p_\vartheta = \frac{1}{2\,\pi}\sqrt{J_2{}^2 - \frac{J_3{}^2}{\sin^2\vartheta}}$$

$$p_\varphi = \frac{1}{2\,\pi}\,J_3$$

und für die Winkelvariabeln:

$$w_1 = \frac{\partial S}{\partial J_1} = \int \frac{\partial p_r}{\partial J_1}\,dr = \int \frac{\mu\,\nu_1}{\sqrt{2\,\mu\,(W - U) - \dfrac{J_2{}^2}{4\,\pi^2\,r^2}}}\,dr$$

---

[1]) Man nennt k auch azimutale Quantenzahl. Diese Bezeichnung kommt daher, daß sie sich auch in der Form

$$\frac{1}{h}\int p_\psi\,d\psi$$

darstellen läßt, wo ψ das Azimut des bewegten Punktes in der Bahnebene ist.

$$w_2 = \frac{\partial S}{\partial J_2} = \int \frac{\partial p_r}{\partial J_2}\, dr + \int \frac{\partial p_\vartheta}{\partial J_2}\, d\vartheta$$

$$(10) \qquad = \int \frac{\mu\, \nu_2 - \dfrac{J_2}{4\,\pi^2\,r^2}}{\sqrt{2\,\mu\,(W-U) - \dfrac{J_2^2}{4\,\pi^2\,r^2}}}\, dr + \frac{1}{2\,\pi} \int \frac{J_2\, d\vartheta}{\sqrt{J_2^2 - \dfrac{J_3^2}{\sin^2 \vartheta}}}$$

$$w_3 = \frac{\partial S}{\partial J_3} = \int \frac{\partial p_\vartheta}{\partial J_3}\, d\vartheta + \int \frac{\partial p_\varphi}{\partial J_3}\, d\varphi$$

$$= \frac{1}{2\,\pi} \left[\varphi - \int \frac{J_3\, d\vartheta}{J_2 \sin^2 \vartheta \sqrt{1 - \dfrac{J_3^2}{J_2^2 \sin^2 \vartheta}}} \right].$$

Die beiden Integrale nach $d\vartheta$ lassen sich ausrechnen. Es ist nämlich

$$\int \frac{J_2\, d\vartheta}{\sqrt{J_2^2 - \dfrac{J_3^2}{\sin^2 \vartheta}}} = \int \frac{d\vartheta}{\sqrt{1 - \dfrac{\cos^2 i}{\sin^2 \vartheta}}} = \arcsin \frac{\cos \vartheta}{\sin i} + \text{const}$$

und

$$\int \frac{J_3\, d\vartheta}{J_2 \sin^2 \vartheta \sqrt{1 - \dfrac{J_3^2}{J_2^2 \sin^2 \vartheta}}} = \int \frac{\cos i\, d\vartheta}{\sin^2 \vartheta \sqrt{1 - \dfrac{\cos^2 i}{\sin^2 \vartheta}}}$$

$$= \arcsin (\operatorname{ctg} i \operatorname{ctg} \vartheta) + \text{const}.$$

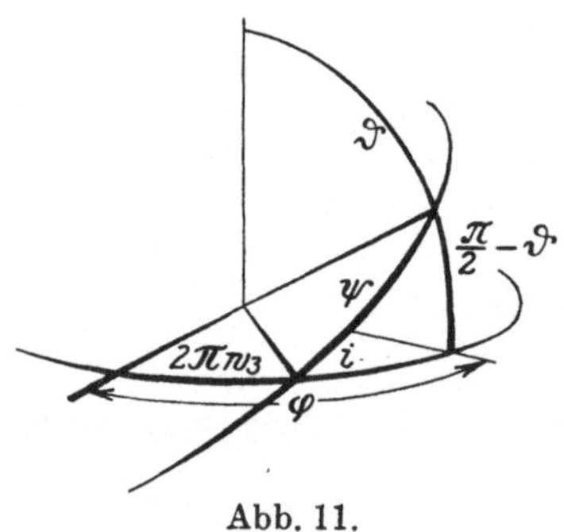

Abb. 11.

Aus der Abbildung 11 ersieht man, daß das erste Integral bis auf eine willkürliche Konstante der auf der Bahnebene gemessene Winkelabstand ψ des bewegten Punktes vom Knoten ist und das zweite Integral die Projektion dieses Abstandes auf die (r, φ)-Ebene. Durch Subtraktion dieser Projektion von φ erhalten wir die Länge des Knotens. Die dritte unserer Gleichungen (10) besagt also, daß bis auf eine willkürliche additive Konstante $2\,\pi\,w_3$ die *Knotenlänge* ist.

$2\,\pi\,w_2$ ist nach der zweiten der Gleichungen (10) der auf der Bahnebene gemessene Abstand ψ vom Knoten vermehrt um eine Funktion von r:

$$(11) \qquad 2\,\pi\,w_2 = \psi + F_2\,(r,\,J_1,\,J_2).$$

Diese Funktion F_2 ist eindeutig, denn während einer Libration von r nimmt $\int p_r\,dr$ um J_1 zu, die partielle Ableitung nach J_2 nimmt also ihren alten Wert wieder an. $2\,\pi\,w_2$ ist mithin bis auf eine additive Konstante der auf der Bahnebene gemessene Abstand eines Bahnpunktes mit vorgegebenem r vom Knoten, also auch bis auf eine Konstante der *Abstand des Perihels* $(r_{\min})$ *vom Knoten.* $2\,\pi\,w_1$ endlich ist bis auf eine Konstante das, was die Astronomen „*mittlere Anomalie*" nennen, nämlich der Winkelabstand eines gedachten Punktes vom Perihel, der gleichförmig umläuft und jedesmal gleichzeitig mit dem wirklichen bewegten Punkt das Perihel passiert.

Da wir ein nur inneren Kräften unterworfenes System haben, und die Bewegung in einer Ebene erfolgt, tritt (wie im § 17 allgemein gezeigt wurde) in der FOURIER-Darstellung des elektrischen Moments die dem gesamten Drehimpuls zugeordnete Winkelvariable w_2 nur mit dem Faktor ± 1 auf. Wir können das auch direkt an der Form der Ausdrücke für die Winkelvariabeln sehen. Es ist:

$$w_1 = \qquad\qquad f_1\,(r,\,J_1,\,J_2)$$
$$w_2 = \frac{1}{2\,\pi}\,\psi + f_2\,(r,\,J_1,\,J_2)$$
$$w_3 = \mathrm{const},$$

oder wenn wir nach $r,\,\psi$ auflösen:

$$r = \qquad\qquad \varphi_1\,(w_1,\,J_1,\,J_2)$$
$$\psi = 2\,\pi\,w_2 + \varphi_2\,(w_1,\,J_1,\,J_2).$$

Transformieren wir auf die rechtwinkligen Koordinaten ξ,η,ζ, wo ζ auf der Bahnebene senkrecht stehen soll, so erhalten wir Ausdrücke der Form:

$$\mathfrak{p}_\xi + i\,\mathfrak{p}_\eta = e^{2\,\pi\,i\,w_2} \sum_{\tau_1} D_{\tau_1}\, e^{2\,\pi\,i\,\tau_1\,w_1}$$
$$\mathfrak{p}_\zeta = 0.$$

Nach dem Korrespondenzprinzip kann sich also von den durch (9) eingeführten Quantenzahlen n und k die Zahl k nur um ± 1 ändern, während n im allgemeinen beliebige Veränderungen erleiden kann.

Die *Bahnkurve* drücken wir am besten in den Koordinaten r und ψ aus. Aus der ersten Gleichung (10) erhalten wir

$$dt = \frac{\mu}{\sqrt{2\,\mu\,(W - U) - \dfrac{J_2{}^2}{4\,\pi^2\,r^2}}}\,dr\,.$$

Hieraus und aus dem Flächensatz

$$\mu\,r^2\,d\psi = \frac{J_2}{2\,\pi}\,dt$$

eliminieren wir dt und erhalten die Differentialgleichung der Bahn:

$$(12) \qquad \frac{d\psi}{dr} = \frac{\dfrac{J_2}{2\,\pi}}{r^2 \sqrt{2\,\mu\,[W - U(r)] - \dfrac{J_2{}^2}{4\,\pi^2\,r^2}}}\,.$$

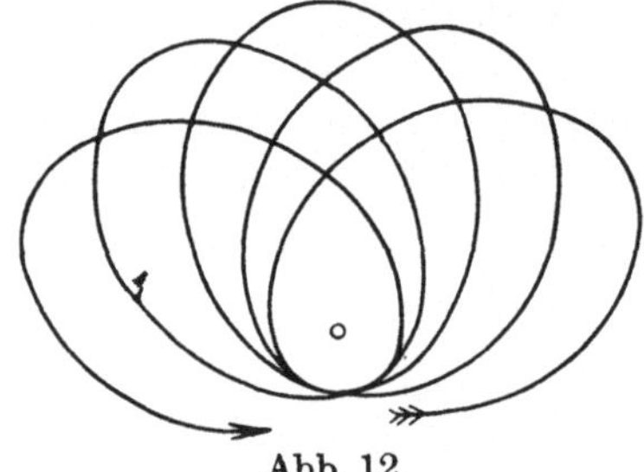

Abb. 12.

Da die Bewegung in einer Libration von r, verbunden mit einem gleichförmigen Umlauf des Perihels, besteht, ist die Gestalt der Bahn die einer *Rosette*.

§ 22. Die Keplerbewegung.

Die einfachste Anwendung der Betrachtungen des § 21 ist die auf Atome, die aus *einem* (*Z*-fach geladenen) *Kern und* nur *einem Elektron* bestehen. Dabei handelt es sich um die Bewegung zweier Körper unter dem Einfluß einer gegenseitigen Anziehung mit der potentiellen Energie

$$(1) \qquad U(r) = -\frac{e^2\,Z}{r}\,.$$

Diese Bewegung wollen wir jetzt betrachten.

Das Wirkungsintegral J_r (6) § 21 erhält die Form

$$(2) \qquad J_r = \oint \sqrt{-A + 2\frac{B}{r} - \frac{C}{r^2}}\, dr,$$

wobei

$$(2') \qquad \begin{aligned} A &= 2\,\mu\,(-W) \\ B &= \mu\,e^2\,Z \\ C &= \left(\frac{J_\vartheta + J_\varphi}{2\,\pi}\right)^2 = \left(\frac{J_2}{2\,\pi}\right)^2 \end{aligned}$$

ist. Man sieht, daß der Radikand nur dann zwei Nullstellen zwischen $r = 0$ und $r = \infty$ haben kann, die ein positives Gebiet einschließen, wenn W negativ ist. Die Größen A, B und C sind also positive Zahlen. Mit Hilfe komplexer Integration erhalten wir (vgl. (5) Anhang II):

$$J_r = 2\,\pi\left(-\sqrt{C} + \frac{B}{\sqrt{A}}\right)$$

$$J_r = 2\,\pi\frac{\sqrt{\mu}\,e^2\,Z}{\sqrt{-2\,W}} - J_\vartheta - J_\varphi.$$

Jetzt können wir die *Energie* W durch die Wirkungsvariabeln ausdrücken und erhalten:

$$(3) \qquad W = -\frac{2\,\pi^2\,\mu\,e^4\,Z^2}{(J_r + J_\vartheta + J_\varphi)^2} = -\frac{2\,\pi^2\,\mu\,e^4\,Z^2}{J_1^2}.$$

Die *Bewegung* ist also doppelt entartet, da die Energie auch von J_2 (dem Drehimpuls) unabhängig ist. Nicht nur die Knotenlänge, sondern auch der Abstand des Perihels vom Knoten bleibt unverändert. Wir haben nur *eine* Quantenbedingung

$$J_1 = n\,h;$$

drücken wir die Energie durch sie aus, so wird

$$(4) \qquad W = -\frac{2\,\pi^2\,\mu\,e^4\,Z^2}{h^2}\frac{1}{n^2}.$$

Die Bewegung hat nur eine von null verschiedene Frequenz; wir erhalten sie aus (3) zu

$$(5) \qquad \nu_1 = \frac{\partial W}{\partial J_1} = \frac{4\,\pi^2\,\mu\,e^4\,Z^2}{J_1^3} = \frac{4\,\pi^2\,\mu\,e^4\,Z^2}{h^3\,n^3};$$

die Umlaufszeit ist also

$$\frac{1}{\nu_1} = \frac{h^3 n^3}{4\,\pi^2\,\mu\,e^4\,Z^2}\,.$$

Die *Bahnkurve* drücken wir wieder in den Koordinaten r, ψ der Bahnebene aus. Wir erhalten nach (12) § 21 als Differentialgleichung der Bahn:

$$\frac{d\psi}{dr} = \frac{\sqrt{C}}{r^2\sqrt{-A + 2\dfrac{B}{r} - \dfrac{C}{r^2}}},$$

wo A, B und C die Bedeutungen (2') haben. Die Integration liefert

$$\psi - \psi_0 = \text{arc cos}\,\frac{C - Br}{r\sqrt{B^2 - AC}}$$

und, wenn wir nach r auflösen:

$$r = \frac{C}{B + \sqrt{B^2 - AC}\,\cos(\psi - \psi_0)}\,.$$

Wenn wir zur Abkürzung

$$(6)\qquad\qquad \frac{C}{B} = q$$
$$1 - \frac{AC}{B^2} = \varepsilon^2$$

setzen, erhalten wir die bekannte Form der Gleichung einer Ellipse, deren Brennpunkt in den Koordinatenanfangspunkt fällt:

$$(7)\qquad\qquad r = \frac{q}{1 + \varepsilon\cos(\psi - \psi_0)}\,;$$

ε ist die *numerische Exzentrizität* und q der „*Parameter*". Drücken wir sie durch die Wirkungsvariabeln aus, so erhalten wir

$$(8)\qquad\qquad \varepsilon^2 = 1 - \frac{J_2^{\,2}}{J_1^{\,2}}$$

$$(9)\qquad\qquad q = \frac{J_2^{\,2}}{4\,\pi^2\,\mu\,e^2\,Z}\,.$$

Durch diese beiden Größen ist die Gestalt der Bahnellipse festgelegt. Da man für gewöhnlich eine Ellipse durch große Halbachse a und Exzentrizität ε oder durch beide Halbachsen a

und b bestimmt, seien noch a und b durch die Wirkungsvariabeln ausgedrückt. Es ist

$$(10) \qquad a = \frac{q}{1 - \varepsilon^2} = \frac{J_1^2}{4\,\pi^2\,\mu\,e^2\,Z}$$

$$(11) \qquad b = a\sqrt{1 - \varepsilon^2} = \frac{J_1 J_2}{4\,\pi^2\,\mu\,e^2\,Z}\,.$$

Durch die Quantenbedingung ist von diesen Größen nur a festgelegt, ε und damit q und b können alle mit dem betreffenden a verträglichen Werte annehmen. Den Zusammenhang zwischen a und den durch die Quantenbedingung ebenfalls festgelegten Größen W und ν_1 können wir auch folgendermaßen angeben:

$$(12) \qquad W = -\frac{e^2\,Z}{2\,a}$$

$$(13) \qquad \nu_1 = \frac{e\sqrt{Z}}{2\,\pi\sqrt{\mu}}\,a^{-3/2}\,.$$

Die Gleichung (13) ist das dritte KEPLERsche Gesetz. Gleichung (12) sagt für den Fall der Kreisbahn aus, daß die Bahnenergie gleich der halben potentiellen Energie ist. Wie wir gleich sehen werden, ist sie im allgemeinen Fall gleich dem halben zeitlichen Mittelwert der potentiellen Energie.

Wir wollen jetzt den *zeitlichen Verlauf der Bewegung* betrachten. Für w_1 gilt nach (10) § 21

$$w_1 = \nu_1 t + \delta_1 = \int \frac{\mu\,\nu_1\,dr}{\sqrt{-A + 2\dfrac{B}{r} - \dfrac{C}{r^2}}}\,.$$

Wenn wir den Radikanden in seine Linearfaktoren zerlegen, erhalten wir

$$w_1 = \int \frac{\mu\,r\,\nu_1\,dr}{\sqrt{A}\,\sqrt{[a\,(1+\varepsilon) - r]\,[r - a\,(1-\varepsilon)]}}\,;$$

denn $a\,(1+\varepsilon)$ und $a\,(1-\varepsilon)$ sind ja die Librationsgrenzen von r. Nun führt die Substitution

$$(14) \qquad r = a\,(1 - \varepsilon\cos u)$$

das Integral über in:

$$w_1 = \frac{\mu \, \nu_1 \, a}{\sqrt{A}} \int (1 - \varepsilon \cos u)\, du$$

$$(15) \qquad 2\,\pi\,w_1 = u - \varepsilon \sin u.$$

Um die geometrische Bedeutung von u zu erkennen, führen wir mittels

$$\xi = \underline{r} \cos(\psi - \psi_0)$$
$$\eta = r \sin(\psi - \psi_0)$$

rechtwinklige Variable ein in einem Koordinatensystem, dessen ξ-Achse die große Achse der Bahn und dessen Ursprung das Kraftzentrum ist. Wir erhalten dann aus (7) und (14)

$$(16) \qquad \xi = \frac{q - r}{\varepsilon} = a \cos u - \frac{a - q}{\varepsilon} = a\,(\cos u - \varepsilon)$$

$$\eta^2 = r^2 - \xi^2 = a^2\,(1 - \varepsilon^2)\,(1 - \cos^2 u)$$

$$(17) \qquad \eta = a\,\sqrt{1 - \varepsilon^2}\,\sin u.$$

In der Abbildung ist $ON = a$, $ZQ = \xi = a\,[\cos(ZON) - \varepsilon]$ und $QM = \eta = \sqrt{1 - \varepsilon^2}\cdot QN = a\sqrt{1 - \varepsilon^2}\sin(ZON)$. Der Winkel ZON ist also gerade die Hilfsgröße u. Wegen dieser Bedeutung nennt man u die *exzentrische Anomalie*.

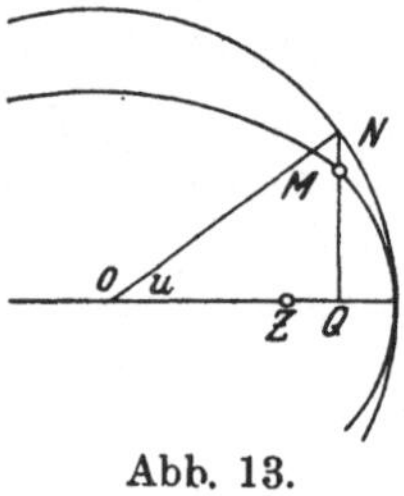

Da wir jetzt alle für die KEPLER-Bewegung wichtigen Größen ausgedrückt haben, wollen wir sie hier noch einmal zusammenstellen. Die Energie der Bewegung ist

Abb. 13. (3)

$$W = - \frac{2\,\pi^2\,\mu\,e^4\,Z^2}{J_1^{\,2}};$$

die Bewegung geschieht auf einer Ellipse mit den Halbachsen

$$(10) \qquad a = \frac{J_1^{\,2}}{4\,\pi^2\,\mu\,e^2\,Z},$$

$$(11) \qquad b = \frac{J_1\,J_2}{4\,\pi^2\,\mu\,e^2\,Z},$$

dem Parameter

$$(9) \qquad q = \frac{J_2^{\,2}}{4\,\pi^2\,\mu\,e^2\,Z},$$

der Exzentrizität

$$(8\,\text{a}) \qquad \varepsilon = \sqrt{1 - \frac{J_2^{\,2}}{J_1^{\,2}}}$$

und der durch

$$\cos i = \frac{J_3}{J_2}$$

bestimmten Normalenrichtung. Der Ablauf der Bewegung ist durch

$$(14) \qquad r = a\,(1 - \varepsilon \cos u)$$

$$(16) \qquad \xi = a\,(\cos u - \varepsilon)$$

$$(17) \qquad \eta = a\,\sqrt{1 - \varepsilon^2}\,\sin u$$

bestimmt. Dabei ist u durch

$$(15\,\text{a}) \qquad 2\,\pi\,\nu_1\,t = u - \varepsilon \sin u$$

definiert, wo

$$(5\,\text{a}) \qquad \nu_1 = \frac{4\,\pi^2\,\mu\,e^4\,Z^2}{J_1^{\,3}}$$

und t vom Zeitpunkt des Periheldurchgangs ab gerechnet ist.

Die Kenntnis des zeitlichen Ablaufes der Bewegung gestattet uns die *Mittelwerte gewisser Größen* zu berechnen. Wir werden später öfter die Mittelwerte gewisser Potenzen von $\dfrac{1}{r}$ gebrauchen. Wir wollen sie uns daher ausrechnen. Es ist

$$\overline{\frac{1}{r^n}} = \int \frac{\nu_1\,dt}{r^n} = \int \frac{1}{r^{n-2}} \cdot \frac{\nu_1\,dt}{r^2}\,.$$

Nun ist die Flächengeschwindigkeit $r^2\,\dot\psi$ gleich dem $2\,\nu_1$-fachen der Ellipsenfläche, woraus folgt

$$(18) \qquad \frac{\nu_1\,dt}{r^2} = \frac{d\psi}{2\,\pi\,a\,b}$$

und

$$\overline{\frac{1}{r^n}} = \frac{1}{2\,\pi\,a\,b} \int_0^{2\,\pi} \frac{d\psi}{r^{n-2}}\,.$$

Für $n \geq 2$ können wir auf diese Weise sehr rasch den gesuchten Mittelwert finden, wenn wir $\dfrac{1}{r}$ aus der Ellipsen-Gleichung (7)

$$(7')\qquad \frac{1}{r} = \frac{1}{q} + \frac{\varepsilon}{q}\cos\psi$$

entnehmen. Wir erhalten so

$$\overline{\frac{1}{r^2}} = \frac{1}{ab}$$

$$\overline{\frac{1}{r^3}} = \frac{1}{b^3}$$

$$(19)$$

$$\overline{\frac{1}{r^4}} = \frac{1+\dfrac{\varepsilon^2}{2}}{a^4\sqrt{1-\varepsilon^2}^{\,5}} = \frac{a\left(1+\dfrac{\varepsilon^2}{2}\right)}{b^5}$$

$$\overline{\frac{1}{r^5}} = \frac{1+\frac{3}{2}\varepsilon^2}{a^5\sqrt{1-\varepsilon^2}^{\,7}} = \frac{a^2\left(1+\frac{3}{2}\varepsilon^2\right)}{b^7}\,.$$

Die Mittelwerte $\overline{\dfrac{1}{r}}$, $\overline{r}$, $\overline{r^2}\cdots$ rechnen sich einfacher mit Hilfe der exzentrischen Anomalie. Es wird mit Hilfe von (14) und (15)

$$\overline{r^n} = \int r^n\,\nu_1\,dt = a^n\cdot\frac{1}{2\pi}\int (1-\varepsilon\cos u)^{n+1}\,du;$$

wir erhalten so

$$\overline{\frac{1}{r}} = \frac{1}{a}$$

$$(20)\qquad \overline{r} = a\left(1+\frac{\varepsilon^2}{2}\right)$$

$$\overline{r^2} = a^2\left(1+\tfrac{3}{2}\varepsilon^2\right).$$

Mittelwerte der Form $\overline{r^n\cos^m\psi}$ $(m>0)$ rechnen sich für $n\leqq -2$ am besten mit der Ellipsengleichung $(7')$, für $n\geqq m-1$ mit der exzentrischen Anomalie; wir erhalten mit Hilfe von (18)

$$\overline{r^n\cos^m\psi} = \frac{1}{2\pi ab}\int r^{n+2}\cos^m\psi\,d\psi,$$

mit Hilfe von (14), (15) und (16)

$$\overline{r^n\cos^m\psi} = a^n\cdot\frac{1}{2\pi}\int (1-\varepsilon\cos u)^{n-m+1}(\cos u-\varepsilon)^m\,du\,.$$

So wird

$$\overline{\cos \psi} = -\varepsilon$$

(21)
$$\overline{\xi} = \overline{r \cos \psi} = -\tfrac{3}{2}\,\varepsilon \cdot a$$

$$\overline{r^2 \cos \psi} = -\left(2 + \frac{\varepsilon^2}{2}\right)\varepsilon \cdot a^2$$

$$\overline{\frac{\cos \psi}{r^2}} = 0$$

(22)
$$\overline{\frac{\cos \psi}{r^3}} = \frac{\varepsilon}{2\,b^3}$$

$$\overline{\frac{\cos^2 \psi}{r^3}} = \frac{1}{2\,b^3}\,.$$

Mittelwerte der Form $\overline{r^n \cos^m \psi \sin^l \psi}$ verschwinden für ungerades l. Für gerades l kann man $\sin^2\psi$ durch $1 - \cos^2\psi$ ersetzen und den Mittelwert auf Mittelwerte der eben betrachteten Form zurückführen. Insbesondere wird

(23)
$$\overline{\frac{\sin^2 \psi}{r^3}} = \frac{1}{2\,b^3}\,.$$

Wir können jetzt das Zeitmittel der potentiellen Energie angeben. Es wird

$$\overline{U} = -e^2 Z \cdot \overline{\frac{1}{r}} = -\frac{e^2 Z}{a} = 2\,W$$

also gleich der doppelten Bahnenergie. Die mittlere kinetische Energie wird

$$\overline{T} = -\frac{\overline{U}}{2}\,.$$

Dieser Satz, daß die mittlere kinetische Energie gleich der Hälfte des Betrages der mittleren potentiellen Energie ist, gilt allgemein für ein System elektrischer Ladungen, die mit COULOMBschen Kräften aufeinander wirken.

Weiter seien noch die *Koordinaten des elektrischen Schwerpunktes* einer auf einer KEPLER-Ellipse umlaufenden elektrischen Ladung angegeben. Es sind dies die Zeitmittel der wirklichen Koordinaten ξ und η, also

$$\bar{\xi} = -\tfrac{3}{2}\,\varepsilon\,a$$

und aus Symmetriegründen

$$\bar{\eta} = 0\,.$$

Der elektrische Schwerpunkt liegt also auf der großen Achse in der Mitte zwischen dem Mittelpunkt der Ellipse und demjenigen Brennpunkt, der nicht vom Kraftzentrum eingenommen wird.

Im Falle der KEPLER-Bewegungen lassen sich die FOURIER-*Reihen der rechtwinkligen Koordinaten* ξ, η und des Abstandes r verhältnismäßig leicht bilden. Beachtet man, daß $\dfrac{r}{a}$ und $\dfrac{\xi}{a}$ gerade, $\dfrac{\eta}{a}$ eine ungerade Funktion von u, also auch von w_1 sind, so wird man ansetzen:

$$\frac{r}{a} = \frac{1}{2}\,B_0 + \sum_\tau B_\tau \cos(2\,\pi\,w_1\,\tau)$$

(24)
$$\frac{\xi}{a} = \frac{1}{2}\,C_0 + \sum_\tau C_\tau \cos(2\,\pi\,w_1\,\tau)$$

$$\frac{\eta}{a} = \sqrt{1-\varepsilon^2}\left[\frac{1}{2}\,D_0 + \sum D_\tau \sin(2\,\pi\,w_1\,\tau)\right].$$

Für die Koeffizienten erhält man die Integrale:

$$B_\tau = 4\int_0^{1/2} \frac{r}{a}\cos(2\,\pi\,w_1\,\tau)\,dw_1$$

(25)
$$C_\tau = 4\int_0^{1/2} \frac{\xi}{a}\cos(2\,\pi\,w_1\,\tau)\,dw_1$$

$$D_\tau = 4\int_0^{1/2} \frac{\eta}{a\sqrt{1-\varepsilon^2}}\sin(2\,\pi\,w_1\,\tau)\,dw_1\,.$$

Durch partielle Integration bekommt man hieraus:

$$B_\tau = -\frac{2}{\pi\tau} \int_0^{1/2} \sin(2\pi w_1 \tau)\, d\left(\frac{r}{a}\right)$$

$$C_\tau = -\frac{2}{\pi\tau} \int_0^{1/2} \sin(2\pi w_1 \tau)\, d\left(\frac{\xi}{a}\right)$$

$$D_\tau = +\frac{2}{\pi\tau} \int_0^{1/2} \cos(2\pi w_1 \tau)\, d\left(\frac{\eta}{a\sqrt{1-\varepsilon^2}}\right).$$

Nun hat man nach (16) und (17):

$$d\left(\frac{r}{a}\right) = \varepsilon \sin u\, du$$

$$d\left(\frac{\xi}{a}\right) = -\sin u\, du$$

$$d\left(\frac{\eta}{a\sqrt{1-\varepsilon^2}}\right) = \cos u\, du.$$

Führen wir nun u als Integrationsvariable ein, so erhalten wir:

$$B_\tau = -\frac{2\varepsilon}{\pi\tau} \int_0^\pi \sin[\tau(u-\varepsilon\sin u)]\sin u\, du$$

$$C_\tau = \frac{2}{\pi\tau} \int_0^\pi \sin[\tau(u-\varepsilon\sin u)]\sin u\, du$$

$$D_\tau = \frac{2}{\pi\tau} \int_0^\pi \cos[\tau(u-\varepsilon\sin u)]\cos u\, du.$$

Eine einfache trigonometrische Umformung führt zu:

$$B_\tau = \frac{\varepsilon}{\pi\tau}\left\{\int_0^\pi \cos[(\tau+1)u - \tau\varepsilon\sin u]\, du \right.$$

$$\left. - \int_0^\pi \cos[(\tau-1)u - \tau\varepsilon\sin u]\, du\right\}$$

$$C_\tau = \frac{1}{\pi\tau}\left\{ - \int_0^\pi \cos\left[(\tau+1)u - \tau\,\varepsilon\sin u\right]du\right.$$

$$\left. + \int_0^\pi \cos\left[(\tau-1)u - \tau\,\varepsilon\sin u\right]du\right\}$$

$$D_\tau = \frac{1}{\pi\tau}\left\{ \int_0^\pi \cos\left[(\tau+1)u - \tau\,\varepsilon\sin u\right]du\right.$$

$$\left. + \int_0^\pi \cos\left[(\tau-1)u - \tau\,\varepsilon\sin u\right]du\right\}.$$

Die hier auftretenden Integrale sind BESSELsche Funktionen, definiert durch

$$\mathfrak{J}_\tau(x) = \frac{1}{\pi}\int_0^\pi \cos(\tau\,u - x\sin u)\,du.$$

Man hat also:

$$B_\tau = \frac{\varepsilon}{\tau}\left[\mathfrak{J}_{\tau+1}(\tau\,\varepsilon) - \mathfrak{J}_{\tau-1}(\tau\,\varepsilon)\right]$$

$$C_\tau = \frac{1}{\tau}\left[\mathfrak{J}_{\tau-1}(\tau\,\varepsilon) - \mathfrak{J}_{\tau+1}(\tau\,\varepsilon)\right]$$

$$D_\tau = \frac{1}{\tau}\left[\mathfrak{J}_{\tau+1}(\tau\,\varepsilon) + \mathfrak{J}_{\tau-1}(\tau\,\varepsilon)\right].$$

Da diese Formeln für $\tau = 0$ versagen, müssen wir noch B_0, C_0, D_0 aus (25) berechnen. Wir erhalten:

$$B_0 = 4\int_0^{1/2} \frac{r}{a}\,dw_1 = \frac{2}{\pi}\int_0^\pi (1 - \varepsilon\cos u)^2\,du = 2 + \varepsilon^2$$

$$C_0 = 4\int_0^{1/2} \frac{\xi}{a}\,dw_1 = \frac{2}{\pi}\int_0^\pi (\cos u - \varepsilon)(1 - \varepsilon\cos u)\,du = -3\,\varepsilon$$

$$D_0 = 0.$$

Setzen wir schließlich die berechneten Werte der Koeffizienten in die Entwicklungen (24) ein, so erhalten wir:

$$\frac{r}{a} = 1 + \frac{\varepsilon^2}{2} + \varepsilon \sum_{\tau=1}^{\infty} \frac{1}{\tau} \left[\mathfrak{J}_{\tau+1}(\tau\,\varepsilon) - \mathfrak{J}_{\tau-1}(\tau\,\varepsilon) \right] \cos\left(2\,\pi\,w_1\,\tau\right)$$

$$(26) \quad \frac{\xi}{a} = -\frac{3}{2}\,\varepsilon + \sum_{\tau=1}^{\infty} \frac{1}{\tau} \left[\mathfrak{J}_{\tau-1}(\tau\,\varepsilon) - \mathfrak{J}_{\tau+1}(\tau\,\varepsilon) \right] \cos\left(2\,\pi\,w_1\,\tau\right)$$

$$\frac{\eta}{a} = \sqrt{1-\varepsilon^2} \cdot \sum_{\tau=1}^{\infty} \frac{1}{\tau} \left[\mathfrak{J}_{\tau+1}(\tau\,\varepsilon) + \mathfrak{J}_{\tau-1}(\tau\,\varepsilon) \right] \sin\left(2\,\pi\,w_1\,\tau\right).$$

§ 23. Die wasserstoffähnlichen Spektren.

Die im § 22 angegebenen Rechnungen geben uns nun die Grundlage zur *Erklärung einiger Linienspektren.* Nach den in der Einleitung dargelegten Vorstellungen über den Atombau besteht das *Wasserstoffatom* im ungeladenen (neutralen) Zustand aus einem Kern von der Ladung $+e$ und großer Masse M und einem Elektron von der Ladung $-e$ und kleiner Masse m. Ebenso gebaut sind das *einfach ionisierte Heliumatom* (He^+) und das *zweifach ionisierte Lithiumatom* (Li^{++}), nur daß die Kernladung $2\,e$ bzw. $3\,e$ beträgt. Wir haben also bei all diesen Atomen einen Z-fach geladenen Kern und ein Elektron; ihre Mechanik fällt daher unter die im § 22 gegebene Theorie. *Die Energie in den stationären Zuständen* ist nach (4) § 22

$$(1) \qquad W = -\frac{R\,h\,Z^2}{n^2},$$

wo

$$(2) \qquad R = \frac{2\,\pi^2\,\mu\,e^4}{h^3}$$

gesetzt ist. R wird die RYDBERGsche *Konstante* genannt, weil RYDBERG zuerst erkannt hat, daß sie in den Darstellungen zahlreicher Spektren auftritt, wie im folgenden deutlich werden wird. R hängt wegen

$$(3) \qquad \mu = \frac{m\,M}{m+M} = m\,\frac{1}{1+\dfrac{m}{M}}$$

noch vom Verhältnis von Elektronenmasse m zu Kernmasse M ab. Der Grenzwert für unendlich schwere Kerne ist

$$(4) \qquad R_\infty = \frac{2\,\pi^2\,m\,e^4}{h^3}.$$

Für andere Atome gilt

$$(5) \qquad R = R_\infty \frac{1}{1 + \dfrac{m}{M}}.$$

Hier ist der Korrektionsfaktor nahezu 1, da schon für Wasserstoff $\dfrac{m}{M} = \dfrac{1}{1830}$ ist; daher wird man in den meisten Fällen mit genügender Näherung R durch R_∞ ersetzen können.

Den Termen (1) entsprechen die Spektrallinien

$$(6) \qquad \tilde\nu = \frac{1}{h}\,(W^{(1)} - W^{(2)}) = R\,Z^2 \left(\frac{1}{n_2{}^2} - \frac{1}{n_1{}^2}\right).$$

Dabei kommen nach dem Korrespondenzprinzip sämtliche Übergänge zwischen den stationären Zuständen vor, da in den im § 22 abgeleiteten FOURIER-Reihen (26) die Koeffizienten sämtlicher Oberschwingungen von 0 verschieden sind.

Für $Z = 1$ erhält man aus Gleichung (6) das *Spektrum des Wasserstoffatoms*, im besonderen für $n_2 = 2$ die schon lange bekannte BALMERsche Serie:

$$\tilde\nu = R_{\mathrm{H}} \left(\frac{1}{2^2} - \frac{1}{n_1{}^2}\right) \qquad (n_1 = 3, 4 \ldots).$$

Die wesentlichste Stütze der BOHRschen Theorie besteht in der Übereinstimmung der aus den spektroskopischen Messungen dieser Serie bestimmten Größe R_{H} mit der aus (4) und (5) folgenden Darstellung durch atomare Konstanten (wobei übrigens der Unterschied zwischen R_{H} und R_∞ bei der Meßgenauigkeit der Atomkonstanten nicht in Betracht kommt).

Nach Ablenkungsversuchen an Kathodenstrahlen ist

$$\frac{e}{m} = 1{,}77 \cdot 10^7 \ \frac{\text{e.-st. E.}}{\text{g}}$$

nach MILLIKANS Messung der absolut kleinsten Ladung an Tröpfchen ist

$$e = 4{,}77 \cdot 10^{-10} \ \text{e.-st. E.,}$$

nach Messungen über Wärmestrahlung und Bestimmungen der Grenze des kontinuierlichen Röntgenspektrums (s. später) ist

$$h = 6{,}54 \cdot 10^{-27} \ \text{erg sek};$$

aus diesen Zahlwerten folgt nach (4)

$$R = 3{,}28 \cdot 10^{15} \ \text{sek}^{-1}.$$

Die Spektroskopiker pflegen Spektrallinien und somit auch R nicht in Schwingungszahlen (Dimension sek^{-1}), sondern in Wellenzahlen, d. h. Zahlen der Wellen pro cm oder reziproke Wellenlängen (Dimension cm^{-1}) zu bestimmen. Die Umrechnung geschieht durch Division durch die Lichtgeschwindigkeit c. Man pflegt dabei dieselben Bezeichnungen beizubehalten. In diesem Maße wird

$$R = \frac{3{,}28 \cdot 10^{15}}{c} = 1{,}09 \cdot 10^{5} \ \text{cm}^{-1};$$

der empirische Wert ist

$$R_{\text{H}} = 109\,678 \ \text{cm}^{-1}.$$

Die Überstimmung der beiden Zahlen liegt im Bereich der Meßgenauigkeit von e.

Die Abtrennungsarbeit des Elektrons in der einquantigen Bahn beträgt hiernach

$$W_1 = -\,R\,h = 2{,}15 \cdot 10^{-11} \ \text{erg}.$$

Man gibt diesen Wert auch in Kilo-Kalorien pro Mol an; man bekommt diese Zahl durch Multiplikation mit der AVOGADRO-schen Zahl $N = 6{,}06 \cdot 10^{23}$ und dem Wärmeäquivalent des erg $2{,}39 \cdot 10^{-11}$. So erhält man 312 kcal. Endlich benützt man als Energiemaß die Spannung V in Volt, die ein Elektron durchlaufen muß, um die betrachtete Energie zu gewinnen; es gilt

$$W = \frac{e\,V}{300}.$$

Für die Energie des Wasserstoffelektrons erhält man 13,53 Volt. Allgemein lautet die Umrechnungsformel

$$(7) \qquad 1 \ \text{Volt} = 23{,}0 \ \frac{\text{kcal}}{\text{Mol}} = 1{,}59 \cdot 10^{-12} \ \text{erg} = 8{,}11 \cdot 10^{3} \ \text{cm}^{-1}.$$

Die Spannung V ist es, die bei der Methode des Elektronenstoßes direkt gemessen wird (s. Einl. § 3).

Die Formel (6) enthält außer der BALMER-Serie folgende Wasserstoffserien:

1. die ultraviolette LYMAN-Serie

$$\tilde{\nu} = R_\mathrm{H}\left(1 - \frac{1}{n_1{}^2}\right) \qquad (n_1 = 2, 3 \ldots).$$

Da der erste Term dieser Serie dem Normalzustand entspricht, tritt sie beim „unangeregten" Wasserstoff als Absorptionsserie auf.

2. Die ultrarote PASCHEN-Serie

$$\tilde{\nu} = R_\mathrm{H}\left(\frac{1}{3^2} - \frac{1}{n_1{}^2}\right) \qquad (n_1 = 4, 5 \ldots).$$

Für $Z = 2$ erhalten wir das *Spektrum des ionisierten Helium* (das „Funkenspektrum" des Helium). In diesem Spektrum fallen die Linien, die geraden Quantenzahlen $(n = 2\,N)$ entsprechen:

$$\tilde{\nu} = 4\,R_\mathrm{He}\left[\frac{1}{(2\,N_1)^2} - \frac{1}{(2\,N_2)^2}\right] = R_\mathrm{He}\left(\frac{1}{N_1{}^2} - \frac{1}{N_2{}^2}\right),$$

in große Nähe der Wasserstofflinien

$$\tilde{\nu} = R_\mathrm{H}\left(\frac{1}{N_1{}^2} - \frac{1}{N_2{}^2}\right).$$

Diese Ähnlichkeit des Funkenspektrums des He mit dem Wasserstoffspektrum war schuld daran, daß man es früher in der Form

$$\tilde{\nu} = R\left(\frac{1}{\left(\frac{n_1}{2}\right)^2} - \frac{1}{\left(\frac{n_2}{2}\right)^2}\right)$$

schrieb und die in gewissen Sternnebeln beobachteten und diesem Gesetz folgenden Linien dem Wasserstoff zuschrieb. BOHR hat den Sachverhalt geklärt und den Unterschied der beiden RYDBERG-Konstanten R_H und R_He aus der Verschiedenheit der Kernmasse M in (3) hergeleitet.

Das noch nicht beobachtete Spektrum des zweifach ionisierten Lithium (Li^{++}) erhalten wir mit $Z = 3$.

Außer der zahlenmäßigen Übereinstimmung der Spektren sprechen für das BOHRsche Atommodell auch die *Größenverhältnisse*. Für den Radius der als Kreis gedachten Grundbahn des Wasserstoffatoms hat man nach (10) § 22 für $\mu = m$

$$(8) \qquad a_H = \frac{h^2}{4\,\pi^2\,m\,e^2} = 0{,}532 \cdot 10^{-8}\ \mathrm{cm};$$

das fällt in die Größenordnung der aus der kinetischen Gastheorie und anderen Atomtheorien bekannten Schätzungen. Für die großen Halbachsen der angeregten Wasserstoffellipsen erhalten wir nach (10) § 22

$$(9) \qquad a = a_H \cdot n^2;$$

die Radien von He$^+$ und Li^{++} sind im Verhältnis $1:2$ bzw. $1:3$ kleiner.

§ 24. Die Serienordnung der nicht wasserstoffähnlichen Spektren.

Wir gehen jetzt zu den *nicht wasserstoffähnlichen Spektren* über. Wie wir im § 21 bereits gesagt haben, deuten wir mit BOHR die Entstehung dieser Spektren durch die Übergänge zwischen stationären Zuständen, bei denen wesentlich ein „*Leuchtelektron*" unter der Wirkung des *Rumpfes* in Bahnen läuft, die man näherungsweise durch eine *Zentralkraft* beschreiben kann. Diese Vorstellung erklärt einige der wichtigsten Gesetzmäßigkeiten der Serienspektren, nämlich die Existenz mehrerer Serien, deren jede dem Typus der Wasserstoffserien mehr oder weniger ähnlich ist, und die Möglichkeiten von Kombinationen zwischen diesen.

In einem (nicht COULOMBschen) Zentralfeld hängt nach § 21 die Bewegung außer von der Hauptquantenzahl n noch von der Nebenquantenzahl k ab. Die Energie ist eine Funktion von n und k. k hat eine einfache mechanische Bedeutung, es ist nämlich der in der Einheit $\dfrac{h}{2\,\pi}$ gemessene gesamte Drehimpuls des Elektrons.

Die BOHRsche Darstellung der Frequenzen durch Energiedifferenzen:

$$\tilde{\nu} = \frac{1}{h}\left(W^{(1)} - W^{(2)}\right)$$

entspricht der allgemeinen Erfahrung, daß die Frequenz einer Linie jedes Spektrums, das sich überhaupt hat ordnen lassen, sich als *Differenz zweier Terme* schreiben läßt. Bei unserem einfachen Atommodell hängen die Terme von zwei ganzen Zahlen n und k ab und können also durch das Symbol n_k bezeichnet werden. Durch Anwendung des Korrespondenzprinzips fanden wir, daß nur solche Terme miteinander kombinieren dürfen, deren k sich um ± 1 unterscheidet.

Mit diesem theoretisch zu erwartenden Spektrum vergleichen wir das wirklich beobachtete. Die *empirischen Termfolgen* sind von den Spektroskopikern in *Serien* geordnet worden; der einzelne Term wird gekennzeichnet durch seine Nummer in der Termserie und durch die Angabe der Serie. Die üblichen Bezeichnungen dieser Termserien entstammen den historisch entstandenen Bezeichnungen der entsprechenden Linienserien: s (scharfe Nebenserie), p (Haupt- oder Prinzipalserie), d (diffuse Nebenserie), f (Fundamentalserie, oft auch b, BERGMANN-Serie genannt), g (gelegentlich auch f' oder f^* genannt) usw. Man hat also eine Serie von s-Termen, eine von p-, d-, f-, $\cdots$ Termen; von diesen kann jede wieder mehrfach sein, wovon wir jedoch zunächst absehen wollen[1]). Bei der spektroskopisch üblichen Numerierung der Terme in den Serien erhalten wir das folgende Termschema:

$$
\begin{array}{cccccccc}
1\,s & 2\,s & 3\,s & 4\,s & 5\,s & 6\,s & \cdots \\
 & 2\,p & 3\,p & 4\,p & 5\,p & 6\,p & \cdots \\
 & & 3\,d & 4\,d & 5\,d & 6\,d & \cdots \\
 & & & 4\,f & 5\,f & 6\,f & \cdots \\
 & & & & 5\,g & 6\,g & \cdots \,.
\end{array}
$$

In jeder dieser Serien nehmen die Terme mit wachsender „Laufzahl" gegen 0 ab.

Um zu sehen, wie sich unsere Zahlen n und k diesen Zahlen und Buchstaben zuordnen, ziehen wir folgende Erfahrung über die Kombination der Terme zu Rate. Unter normalen Umständen (d. h. wenn die Atome ungestört durch äußere Ein-

---

[1]) Die Vielfachheit der Terme läßt sich aus der Annahme des zentralsymmetrischen Kraftfeldes nicht verstehen. Man führt sie auf Richtungsquantelung der Bahn des Leuchtelektrons gegen eine Achse im Rumpf zurück (vgl. S. 177).

wirkungen in direkter Wechselwirkung mit dem Strahlungsfeld stehen) gelten folgende Regeln[1]):

1. Es kombinieren nie zwei Terme der gleichen Serie.

2. Es kombinieren nur s- mit p-Termen, p- mit s- und d-Termen, d- mit p- und f-Termen usw.

Hieraus geht deutlich hervor, daß die einzelnen Serien sich durch die Quantenzahl k unterscheiden und daß in der Reihenfolge $s, p, d, f \ldots$ die Zahl k jedesmal um 1 wächst oder abnimmt. Da s das Ende der Reihe von Kombinationen darstellt, ist zu vermuten, daß in den s-, p-, d-, f-, $\cdots$ Serien $k = 1, 2, 3, 4, \cdots$ zu setzen ist.

Wir untersuchen jetzt, was wir über die *Größe der Terme* aussagen können. Das Kraftfeld des Rumpfs eines Atoms ist in hinreichender Entfernung ein COULOMBsches Feld. Beim neutralen Atom entspricht es der „effektiven" Kernladung $Z = 1$, bei dem 1-, 2- $\cdots$ fach ionisierten Atom ist $Z = 2, 3 \cdots$, Die in großer Entfernung verlaufenden Bahnen des Leuchtelektrons sind daher nahezu wasserstoffähnlich, sie unterscheiden sich von KEPLER-Ellipsen nur dadurch, daß das Perihel eine ganz langsame Umlaufsbewegung in der Bahnebene ausführt. Nach (9), (10) und (11) des § 22 sind Halbachsen und Parameter der Ellipsen

$$a = \frac{n^2 a_H}{Z}$$

$$b = \frac{n k a_H}{Z}$$

$$q = \frac{k^2 a_H}{Z}.$$

Der Perihelabstand ist:

$$a(1 - \varepsilon) = a\left(1 - \sqrt{1 - \frac{k^2}{n^2}}\right) = \frac{a_H}{Z} n^2 \left(1 - \sqrt{1 - \frac{k^2}{n^2}}\right);$$

bei festem k liegt je nach dem Wert von n dieser Abstand zwischen q und $\frac{q}{2}$. Je größer k ist, um so mehr verläuft dem-

---

[1]) Bei den einfacher gebauten Spektren, z. B. den der Alkalien und von Cu und Ag, sind sie streng erfüllt. Auch für die übrigen Spektra gelten sie weitgehend; die Ausnahmen deuten auf eine Unzulänglichkeit unseres Modells (sie beruhen auf Quantensprüngen der Rumpfelektronen).

nach die Bahn im COULOMBschen Teil des Kraftfeldes; für
große k sind also die Terme wasserstoffähnlich. Hierdurch
wird die Numerierung der Serien durch unsere Werte von k
bestätigt, denn erfahrungsgemäß nähern sich die Terme um so
mehr denen des Wasserstoffs, je weiter wir in der Reihe s,
$p, d, f \cdots$ fortschreiten.

Aus den Termserien enthält man die *Linienserien,* indem
man einen Term festhält und den andern eine Termserie durchlaufen läßt. Die bei weitem häufigsten Serien, die auch den
Termen ihre Namen gegeben haben, sind folgende:

Hauptserie (H.-S.) . . . . $\nu = 1s - mp$
Erste (diffuse) Nebenserie (I. N.-S.) $\nu = 2p - md$
Zweite (scharfe) Nebenserie (II. N.-S.) $\nu = 2p - ms$
Fundamentalserie (F.-S.) . . . . . $\nu = 3d - mf$.

Außer diesen kommen noch folgende Kombinationen vor:

sekundäre H.-S . . $\nu = 2s - mp$
sekundäre I. N.-S. . $\nu = 3p - md$
$\nu = 3d - mp$
$\nu = 4f - md$.

Nicht nur diese Termdifferenzen haben eine physikalische
Bedeutung, sondern auch die *Terme* selbst. Dank unserer Normierung der potentiellen Energie, von der wir festgesetzt haben,
daß sie im Unendlichen verschwindet, bedeutet der Betrag $|W|$
der Energiekonstanten die Arbeit, die notwendig ist, ein Elektron aus seiner stationären Bahn ins Unendliche zu schaffen
und dort zur Ruhe (relativ gegen den Kern) zu bringen. Ist
die stationäre Bahn des Elektrons die des Normalzustandes, so
ist diese Arbeit die *Ionisierungsarbeit.*

Da nun, wie wir gesehen haben, die Energien W mit wachsendem k (wegen $k \leq n$) wie beim Wasserstoff gegen 0 konvergieren, da ferner die empirischen Terme ebenfalls gegen 0 gehen,
so stimmt die Normierung der theoretischen Energiewerte und
der empirischen Terme überein; die mit h multiplizierten *Term-*
werte sind also ein *Maß für die Ablösungsarbeiten.* Der größte vorkommende Term entspricht der Bahn des Elektrons im *Normal-*
zustand und gibt ein Maß für die Ionisierungsspannung. Dieser
Term ist gewöhnlich ein s-Term, bei einigen Elementen auch

ein p-Term; ier ist also die mit h multiplizierte Schwingungszahl der Grenze ($n = \infty$) der Hauptserie bzw. der gemeinsamen
Grenze der beiden Nebenserien. Bei sehr verwickelt gebauten
Spektren entsprechen auch d- und f-Terme dem Normalzustand.

Von unserem einfachen Atommodell, bei dem wir die unmechanische Bewegung des Leuchtelektrons durch eine mechanische ersetzen, indem wir das Kraftfeld des Rumpfes als
kugelsymmetrisch annehmen, können wir natürlich nur verlangen,
daß es von den gröbsten Eigenschaften der Linienspektren Rechenschaft gibt. In der Tat macht es uns die Serienordnung der Linien
und Terme begreiflich und die zunehmende Wasserstoffähnlichkeit der höheren Serien. Von den wichtigsten *unerklärt bleibenden Tatsachen* nennen wir zunächst noch einmal die Vielfachheit der Terme. Bei allen Alkalispektren sind die p-, d- $\cdots$
Terme doppelt, bei den Erdalkalien gibt es auch dreifache p-,
d- $\cdots$ Terme. Andere Elemente z. B. Sc, Ti, Va, Cr, Mn, Fe
zeigen noch höhere Vielfachheiten. Weiter erwähnen wir die
Tatsache, daß viele Elemente mehrere Termsysteme von dem
hier beschriebenen Bau haben, z. B. die Erdalkalien ein System
von Einfachtermen und ein zweites System mit einfachen
s-Termen und 3-fachen p-, d-, $\cdots$ Termen. Schließlich kommen
noch Ausnahmen vor von der oben erwähnten Regel für die
Änderung von k bei Quantensprüngen.

Die *Vielfachheit* läßt sich im Prinzip dadurch verstehen, daß
man Abweichungen von der Zentralsymmetrie des Rumpfes
annimmt. Wenn diese klein sind, erzeugen sie eine säkulare Präzession der Drehimpulsvektoren von Leuchtelektron und Rumpf um
die Achse des Gesamtdrehimpulses des Systems. Es entsteht Richtungsquantelung, wobei zu jeder Einstellung ein etwas verschiedener Energiewert gehört. Allerdings führt diese Überlegung zu
Multiplizitäten, die den beobachteten nicht genau entsprechen[1]).

---

[1]) Die Diskussion dieser Widersprüche zeigt, daß nicht nur die
Mangelhaftigkeit des Modells daran schuld ist, sondern tiefere quantentheoretische Schwierigkeiten vorliegen; diese hängen mit der Frage zusammen, in welcher Weise die Quantenregeln auf nicht mehrfach-periodische Systeme anzuwenden sind.

Der heutige Stand der Forschung auf dem Gebiet der Multiplizität
und der Zeemaneffekte ist dargestellt bei E. BACK und A. LANDÉ, Zeemaneffekt und Multiplettstruktur der Spektrallinien. Berlin, Julius
Springer 1924. Bd. 1 dieser Sammlung.

Die *mehrfachen Termsysteme* rühren vermutlich daher, daß der Rumpf in verschiedenen Zuständen auftreten, vor allem verschiedene Werte des Drehimpulses haben kann; endlich liefert die Annahme von Quantensprüngen der Rumpfelektronen die Möglichkeit, *Abweichungen von der k-Auswahlregel* zu erklären.

§ 25. Abschätzung der Energiewerte äußerer Bahnen bei nicht wasserstoffähnlichen Spektren.

Wir fanden, daß die Bahn des Leuchtelektrons für große k nahezu wasserstoffähnlich ist, da sie in einem angenähert COULOMBschen Kraftfeld verläuft. Für kleineres k nähert sich die Bahn dem Gebiet der Rumpfelektronen. Solange sie in dieses nicht eindringt, wird es in erster grober Näherung erlaubt sein, für eine Termberechnung die potentielle Energie des Zentralkraftfeldes nach fallenden Potenzen des Radius zu entwickeln[1]). Wir schreiben

$$(1) \qquad U(r) = -\frac{e^2 Z}{r}\left(1 + c_1\left(\frac{a}{r}\right) + c_2\left(\frac{a}{r}\right)^2 + \cdots\right),$$

wo a eine Länge bedeutet, die man bequem gleich a_H setzt. Dann lautet das radiale Wirkungsintegral nach (4) § 21:

$$J_r = \oint \sqrt{-A + 2\frac{B}{r} - \frac{C}{r^2} + \frac{D}{r^3} + \cdots}\, dr,$$

wo

$$A = -2\,m\,W,$$
$$B = m\,e^2 Z,$$
$$C = \frac{k^2 h^2}{4\,\pi^2} - 2\,m\,e^2 Z\,a_H\,c_1,$$
$$D = \qquad\quad + 2\,m\,e^2 Z\,a_H^2\,c_2$$

gesetzt ist. Wir nehmen nun zunächst das in $\dfrac{a}{r}$ quadratische Glied als klein gegen das lineare Glied an und berechnen als erste Näherung den Einfluß des Zusatzgliedes $c_1\dfrac{a}{r}$ in der potentiellen Energie auf den Termwert. Diese Rechnung läßt

---

[1]) Siehe A. SOMMERFELD: Atombau und Spektrallinien, 3. Aufl., S. 721.

sich streng für jede Größe von c_1 ausführen. Das Phasenintegral hat dieselbe Form wie in § 22 und wir erhalten durch komplexe Integration [vgl. (5) Anhang II]:

$$J_r = (n - k)\,h = 2\,\pi \left(-\sqrt{C} + \frac{B}{\sqrt{A}} \right)$$

und daraus

$$A = -\,2\,m\,W = \frac{4\,\pi^2 B^2}{[(n-k)\,h + 2\,\pi\sqrt{C}]^2}\,.$$

Ersetzen wir B und C durch ihre Werte und führen nach (2) § 23 die RYDBERG-Konstante R ein, so erhalten wir

$$(2) \qquad\qquad W = -\,\frac{R\,h\,Z^2}{(n+\delta)^2}\,,$$

worin

$$\delta = -\,k + \sqrt{k^2 - \frac{8\,\pi^2\,m\,e^2\,Z}{h^2}\,a_H c_1} = -\,k + \sqrt{k^2 - 2\,Z\,c_1}$$

ist [unter Benutzung von (8) § 23]. Ist die Abweichung vom COULOMB-Feld nur gering, so können wir dafür

$$(3) \qquad\qquad \delta = -\,\frac{Z\,c_1}{k}$$

schreiben. Der Einfluß des berücksichtigten Zusatzgliedes in der potentiellen Energie auf den Termwert läßt sich also folgendermaßen ausdrücken: Schreibt man die Energie in der Form $-\dfrac{R\,h\,Z^2}{n^{*2}}$, so weicht die „effektive Quantenzahl" n^* von der ganzen Zahl n, der sie beim Wasserstoff gleich ist um einen kleinen Betrag δ ab. Die Abweichung hängt von n nicht ab, und ihr Betrag wird um so kleiner, je größer k ist. Die Abweichung vom COULOMB-Feld, die die Rumpfelektronen bewirken, wird im wesentlichen in einer rascheren Änderung des Potentials mit r bestehen, da mit abnehmendem r die anziehende Wirkung des hochgeladenen Kernes immer weniger durch die Rumpfelektronen geschwächt wird. Vorausgesetzt, daß das erste Glied der Entwicklung maßgebend ist, bedeutet dies, daß in unserer Entwicklung (1) c_1 positiv ist. Dann ist δ negativ, so daß die Größe n^*, die effektive Quantenzahl, kleiner als n zu erwarten ist.

12*

Die *Bahnkurve* ist wie bei jeder periodischen Zentralbewegung eine *Rosette*. Es ist hier leicht, ihre Gleichung anzugeben. Dazu führen wir wieder die Koordinaten r, ψ in der Bahnebene ein. Nach (12) § 21 erhalten wir dann als Differentialgleichung der Bahn:

$$\frac{d\psi}{dr} = \frac{\dfrac{J_2}{2\pi}}{r^2 \sqrt{2\mu W + \dfrac{2\mu e^2 Z}{r} - \left(\dfrac{J_2{}^2}{4\pi^2} - 2\mu e^2 Z c_1 a_H\right)\dfrac{1}{r^2}}}$$

oder

$$(4) \qquad \frac{d\psi}{dr} = \frac{1}{\gamma} \cdot \frac{\sqrt{C}}{r^2 \sqrt{-A + \dfrac{2B}{r} - \dfrac{C}{r^2}}}.$$

Die Gleichung hat fast dieselbe Form wie bei der KEPLER-Bewegung; A und B haben dieselbe Bedeutung wie dort:

$$A = 2\mu(-W), \qquad B = \mu e^2 Z;$$

C ist etwas verändert:

$$C = \frac{J_2{}^2}{4\pi^2} - 2\mu e^2 Z a_H c_1 = \frac{J_2{}^2}{4\pi^2} - \frac{h^2 Z}{2\pi^2} c_1,$$

und γ hat die Bedeutung

$$(5) \qquad \gamma = \sqrt{1 - \frac{2h^2 Z}{J_2{}^2} c_1}.$$

Die Integration der Gleichung (4) geschieht genau wie bei der KEPLER-Bewegung, und wir erhalten (vgl. § 22)

$$r = \frac{C}{B + \sqrt{B^2 - AC} \cos\gamma(\psi - \psi_0)}.$$

Wenn wir auch hier die Abkürzungen [vgl. (6) § 22]

$$\frac{C}{B} = q,$$

$$1 - \frac{AC}{B^2} = \varepsilon^2$$

einführen, so wird

$$(6) \qquad r = \frac{q}{1 + \varepsilon \cos\gamma(\psi - \psi_0)}.$$

Die Bahngleichung unterscheidet sich von der Gleichung einer Ellipse mit dem Parameter q und der Exzentrizität ε durch den Faktor γ. Während r eine Libration ausführt, wächst die wahre Anomalie ψ um $\dfrac{2\,\pi}{\gamma}$. Die Bahnkurve nähert sich um so mehr einer Ellipse, je kleiner der Koeffizient c_1 des Zusatzgliedes im Potential ist, und geht für $c_1 = 0$ in eine Ellipse über. Für kleine c_1 können wir die Bahnkurve auffassen als eine Ellipse, deren Perihel sich langsam mit der Winkelgeschwindigkeit

$$\omega_1\left(\frac{1}{\gamma} - 1\right) = \omega_1 \frac{h^2 Z}{J_2^{\,2}} c_1 + \cdots = \omega_1 \cdot \frac{c_1 Z}{k^2} + \cdots$$

herumdreht; dabei ist ω_1 die mittlere Bewegung des Punktes auf der Ellipse.

Wir berücksichtigen jetzt das Glied $c_2\left(\dfrac{a}{r}\right)^2$ in (1), aber nur für den Fall, daß es von geringem Einfluß ist. Durch komplexe Integration [vgl. (10) Anhang II] erhalten wir dann:

$$J_r = (n - k)h = 2\,\pi\left(-\sqrt{C} + \frac{B}{\sqrt{A}} + \frac{BD}{2\,C\sqrt{C}}\right)$$

und daraus

$$A = -2\,m\dot{W} = \frac{4\,\pi^2 B^2}{\left[(n-k)h + 2\,\pi\sqrt{C} - \pi\,\dfrac{BD}{C\sqrt{C}}\right]^2}$$

und

$$(2) \qquad W = -\frac{R h Z^2}{n^{*\,2}} = -\frac{R h Z^2}{(n + \delta)^2},$$

worin diesmal

$$(7) \qquad \delta = -k + \sqrt{k^2 - 2\,Z\,c_1} - \frac{Z^2 c_2}{\sqrt{k^2 - 2\,Z\,c_1}^{\,3}}$$

$$= -\frac{Z c_1}{k} - \frac{Z^2 c_1^{\,2}}{2\,k^3} - \frac{Z^2 c_2}{k^3} + \cdots.$$

ist.

Die Berücksichtigung des nun folgenden Gliedes $c_3\left(\dfrac{a}{r}\right)^3$ ließe sich in ähnlicher Weise ausführen und würde eine Abhängigkeit der Größe δ von n ergeben in der Form

$$\delta = \delta_1 + \frac{\delta_2}{n^2}.$$

Wir wollen die Berechnung jedoch nicht in dieser Weise ausführen, sondern den Einfluß der Zusatzglieder in der potentiellen Energie mit Hilfe der Theorie der *säkularen Störungen* (§ 18) noch einmal berechnen. Das Ergebnis wird nur insofern weniger allgemein sein, als wir auch c_1 als klein voraussetzen müssen. Wir schreiben

$$H = H_0 + H_1,$$

wo H_0 die HAMILTONsche Funktion der KEPLER-Bewegung, mithin

$$H_0 = W_0 = - \frac{R h Z^2}{n^2}$$

ist und wo wir

$$H_1 = - \frac{e^2 Z}{r} \left[c_1 \left(\frac{a_H}{r} \right) + c_2 \left(\frac{a_H}{r} \right)^2 + \cdots \right]$$

als Störungsfunktion ansehen. Das ungestörte Problem ist doppelt entartet. Die Störung macht es zu einem einfach entarteten; die säkulare Bewegung der jetzt nicht mehr entarteten Winkelvariabeln und den Einfluß der Störung auf die Energie erhalten wir durch Mittelung von H_1 über die ungestörte Bewegung. Wir bekommen so

$$W_1 = - e^2 Z \left[c_1 \, a_H \, \overline{\frac{1}{r^2}} + c_2 \, a_H^2 \, \overline{\frac{1}{r^3}} + c_3 \, a_H^3 \, \overline{\frac{1}{r^4}} + c_4 \, a_H^4 \, \overline{\frac{1}{r^5}} + \cdots \right].$$

Die Mittelwerte sind nach (19) § 22:

$$\overline{\frac{1}{r^2}} = \frac{1}{ab} = \frac{Z^2}{a_H^2 \, n^3 \, k},$$

$$\overline{\frac{1}{r^3}} = \frac{1}{b^3} = \frac{Z^3}{a_H^3 \, n^3 \, k^3},$$

$$\overline{\frac{1}{r^4}} = \frac{a \left(1 + \frac{\varepsilon^2}{2} \right)}{b^5} = \frac{\left(3 - \frac{k^2}{n^2} \right) Z^4}{2 \, a_H^4 \, n^3 \, k^5},$$

$$\overline{\frac{1}{r^5}} = \frac{a^2 \left(1 + \frac{3}{2} \varepsilon^2 \right)}{b^7} = \frac{\left(5 - 3 \frac{k^2}{n^2} \right) Z^5}{2 \, a_H^5 \, n^3 \, k^7}.$$

Unter Einführung der RYDBERG-Konstanten

$$R = \frac{e^2}{2\,a_H\,h}$$

wird also

$$(8) \quad W = -\frac{R\,h\,Z^2}{n^2}\left[1 + \frac{2\,Z\,c_1}{n\,k} + \frac{2\,Z^2\,c_2}{n\,k^3} + \frac{Z^3\left(3 - \dfrac{k^2}{n^2}\right)c_3}{n\,k^5}\right.$$

$$\left. + \frac{Z^4\left(5 - 3\,\dfrac{k^2}{n^2}\right)c_4}{n\,k^7} + \cdots\right.$$

Schreiben wir W in der Form

$$(9) \quad W = -\frac{R\,h\,Z^2}{n^{*2}},$$

so wird, wenn wir Produkte der c_i vernachlässigen:

$$(10) \quad n^* = n + \delta = n - \frac{Z\,c_1}{k} - \frac{Z^2\,c_2}{k^3} + Z^3\,c_3\left(-\frac{3}{2\,k^5} + \frac{1}{2\,k^3\,n^2}\right)$$

$$+ Z^4\,c_4\left(-\frac{5}{2\,k^7} + \frac{3}{2\,k^5\,n^2}\right) + \cdots$$

oder

$$(11) \quad n^* = n + \delta_1 + \frac{\delta_2}{n^2} + \cdots,$$

wo

$$\delta_1 = -\frac{Z\,c_1}{k} - \frac{Z^2\,c_2}{k^3} - \frac{3\,Z^3\,c_3}{2\,k^5} - \frac{5\,Z^4\,c_4}{2\,k^7} - \cdots,$$

$$\delta_2 = \frac{Z^3\,c_3}{2\,k^3} + \frac{3\,Z^4\,c_4}{2\,k^5} + \cdots$$

ist.

Diese theoretischen Formeln wollen wir jetzt mit der Erfahrung vergleichen. Die aus den Beobachtungen entnommenen Terme nicht wasserstoffähnlicher Spektren lassen sich in der Tat in der Form

$$\frac{R\,Z^2}{(n+\delta)^2}$$

schreiben, wo δ im allgemeinen sehr wenig von n abhängt.

Rydberg[1]) hat diese Form (mit von n unabhängigem δ) zuerst angegeben und an den Messungen zahlreicher Spektren weitgehend bestätigt. Wir wollen daher die Größe δ als Rydberg-*Korrektion* bezeichnen. Die noch vorhandenen Abweichungen hat dann Ritz[2]) dargestellt, indem er für den Unterschied der Größe n^* von der ganzen Zahl eine Reihenentwicklung

$$(12) \qquad \delta = \delta_1 + \delta_2 \frac{1}{n^2} + \cdots$$

schrieb. Ritz benutzt auch die implizite Form

$$(13) \qquad \nu = \frac{R Z^2}{(n + \delta_1 + \bar\delta_2 \nu)^2}.$$

§ 26. Die Rydberg-Ritzsche Formel.

Die Rydberg-Ritzsche Formel hat sich empirisch nicht nur für die Terme äußerer Bahnen bewährt, sondern auch für solche, die in den Rumpf eindringen und die wir „*Tauchbahnen*" nennen wollen. In der Tat läßt sie sich für sehr allgemeine Fälle theoretisch herleiten.

Wir zeigen zunächst, daß bei einem beliebigen *Zentralfeld* die Formel

$$(1) \qquad \nu = \frac{R Z^2}{(n + \delta_1 + \bar\delta_2 \nu)^2}$$

einer vernünftigen Reihenentwicklung entspricht[3]).

Der Zusammenhang zwischen den Quantenzahlen und dem Term wird durch die Gleichung [vgl. (4) § 21]

$$(n - k)h = \oint \sqrt{- 2 m [h\nu + U(r)] - \frac{h^2 k^2}{4 \pi^2 r^2}}\, dr$$

wiedergegeben. Wir vergleichen dies mit dem Ausdruck

---

[1]) J. R. Rydberg, K. Svenska Akad. Handl. Bd. 23. 1889; eine der Rydbergschen Formel gleichwertige Entwicklung nach $\frac{1}{n^2}$ haben unabhängig davon H. Kayser und C. Runge angegeben (Berlin. Akad. 1889 bis 1892).

[2]) W. Ritz: Ann. d. Physik Bd. 12, S. 264. 1903; Physikal. Zeitschr. Bd. 9, S. 521. 1908; s. auch Ges. Werke, Paris 1911.

[3]) G. Wentzel: Zeitschr. f. Physik Bd. 19, S. 53. 1923.

$$(n^* - k)\,h = \oint \sqrt{-2\,m\left[h\,\nu + \frac{e^2 Z}{r}\right] - \frac{h^2 k^2}{4\,\pi^2 r^2}}\;dr,$$

der bei gleichem ν zu einem COULOMBschen Kraftfeld gehört. Für diesen ist natürlich n^* keine ganze Zahl, sondern hat den durch

$$\nu = \frac{R Z^2}{n^{*2}}$$

definierten Wert. Die Differenz der beiden Integrale ist eine Funktion von ν und k allein. Denken wir uns sie nach ν entwickelt und gleich

$$- h\left[\delta_1(k) + \bar{\delta}_2(k)\,\nu + \cdots\right]$$

gesetzt, so erhalten wir

$$n^* - n = \delta_1 + \bar{\delta}_2\,\nu + \cdots$$

und

$$\nu = \frac{R Z^2}{(n + \delta_1 + \bar{\delta}_2\,\nu + \cdots)^2}.$$

Da für größere Werte von n der Term ν rasch gegen 0 geht, können wir aus dieser Überlegung schließen, daß die Korrektion $\delta_1 + \bar{\delta}_2\,\nu$ mit wachsendem n rasch gegen einen festen Grenzwert konvergiert.

Viel tiefer dringt folgende, von BOHR[1]) stammende Schlußweise zur Begründung der RYDBERG-RITZschen Formel.

Der eigentliche Sinn der Einführung des Zentralfeldes war der, daß durch ein einfaches mechanisches Modell die in Wirklichkeit sicherlich unmechanische, quantenhafte Wechselwirkung zwischen Rumpf und Leuchtelektron beschrieben werden sollte, bei der kein Austausch von Energie zwischen Rumpf und Elektron stattfindet. Nun genügt diese Annahme von der *Konstanz der Energie* des Leuchtelektrons *allein*, um ohne besondere Annahmen über das Kraftfeld zu der Serienformel zu gelangen; diese Ableitung gilt also nicht nur für beliebige Atome, sondern sogar für Molekeln. Zwar senden diese nicht Linien- sondern Bandenspektren aus; doch werden auch diese in der Hauptsache durch Sprünge eines Leuchtelektrons erzeugt, denen sich die

---

[1]) Wir verdanken die Kenntnis dieser Überlegungen einer freundlichen Mitteilung von Herrn N. BOHR.

Quantenübergänge der Rotationen und Kernschwingungen über-
lagern.

Ferner ist diese Ableitung ganz unabhängig davon, ob ein
Impulsaustausch zwischen Rumpf und Elektron stattfindet oder
nicht, d. h. ob eine azimutale Quantenzahl k in Analogie zur
Zentralbewegung definiert werden kann oder nicht.

Die einzige Annahme, die wir machen, ist die, daß der
Rumpf (der bei einem Atom einen Kern, bei einer Molekel
deren mehrere enthält) klein ist gegen die Dimensionen der
Bahn des Leuchtelektrons. Dann wird das Feld im größten
Teil der Bahn außerhalb des Rumpfes einem COULOMBschen
Felde sehr ähnlich sein; der Aphelabstand vom Mittelpunkt des
Rumpfes wird nur durch die potentielle Energie im Aphel be-
stimmt, ist also für alle Schlingen der Bahn gleich, unabhängig
davon, ob diese Schlingen einander ähnlich sind (wie beim
Zentralfeld) oder nicht. Demnach kann man eine effektive
Quantenzahl n^* so definieren, daß der im COULOMBschen Feld
gültige Zusammenhang zwischen n^* und Aphelabstand bzw.
Energie besteht:

$$(2) \qquad W = -\,\frac{R\,h\,Z^2}{n^{*\,2}}.$$

Wir nehmen wegen der Periodizität der Elektronenbewegung
an, daß für sie eine Hauptquantenzahl n existiert; dann ist
W eine Funktion von $J = h\,n$, und es gilt für die Frequenz
der Bewegung von Aphel zu Aphel

$$(3) \qquad \nu = \frac{\partial W}{\partial J} = \frac{1}{h}\,\frac{\partial W}{\partial n}.$$

Die Annahme, daß der Rumpf klein ist, hat nun zur Folge,
daß der Teil der Bahn, der im Rumpfe verläuft, in sehr kurzer
Zeit durchlaufen wird, verglichen mit der Laufzeit der äußeren
Bahnschlinge. Es wird daher die Frequenz der Ersatzellipse

$$\nu^* = \frac{1}{h}\,\frac{\partial W}{\partial n^*} = \frac{2\,R\,Z^2}{n^{*\,3}}$$

nahezu mit der Frequenz ν übereinstimmen. Der Unterschied
der Umlaufszeiten $\dfrac{1}{\nu}$ der wahren Bahn und $\dfrac{1}{\nu^*}$ der Ersatzellipse wird nahezu unabhängig von der äußeren Bahnschlinge,
also von n^* sein; wir setzen ihn gleich b, so daß

$$(4) \qquad \frac{1}{\nu} = \frac{1}{\nu^*} + b = \frac{n^{*3}}{2\,R\,Z^2} + b$$

wird. Die Gleichungen (2), (3) und (4) liefern:

$$\nu = \frac{1}{\dfrac{n^{*3}}{2\,R\,Z^2}\left(1 + \dfrac{2\,b\,R\,Z^2}{n^{*3}}\right)} = \frac{1}{h}\,\frac{\partial}{\partial n}\left(\frac{-\,R\,h\,Z^2}{n^{*2}}\right) = \frac{2\,R\,Z^2}{n^{*3}}\,\frac{dn^*}{dn}.$$

Wir bekommen also folgende Differentialgleichung zwischen n und n^*:

$$\frac{dn}{dn^*} = 1 + \frac{2\,b\,R\,Z^2}{n^{*3}}\,;$$

sie hat die Lösung

$$n = n^* - \delta_1 - \frac{\bar{\bar{\delta}}_2}{n^{*2}}\,,$$

wo δ_1 eine Integrationskonstante und

$$\bar{\bar{\delta}}_2 = b\,R\,Z^2$$

ist. Drückt man in dem Korrektionsglied $\dfrac{1}{n^{*2}}$ durch ν aus, so erhält man wieder die Ritzsche Formel (1).

Um uns einen Überblick über die Gültigkeit dieser Formel zu verschaffen, geben wir die Terme *zweier typischer Spektren*, des Na und Al, an, und zwar durch ihre effektiven Quantenzahlen n^*:

Na										
s	1,63		2,64			3,65			4,65	
p		2,12			3,13			4,14		
d				2,99			3,99			4,99
f							4,00			5,00

Al																		
s		2,19		3,22				4,23				5,23						
p	1,51		2,67			3,70			4,71				5,72			6,23		
d			2,63		3,42			4,26			5,16				6,11		7,08	8,07
f							3,97			4,96				5,96				

Die Betrachtung des Na-Spektrums und der *s*-, *p*- und *f*-Serie des Al-Spektrums zeigen das Verhalten, das wir bei fast allen Serien von Termen finden: sehr geringe Abhängigkeit der RYDBERG-Korrektion $n^* - n$ von der Laufzahl. Die d-Serie des Aluminium und einige wenige andere bekannte Serien machen eine Ausnahme, indem der Grenzwert der Korrektion erst bei verhältnismäßig hoher Laufzahl erreicht wird.

Die δ-Werte können wir, da wir die Quantenzahl n vorläufig nicht kennen, nur bis auf eine ganze Zahl bestimmen. Wählen wir sie hier so, daß die Beträge von δ mit zunehmendem k abnehmen und dabei möglichst klein sind, so erhalten wir als Grenzwerte für große n:

	s	p	d	f
Na	$-1{,}35$	$-0{,}86$	$-0{,}01$	$0{,}00$
Al	$-1{,}77$	$-1{,}28$	$-0{,}93$	$-0{,}04$

An diesen Beispielen und an allen übrigen in Serien geordneten Spektren sieht man, daß $|\delta|$ bei Annäherung der Bahn an den Kern viel stärker zunimmt als $\dfrac{1}{k}$ oder $\dfrac{1}{k^3}$ oder $\dfrac{1}{k^5}$, wie es der Gleichung (10) § 25 entspräche. Überdies zeigen uns die großen Werte von δ, daß wir sie nicht mehr als kleine Korrektionen von n betrachten können.

Die *großen Abweichungen der Termwerte* von den Wasserstofftermen erklären sich daraus, daß die Bahnen des Leuchtelektrons auch in den angeregten Zuständen keineswegs immer außerhalb des Rumpfes verlaufen. Eine solche eindringende Bahn, „*Tauchbahn*", steht in ihren innersten Teilen viel stärker unter dem Einfluß des Kernes; sie verläuft also in einem Kraftfeld, das einem COULOMBschen mit höherer Kernladung ähnlich ist. Einem solchen Verhalten wird der Ansatz (1) § 25 der potentiellen Energie nicht gerecht.

Da beim Na zwischen den d- und den p-Termen eine auffallende Unregelmäßigkeit im Verlaufe der δ-Werte auftritt, liegt die Annahme nahe, daß die d-Bahnen außerhalb des Rumpfes verlaufen und daß die s- und die p-Bahnen in den Rumpf eindringen.

§ 27. Die Rydberg-Korrektionen der äußeren Bahnen und die Polarisierbarkeit des Atomrumpfes.

Wir wollen jetzt die physikalischen Einflüsse näher betrachten, die eine Abweichung des Kraftfeldes außerhalb des Rumpfes vom COULOMBschen Feld hervorrufen[1]). Zunächst können wir ungefähr feststellen, welche Potenz von $\dfrac{a}{r}$ im Potential besonders wesentlich ist. Wir schreiben die Bahnenergie in der Form

$$W = -\frac{R\,h\,Z^2}{\left(n + \delta_1 + \dfrac{\delta_2}{n^2}\right)^2}\,.$$

Ein Zusatzglied $-\dfrac{e^2\,Z}{r}\cdot c_1\,\dfrac{a_H}{r}$ in der potentiellen Energie liefert nach (10) § 25 eine „RYDBERG-Korrektion"

$$\delta_1 = -\frac{Z\,c_1}{k}$$

und eine „RITZ-Korrektion"

$$\delta_2 = 0\,.$$

Ein Zusatzglied $-\dfrac{e^2\,Z}{r}\cdot c_2\,\dfrac{a_H^2}{r^2}$ liefert

$$\delta_1 = -\frac{Z^2\,c_2}{k^3}\,,\qquad \delta_2 = 0\,;$$

ein Zusatzglied $-\dfrac{e^2\,Z}{r}\cdot c_3\,\dfrac{a_H^3}{r^3}$ liefert

$$\delta_1 = -\frac{3}{2}\frac{Z^3\,c_3}{k^5}\,,\qquad \delta_2 = \frac{Z^3\,c_3}{2\,k^3}\,,\qquad \frac{\delta_2}{\delta_1} = -\frac{k^2}{3}$$

und ein Zusatzglied $-\dfrac{e^2\,Z}{r}\cdot c_4\,\dfrac{a_H^4}{r^4}$ liefert

$$\delta_1 = -\frac{5}{2}\frac{Z^4\,c_4}{k^7}\,,\qquad \delta_2 = \frac{3\,Z^4\,c_4}{2\,k^5}\,,\qquad \frac{\delta_2}{\delta_1} = -\frac{3}{5}\,k^2\,.$$

---

[1]) M. BORN u. W. HEISENBERG: Zeitschr. f. Physik. Bd. 23, S. 388. 1924; dieser Arbeit sind auch die Zahlenwerte der folgenden Tabellen entnommen.

Die folgende Tabelle gibt nun die aus den Spektren bestimmten Werte der RYDBERG- und RITZ-Korrektion, sowie ihr Verhältnis für die besonders einfach gebauten Spektren der Alkalimetalle wieder.

		Li	Na	K	Rb	Cs
p	$-\delta_1$	0,049				
	δ_2	0,031	T	T	T	T
	$-\delta_2/\delta_1$	0,63				
d	$-\delta_1$	—	0,015	0,25	0,35	
	δ_2	—	0,036	0,80	0,99	T
	$-\delta_2/\delta_1$	—	2,4	3,2	2,8	
f	$-\delta_1$	—	0,0020	0,009	0,36	0,032
	δ_2	—	0,0064	0,035	0,35	0,16
	$-\delta_2/\delta_1$	—	3,2	3,9	9,8	5,0

Das Zeichen T in der Tabelle bedeutet, daß die RYDBERG-Korrektion schon so groß ist, daß eine Entwicklung des Potentials nach Potenzen von $\dfrac{1}{r}$ nicht mehr zulässig erscheint.

Der große Wert von $-\dfrac{\delta_2}{\delta_1}$ zeigt, daß die höheren Potenzen von $\dfrac{1}{r}$ im Potential merklich vorhanden sind. Für die Glieder mit $\dfrac{c_3}{r^4}$ und $\dfrac{c_4}{r^5}$ erhalten wir theoretisch die Werte

	k	$-\delta_2/\delta_1$	
		für $\dfrac{c_3}{r^4}$	für $\dfrac{c_4}{r^5}$
p	2	1,33	2,4
d	3	3,0	5,4
f	4	5,33	9,6

Danach sieht es so aus, als sei das *Gied mit* $\dfrac{c_3}{r^4}$ *das wesentliche Zusatzglied.*

Nun ist in der Tat ein solches Zusatzglied in der potentiellen Energie theoretisch verständlich. Wenn man nämlich den Rumpf des Atoms nicht als absolut starr, sondern als *deformierbar* ansieht, so erhält er in dem Felde des Leuchtelektrons ein elektrisches Moment. Ist das Elektron hinreichend weit vom Rumpf entfernt, so kann man das von ihm erregte Feld $|\mathfrak{E}| = \dfrac{e}{r^2}$ im Bereich des Rumpfes als homogen betrachten. Diesem Feld ist das induzierte Moment des Rumpfes proportional: $p = \dfrac{\alpha\,e}{r^2}$. Ein solches Dipolmoment hat in seiner Umgebung ein elektrisches Feld; stellt man sich vor, daß es durch Zusammenrücken zweier Ladungen $\dfrac{p}{l}$ im Abstand l entstanden ist, so sieht man, daß in der Richtung seiner Verlängerung die Kraft

$$\lim_{l \to 0} \frac{p\,e}{l} \left[\frac{1}{r^2} - \frac{1}{(r+l)^2} \right] = p\,e\,\frac{d}{dr}\left(-\frac{1}{r^2} \right) = \frac{2\,p\,e}{r^3} = \frac{2\,\alpha\,e^2}{r^5}$$

auf das Leuchtelektron ausgeübt wird. Ihr Potential ist $-\dfrac{\alpha\,e^2}{2\,r^4}$. Vernachlässigt man die übrigen Abweichungen vom COULOMB schen Feld, so hat man

$$U(r) = -\frac{e^2\,Z}{r}\left(1 + \frac{\alpha}{2\,Z\,a_H^3}\,\frac{a_H^3}{r^3} \right)$$

und

$$\delta_1 = -\frac{3}{4}\,\frac{Z^2\,\alpha}{a_H^3\,k^5}, \qquad \delta_2 = \frac{Z^2\,\alpha}{4\,a_H^3\,k^3}.$$

Man kann nun unsere Annahme, daß die Abweichungen des Kraftfeldes vom COULOMB-Feld im wesentlichen durch das induzierte Dipolmoment des Rumpfes bedingt sind, dadurch prüfen, daß man aus den empirischen Werten von δ_1 und δ_2 die „Polarisierbarkeit" α ausrechnet. Von den Rümpfen der Alkalien Li, Na, K, Rb, Cs muß man nämlich annehmen, daß sie ähnlich gebaut sind wie die (die gleiche Zahl Elektronen enthaltenden) neutralen *Edelgasatome* He, Ne, A, Kr, X (näheres siehe § 29). Die α-Werte dieser Atome lassen sich aus der Dielektrizitätskonstante bestimmen, zwischen ihnen und den α-Werten der Alkalirümpfe muß ein einfacher Zusammenhang bestehen.

Aus den empirischen δ_1-Werten der Alkalien folgt

	Li$^+$	Na$^+$	K$^+$	Rb$^+$	Cs$^+$
$\alpha \cdot 10^{24} =$	0,314	0,405	1,68	—	6,48

Dabei sind die f-Terme benuzt mit Ausnahme des Li, dessen p-Term zur Rechnung diente; Rb wurde weggelassen wegen seiner etwas herausfallenden RYDBERG- und RITZ-Korrektion. Die Polarisierbarkeit α der Edelgase hängt nun mit der Dielektrizitätskonstante ε oder mit dem Brechungsindex n für unendlich lange Wellen durch die LORENTZ-LORENZsche Formel

$$\alpha = \frac{3}{4\pi N} \frac{\varepsilon - 1}{\varepsilon + 2} = \frac{3}{4\pi N} \frac{n^2 - 1}{n^2 + 2}$$

zusammen, wo N die Anzahl der Atome in der Volumeneinheit ist. Extrapoliert man die optisch gemessenen Brechungsindizes auf unendlich lange Wellen, so findet man

	He	Ne	A	Kr	X
$\alpha \cdot 10^{24} =$	0,20	0,39	1,63	2,46	4,00

Die α-Werte der Alkaliionen müssen etwas kleiner sein, da das Volumen der Ionen wegen der höheren Kernladung kleiner ist als das der voraufgehenden Edelgasatome.

Wir finden also, daß zwar die aus dem Spektrum berechneten α-Werte die richtige Größenordnung haben, daß sie aber durchweg etwas zu groß sind. Man könnte daran denken, die Verschiedenheit so zu erklären, daß neben dem induzierten Moment noch eine andere Abweichung vom COULOMB-Feld wirksam ist, die auch einem Zusatzglied von der ungefähren Form $\frac{c_3}{r^4}$ entspricht. Wir können an dieser Stelle die Zulässigkeit einer solchen Annahme noch nicht prüfen. Es sei aber erwähnt, daß unsere Kenntnis vom Bau der edelgasähnlichen Ionen eine solche Möglichkeit kaum zuläßt.

Hält man an der hier gegebenen Erklärung der RYDBERG-Korrektion durch die Polarisierbarkeit des Atomrumpfes fest, so bleibt ein Widerspruch bestehen, der sich vom Standpunkt unserer Quantenregeln nicht beheben läßt. Wir haben aber bereits oben darauf hingewiesen, daß die Erklärung der feineren Einzelheiten der Spektren (der Multipletts und der damit eng verknüpften anomalen ZEEMAN-Effekte, vgl. § 24 Ende) überhaupt nicht im Rahmen einer Quantentheorie mehrfach periodischer Systeme möglich zu sein scheint. Man ist bei der Theorie dieser Erscheinungen auf den formalen Ausweg geführt worden, die *Quantenzahl k „halbzahlig"* zu rechnen, d. h. ihr die Werte $\frac{1}{2}, \frac{3}{2}, \frac{5}{2}, \dots$ zu geben. Es ist zu erwarten, daß bei der weiteren Entwicklung der Theorie die eigentlichen Quantengrößen wie bisher ganzzahlig bleiben werden und daß die in unserer Näherungstheorie vorkommende Größe k nicht selbst eine solche Quantengröße ist, sondern sich indirekt aus ihnen aufbaut. Wir wollen im vorliegenden Band auf diese Fragen nicht eingehen, sondern nur untersuchen, was für die α-Werte herauskommt, wenn wir in unseren Formeln k halbzahlig wählen. Wir erhalten dann aus den spektroskopischen Werten von δ_1 folgende α-Werte:

	Li$^+$	Na$^+$	K$^+$	Rb$^+$	Cs$^+$
$\alpha \cdot 10^{24} =$	0,075	0,21	0,87	—	3,36

Diese Zahlen schließen sich den α-Werten der Edelgase im richtigen Sinne an. Man kann diesen Zusammenhang noch weiter verfolgen, indem man die α-Werte anderer (mehrwertiger) edelgasähnlicher Ionen betrachtet, die sich teils aus den RYDBERG-Korrektionen von Spektren der ionisierten Elemente (Funkenspektren), teils aus den Brechungsindizes fester Salze (Ionengitter) bestimmen lassen. Man bekommt dadurch weitere Stützen der Auffassung, daß die RYDBERG-Korrektion der Terme äußerer Bahnen bei den betrachteten Spektren auf der Polarisierbarkeit des Atomrumpfes beruht und daß die Quantenzahl k halbzahlig zu nehmen ist.

Die in diesem Bande durchgeführten Überlegungen sind übrigens von der Entscheidung für ganz- oder halbzahlige k im wesentlichen unabhängig.

§ 28. Die Tauchbahnen.

Die großen Werte der RYDBERG-Korrektionen haben wir im § 26 so gedeutet, daß das Leuchtelektron tief in den Atomrumpf eindringt und so in Gebiete erhöhter Wirkung des Kernes kommt.

Eine *Abschätzung* der Größenordnungen, die wir für die δ-Werte bei solchen „Tauchbahnen" zu erwarten haben, gibt ein Verfahren von E. SCHRÖDINGER[1]). Er denkt sich den Atomrumpf ersetzt durch eine gleichmäßig mit negativer Ladung bedeckte Kugelschale, in deren Äußerem dann ein COULOMBsches Feld herrscht, das der Kernladung $Z^{(a)}$ (1 beim neutralen, 2 beim einfach ionisierten Atom) entspricht, und in deren Innerem auch ein COULOMBsches Feld, aber mit höherer Kernladung $Z^{(i)}$ besteht. Sobald der Perihelabstand einer als Ellipse im Kraftfeld mit der Kernladung $Z^{(a)}$ berechneten Quantenbahn kleiner ist als der Radius jener Kugelschale, dringt die Bahn in das Innere ein; sie besteht dann aus zwei

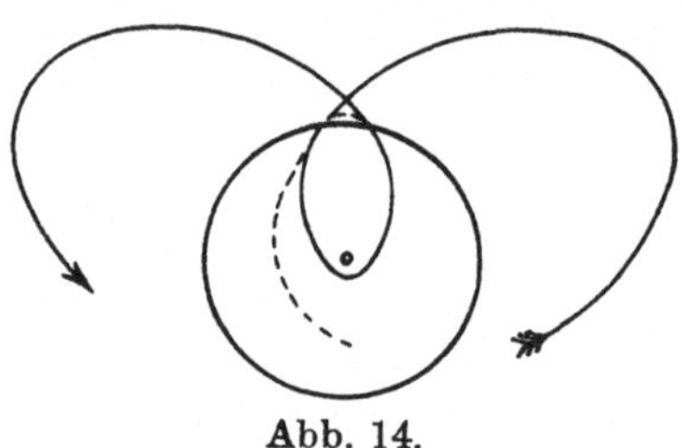

Abb. 14.

Ellipsenbogen, die sich auf der Kugelschale ohne Knick aneinanderschließen (Abb. 14). Bei gegebenen Quantenzahlen n und k, Schalenradius und Ladungen von Schale und Kern läßt sich dann die effektive Quantenzahl n^* oder die Korrektion δ berechnen.

Wir wollen die SCHRÖDINGERschen Rechnungen hier nicht wiedergeben, sondern nur zeigen, daß man bei einem solchen Atommodell, das sogar aus mehreren konzentrischen Schalen mit Flächenladung bestehen darf, den Zusammenhang zwischen Quantenzahlen und Energie durch elementare Funktionen darstellen kann[2]). Die Schalenradien seien $\varrho_1, \varrho_2, \ldots$, nach abnehmender Größe geordnet, ihre Ladungen $- z_1 e, - z_2 e, \ldots$. Die potentielle Energie im Zwischenraum der Schalen ϱ_s und ϱ_{s+1} ist

$$U_s(r) = - Z_s \frac{e^2}{r} + c_s,$$

---

[1]) E. SCHRÖDINGER: Zeitschr. f. Physik. Bd. 4, S. 347. 1921.
[2]) Vgl. auch G. WENTZEL: Zeitschr. f. Physik. Bd. 19, S. 53. 1923, bes. S. 55.

wo

$$Z_0 = Z^{(a)}$$

$$Z_s = Z^{(a)} + \sum_{\sigma=1}^{s} z_\sigma$$

ist und c_s dnrch die Bedingung bestimmt wird, daß sich das Potential an den Schalen stetig ändert. Aus ihr folgt

$$c_s = \sum_{\sigma=1}^{s} \frac{e^2}{\varrho_\sigma} z_\sigma.$$

Da wir jetzt die potentielle Energie als Funktion von r kennen, können wir den Perihelabstand r_{min} berechnen und angeben, innerhalb welcher Schalen $\varrho_1, \varrho_2, \ldots, \varrho_p$ er liegt. Das radiale Wirkungsintegral hat nach (4) § 21 dann die Form

$$J_r = 2 \int_{\varrho_1}^{r_{max}} \sqrt{-A_0 + 2\frac{B_0}{r} - \frac{C}{r^2}}\, dr$$

$$+ 2 \int_{\varrho_2}^{\varrho_1} \sqrt{-A_1 + 2\frac{B_1}{r} - \frac{C}{r^2}}\, dr + 2 \int_{\varrho_3}^{\varrho_2} \sqrt{-A_2 + 2\frac{B_2}{r} - \frac{C}{r^2}}\, dr$$

$$+ \cdots + \int_{r_{min}}^{\varrho_p} \sqrt{-A_p + 2\frac{B_p}{r} - \frac{C}{r^2}}\, dr,$$

wo

$$A_s = -2m(W - c_s)$$
$$B_s = me^2 Z_s$$
$$C = \frac{k^2 h^2}{4\pi^2}$$

ist. Alle Integrale lassen sich durch elementare Funktionen ausdrücken; wir erhalten so J_r und damit $n - k$ als Funktion von W und k, schließlich also W als Funktion von n und k.

Die SCHRÖDINGERsche Vorstellung von der geladenen Schale wollen wir nach VAN URK[1]) dazu benutzen, um die δ-Werte von Tauchbahnen abzuschätzen. Man kann zunächst sehen, daß bei gegebener äußerer Ellipse das radiale Wirkungsintegral um so größer ist, je größeren Radius die Kugelschale hat;

---

[1]) A. Th. VAN URK: Zeitschr. f. Physik. Bd. 13, S. 268. 1923.

denn um so längere Zeit steht das Elektron unter der Einwirkung der vollen Kernladung. Man bekommt also beim Schrödingerschen Modell, wenn man annimmt, daß eine Bahn überhaupt Tauchbahn ist, eine untere Grenze für den Betrag von δ, wenn man den Radius der Schale gerade so wählt, daß sie die äußere Ellipse berührt. Wollen wir den Wert erhalten, dem sich δ für große n nähert (die Abhängigkeit von n ist beim Schrödingerschen Modell äußerst gering), so können wir als Perihelabstand der äußeren Ellipse nahezu den der Parabel annehmen, bei der s-Bahn also $\dfrac{1}{2\,Z^{(a)}}\,a_H$; allgemein wollen wir $\dfrac{\zeta}{Z^{(a)}}\,a_H$ schreiben. Da wir den Radius der Schale ebenso groß wählen, wird die gesamte Bahn des Leuchtelektrons mit großer Näherung durch die zwei vollständigen Ellipsen wiedergegeben. Für das radiale Wirkungsintegral erhält man

$$J_r = J_r^{(a)} + J_r^{(i)}.$$

Nun ist der spektroskopische Term die Ablösungsarbeit des äußeren Elektrons und damit gleich der Energie der äußeren Ellipse

$$W = -\frac{R\,h^3\,Z^{(a)2}}{(J_r^{(a)} + J_\psi)^2},$$

wo J_ψ das $2\,\pi$-fache des für beide Ellipsen gemeinsamen Drehimpulses ist. Vergleichen wir dies mit der Form

$$W = -\frac{R\,h\,Z^{(a)2}}{n^{*\,2}}$$

der Energie, so folgt für die effektive Quantenzahl

$$n^* = \frac{1}{h}\,(J_r^{(a)} + J_\psi) = \frac{1}{h}\,(J_r - J_r^{(i)} + J_\psi).$$

Nun ist aber

$$J_r + J_\psi = n\,h,$$

also

$$(1) \qquad \delta = n^* - n = -\frac{J_r^{(i)}}{h} = -\left(\frac{J^{(i)}}{h} - k\right),$$

wo $J^{(i)}$ die Summe der Wirkungsintegrale für die innere Ellipse ist. $J^{(i)}$ bestimmt sich durch die große Halbachse a der inneren Ellipse:

$$a = \frac{a_H}{Z^{(i)}}\left(\frac{J^{(i)}}{h}\right)^2;$$

a hängt wieder mit dem Radius der Schale zusammen:

$$a\,(1 + \varepsilon) = \frac{\zeta}{Z^{(a)}}\, a_H,$$

wo

$$\varepsilon = \sqrt{1 - \frac{h^2\, k^2}{J^{(i)2}}}$$

ist. Eliminiert man aus diesen drei Gleichungen ε und a, so erhält man

$$\left(\frac{J^{(i)}}{h}\right)^2 \left(1 + \sqrt{1 - \frac{k^2}{(J^{(i)}/h)^2}}\right) = \zeta\,\frac{Z^{(i)}}{Z^{(a)}},$$

und daraus durch Auflösen nach $\dfrac{J^{(i)}}{h}$ und Einsetzen in (1):

$$(2) \qquad \delta = - \frac{\zeta\,\dfrac{Z^{(i)}}{Z^{(a)}}}{\sqrt{2\,\zeta\,\dfrac{Z^{(i)}}{Z^{(a)}} - k^2}} + k\,.$$

Die Gleichung (1) hat auch dann noch angenäherte Gültigkeit, wenn die äußere Ellipse nicht gerade die Schale berührt, sofern nur der Schalenradius klein ist gegen die große Achse der äußeren Ellipse (was sicher bei großer Hauptquantenzahl eintritt) und wenn $Z^{(i)}$ wesentlich größer als $Z^{(a)}$ ist. Der Fehler, den man begeht, wenn man das Wirkungsintegral über den äußeren Teil der Bahn durch das über die volle äußere Ellipse ersetzt, ist dann gering; ebenso der Fehler, den man begeht, wenn man den inneren Teil durch die volle innere Ellipse ersetzt; das Aphel der inneren Ellipse liegt nämlich nur wenig außerhalb der Schale (wegen der raschen Abnahme der potentiellen Energie im Feld mit der Kernladung $Z^{(i)}$). Die Summe $J^{(i)}$ der Wirkungsintegrale der inneren Ellipse hängt eindeutig von der großen Achse dieser Ellipse ab und ist daher von n fast unabhängig.

In der durch Formel (1) gegebenen Annäherung ist δ von n nicht abhängig. Diese Annäherung ist um so besser, je größer die große Achse der äußeren Ellipse ist; da das bei wachsendem n sehr rasch eintritt, verstehen wir, daß δ mit wachsendem n sehr bald einen konstanten Wert annimmt.

Wenn es Quantenbahnen gibt, die ganz im Schaleninneren

verlaufen, und wenn $n^{(i)}$ die Hauptquantenzahl der größten unter ihnen ist, so gilt

$$n^{(i)} < \frac{J^{(i)}}{h} < n^{(i)} + 1$$

und

(3) $$\delta = -\left(n^{(i)} + \varepsilon - k\right) \qquad\qquad 0 < \varepsilon < 1.$$

Diese Formel ist wesentlich unabhängig von dem SCHRÖDINGERschen Modell der geladenen Kugelschale und beruht nur darauf, daß der Aphelabstand der äußeren Bahn groß gegen den Radius des Rumpfes ist und daß das in den Rumpf eindringende Elektron bald in Gebiete hoher effektiver Kernladungen kommt. BOHR[1]) hat sie vor v. URK folgendermaßen abgeleitet:

Das radiale Wirkungsintegral $J_r = h\,(n - k)$ der Bahn setzt sich aus dem des äußeren Bahnstücks und dem der inneren Schleife zusammen:

$$J_r = J_r^{(a)} + J_r^{(i)} = h\,(n - k).$$

$J_r^{(a)}$ ist nur wenig kleiner als das radiale Wirkungsintegral $h\,(n^* - k)$ der vollen äußeren Ellipse:

$$J_r^{(a)} = h\,(n^* - k - \varepsilon_1),$$

und $J_r^{(i)}$ unterscheidet sich wenig von dem radialen Wirkungsintegral $h\,(n^{(i)} - k)$ der größten ganz im Rumpf verlaufen den Bahn:

$$J_r^{(i)} = h\,(n^{(i)} - k + \varepsilon_2).$$

Dabei braucht $n^{(i)}$ nicht ganzzahlig zu sein, sondern es sei die durch h dividierte Summe der Wirkungsvariabeln jener größten mechanisch (nicht quantentheoretisch) möglichen Bahn. Somit erhält man

(4) $$\delta = n^* - n = -\left(n^{(i)} - k - \varepsilon_1 + \varepsilon_2\right)$$

und kann das Ergebnis so formulieren:

Die RYDBERG-*Korrektion bei Tauchbahnen unterscheidet sich wenig von dem durch h dividierten radialen Wirkungsintegral der größten ganz im Rumpf verlaufenden Bahn.*

Die Frage, mit welcher Genauigkeit sich alle optischen (und Röntgen-) Terme durch ein geeignet konstruiertes Zentralfeld

---

[1]) BOHR, N.: Vorträge in Göttingen Juni 1922 (ungedruckt).

einheitlich darstellen lassen, hat E. FUES[1]) untersucht; er ist beim Bogenspektrum des Na und den analogen Funkenspektren von Mg^+ und Al^{++} zu recht günstigen Ergebnissen gekommen.

§ 29. Die Röntgenspektren.

Die optischen Serienspektra der Elemente sind ein Haupthilfsmittel, um über den Aufbau der Atome Auskunft zu erhalten. Soweit sie sich mit unseren theoretischen Vorstellungen erfassen lassen, kann man aus ihnen nur auf die Vorgänge in der äußeren Hülle der Atome schließen, während die Vorgänge im Rumpfe noch dunkel bleiben. Das wichtigste Mittel zur Erforschung des Atominneren ist das Studium der *Röntgenspektren*. Auch bei diesen läßt sich unsere Theorie der Bewegung eines Elektrons im Zentralfeld näherungsweise anwenden. Man kann nämlich aus den Beobachtungen entnehmen, daß es sich auch hier um Quantensprünge des Atoms handelt, bei denen *ein* Elektron (das dem Leuchtelektron der optischen Spektren entspricht) seinen Platz im Inneren des Atoms wechselt, während das übrige Atom genähert ein zentralsymmetrisches Gebilde bleibt.

Ehe wir diese Vorstellungen im einzelnen verfolgen, wollen wir einige *Erfahrungen über Röntgenspektren* zusammenstellen. Zur Auflösung dieser Spektren dient seit v. LAUES Entdeckung das natürliche Gitter von Kristallen. Jedes Röntgenspektrum besteht aus einem kontinuierlichen Band und einer Folge von Linien.

Das *kontinuierliche Spektrum* hat eine kurzwellige Grenze, deren Schwingungszahl ν_{max} mit der kinetischen Energie der erregenden Kathodenstrahlen durch

$$h\,\nu_{max} = \frac{m}{2}\,v^2$$

zusammenhängt. Man deutet diese Erscheinung als eine Art Umkehrung des lichtelektrischen Effekts, indem man annimmt, daß die auftreffenden Kathodenstrahlen in der Antikathode gebremst werden und ihre Energie nach dem EINSTEINschen Ge-

---

[1]) E. FUES, Zćitschr. f. Physik. Bd. 11, S. 364. Bd. 12, S. 1, 314. Bd. 13, S. 211, 1923. S. auch W. THOMAS, Zeitschr. f. Physik, Bd. 24, S. 169, 1924.

setz (§ 1) in Strahlung umsetzen; die höchste auftretende Frequenz entspricht dann vollständigem Verlust der kinetischen Energie der auftreffenden Elektronen.

Das *Linienspektrum* ist für die strahlende Materie charakteristisch und wird daher „Eigenstrahlung" genannt. Sie soll uns jetzt beschäftigen. Die wichtigste Tatsache über sie ist die, daß *jedes Element die gleiche Anordnung der Linien* zeigt und daß die Linien mit wachsender Atomnummer nach kürzeren Wellenlängen wandern. Dieses Linienspektrum enthält mehrere Liniengruppen: Eine kurzwellige Gruppe (genannt K-Strahlung) ist schon bei leichten Elementen (etwa vom Na ab) nachgewiesen. Während sie bei schwereren Elementen immer kurzwelliger wird, rückt ihr eine Gruppe längerer Wellen nach (L-Strahlung); hinter ihr kommt bei noch schwereren Elementen eine noch langwelligere (M-Strahlung).

Sollen diese Spektrallinien mit den Bewegungen der Elektronen im Atom nach den Gesetzen der Quantentheorie zusammenhängen, so müssen sich die Röntgenfrequenzen nach der Gleichung

$$h\,\tilde{\nu} = W^{(1)} - W^{(2)}$$

durch die Energien zweier stationärer Zustände der Elektronenanordnung ausdrücken lassen. Die hohen Werte von $\tilde{\nu}$ (rund 1000 mal so groß als im sichtbaren Spektrum) sprechen dafür, daß es sich um Veränderungen in den Bahnen der *inneren Elektronen* handelt, wo wegen der hohen Kernladung bei der Verlagerung eines Elektrons eine große Arbeit zu leisten ist.

Die Tatsache, daß die Röntgenlinien sich in einfache Serien ordnen und durch wenige ganze Zahlen kennzeichnen lassen, ist der Grund dafür, daß wir analog zur Optik annehmen dürfen, es handele sich in der Hauptsache um die Bewegung eines einzigen „*Leuchtelektrons*". Obwohl wir gezwungen sind anzunehmen, daß sich dieses Elektron im Innern des Atoms bewegt, werden wir aus denselben Gründen wie bei den sichtbaren Spektren die Wirkung der übrigen Elektronen und des Kerns durch die eines zentralsymmetrischen Kraftfeldes ersetzen. Hierdurch bringen wir wiederum die Tatsache zum Ausdruck, daß kein Energieaustausch zwischen Leuchtelektron und Atomrest stattfindet; die Existenz der Quantenzahlen des Leuchtelektrons spricht nämlich dafür, daß dessen Bewegung periodisch ist, also nach jedem Umlauf wieder dieselbe Energie besitzt.

Zwischen den optischen Spektren und den Röntgenspektren besteht jedoch ein *tiefgreifender Unterschied*. Während die Linien der optischen Spektren auch in Absorption auftreten können, werden die Röntgenlinien niemals als Absorptionslinien beobachtet. Der Absorptionskoeffizient für Röntgenstrahlen zeigt überhaupt keine linienartigen Maxima, er verläuft vielmehr im allgemeinen stetig und zeigt nur an einzelnen Stellen, den sogenannten *Absorptionskanten*, plötzliche Zunahme in Richtung wachsender Frequenzen (Abb. 15).

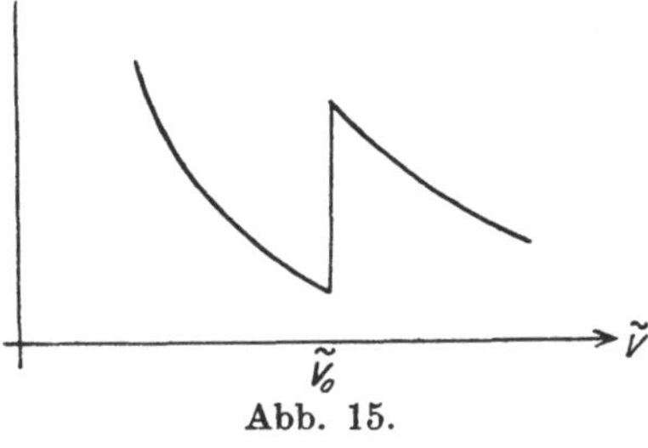

Abb. 15.

Die Deutung dieser Erscheinung ist von KOSSEL gegeben worden[1]). Danach handelt es sich bei den Absorptionsspektren um Ionisierung des Atoms und zwar um das Hinauswerfen von inneren Elektronen. Für diesen Vorgang liefert die Frequenzbedingung

$$h\tilde{\nu} = -W + \frac{m}{2}v^2,$$

wo v die Geschwindigkeit des Elektrons nach der Abtrennung und $-W$ die Abtrennungsarbeit ist. Es werden also alle Frequenzen absorbiert, die größer sind als die Grenzfrequenz (Kante)

$$\tilde{\nu}_0 = \frac{-W}{h}.$$

Die Annahme verschieden gebundener Elektronen führt auf den beobachteten Verlauf der Absorption.

Die Emissionslinien kommen nach KOSSEL dadurch zustande, daß an die Stelle des herausgeworfenen Elektrons ein anderes aus einer höherquantigen Bahn fällt, wobei die Energie des Atoms abnimmt. An die freiwerdende Stelle kann wiederum

____

[1]) W. KOSSEL: Verhandl. d. Dtsch. physikal. Ges. Bd. 16, S. 899 u. 953. 1914 und Bd. 18, S. 339. 1916.

ein Elektron von einer noch höheren Quantenbahn fallen, bis
schließlich die letzte Lücke durch ein freies Elektron ersetzt wird.

*Die Emissionsspektren der Röntgenstrahlen entstehen also bei der
Wiederherstellung des stabilen Atomzustandes nach einer Störung
durch Herauswerfen eines inneren Elektrons.*

Wir können diese KOSSELsche Deutung, die sich vollständig
bewährt hat, auch folgendermaßen aussprechen: *Es gibt für
jedes System von Quantenzahlen, die inneren Bahnen entsprechen,
eine Höchstzahl von Elektronen.* Im stabilen Zustand ist diese
erreicht. Ein Platzwechsel findet nur statt, wenn aus einer
inneren Bahn ein Elektron entfernt wird. Man faßt alle Elektronen, die zu den gleichen Quantenzahlen gehören, zu einer
„*Schale*" zusammen; auf dieses Bild vom schalenförmigen Aufbau der Atome werden wir nachher durch ganz andere, hauptsächlich dem Gebiet der Chemie entnommene Überlegungen
geführt werden (§ 30).

Wir werden jetzt versuchen, diese Betrachtungen *quantitativ*
zu fassen.

Unser Modell, bei dem sich das betrachtete Elektron in
einem Zentralfeld bewegt, ergibt als Elektronenbahnen Rosetten,
die durch zwei Quantenzahlen n und k festgelegt sind. Im
Atominnern müssen tatsächlich Bahnen mit verschiedenen
Werten von n vorkommen. Das Verhalten der RYDBERG-
Korrektionen zeigt nämlich, daß bei fast allen Elementen die
p-Bahnen eintauchen; damit dies möglich ist, muß der Rumpf
mindestens Bahnen mit $n = 2$ enthalten. Von den Bahnen im
Rumpf sind die mit $n = 1$ $(k = 1)$ dem Kern am nächsten,
dann folgen die mit $n = 2$ $(k = 1, 2)$, weiterhin kommen viel-
leicht noch Bahnen mit $n = 3$ $(k = 1, 2, 3)$.

Bei den Elementen mit hoher Atomnummer stehen die
innersten Bahnen im wesentlichen unter der anziehenden Wirkung des Kernes, während der Einfluß der übrigen Elektronen
verhältnismäßig klein ist. Die Energie der innersten Elektronenbahn erhält man also näherungsweise aus

$$W = - \frac{R\,h\,Z^2}{n}$$

für $n = 1$; nach außen hin nimmt die Energie rasch ab, einmal wegen der Zunahme von n, dann auch wegen der die

Kernladung abschirmenden Wirkung der übrigen Elektronen. Als Linie von größter Frequenz ist eine Linie zu erwarten, für die ungefähr

$$(1) \qquad \tilde{\nu} = R Z^2 \left(\frac{1}{1^2} - \frac{1}{2^2} \right) = \frac{3}{4} R Z^2$$

ist. Die Formel fordert, daß $\sqrt{\tilde{\nu}}$ linear mit der Kernladung ansteigt. Moseley[1]), der zuerst systematisch die Röntgenspektren untersucht hat, fand, daß für die K-Serie $\sqrt{\tilde{\nu}}$ tatsächlich eine nahezu lineare Funktion der *Atomnummer* ist; dabei versteht man unter Atomnummer die Ordnungszahl eines Atoms in der Reihenfolge des periodischen Systems (1 H, 2 He, 3 Li $\cdots$), also im wesentlichen in der Reihenfolge des Atomgewichts; die von der Chemie geforderten Lücken (z. B. das dem Mangan homologe Element 43) sind dabei mitzuzählen und die durch das chemische Verhalten geforderten Umstellungen [z. B. 18 A (Atomgewicht 39,88) und 19 K (39,10)] sind zu berücksichtigen.

Hierdurch ist das schon lange vermutete und von van den Broek zuerst ausgesprochene Gesetz (vgl. § 3, S. 15): *Atomnummer gleich Kernladungszahl* aufs glänzendste bestätigt worden. Man ist dadurch in den Stand gesetzt, auch die Atomnummern der Elemente mit sehr hohem Atomgewicht, bei denen lange Reihen chemisch sehr wenig verschiedener Elemente (z. B. die seltenen Erden) vorkommen, eindeutig festzulegen und vorhandene Lücken genau anzugeben.

Um zu zeigen, mit welcher Genauigkeit das Gesetz (1) gilt, teilen wir die Werte von $\sqrt{\dfrac{4}{3} \dfrac{\tilde{\nu}}{R}}$ für einige Elemente mit. Man findet 10,1 bei Na $(Z = 11)$, 36,3 bei Rb $(Z = 37)$ und 76,5 bei W $(Z = 74)$. Wir lassen daher die kurzwelligste K-Linie dem Übergang eines Elektrons von einer zweiquantigen zu einer einquantigen Bahn entsprechen. Es liegt nun nahe, die übrigen K-Linien durch Übergänge von höherquantigen Bahnen auf eine einquantige zu erklären. Die K-Linien schließen sich in der Tat der theoretisch geforderten Grenze

$$\frac{R Z^2}{1^2}$$

---

[1]) H. G. J. Moseley: Phil. Mag. Bd. 26, S. 1024. 1913; Bd. 27, S. 703. 1914.

an; an der gleichen Stelle liegt eine der oben erwähnten Absorptionskanten.

Auch für die L-Linien gilt das Gesetz des linearen Anstiegs von $\sqrt{\tilde{\nu}}$. Wir versuchen diese Linien durch Übergänge auf eine zweiquantige Bahn $(n = 2)$ zu deuten und erhalten für die kurzwelligste L-Linie die angenäherte Frequenz

$$(2) \qquad \tilde{\nu} = R\,Z^2\left(\frac{1}{2^2} - \frac{1}{3^2}\right) = \frac{5}{36}\,R\,Z^2 .$$

Diese Formel gilt nun nicht ganz so gut wie die für die K-Serie; es ist dies verständlich, da wir hier schon weiter vom Kern entfernt sind. Wir können diesem Umstand nach SOMMERFELD[1]) dadurch Rechnung tragen, daß wir

$$(3) \qquad \tilde{\nu} = R\,(Z - s)^2\left(\frac{1}{2^2} - \frac{1}{3^2}\right)$$

schreiben; die empirischen Werte sind dann mit einem Wert von s im Einklang, der bei mittlerem Z ungefähr bei 6 oder 7 liegt. Auch hier fällt die Seriengrenze mit einer Absorptionskante zusammen. Die M-Linien schließlich entsprechen Übergängen auf eine dreiquantige Bahn.

Eine übersichtliche Darstellung der stationären Bahnen der Elektronen im Atom erhalten wir, wenn wir vom System der Röntgenlinien zu dem der *Röntgenterme* übergehen. Den Endterm der K-Linien nennen wir K-Term, ihm kommen (in unserem Modell) die Quantenzahlen $n = 1$, $k = 1$ zu. Für die L-Linien muß man, um ihre Mannigfaltigkeit zu erklären, drei Endterme (L-Terme) annehmen, für sie ist $n = 2$ und $k = 1$ oder 2. Ihre Dreizahl sagt, daß die Quantenzahlen n und k zu ihrer Bezeichnung nicht ausreichen; wir haben hier eine ähnliche Erscheinung vor uns wie die Vielfachheit der optischen Terme. Eine Theorie dieser Erscheinung können wir mit unserem Modell nicht geben[2]). Weiter ergibt die Untersuchung der Röntgenlinien fünf M-Terme mit $n = 3$ ($k = 1, 2, 3$) und sieben N-Terme mit $n = 4$; es sind auch einige O-Terme festgestellt.

Zur Übersicht über das Auftreten dieser verschiedenen Terme

---

[1]) A. SOMMERFELD: Ann. d. Physik. Bd. 51, S. 125, 1916.

[2]) Eine befriedigende modellmäßige Erklärung ist überhaupt noch nicht gelungen.

K_I
L_I
L_{II}
L_{III}
M_I
M_{II}
M_{III}
M_{IV}
M_V
N_I
N_{II}
N_{III}
N_{IV}
N_V
N_{VI}
N_{VII}
O_I
O_{II}
O_{III}
O_{IV}
O_V

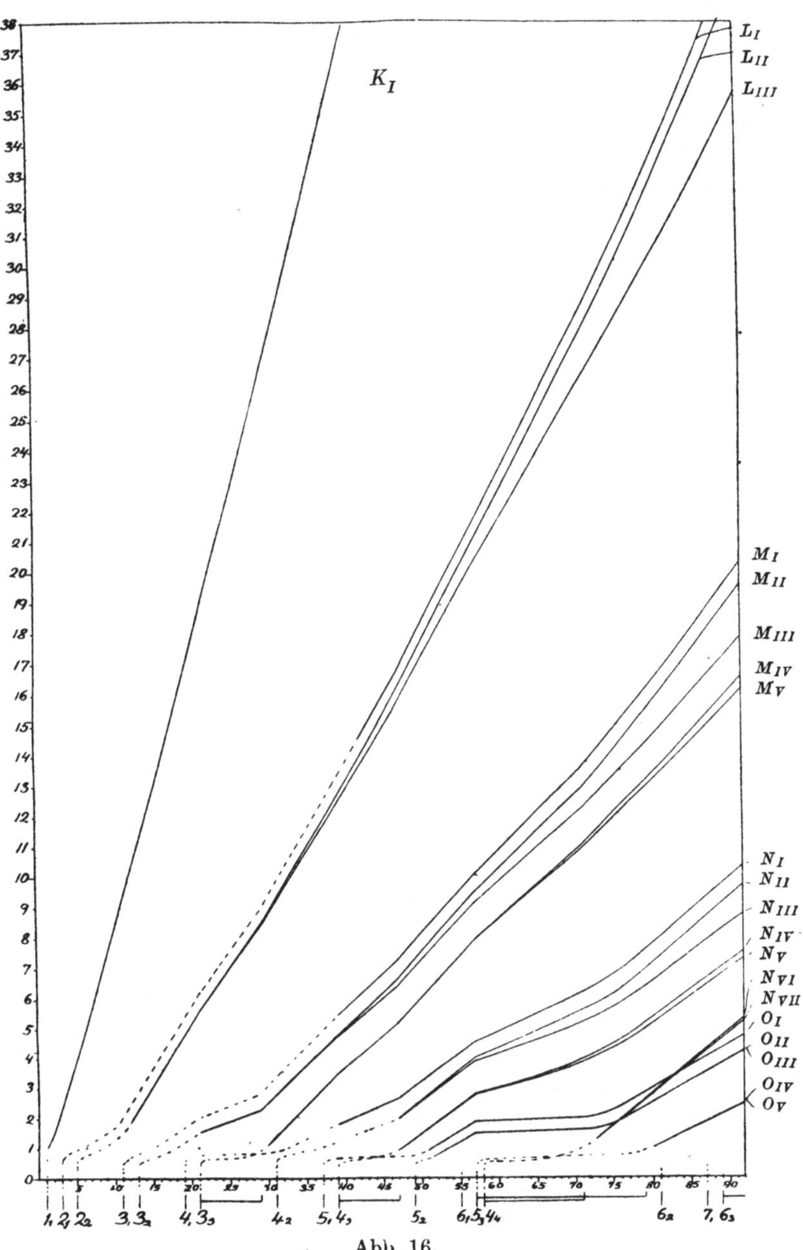

Abb. 16.

sei hier die graphische Darstellung der Terme aus der Arbeit von BOHR und COSTER[1]) wiedergegeben (Abb. 16). Wir finden darin den K- und einen L-Term ($n = 1, n = 2$) schon bei den leichtesten Elementen; ein M-Term ($n = 3$) erscheint etwa bei der Atomnummer 21, ein N-Term ($n = 4$) etwa bei 39 und ein O-Term ($n = 5$) etwa bei 51. Was die Zahl der Terme jeder Hauptquantenzahl anlangt, so sehen wir zwar die erwähnte Aufspaltung in 3, 5 und 7 Terme; aber sie geschieht nicht gleichmäßig, sondern zunächst finden wir zwei L-, drei M- und vier N-Terme, von denen alle außer jedesmal dem ersten wieder in zwei Terme aufspalten. Sehen wir von dieser letzteren, erst bei höherer Atomnummer eintretenden Aufspaltung ab, so haben wir genau so viel Terme, als die Nebenquantenzahl Werte annehmen kann. Die Regel, nach der die Terme kombinieren, entspricht auch genau der Auswahlregel für k ($\Delta k = \pm 1$).

Es sei noch auf die Abweichungen von dem linearen Verlauf der Wurzeln aus den Termwerten hingewiesen. Sie werden an der von BOHR und COSTER angegebenen Abbildung deutlich (Abb. 16). Die allgemeine Krümmung der Kurven (insbesondere des K-Terms) führt SOMMERFELD[2]) auf die „Relativitätskorrektion" (§ 33, S. 236) zurück. Die kleinen Knicke, z. B. bei $Z = 56$ und $Z = 74$ hängen nach BOHR und COSTER mit dem Ausbau innerer Elektronengruppen zusammen, worauf wir auch noch kurz zurückkommen werden (§ 32, S. 226).

§ 30. Atombau und chemische Eigenschaften.

Das Endziel einer Theorie des Atombaues müßte sein, das ganze periodische System der Elemente aus Atommodellen zu konstruieren. BOHR hat bereits in seinen ersten Arbeiten dahingehende Versuche gemacht. Er benützte dabei „Ringmodelle", bei denen die einzelnen Elektronen in den Ecken konzentrischer, regulärer Polygone (den „Ringen") liegen. Auf die Durchrechnung solcher Ringsysteme ist von BOHR[3]), SOMMERFELD[4]), DEBYE[5]), KROO[6]), SMEKAL[7]) u. a.

[1]) N. BOHR und D. COSTER: Zeitschr. f. Physik. Bd. 12, S. 342. 1923.
[2]) A. SOMMERFELD: Ann. d. Physik. Bd. 51, S. 125. 1916.
[3]) N. BOHR: Phil. Mag. Bd. 26, S. 476. 1913.
[4]) A. SOMMERFELD: Physikal. Zeitschr. Bd. 19, S. 297. 1918.
[5]) P. DEBYE: Ebd. Bd. 18, S. 276. 1917.
[6]) J. KROO: Ebd. Bd. 19, S. 307. 1918.
[7]) A. SMEKAL: Zeitschr. f. Physik. Bd. 5, S. 91. 1921.

viel Arbeit verwendet worden, besonders im Hinblick auf die Erklärung der Röntgenspektren; doch waren die Ergebnisse durchaus
unzureichend. Die wichtigste mechanische Erkenntnis, die dabei
heraussprang, war die Bemerkung von SOMMERFELD, daß ein solches
Elektronenpolygon nicht bloß um den Kern rotieren, sondern eine
Bewegung ausführen kann, bei der die Elektronen in kongruenten
KEPLER-Ellipsen laufen (Ellipsenverein). SOMMERFELD hat auch
die gegenseitigen Störungen solcher Ringe behandelt, sowohl für
den Fall, daß sie komplanar sind, als auch für den Fall, daß
sie in verschiedenen Ebenen liegen. Modelle dieser Art haben
zwar eine „Raumerfüllung", wie die wirklichen Atome, zeigen
aber nicht deren Symmetrieverhältnisse, die sich sowohl chemisch (Kohlenstoff-Tetraeder) als auch kristallographisch äußern.
Daher hat LANDÉ[1]) versucht, Modelle mit räumlichen Symme-
trieelementen anzugeben, die mit SOMMERFELDS Ellipsenverein
das gemein haben, daß die Elektronen kongruente Bahnen in
exakten Phasenbeziehungen durchlaufen (z. B. gleichzeitiger
Durchgang durch das Perihel). Aber auch diese Modelle versagten stets bei quantitativen Untersuchungen.

BOHR erkannte, daß auf dem Wege der Modellkonstruktion
und der rein theoretischen Betrachtung das Ziel der Erklärung
des gesetzmäßigen Aufbaus der Atome (periodisches System der
Elemente) schwerlich erreichbar sein würde und wandte sich einem
Verfahren zu, bei dem in halb theoretischer, halb empirischer
Weise, unter Heranziehung aller von der Chemie und der Physik
gelieferten Hinweise, besonders aber unter ausgiebiger Verwendung
der Serienspektren ein Bild des Atombaus entworfen wird.

Die Ergebnisse der Chemie, die für eine solche Untersuchung
in Betracht kommen, hat KOSSEL[2]) auf eine übersichtliche Form
gebracht. Er geht davon aus, daß die Perioden des Systems
der Elemente jeweils nach einem Edelgas beginnen, dessen
Atome dadurch ausgezeichnet sind, daß sie keinerlei Verbindungen eingehen und äußerst schwer ionisierbar sind. Die
Atome der Edelgase werden also besonders symmetrische und

---

[1]) A. LANDÉ: Verhandl. d. Dtsch. physikal. Ges. Bd. 21, S. 2, 644,
653. 1919; Zeitschr. f. Physik. Bd. 2, S. 83, 380. 1920.

[2]) W. KOSSEL: Ann. d. Physik Bd. 49, S. 229. 1916; s. auch
G. N. LEWIS: Journ. Amer. Chem. Soc. Bd. 38, S. 762. 1919 und J. LANG-
MUIR: Ebd. Bd. 41, S. 868. 1919.

stabile Konfigurationen sein, die infolge der hohen Symmetrie nur von geringen Kraftfeldern umgeben sind und wegen der hohen Stabilität weder leicht Elektronen abgeben noch aufnehmen. Die den Edelgasen vorangehenden Atome sind die Halogene (F, Cl, Br, J), die leicht als einwertige negative Ionen auftreten; dies kommt nach KOSSEL daher, daß ihrem Elektronensystem ein Elektron zur symmetrischen, stabilen Edelgaskonfiguration fehlt und es daher bestrebt ist, das fehlende Elektron unter Energieabgabe (Elektronenaffinität) an sich zu reißen. Umgekehrt treten die auf das Edelgas folgenden Atome, die Alkalien (Li, Na, K, Rb, Cs) stets als einwertige positive Ionen auf, geben also leicht ein Elektron ab; man wird daher anzunehmen haben, daß bei ihnen ein leicht abtrennbares Elektron außerhalb eines stabilen Rumpfes von Edelgascharakter umläuft. In entsprechender Weise läßt sich die positive oder negative Elektrovalenz der übrigen Atome deuten: die erstere beruht auf der Existenz leicht abtrennbarer Elektronen, nach deren Entfernung ein edelgasartiger Rumpf übrigbleibt, die letztere beruht auf dem Bestreben „unvollständiger" Elektronengebilde, durch Einfangen von Elektronen zur Edelgaskonfiguration sich zu ergänzen.

Geht man nun an Hand dieses Prinzips das *periodische System* durch, so gelangt man zu der Vorstellung vom *Schalenbau der Atome* (s. auch § 29, S. 202). Die erste Periode, bestehend aus den Elementen H und He, stellt die Ausbildung der innersten Schale dar. Das System von zwei Elektronen des Edelgases He muß also eine sehr stabile Anordnung sein.

Die zweite Periode beginnt mit Li. Dieses Element wird einen Rumpf vom Charakter des He-Atoms haben, an den außen ein drittes Elektron locker gebunden ist. Beim nächsten Element Be tritt ein weiteres äußeres Elektron hinzu usf., bis beim zehnten Element Ne die zweite Schale zu einer stabilen Edelgaskonfiguration von 8 Elektronen geworden ist. Damit ist die zweite Schale vollständig.

Das erste Element der dritten Periode, Na, hat wieder das locker gebundene äußere Elektron, das den Anfang der dritten Schale darstellt; diese schließt mit dem Edelgas A ab, und da dieses die Atomnummer 18 hat, so besteht die vollständige dritte Schale wieder aus 8 Elektronen.

In ähnlicher Weise geht es weiter; nur werden die Perioden jetzt länger (sie enthalten erst 18, nachher 32 Elemente). Dazwischen treten die Elemente Cu, Ag, Au auf, die eine gewisse Analogie zu den Alkalien haben; sie werden also ebenfalls durch ein leicht abtrennbares Elektron und einen relativ stabilen Rumpf gekennzeichnet sein.

KOSSEL hat durch diese qualitativen Überlegungen einen großen Teil der anorganischen Chemie physikalisch verständlich machen können; besonders erfolgreich war diese Theorie auf dem Gebiete der sogenannten Komplexverbindungen, d. h. solcher Verbindungen, bei denen Molekeln durch Aneinanderlagerung von Atomkomplexen entstehen, die vom Standpunkte der einfachen Valenztheorie vollständig gesättigt sind.

LANGMUIR und LEWIS[1]) haben (unabhängig von KOSSEL) die Theorie durch die anschauliche Vorstellung belebt, daß die stabile Konfiguration von 8 Elektronen, die wir beim Ne, A und den Ionen der benachbarten Elemente antrafen, ein *Würfel* ist (Oktett-Theorie), in dessen Ecken diese 8 Elektronen in Gleichgewichtslagen sitzen. Es handelt sich also bei diesen amerikanischen Forschern um statische Modelle, die in den Rahmen unserer Atommechanik nicht hineinpassen und die daher hier nicht weiter betrachtet werden sollen.

Man kann aus physikalischen Überlegungen Gründe dafür angeben, daß die aus 8 Elektronen bestehende Edelgaskonfiguration ungefähr die *Symmetrie eines Würfels* haben muß. Die Haloide der Alkalimetalle (vom Typus des Steinsalzes NaCl) kristallisieren im regulären System; man muß aber annehmen, daß die Bausteine dieser Gitter, wie sie von der Röntgenstrahl-Analyse geliefert werden, nicht die neutralen Atome, sondern die Ionen (z. B. Na^+ und Cl^-) sind. Das folgt einmal aus der Existenz ultraroter Eigenschwingungen des Gitters, die Stellen selektiver Absorption und Reflexion bedingen (Reststrahlen); sodann konnten DEBYE und SCHERRER[2]) durch quantitative Messungen der Röntgendiagramme am LiF zeigen, daß sich die Elektronenzahlen der Bausteine verhalten wie 1 : 5, entsprechend

---

[1]) loc. cit. S. 207.
[2]) P. DEBYE u. P. SCHERRER: Physikal. Zeitschr. Bd. 19, S. 474. 1918.

einem Aufbau aus Li$^+$ mit 2 Elektronen und F$^-$ mit 10 Elektronen[1]).

Aus dem kubischen Charakter der Kristalle wird man auf die kubische Symmetrie der Bausteine, der edelgasartigen Ionen, schließen. Weitere Anhaltspunkte für die kubische Symmetrie erhält man, wenn man versucht, die Abstoßung zwischen den Ionen des Gitters auf elektrische Kräfte zurückzuführen und die Anordnung der Ladungen so anzunehmen, daß man mit den gemessenen Kompressibilitäten im Einklang ist[2]).

Man kann also mit einiger Sicherheit die kubische Symmetrie der Edelgaskonfiguration behaupten. Die Chemie liefert dazu das Resultat, daß das Atom des Kohlenstoffs C die Symmetrie eines Tetraeders hat.

Symmetrie-Eigenschaften bestimmter Elektronengruppen spielen bei dem Bohrschen Aufbau des periodischen Systems eine große Rolle; es wird nämlich angenommen, daß mehrere Elektronenbahnen gleicher Art (gleiche Quantenzahlen, gleiche Bahnform, gleiche Energie) immer nur in einer Anzahl auftreten können, die kleiner, höchstens gleich der Zahl ist, bei der die Konfiguration ein solches Gebilde von hoher Symmetrie (wie Tetraeder, Würfel usw.) ist. Eine theoretische Ableitung dieses Symmetrieprinzips aus mechanischen und quantentheoretischen Grundsätzen ist allerdings zur Zeit nicht möglich.

Der Weg, auf dem Bohr zum *schrittweisen Aufbau der Atome* in der Reihenfolge ihrer Ordnungszahl gelangt, ist der folgende.

Er betrachtet die Einfangung des am lockersten gebundenen Elektrons durch den Atomrest. Dieser Prozeß vollzieht sich auf den stationären Bahnen, von denen das Bogenspektrum des Elements Kunde gibt. Während dieses Prozesses zerfällt das Atom in einen Rumpf und ein Leuchtelektron. Der Rumpf hat die gleiche Elektronenzahl und eine um 1 höhere Kernladung als das vorhergehende Atom. Die erste Frage ist nun, ob die Elektronen im Rumpf dieselbe Anordnung haben, wie im vorhergehenden neutralen Atom; darüber gibt in manchen Fällen

---

[1]) Eine ähnliche Untersuchung über Periklas MgO haben W. Gerlach und O. Pauli (Zeitschr. f. Physik. Bd. 7, S. 116. 1921) ausgeführt.

[2]) M. Born: Verhandl. d. Dtsch. physikal. Ges. Bd. 20, S. 230. 1918; E. Madelung: Physikal. Zeitschr. Bd. 19, S. 524. 1918.

das Funkenspektrum Auskunft. Die zweite Frage ist die, in welcher Endbahn das neu eingefangene Elektron läuft: entweder ordnet es sich den im Rumpf vorhandenen äußersten Elektronen gleichwertig ein, oder es läuft auf einer im Rumpf noch nicht vorkommenden Bahn. Im ersten Fall füllt es eine schon vorhandene Schale weiter auf, im letzteren Fall beginnt es eine neue Schale. Zur Entscheidung dieser Fragen muß man die Quantenzahlen der Bahnen im Atom kennen.

Den diesem Verfahren zugrunde liegenden Gedanken nennt BOHR das *Aufbauprinzip*.

§ 31. Die wahren Quantenzahlen der optischen Terme.

Unsere nächste Aufgabe wird die genauere Festlegung der *Besetzungszahlen der einzelnen Elektronenbahnen* und der *Werte von n und k* auf ihnen sein. Es bieten sich zur Lösung zwei Wege, die Untersuchung der optischen Spektren und die der Röntgenspektren.

Geht man die Reihe der Elemente durch und betrachtet man jedesmal das Schema der Spektralterme, so sieht man zunächst die große Ähnlichkeit der Spektren homologer Elemente. Jedes Alkalispektrum zeigt dieselben Züge, ebenso jedes Spektrum eines Erdalkali. Wir deuten dies durch die jeweils gleiche Zahl der äußeren Elektronen (vgl. KOSSEL, § 30).

Wir wollen jetzt die Termwerte selbst heranziehen. Dazu denken wir sie uns in der Form

$$W = - \frac{Rh}{n^{*2}}$$

geschrieben. Das Spektrum eines Elements kann dann durch das System der n^*-Werte wiedergegeben werden. Um einen Überblick zu geben über die Abhängigkeit des Spektrums von der Atomnummer, seien hier (S. 213) für die bisher geordneten Spektren *die effektiven Quantenzahlen* n^* des tiefsten Terms jeder Serie, sowie die Dezimalstellen des absoluten Betrages der RYDBERG-*Korrektion* in der Grenze großer n angegeben [1]).

---

[1]) Die Zahlen meist nach PASCHEN-GÖTZE (Seriengesetze der Linienspektren 1922) berechnet. Bei Dubletts oder Tripletts ist der Mittelwert von n^* angegeben; bei den Erdalkalien stehen in der ersten Zeile die Werte für das Einfachtermsystem, in der zweiten Zeile die für das

Die Tabelle zeigt, daß bei fast allen Elementen *die f-Terme* noch wasserstoffähnlich sind. Die RYDBERG-Korrektionen sind hier, von den leichten Elementen abgesehen, am kleinsten bei Cu und Ag; sie sind am größten bei den Erdalkalien und steigen da in der Reihenfolge der Atomnummern an. *Die d-Terme* sind nur bei den leichtesten Elementen (bis Na) wasserstoffähnlich; bei den Alkalien ist die RYDBERG-Korrektion noch relativ gering und steigt deutlich mit der Atomnummer; bei den Erdalkalien ist sie wesentlich größer. Weiter hat es den Anschein, als läge die Korrektion bei Cr, Cu und Ag wieder nahe bei 0 (nicht bei einer anderen ganzen Zahl). *Die p- und s-Terme* endlich weichen stark von den Werten beim Wasserstoff ab. Es sieht also so aus, als verliefen die *f*-Bahnen noch im allgemeinen außerhalb des Rumpfes, als tauchten die *d*-Bahnen bei vielen Elementen ein, bei anderen noch nicht, und als seien die *p*- und *s*-Bahnen, außer bei den leichtesten Elementen, stets Tauchbahnen.

Um diese Auffassung zu stützen, betrachten wir die Radien der Atomrümpfe. Die Größe der Rümpfe bei den Erdalkalien oder, was dasselbe ist, die Größe der Erdalkali-Ionen, können wir aus dem Funkenspektrum entnehmen. Diese Ionen haben nämlich nur ein äußeres Elektron, das Aphel seiner Bahn liegt in einem Gebiet, wo das Kraftfeld des Atoms angenähert COULOMBschen Charakter hat, und der Aphelabstand hängt in gleicher Weise von der Energie und damit von n^* ab wie beim Wasserstoff:

$$\frac{a}{a_{\mathrm{H}}}(1+\varepsilon) = \frac{1}{Z}\,n^{*\,2}\left(1+\sqrt{1-\frac{k^2}{n^{*\,2}}}\right).$$

Da die erste *s*-Bahn die Grundbahn der Erdalkali-Ionen ist, entnehmen wir aus den Funkenspektren der Erdalkalien die n^*-Werte des ersten *s*-Terms und sehen den daraus berechneten Aphelabstand als Rumpfradius für das Erdalkali an. In gleicher

---

Dreifachtermsystem; bei He bezieht sich die erste Zeile auf das System der Einfachterme, die zweite auf das der Dubletterme. Von *O* ab sind in der Spalte der RYDBERG-Korrektionen nur die Dezimalstellen von $-\delta$ angegeben. Dort wo die bekannten Terme keine Extrapolation auf $n = \infty$ erlauben, ist die RYDBERG Korrektion des letzten bekannten in Klammern angegeben.

| | n^* des ersten | | | | Rydberg-Korrektion für große n des | | | |
| | s- | p- | d- | f- | s- | p- | d- | f- |
		Terms				Terms		
1 H	1,00	2,00	3,00	4,00	0,00	0,00	0,00	0,00
2 He	0,74	2,01	3,00	4,00	−0,14	+0,01	0,00	0,00
	1,69	1,94	2,99	4,00	−0,30	−0,07	0,00	0,00
3 Li	1,59	1,96	3,00	4,00	−0,40	−0,05	0,00	0,00
8 O	1,82	2,27	2,98		14	70	02	
	1,74	2,17	2,97		13	78	04	
10 Ne [1])	1,67	2,15	2,99		30	83	02	
11 Na	1,63	2,12	2,99	4,00	34	85	01	00
12 Mg	1,33	2,03	2,68		52	04	56	
	2,31	1,66	2,83	3,96	63	12	17	06
13 Al	2,19	1,51	2,63	3,97	76	28	93	05
19 K	1,77	2,23	2,85	3,99	17	70	25	01
20 Ca	1,49	2,07	2,00	3,97	33	93	95	09
	2,49	1,79	1,95	3,92	44	95	92	10
24 Cr	1,42	1,88	2,99		45	(12)	(01)	
		2,03				(97)		
25 Mn	2,31	1,63	2,89		60	(37)	08	
29 Cu	1,33	1,86	2,98	4,00	58	(09)	02	00
30 Zn	1,20	1,94	2,87		62	09	20	
	2,34	1,60	2,90	3,98	72	20	08	04
31 Ga	2,16	1,52	2,84		78	27	24	
37 Rb	1,80	2,27	2,77	3,99	13	66	35	03
38 Sr	1,54	2,13	2,06	4,14	(26)	(59)	75	10
	2,55	1,87	1,99	3,91	37	85	80	12
47 Ag	1,34	1,90	2,98	3,99	52	(05)	01	01
48 Cd	1,23	1,95	2,87		57	05	21	
	2,28	1,62	2,89	3,97	67	14	07	03
49 In	2,21	1,55	2,82		73	19	29	
55 Cs	1,87	2,35	2,55	3,98	05	57	45	04
56 Ba	1,62	2,14	1,89	2,85	43	(73)	45	(92)
	2,63	1,94	1,82	3,84	28	67	77	12
80 Hg	1,14	1,91	2,92		63	00	08	
	2,24	1,59	2,93	3,97	71	10	05	03
81 Tl	2,19	1,56	2,90	3,97	74	19	10	03

[1]) Das Neonspektrum hat bekanntlich zwei Systeme von Termen, die nach verschiedenen Grenzwerten konvergieren. Zur Berechnung von

Weise können wir auf die Rümpfe der erdalkaliähnlichen Elemente Zn und Cd schließen, da wir auch von ihren Ionen annehmen müssen, daß sie nur ein äußeres Elektron haben. Für die Radien der Alkali-Ionen und der Ionen von Cu und Ag erhalten wir eine obere Grenze aus ihren Abständen in den Kristallgittern ihrer Salze; der Abstand des Na^+- und Cl^--Ions im Steinsalzgitter muß z. B. größer sein als die Summe der Ionenradien. Durch solche Überlegungen erhält man alle Radien bis auf eine additive Konstante, die man näherungsweise so bestimmen kann, daß man die der beiden dem A-Atom ähnlichen Ionen K^+ und Cl^- einander gleich setzt. Eine zweite obere Grenze der Alkali-Ionenradien bilden die aus gaskinetischen Betrachtungen bekannten Radien der Atome der vorausgehenden Edelgase; die Alkali-Ionen müssen wir als ähnlich gebaut ansehen wie die Edelgase, ihre Ausmaße müssen aber der höheren Kernladung wegen etwas kleiner sein.

Die so berechneten Ionenradien stellen wir in der folgenden Tabelle zusammen. Sie sind in Einheiten des Wasserstoffradius a_H angegeben [1]).

Die Tabelle zeigt das Anwachsen der Rumpfradien homologer Elemente mit der Atomnummer sowie die Tatsache, daß die Radien der Erdalkalirümpfe relativ groß, die von Cu und Ag sehr klein sind.

Eine *f-Bahn* hat in einem streng COULOMBschen Feld einen Perihelabstand, der größer ist als $8\,a_H$ (vgl. § 24). Durch die Abweichungen vom COULOMB-Feld in der Umgebung der Atomrümpfe wird er herabgedrückt. Wir wollen diese Rechnung aber nicht durchführen [2]), da wir für unsere Zwecke (die Fest-

---

n^* hat man den betr. Term von der Grenze des Systems ab zu zählen, dem er angehört. Der angegebene p-Term ist der tiefste optisch bekannte. Durch Elektronenstoßmessungen (G. HERTZ: Zeitschr. f. Physik. Bd. 18, S. 307. 1923) kennt man auch den Term des Grundzustandes, der sehr wahrscheinlich ein p-Term ist. Für ihn ist $n^* = 0{,}79$.

   [1]) Es gibt noch andere Methoden, die Radien der Alkalirümpfe zu bestimmen, auf die wir hier nicht eingehen wollen. Die Ergebnisse stimmen zu der hier angegebenen oberen Grenze. Vgl. die Zusammenstellung von K. F. HERZFELD: Jahrb. d. Radioakt. u. Elektronik Bd. 19, S. 259. 1922.

   [2]) Die Rechnungen sind ausgeführt von F. HUND: Zeitschr. f. Physik, Bd. 22, S. 405. 1924. Sie ergeben mit den aus anderen Erscheinungsgebieten

	Obere Grenze des Radius		Aus n^* berechneter Radius
	gaskinetisch	aus Gitterabstand	
3 Li$^+$	1,8	1,7	
11 Na$^+$	2,2	2,4	
12 Mg$^+$			3,3
19 K$^+$	2,6	2,9	
20 Ca$^+$			4,3
29 Cu$^+$		1,2—1,4	
30 Zn$^+$			2,5
37 Rb$^+$	3,0	3,2	
38 Sr$^+$			4,7
47 Ag$^+$		0,9—2,2 [1])	
48 Cd$^+$			2,6
55 Cs$^+$	3,3	3,7	
56 Ba$^+$			5,2

legung der wirklichen Quantenzahlen) mit einer qualitativen Überlegung auskommen. Wir sehen, eine f-Bahn kann am ehesten bei den schweren Erdalkalien in Rumpfnähe kommen; wir verstehen die große RYDBERG-Korrektion bei Ba und die noch verhältnismäßig große bei Sr und Ca; überhaupt finden wir ein vollkommenes Entsprechen der Rumpfradien mit den RYDBERG-Korrektionen. Dieser Zusammenhang erlaubt uns, auch bei den wenigen anderen Elementen, deren RYDBERG-Korrektionen bekannt sind, auf den Ionenradius zu schließen; so nehmen wir an, daß er bei Al wenig kleiner ist als bei Mg und daß er bei Hg und Tl die gleiche Größenordnung hat als bei Zn und Cd.

Im Wasserstoffatom haben die d-Bahnen einen Perihelabstand von mehr als $4{,}5\,a_\mathrm{H}$ (die Kreisbahn $n = 3$ hat $9\,a_\mathrm{H}$),

---

bekannten Rumpfgrößen bei Annahme halbzahliger k bessere Übereinstimmung als bei Annahme ganzzahliger k. Sie scheinen also eine zweite Stütze dafür zu geben, daß die äußeren Elektronen sich in vieler Hinsicht so verhalten, als sei ihr Impulsmoment halbzahlig.

[1]) Die aus verschiedenen Ag-Salzen gewonnenen Werte sind stark verschieden.

im nur COULOMB-ähnlichen Feld außerhalb der Atomrümpfe ist er kleiner. Die fast verschwindenden RYDBERG-Korrektionen bei 'Cu und Ag verstehen wir so, daß die d-Bahnen bei ihnen weit außerhalb des Rumpfes verlaufen. Die kleinen Werte bei den Alkalien und bei Zn, Cd und Hg zeigen, daß die d-Bahnen auch dort noch äußere Bahnen sind; bei Rb und Cs kommen sie allerdings dem Rumpfrand nahe. Bei den schwereren Erdalkalien Ca, Sr, Ba müssen wir ein Eintauchen annehmen. Dabei ist auffallend, daß trotz der Zunahme des Rumpfradius von Ca bis Ba die n^*-Werte (für große n) zunehmen; es führt dies zu der Annahme, daß die RYDBERG-Korrektionen der Tabelle um ganze Zahlen zu ändern sind und $-0,95$ bzw. $-0,92$ bei Ca, $-1,75$ bzw. $-1,80$ bei Sr und $-2,45$ bzw. $-2,77$ bei Ba lauten. Der tiefste d-Term entspräche dann bei Ca noch einer 3_3-Bahn, bei Sr einer 4_3-, bei Ba einer 5_3-Bahn. Bemerkenswert sind die Fälle, wo die RYDBERG-Korrektionen der f- und d-Bahnen nicht parallel gehen. So ist bei Zn der Betrag der f-Korrektion größer, der der d-Korrektion kleiner als bei K; Cd und Hg haben wesentlich kleineren Betrag der d-Korrektion als Rb und Cs, während der der f-Korrektion ungefähr der gleiche ist. Die Erklärung ist die hohe Symmetrie der Alkali-Ionen; sie bedingt, daß das Potential bei ihnen in der Nähe des Randes mit einer hohen Potenz von r geht, während es sich bei den weniger symmetrischen Rümpfen von Zn, Cd und Hg langsamer ändert.

Die p-*Bahnen* verlaufen bei den ganz leichten Elementen noch außen, wahrscheinlich auch noch bei Cu und Ag. Ihre kleinen Rumpfradien und die fast ganzzahligen Werte von n^* lassen es vermuten. Dagegen sind die scheinbar kleinen RYDBERG-Korrektionen von Mg $(-0,04$ und $-0,12)$, Zn $(-0,09$ und $-0,20)$, Cd $(-0,05$ und $-0,14)$, sowie Hg $(-0,00$ und $-0,10)$ sicher um eine ganze Zahl zu erhöhen; ihr Betrag wäre ja sonst nicht größer als der der d-Korrektionen. Beachten wir wieder, daß die n^*-Werte in der Reihe der Alkalien mit zunehmendem Rumpfradius ebenfalls zunehmen, so müssen wir annehmen, daß die wahren n-Werte 3 bei Na, 4 bei K, 5 bei Rb, 6 bei Cs sind und die RYDBERG-Korrektionen $-0,85$; $-1,70$; $-2,66$ und $-3,57$. Bei den Erdalkalien müssen ihre Beträge etwas größer sein, wir nehmen also $-1,04$ bzw. $-1,12$

bei Mg; — 1,93 bzw. — 1,95 bei Ca; — 2,59 bzw. — 2,85 bei Sr; — 3,73 bzw. — 3,67 bei Ba.

Die *s-Bahnen* tauchen offenbar schon von der zweiten Periode ab. Damit die Beträge der RYDBERG-Korrektionen mit steigendem Atomradius zunehmen, müssen wir $\delta = -1,34$ bei Na ($-0,34$ wäre dem Betrag nach kleiner als die *p*-Korrektion); — 2,17 bei K; — 3,13 bei Rb und — 4,05 bei Cs annehmen. Die dem Betrag nach etwas größeren Werte der Erdalkalien lassen sich ebenfalls eindeutig aus der Tabelle ablesen. Für Al nehmen wir — 1,76; für Cr bis Ga sind Werte zwischen — 2 und — 3, für Ag, Cd, In Werte zwischen — 3 und — 4, für Hg und Tl Werte zwischen — 4 und — 5 sehr wahrschein-lich. Nach der Abschätzung (4) § 28 der RYDBERG-Korrektion ist für diese die Hauptquantenzahl der größten im Rumpf ver-laufenden *s*-Bahn wesentlich, und diese ist offenbar bei Cu, Zn, Ga dieselbe wie bei Rb, bei Ag, Cd, In dieselbe wie bei Cs, und auf die Werte in der sechsten Periode können wir durch Analogie schließen.

Wir ergänzen diese Betrachtung durch eine andere rohe Abschätzung der δ-Werte für die *s*-Terme, nämlich die von VAN URK angegebene. Wir ersetzen also die Elektronengebäude der Atomrümpfe durch geladene Kugelschalen, deren Radius etwas größer als $\frac{1}{2} a_H$ ist (so groß müssen sie sein, damit die *s*-Bahnen Tauchbahnen sind), und nehmen an, daß im Inneren der Schalen die volle Ladung der Kerne (gleich der Ord-nungszahl im periodischen System) wirksam ist. Da die betr. *s*-Bahnen denselben Drehimpuls haben wie die innersten Bahnen des Rumpfes, aber geringeren Betrag der Energie, und da das Feld des Rumpfes in Kernnähe wieder COULOMBschen Charakter hat, so haben die inneren Schleifen jener *s*-Bahnen denselben Parameter wie die kernnächsten Rumpfbahnen, sie kommen also wirklich unter den Einfluß der unverminderten Ladung des Kernes. Die Anwendung der Gleichung (2) § 28 ergibt die in der folgenden Tabelle angegebenen δ-Werte (δ_{ber}). Dahinter sind die einzigen mit diesen unteren Grenzen und den empirischen Termen verträglichen δ-Werte angegeben (δ_{korr}).

Damit können wir die wirklichen Hauptquantenzahlen und wirklichen RYDBERG-Korrektionen der empirisch bekannten Terme bis auf wenige Ausnahmen als bestimmt ansehen. Als

	δ_{ber}	δ_{korr}
3 Li	− 0,06	− 0,40
11 Na	− 0,74	− 1,35
19 K	− 1,24	− 2,18
29 Cu		− 2,59
37 Rb	− 2,08	− 3,14
47 Ag		− 3,54
55 Cs	− 2,74	(− 4,06)
87 —	− 3,69	

Zusammenfassung geben wir jetzt (S. 219) eine Tabelle der negativen Werte $-\delta$ der wahren RYDBERG-Korrektionen (für große n) und der Quantenzahlen der ersten Terme jeder Serie. Der Normalzustand ist dabei durch Fettdruck gekennzeichnet. Er ist dadurch bestimmt, daß die von ihm ausgehenden Linien bei gewöhnlicher Temperatur in Absorption auftreten.

§ 32. Der Aufbau des periodischen Systems der Elemente.

Wir können jetzt daran gehen, den *schrittweisen Aufbau des periodischen Systems* zu vollziehen unter Benutzung des gesamten hierzu gesammelten Materials, nämlich der Eigenschaften der Röntgenspektren (§ 29), des chemischen Verhaltens (§ 30) und der in der Tabelle S. 219 zusammengestellten großen Züge des optischen Spektrums.

Zur Erinnerung an die Ordnung der Elemente im periodischen System geben wir eine auf J. THOMSEN zurückgehende, häufig von BOHR benutzte Darstellung (Abb. 17).

Wasserstoff (1 H) hat im Normalzustand ein Elektron auf einer Bahn mit der Hauptquantenzahl 1. Solange man die Bahn als genaue KEPLER-Ellipse auffaßt, ist die Nebenquantenzahl unbestimmt. Die Berücksichtigung der Relativitäts-Theorie im § 33 wird uns jedoch zeigen, daß auch der Gesamtdrehimpuls durch eine Quantenbedingung festzulegen ist, ohne daß sich dabei die Energie wesentlich ändert. Die Grundbahn des Elektrons ist also eine 1_1-Bahn.

Beim *Helium* (2 He) wird in den angeregten Zuständen nach dem BOHRschen Aufbauprinzip der Rumpf bis auf die höhere

	Negative Rydberg-Korrektionen $(-\delta)$				Quantenzahlen der ersten Terme jeder Serie			
	s	p	d	f				
1 H	0,00	0,00	0,00	0,00	1_1	2_2	3_3	4_4
2 He	$\begin{cases}0,14 \\ 0,30\end{cases}$ $\begin{matrix}-0,01 \\ 0,07\end{matrix}$		0,00 0,00	0,00 0,00	1_1 2_1	2_2	3_3	4_4
3 Li	0,40	0,05	0,00	0,00	2_1	2_2	3_3	4_4
8 O	1,14 1,13	0,70 0,78	0,02 0,04		3_1	3_2	3_3	4_4
10 Ne	1,30	0,83	0,02		3_1	3_2 [1]	3_3	4_4
11 Na	1,34	0,85	0,01	0,00	3_1	3_2	3_3	4_4
12 Mg	1,52 1,63	1,04 1,12	0,56 0,17	0,06	3_1 4_1	3_2	3_3	4_4
13 Al	1,76	1,28	0,93	0,05	4_1	3_2	3_3	4_4
19 K	2,17	1,70	0,25	0,01	4_1	4_2	3_3	4_4
20 Ca	2,33 2,44	1,93 1,95	0,95 0,92	0,09 0,10	4_1 5_1	4_2	3_3	4_4
24 Cr	2,45		(0,01)		4_1		3_3	
25 Mn	2,60		0,08		5_1		3_3	
29 Cu	2,58	(0,09)	0,02	0,00	4_1	2_2	3_3	4_4
30 Zn	2,62 2,72		0,20 0,08	0,04	4_1 5_1		3_3	4_4
31 Ga	2,78		0,24		5_1		3_3	
37 Rb	3,13	2,66	0,35	0,03	5_1	5_2	3_3	4_4
38 Sr	(3,26) 3,37	(2,59) 2,85	1,75 1,80	0,10 0,12	5_1 6_1	5_2	4_3	4_4
47 Ag	3,52	(0,05)	0,01	0,01	5_1	2_2	3_3	4_4
48 Cd	3,57 3,67		0,21 0,07	0,03	5_1 6_1		3_3	4_4
49 In	3,73		0,29		6_1		3_3	
55 Cs	4,05	3,57	0,45	0,04	6_1	6_2	3_3	4_4
56 Ba	4,43 4,28	(3,73) 3,67	2,45 2,77	(0,92) 0,12	6_1 7_1	6_2	5_3	4_4
80 Hg	4,63 4,71		0,08 0,05	0,03	6_1 7_1		3_3	4_4
81 Tl	4,74		0,10	0,03	7_1		3_3	4_4

---

[1] Durch Elektronenstoßmessungen ist ein tieferer Term bekannt, der als 2_2-Term gedeutet werden muß. Er entspricht vermutlich dem Normalzustand.

Kernladung mit dem Wasserstoffatom im Normalzustand übereinstimmen. Nun ist aber die energiereichste oder Grundbahn
des Leuchtelektrons ebenfalls eine 1_1-Bahn, daher wird das Helium im Normalzustand zwei (vermutlich gleichwertige) 1_1-Elek-
tronenbahnen haben. Einige Betrachtungen über dieses System
werden später (§ 48) folgen. Einem solchen System von zwei
1_1-Bahnen muß man nach KOSSEL eine besondere Stabilität
zuschreiben, wie sie allen Edelgasen zukommt; in der Termi-
nologie der Röntgenspektren ist dieses Gebilde die *K*-Schale.

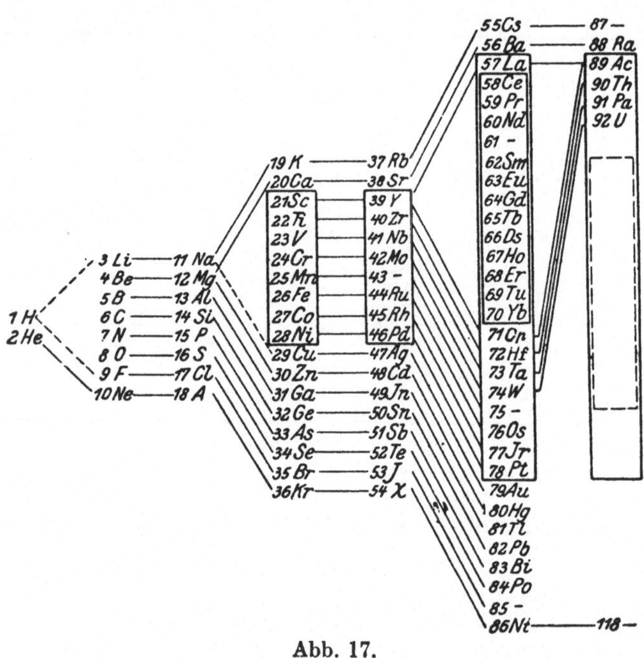

Abb. 17.

Warum es zwei Termsysteme, ein Einfachtermsystem (Parhelium), dem der Grundzustand angehört, und ein Dublettsystem
(Orthohelium) gibt und warum die beiden nicht miteinander
kombinieren, kann vom Standpunkt unseres Buches nicht behandelt werden.

Die Konfiguration von zwei 1_1-Bahnen kehrt nun als Rumpf
des angeregten *Lithium*atoms (3 Li) wieder. Nach Ausweis der
Spektren ist hier die Grundbahn keine 1_1-, sondern eine 2_1-Bahn.

Hieraus müssen wir schließen, daß nach den (noch unbekannten) Gesetzen der Atommechanik ein System von drei 1_1-Bahnen unter dem Einfluß der Kernladung 3 nicht möglich ist.

Die Spektren der beiden folgenden Elemente *Beryllium* (4 Be) und *Bor* (5 B) sind nicht genügend bekannt, als daß wir daraus Schlüsse auf die Elektronenbahnen ziehen können. Man kann nur aus der Zweiwertigkeit des Beryllium und aus der Dreiwertigkeit des Bor schließen, daß die neu hinzutretenden Elektronen in Bahnen mit der Hauptquantenzahl 2 gebunden werden und daß die Zahl der 1_1-Bahnen zwei bleibt, der K-Ring also mit der He-Konfiguration abgeschlossen ist. Man kennt nun das Funkenspektrum des Kohlenstoffs[1]); als tiefster Term tritt darin ein 2_3-Term auf. Da das Boratom ähnlich gebaut sein muß wie das einwertige Kohlenstoffion, müssen wir annehmen, daß im Bor außer der K-Schale noch zwei 2_1- und eine 2_2-Bahn vorhanden sind. Wir finden also hier den gleichen Fall wie beim Lithium, daß nicht mehr als zwei gleichwertige Elektronen vorkommen.

Beim *Kohlenstoff* (6 C) kommt ein weiteres Elektron hinzu, das wahrscheinlich auf einer 2_2-Bahn gebunden wird. Ein solches System von zwei 2_1- und 2_2-Bahnen hat nun nicht ohne weiteres die Tetraedersymmetrie, die man aus chemischen und physikalischen Gründen (Diamantgitter) gewohnt ist, dem C-Atom zuzuschreiben. Da man aber über die verwickelten Bewegungen im Atom nichts weiß, so braucht man hier keinen Widerspruch zu sehen. Ein anderer Ausweg wäre die Annahme, daß zwar in den angeregten Zuständen der C-Rumpf den Bau des einwertigen C-Ions hat, daß aber beim Übergang in den Grundzustand die vier Elektronen in gleichwertigen Bahnen gebunden werden.

Über *die nächsten Elemente* (7 N, 8 O, 9 F) weiß man spektroskopisch zu wenig. Die chemische Wertigkeit besagt, daß N, O, F Affinität zu drei, zwei, einem Elektron haben.

Beim Edelgas *Neon* (10 Ne) muß die von den KOSSELschen Vorstellungen geforderte Achterschale erreicht sein; wir können also annehmen, daß die 8 seit dem Li hinzugekommenen Elek-

---

[1]) A. FOWLER: Proc. of the Roy. Soc. of London (A) Bd. 105, S. 299, 1924.

tronen auf Bahnen mit der Hauptquantenzahl 2 gebunden sind. Wie sie sich auf die 2_1- und 2_2-Bahnen verteilen, lassen wir dahingestellt.

Die Auffassung von der vollbesetzten Achterschale wird bestätigt durch das gutbekannte Spektrum des *Natrium* (11 Na). Die Grundbahn des Leuchtelektrons ist eine 3_1-Bahn, die energiereichste p-Bahn eine 3_2-Bahn. Außerhalb des Rumpfes kommen also keine Bahnen mit $n = 2$ mehr vor. Wir schließen daraus, daß die Schar der Elektronen, für die $n = 2$ ist, mit der beim Neon erreichten Zahl 8 abgeschlossen ist. Wir nennen dieses Gebilde mit der Bezeichnung der Röntgenspektren die L-Schale. Der Aufbau dieser L-Schale erfüllt also die zweite Periode des Systems der Elemente, während die K-Schale in der ersten aufgebaut wurde.

Da beim *Magnesium* (12 Mg) die Grundbahn des Leuchtelektrons wieder eine 3_1-Bahn ist, nehmen wir in Übereinstimmung mit der Zweiwertigkeit an, daß das Magnesiumatom im Normalzustand außer der K- und L-Schale noch zwei gleichwertige 3_1-Elektronen hat.

Beim *Aluminium* (13 Al) tritt eine 3_2-Bahn als Grundbahn auf. Wir sehen also, daß ein System von drei 3_1-Bahnen nicht als äußerste Schale vorkommen kann. Wir fanden bei Li und C^+ etwas entsprechendes, nämlich die Unmöglichkeit der Existenz dreier 1_1- oder 2_1-Bahnen.

Beim *Silizium* (14 Si) ist wieder das Spektrum nicht hinreichend bekannt; wir kennen aber die Vierwertigkeit und schließen daraus, daß der L-Ring von vier Bahnen mit $n = 3$ umgeben ist.

Von den folgenden Elementen (15 P, 16 S, 17 Cl) kennt man auch nur die Affinitäten zu drei, zwei, einem Elektron. Das letzte Element der Periode ist das Edelgas *Argon* (18 A), bei dem wieder eine abgeschlossene Schale von 8 Elektronen vorliegen muß. Den näheren Aufbau dieser Schale diskutieren wir am besten durch die Betrachtung des folgenden Elements *Kalium* (19 K), dessen Rumpf dieselbe Struktur haben muß.

Das Spektrum des Kalium zeigt als Grundbahn des Leuchtelektrons eine 4_1-Bahn und als energiereichste p-Bahn eine

4_2-Bahn; die Schar der 3_1- und 3_2-Bahnen ist also mit der Erreichung der Achterschale des Argon abgeschlossen. Die 3_3-Bahn ist beim Kalium lockerer gebunden als die 4_1- und selbst als die 4_2-Bahn, sie hat nämlich größere effektive Quantenzahl (2,85 im Vergleich zu 2,23 bei der 4_2- und 1,77 bei der 4_1-Bahn). Die im Argon abgeschlossene Schale enthält also nicht alle Bahnen mit der Hauptquantenzahl 3, sondern nur die 3_1- und 3_2-Bahnen.

Beim zweiwertigen *Kalzium* (20 Ca) tritt nach übereinstimmender Aussage der Chemie und des Spektrums ein zweites auf einer 4_1-Bahn gebundenes Elektron hinzu.

Die nun folgenden Elemente zeigen sehr verwickelte Spektren, zu deren Serienordnung vorläufig nur geringe Ansätze vorhanden sind. Ihre Terme haben sehr hohe Vielfachheit, z. B. hat Mn u. a. achtfache Terme; die Elemente haben ferner je mehrere Termsysteme, so daß z. B. bei einem Element mehrere *p*- oder *d*-Terme gleicher Vielfachheit auftreten können, die nicht zu einer Serie gehören; der Grundzustand ist nicht immer wie bisher ein *s*- oder *p*-Zustand, vielmehr kommen *d*- und *f*-Bahnen als Grundbahnen vor. Auch chemisch bilden die Elemente von *Skandium* bis *Nickel* eine besondere Gruppe. In ihrer chemischen Wertigkeit setzen sie die Reihe K, Ca, Sc nicht einfach fort, vielmehr haben sie stark wechselnde Wertigkeiten die in ihren Höchstwerten im allgemeinen ihrer Stellung im gewöhnlichen Schema des periodischen Systems entsprechen (Ti 4-, V 5-, Cr 6-, Mn 7-wertig), die aber bis 2 heruntergehen können. An dieser Stelle kann man auch zur Kennzeichnung der Elemente die bekannte Kurve (Abb. 18) der Atomvolumina nach LOTHAR MEYER benutzen (Atomgewicht durch Dichte im festen Zustand). Auf dieser Kurve bilden die Alkalielemente scharf ausgeprägten Maxima, was nach unserer Auffassung daher rührt, daß sie *ein* äußeres Elektron auf einer Ellipsenbahn haben. Hier kommt es uns darauf an, daß die Elemente Ti bis Ni sämtlich in der Nähe des dritten Minimums der Kurve liegen und nur wenig verschiedene Atomvolumina haben. Ein weiterer Unterschied dieser Elemente von den vorangegangenen beruht auf dem *magnetischen Verhalten* und der *Färbung der heteropolaren Verbindungen*, in welchen die Elemente als Ionen vorhanden sind.

Nach LADENBURG[1]) sind nämlich diese Verbindungen für die Gruppe Ti bis Cu (letzteres nur in der zweiwertigen Form) paramagnetisch und zeigen charakteristische Färbung (vgl. Abb. 18), d. h. es existieren Elektronensprünge von so kleiner Energiedifferenz, daß sie sichbares Licht absorbieren. LADENBURG hat noch vor der BOHRschen Systematik der Quantenzahlen dieses

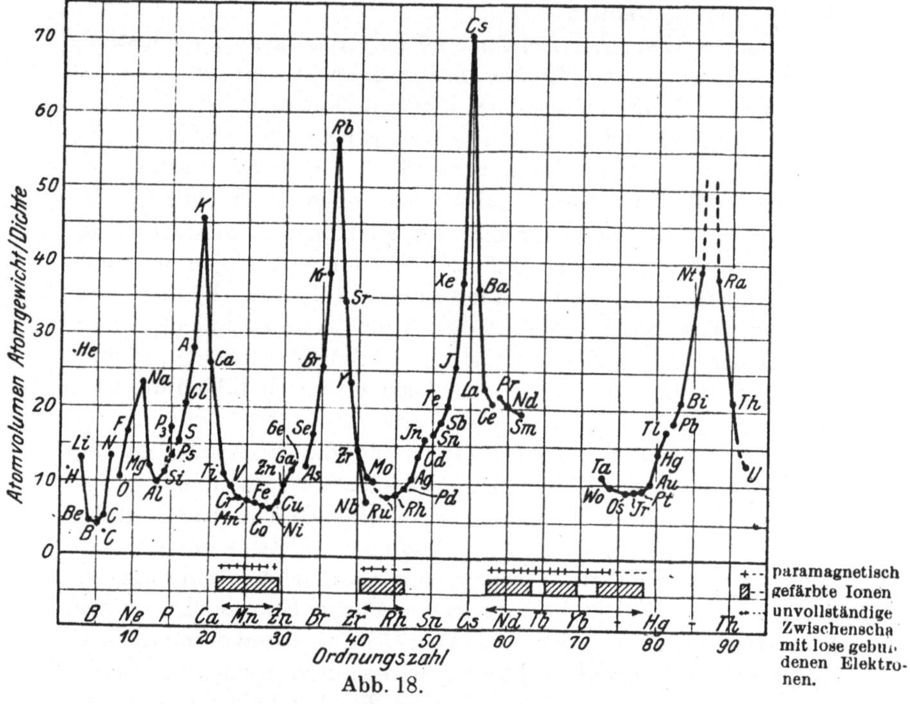

Abb. 18.

Verhalten so gedeutet, daß er in der Gruppe der Elemente von Sc bis Ni die Ausbildung einer „Zwischenschale" annahm. Die neu hinzukommenden Elektronen sollen sich nicht außen anlagern, sondern auch im Innern, während zunächst die beiden äußeren Elektronen des Ca erhalten bleiben.

BOHR hat diese Vorstellung so präzisiert, daß er annahm, daß in der Gruppe Sc bis Ni die Schar der 3_1- und 3_2-Bahnen

[1]) R. LADENBURG: Zeitschr. f. Elektrochem. Bd. 26, S. 262, 1920. Dieser Arbeit ist auch Abb. 18 entnommen.

durch 3_3-Bahnen vervollständigt wird. Inwiefern eine solche Vervollständigung innerer Gruppen einmal eintreten muß, werden wir später im Zusammenhang betrachten. Daß eine 3_3-Bahn bei den nun folgenden Elementen im Atominnern tatsächlich vorhanden ist, zeigt das Auftreten des letzten M-Terms der Röntgenspektren bei Cu (vgl. Abb. 16, S. 205). Die im Rumpf verlaufenden 3_3-Bahnen hindern nicht das Auftreten von angeregten 3_3-Bahnen im Äußern, wie die Tabelle auf S. 219 bei Cu, Zn, Ga, Rb zeigt.

Die Elemente *Kupfer* (29 Cu) und *Zink* (30 Zn) ähneln in ihren Spektren den Alkalien und Erdalkalien. Wir haben bei Cu ein äußeres auf einer 4_1-Bahn gebundenes Elektron anzunehmen, bei Zn zwei solche 4_1-Elektronen. Entsprechend dem Al tritt das Leuchtelektron bei *Gallium* (31 Ga) auf einer 4_2-Bahn auf. An achter Stelle hinter dem Ni kommt das Edelgas *Krypton* (36 Kr), so daß die Gruppe Cu bis Kr sehr der zweiten und dritten Periode ähnelt. Wir nehmen daher an, daß in dieser acht vierquantige Elektronenbahnen (4_1- und 4_2-Bahnen) an die bei Ni vollendete dreiquantige Schale angebaut werden.

Daß bei Kr die N-Schale ($n = 4$) zunächst abgeschlossen ist, zeigen die Spektren des *Rubidium* (37 Rb) und *Strontium* (38 Sr); sie beweisen im Verein mit dem chemischen Verhalten dieser Elemente, daß wir im Normalzustand ein bzw. zwei äußere Elektronen auf 5_1-Bahnen haben. Die folgenden Elemente *Yttrium* (39 Y) bis *Palladium* (46 Pd) setzen wieder (wie die Gruppe Sc bis Ni) die Reihe nicht einfach fort, sondern zeigen stark veränderliche Wertigkeit. Es liegt nahe anzunehmen, daß bei diesen Elementen die noch fehlenden 4_3-Bahnen zum erstenmal auftreten; in der Tat sehen wir bei *Silber* (47 Ag) einen entsprechenden Röntgenterm. Das Auftreten von 4_3-Bahnen im Rumpf hindert wieder nicht, daß außerhalb des Rumpfes im angeregten Zustand Elektronen auf einer 3_3-Bahn laufen können, wie es bei Ag, Cd, In der Fall ist.

Die Elemente *Silber* (47 Ag), *Kadmium* (48 Cd) und *Indium* (49 In) entsprechen in ihrem Spektrum und ihrem chemischen Verhalten den Elementen Cu, Zn, Ga. Bei ihnen werden der vierquantigen Schale (4_1-, 4_2-, 4_3-Bahnen) zwei 5_1- und eine 5_2-Bahn angelagert. Bei *Xenon* (54 X) müssen wir die 5_1- und 5_2-Gruppe als vorläufig abgeschlossen ansehen.

Die sechste Periode beginnt mit *Cäsium* (55 Cs) und *Barium* (56 Ba) in Analogie zur fünften; die Grundbahnen des Leuchtelektrons sind 6_1-Bahnen. Das *Lanthan* (57 La) und die Elemente vor *Platin* (78 Pt) ähneln der Gruppe Y bis Pd. Wir dürfen dort den Aufbau der 5_3-Gruppe annehmen; in der Tat tritt ein 5_3-Röntgenterm bald hinter Platin auf. In diese Gruppe hinein fällt aber noch eine weitere Gruppe von Elementen ziemlich gleichartigen chemischen Verhaltens, die *seltenen Erden*; wir dürfen sie der Ausbildung der noch fehlenden 4_4-Bahnen entsprechen lassen; ein 4_4-Röntgenterm tritt bei *Ta* (73 Ta) auf. Die Elemente *Gold* (79 Au) bis *Niton* (86 Nt) entsprechen wieder den Elementen Ag bis X und bringen den vorläufigen Ausbau der 6_1- und 6_2-Bahnen. Die letzte Periode bringt dann die Anlagerung von 7_1-Bahnen.

Überblicken wir noch einmal das periodische System und lassen wir die (in der Abbildung 17 eingerahmten) Gruppen besonderen chemischen und spektroskopischen Verhaltens vorläufig weg, so werden in der ersten Periode zwei 1_1-Elektronen, in jeder folgenden acht n_1- und n_2-Elektronen angebaut. Die Gruppe der Eisenmetalle (Sc bis Ni) bringt zehn weitere Elektronen in dreiquantiger Bahn, so daß wir im ganzen 18 dreiquantige Bahnen bekommen. Die Palladiumgruppe (Y bis Pd) bringt 10 und die Gruppe der seltenen Erden 14 weitere vierquantige Bahnen, deren Zahl damit auf 32 erhöht wird. Bohr nimmt, um symmetrische Anordnung zu ermöglichen, an, daß sich die 8 Elektronen mit $n = 2$ zu je vieren auf die 2_1- und 2_2-Bahn verteilen, die 18 Elektronen mit $n = 3$ zu je sechsen auf die 3_1-, 3_2- und 3_3-Bahn und die 32 Elektronen mit $n = 4$ zu je achten auf die vier vierquantigen Bahnen; doch gibt es hierfür keine empirischen Belege.

Zur Bestätigung der Auffassung vom Ausbau innerer Elektronengruppen sei noch (nach Bohr und Coster) auf die Darstellung der Röntgenterme (Abb. 16, S. 205) hingewiesen, wo sich bei den betr. Werten von Z deutliche Knicke der Kurven zeigen.

Zur Übersicht geben wir hier eine Tabelle der Besetzungszahlen wieder.

Um den Aufbau des periodischen Systems deduktiv ableiten zu können, müßte man theoretisch verstehen, mit höchstens wieviel Elektronen eine bestimmte Quantenbahn besetzt werden

	1_1	2_1	2_2	3_1	3_2	3_3	4_1	4_2	4_3	4_4	5_1	5_2	5_3	5_4	5_5	6_1	6_2	6_3	6_4	6_5	6_6	7_1	7_2
1 H	1																						
2 He	2																						
3 Li	2	1																					
4 Be	2	2																					
5 B	2	2	1																				
6 C	2	2	(2)																				
10 Ne	2	8																					
11 Na	2	8		1																			
12 Mg	2	8		2																			
13 Al	2	8		2	1																		
14 Si	2	8		2	(2)																		
18 A	2	8		8																			
19 K	2	8		8			1																
20 Ca	2	8		8			2																
21 Sc	2	8		8		1	(2)																
22 Ti	2	8		8		2	(2)																
29 Cu	2	8		18			1																
30 Zn	2	8		18			2																
31 Ga	2	8		18			2	1															
36 Kr	2	8		18			8																
37 Rb	2	8		18			8				1												
38 Sr	2	8		18			8				2												
39 Y	2	8		18			8		1		(2)												
40 Zr	2	8		18			8		2		(2)												
47 Ag	2	8		18			18				1												
48 Cd	2	8		18			18				2												
49 In	2	8		18			18				2	1											
54 X	8	8		18			18				8												
55 Cs	2	8		18			18				8					1							
56 Ba	2	8		18			18				8					2							
57 La	2	8		18			18				8		1			(2)							
58 Ce	2	8		18			18		1		8		1			(2)							
59 Pr	2	8		18			18		2		8		1			(2)							
71 Cp	2	8		18			32				8		1			(2)							
72 Hf	2	8		18			32				8		2			(2)							
79 Au	2	8		18			32				18					1							
80 Hg	2	8		18			32				18					2							
81 Tl	2	8		18			32				18					2	1						
86 Nt	2	8		18			32				18					8							
87 —	2	8		18			32				18					8						1	
88 Ra	2	8		18			32				18					8						2	
89 Ac	2	8		18			32				18					8		1				(2)	
90 Th	2	8		18			32				18					8		2				(2)	
118 —	2	8		18			32				32					18						8	

kann. Vorläufig können wir hierfür nur Regeln aufstellen, die wir nachträglich aus dem periodischen System entnehmen. So scheint eine äußere, d. h. unter dem Einfluß geringer Kernanziehung stehende Bahn nicht drei Elektronen aufnehmen zu können (vgl. Li, C^+, Al, Ga, In, Tl). Die 1_1-Bahn scheint überhaupt höchstens zwei Elektronen aufnehmen zu können, die zweiquantigen Bahnen zusammen höchstens 8, die dreiquantigen unter dem Einfluß geringer Anziehung (in der dritten Periode) auch höchstens 8, weiter im Atominnern (von der Eisengruppe ab) jedoch 18; die vierquantigen Bahnen scheinen ebenfalls zunächst bis 8, weiter im Innern aber bis zu 32 Elektronen aufnehmen zu können.

Wenn man diese Höchstbesetzungszahlen einfach als gegeben hinnimmt, so ist die *Reihenfolge der Quantenbahnen* in ihrer Anlagerung einigermaßen zu verstehen. Man muß fordern: An eine vorhandene Elektronenkonfiguration lagert sich ein neu hinzukommendes Elektron in einer solchen Quantenbahn an, in der es die geringste Energie hat (in der es am stärksten gebunden ist). Dabei hat man zu beachten, daß ein Atom nicht aus dem vorangehenden Atom durch Hinzutreten eines Elektrons entsteht, sondern aus seinem eigenen positiven Ion. Dieses hat zwar dieselbe Elektronenzahl wie das vorangehende Atom, aber eine etwas höhere Kernladung. Daß diese Kernladung gelegentlich wesentlich sein kann, zeigen die folgenden Überlegungen.

Wir nehmen an, ein Ion enthielte eine Anzahl vollbesetzter Quantenbahnen, und wir fragen nun, welche von den nicht besetzten ist die am stärksten gebundene. Die Antwort darauf können wir in zwei Grenzfällen erteilen. Wenn die Kernladung sehr viel größer ist als die Elektronenzahl, so ist das Kraftfeld im Ion und in seiner Umgebung nahezu ein COULOMBsches und die Bahnen haben ihrer Energie nach die gleiche Reihenfolge wie beim Wasserstoff, nur daß die p-, d- usw. Bahnen ein klein wenig hinter der entsprechenden s-Bahn kommen, also: $1_1, 2_1, 2_2, 3_1, 3_2, 3_3, 4_1 \ldots$

Denken wir nun etwa das Uranatom so entstanden, daß ein 92fach geladener Kern der Reihe nach sich 92 Elektronen anlagert, so wird er (wenn die BOHRschen Besetzungszahlen richtig sind) zuerst zwei 1_1-, dann im ganzen acht 2_1- und 2_2-Elektronen einfangen, weiter achtzehn 3_1-, 3_2- 3_3-Elektronen usw. Da jetzt allmählich die Elektronenzahl mit der Kernladung vergleichbar wird, ist die Reihenfolge nicht mehr ganz sicher. Das BOHR-COSTERsche Diagramm der Röntgenterme (Abb. 16, S. 205) zeigt uns aber, daß die Energien der Bahnen wenigstens im fertigen Atom die Reihenfolge 4_1, 4_2, 4_3, 4_4, 5_1 ... haben.

Wenn die Elektronenzahl nur noch um 1 kleiner als die Kernladung ist, es sich also um die Anlagerung des *letzten* Elektrons und um die Bildung des neutralen Atoms handelt, gibt die rohe Abschätzung der effektiven Quantenzahl, die wir in (4) § 28 kennen lernten, einen Anhalt, sobald es sich um Tauchbahnen handelt. Für s-Bahnen erhalten wir

$$n^* = n - (n^{(i)} - 1 - \varepsilon_1 + \varepsilon_2).$$

Da die Aphele der s-Bahnen des Rumpfes seine Größe bestimmen, ist $n^{(i)}$ die wirkliche Quantenzahl der größten im Rumpf verlaufenden s-Bahnen, also $n^{(i)} = n - 1$. Es wird also angenähert

$$n^* = 2.$$

Bei den p-Bahnen dürfte $n^{(i)}$ etwas größer sein als die Quantenzahl der ganz im Rumpf verlaufenden p-Bahn, so daß wir

$$2 < n^* < 3$$

erhalten. Diese Werte stimmen mit den empirischen Werten (erste Tabelle des § 31) einigermaßen überein[1]). Die d-Bahnen dringen im allgemeinen so wenig ein, daß die Gleichung (4) § 28 nicht anwendbar scheint; dann ist die 3_3-Bahn die engste d-Bahn und ihr n^* wird etwas unter 3 liegen. Nur bei Sr und Ba scheinen d-Bahnen tiefer einzudringen. Die Abschätzung würde

$$3 < n^* < 4$$

liefern; der empirische Wert liegt bei 2, aber immer noch höher, als bei den s-Bahnen.

Diese Abschätzung macht es verständlich, daß nach dem Ausbau einer n_1- und n_2-Gruppe ein oberflächliches Elektron in einer $(n + 1)_1$-Bahn gebunden wird, daß also nach dem Abschluß der 3_1- und 3_2-Gruppe beim A oder K^+ das nächset Elektron beim K in einer 4_1- (nicht 3_3-)Bahn läuft oder nach Abschluß der 4_1- und 4_2-Gruppe beim Kr oder Rb^+ das Rb eine 5_1- (nicht 4_3- oder 4_4-)Gruppe beginnt. Während so an

---

[1]) Bei halbzahligem k erhielte man $n^* = 1{,}5$ für s-Terme, $n^* = 1{,}5$ bis 2,5 für p-Terme.

der Atomoberfläche auf die 3_2- die 4_1-Bahn folgt, kommt im tiefen Innern der hochnumerierten Atome nach der 3_2-Bahn die 3_3-Bahn. Wenn wir also die Reihe der kaliumähnlichen Ionen K, Ca^+, Sc^{++}, Ti^{+++}, $V^{(4)}$ … $U^{(73)}$ durchgehen, so müssen wir einmal an die Stelle kommen, wo das äußerste Elektron in einer 3_3-Bahn angelagert ist. In der Tat ist im Spektrum des K die 3_3-Bahn ($n^* = 2{,}85$) noch wesentlich schwächer gebunden als die 4_1-Bahn ($n^* = 1{,}77$), bei Ca^+ ist der Unterschied schon viel kleiner ($n^* = 2{,}31$; $2{,}14$); bei Sc^{++} dürfte das n^* des s-Terms noch größer sein als bei Ca^+ (entsprechend dem allgemeinen Verhalten von Tauchbahnen), so daß die d-Bahn stärker gebunden sein könnte als die s-Bahn[1]). Man könnte also annehmen, daß beim Aufbau des Sc-Atoms zur argonähnlichen Anordnung des Sc^{+++} eine 3_3- und dann noch zwei 4_1-Bahnen kommen, beim Ti auf die argonähnliche Anordnung des Ti^{++++} zwei 3_3- und zwei 4_1-Bahnen.

Die Spektren der Eisengruppe zeigen nun, daß diese Auffassung doch zu schematisch ist und nur ganz roh die Verhältnisse wiedergibt. Zwar haben einige Atome dieser Gruppe (Cr und Mn) eine s-Bahn im Normalzustand[2]); bei andern aber kommen d- und sogar f-Bahnen vor[3]). Es scheinen also in dieser Gruppe die Bindungsenergien der verschiedenen Bahnen nicht sehr verschieden zu sein. Auf jeden Fall aber zeigt uns unsere Betrachtung, daß man sich den Ausbau einer Elektronengruppe nicht immer so vorzustellen hat, daß das letzte hinzukommende Elektron in die zuletzt begonnene Gruppe aufgenommen wird. Vielmehr kann von einer bestimmten Atomnummer ab der Rumpf anders gebaut sein als das vorangehende Atom, nämlich schon ein Elektron des neu begonnenen Bahntypus enthalten.

Zur Übersicht über die Besetzungszahlen der einzelnen Quantenbahnen müßte man ein zweidimensionales Schema geben, das alle Elemente mit allen ihren Ionen bis zum nackten Kern enthält, das also einmal nach der Atomnummer Z und dann nach der Elektronenzahl z fortschreitet. Mit unserer geringen

---

[1]) N. Bohr: Zeitschr. f. Physik. Bd, 9, S. 1, 1922.

[2]) W. Grotrian: Zeitschr. f. Physik. Bd. 18, S. 169, 1923. — H. Gieseler und W. Grotrian: Zeitschr. f. Physik. Bd. 22, S. 245. 1924.

[3]) H. Gieseler und W. Grotrian: Zeitschr. f. Physik. Bd. 25, S. 342. 1924.

Kenntnis von den Besetzungszahlen ein solches hinzuschreiben, hätte wenig Sinn. Zur Veranschaulichung des Gedankens ist in Abbildung 19 (durch Schraffierung) nur die gerade im Ausbau begriffene Gruppe angedeutet, d. h. die Quantenbahn des zuletzt angelagerten Elektrons. Die Gebiete, in denen diese Quantenbahn zweifelhaft ist, sind doppelt schraffiert.

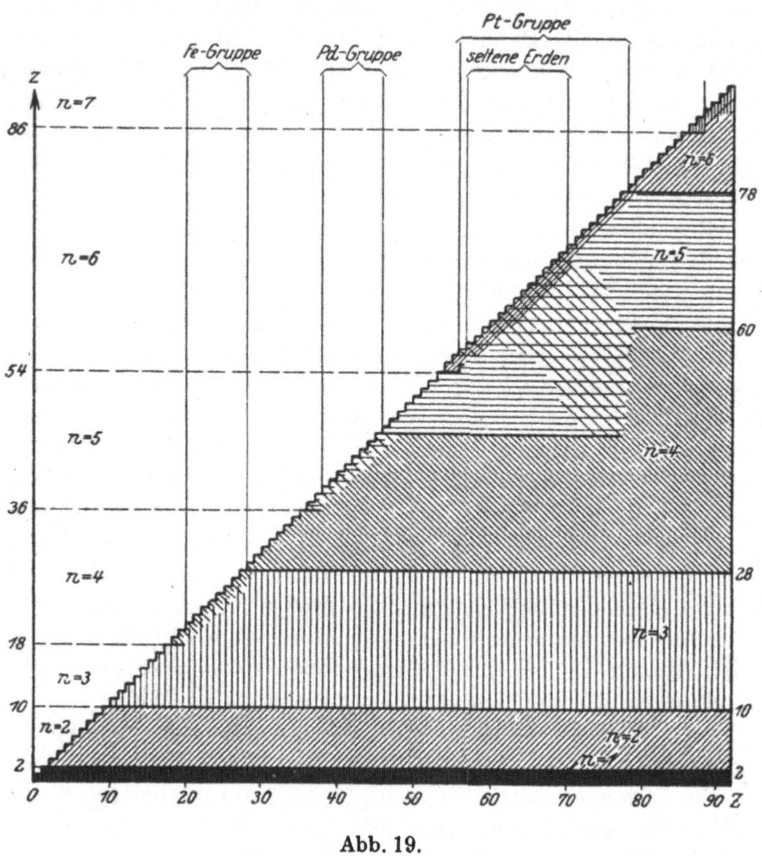

Abb. 19.

§ 33. Die relativistische Keplerbewegung.

Bei den Überlegungen zum Verständnis des periodischen Systems der Elemente kamen wir mit der nichtrelativistischen Mechanik aus. Die genauere Behandlung der Bahnen beim

Wasserstoff erfordert jedoch eine *Berücksichtigung der Relativitätstheorie.*

Eine einfache Rechnung zeigt nämlich, daß die Geschwindigkeit des Elektrons auf der einquantigen Kreisbahn des Wasserstoffatoms bereits einen Wert erreicht, der nicht mehr unter allen Umständen gegen die Lichtgeschwindigkeit c zu vernachlässigen ist. Diese Geschwindigkeit ist nämlich

$$v_H = \frac{p}{m\,a_H} = \frac{h}{2\,\pi\,m\,a_H};$$

setzt man hierin für a_H seinen Wert (8) § 23

$$a_H = \frac{h^2}{4\,\pi^2\,m\,e^2}$$

ein, so erhält man das Verhältnis

$$(1) \qquad \alpha = \frac{v_H}{c} = \frac{2\,\pi\,e^2}{h\,c} = 7{,}29 \cdot 10^{-3}.$$

Für alle Beobachtungen, deren Meßgenauigkeit diesen Betrag erreicht, wird also die gewöhnliche Mechanik nicht mehr ausreichen, sondern durch die relativistische zu ersetzen sein. Wir müssen daher nach SOMMERFELD[1]) untersuchen, wie die Bewegung eines Elektrons in einem COULOMBschen Feld, das von einem Z-fach geladenen Kern herrührt, unter Berücksichtigung der Relativitätstheorie verläuft.

Nach § 5 ist die HAMILTONsche Funktion auch in diesem Falle mit der Gesamtenergie identisch. Man hat

$$(2) \qquad H = m_0\,c^2 \left(\frac{1}{\sqrt{1-\beta^2}} - 1 \right) - \frac{e^2\,Z}{r} = W,$$

wo $\dfrac{v}{c} = \beta$ gesetzt ist. Nach (10) § 5 sind die Impulskomponenten

$$(3) \qquad p_x = \frac{m_0\,\dot{x}}{\sqrt{1-\beta^2}}, \qquad p_y = \frac{m_0\,\dot{y}}{\sqrt{1-\beta^2}}, \qquad p_z = \frac{m_0\,\dot{z}}{\sqrt{1-\beta^2}}.$$

Hieraus folgt durch Quadrieren und Addieren

$$p_x^2 + p_y^2 + p_z^2 = \frac{m_0^2\,c^2\,\beta^2}{1-\beta^2} = m_0^2\,c^2 \left(\frac{1}{1-\beta^2} - 1 \right)$$

und

---

[1]) A. SOMMERFELD: Ann. d. Physik, Bd. 51, S. 1, 1916.

$$\frac{1}{\sqrt{1-\beta^2}} = \sqrt{1 + \frac{1}{m_0^2 c^2}(p_x^2 + p_y^2 + p_z^2)}.$$

Nach (2) ist also:

$$(4) \quad H = m_0 c^2 \left[\sqrt{1 + \frac{1}{m_0^2 c^2}(p_x^2 + p_y^2 + p_z^2)} - 1\right] - \frac{e^2 Z}{r} = W.$$

Rechnen wir daraus die Quadratsumme der Impulse aus, so folgt:

$$(5) \quad \frac{1}{2 m_0}(p_x^2 + p_y^2 + p_z^2) = W + \frac{e^2 Z}{r} + \frac{1}{2 m_0 c^2}\left(W + \frac{e^2 Z}{r}\right)^2.$$

Diese Gleichung unterscheidet sich von der entsprechenden der nichtrelativistischen KEPLER-Bewegung nur durch das Zusatzglied

$$\frac{1}{2 m_0 c^2}\left(W + \frac{e^2 Z}{r}\right)^2.$$

Da es von r allein abhängt, ist das Problem ebenfalls in Polarkoordinaten separierbar.

Wir haben jetzt aber nur noch einfache Entartung. In Übereinstimmung mit den bei der Zentralbewegung § 21 eingeführten Bezeichnungen schreiben wir

$$J_1 = J_r + J_\varphi + J_\vartheta = n h$$
$$J_2 = \qquad J_\varphi + J_\vartheta = k h.$$

Die Wirkungsintegrale J_φ und J_ϑ sind dieselben wie früher, insbesondere ist wieder

$$J_\varphi + J_\vartheta = 2 \pi p$$

das 2π-fache des Drehimpulses. J_r bekommt dieselbe Form (2) § 22 wie früher

$$J_r = \oint \sqrt{-A + \frac{2 B}{r} - \frac{C}{r^2}}\, dr,$$

wo nur A, B und C etwas andere Bedeutung haben:

$$A = 2 m_0(-W) - \frac{W^2}{c^2} = m_0^2 c^2\left[1 - \left(1 + \frac{W}{m_0 c^2}\right)^2\right]$$

$$B = m_0 e^2 Z + \frac{W e^2 Z}{c^2} = m_0 e^2 Z\left(1 + \frac{W}{m_0 c^2}\right)$$

$$C = p^2 - \frac{e^4 Z^2}{c^2} \qquad = \frac{k^2 h^2}{4 \pi^2}\left(1 - \frac{\alpha^2 Z^2}{k^2}\right).$$

Die Ausrechnung des Integrals ergibt wie früher (vgl. (5) Anhang II)

$$J_r = (n - k)\, h = 2\,\pi \left(- \sqrt{C} + \frac{B}{\sqrt{A}} \right),$$

also:

$$(n - k)\, h = - k\, h \sqrt{1 - \frac{\alpha^2 Z^2}{k^2}} + \frac{2\,\pi\, e^2\, Z \left(1 + \dfrac{W}{m_0\, c^2} \right)}{c\, \sqrt{1 - \left(1 + \dfrac{W}{m_0\, c^2} \right)^2}} \, .$$

Löst man die Gleichung nach $1 + \dfrac{W}{m_0\, c^2}$ auf, so erhält man

$$(6) \qquad 1 + \frac{W}{m_0\, c^2} = \frac{1}{\sqrt{1 + \dfrac{\alpha^2 Z^2}{(n - k + \sqrt{k^2 - \alpha^2 Z^2})^2}}} \, .$$

Hiermit haben wir den strengen Ausdruck für die Energie. Von der Bahn wissen wir, daß sie wie bei jeder periodischen Zentralbewegung eine Rosette ist.

Für uns kommt nur der Fall in Betracht, wo α sehr klein ist. Es genügen daher die ersten Glieder der Entwicklung nach α, Wir erhalten so

$$1 + \frac{W}{m_0\, c^2} = 1 - \frac{\alpha^2 Z^2}{2\, n^2} + \frac{\alpha^4 Z^4}{2\, n^4} \left(\frac{3}{4} - \frac{n}{k} \right).$$

Drücken wir α nach (1) aus und führen wir die RYDBERG-Konstante R nach (2) § 23 ein, so erhalten wir:

$$(7) \qquad W = - \frac{R\, h\, Z^2}{n^2} \left[1 + \frac{\alpha^2 Z^2}{n^2} \left(\frac{n}{k} - \frac{3}{4} \right) \right].$$

Ehe wir diese Gleichung näher diskutieren, wollen wir sie noch einmal mit Hilfe der Theorie der *säkularen Störungen* ableiten.

Wir gehen dabei vom Ausdruck (4) der HAMILTONschen Funktion aus. Darin ist das zweite Glied in der Wurzel von der Größenordnung β^2; wenn wir nach dieser Größe entwickeln, erhalten wir:

$$H = \frac{1}{2\, m_0} (p_x^2 + p_y^2 + p_z^2) - \frac{1}{8\, m_0^3\, c^2} (p_x^2 + p_y^2 + p_z^2)^2 + \cdots$$
$$- \frac{e^2\, Z}{r} = W.$$

Setzen wir

$$H_0 = \frac{1}{2\,m_0}\,(p_x{}^2 + p_y{}^2 + p_z{}^2) - \frac{e^2\,Z}{r} = W_0$$

$$H_1 = -\,\frac{1}{8\,m_0{}^3\,c^2}\,(p_x{}^2 + p_y{}^2 + p_z{}^2)^2 = W_1,$$

so ist H_0 die HAMILTONsche Funktion der nichtrelativistischen KEPLER-Bewegung, die wir als ungestörte Bewegung ansehen, und H_1 ist eine Störungsfunktion. Um den Einfluß dieser Störung auf die KEPLER-Bewegung zu gewinnen, haben wir H_1 über die ungestörte Bewegung zu mitteln. Wenn wir die Quadratsumme der Impulse in H_1 mit Hilfe der Gleichung für W_0 ausdrücken, erhalten wir

$$\overline{H}_1 = -\,\frac{1}{2\,m_0\,c^2}\left[W_0{}^2 + 2\,e^2\,Z\,W_0\cdot\overline{\frac{1}{r}} + e^4\,Z^2\,\overline{\frac{1}{r^2}}\right] = W_1.$$

Dieses Zusatzglied zur Energie entspricht dem Zusatzglied in (5), nur ist hier W schon durch W_0 ersetzt, was unserem Grad der Annäherung entspricht. Für die Mittelwerte von $\dfrac{1}{r}$ und

$\dfrac{1}{r^2}$ bei der KEPLER-Bewegung erhielten wir früher (19) und (20) § 22:

$$\overline{\frac{1}{r}} = \frac{1}{a}, \qquad \overline{\frac{1}{r^2}} = \frac{1}{a\,b},$$

so daß

$$W_1 = -\,\frac{1}{2\,m_0\,c^2}\left[W_0{}^2 + \frac{2\,e^2\,Z}{a}\,W_0 + \frac{e^4\,Z^2}{a^2}\cdot\frac{a}{b}\right]$$

wird. Beachten wir, daß

$$-\,\frac{e^2\,Z}{2\,a} = W_0, \qquad \frac{a}{b} = \frac{n}{k}$$

ist, so erhalten wir als relativistische Zusatzenergie:

$$W_1 = -\,\frac{1}{2\,m_0\,c^2}\,W_0{}^2\left(4\,\frac{n}{k} - 3\right)$$

oder, wenn wir wieder α und R einführen:

$$(8) \qquad W_1 = -\,\frac{R\,h\,Z^2}{n^2}\cdot\frac{\alpha^2\,Z^2}{n^2}\left(\frac{n}{k} - \frac{3}{4}\right)$$

in Übereinstimmung mit (7).

Die „*Relativitätskorrektion*" (8) der Energie ist um so größer, je kleiner die Hauptquantenzahl ist, am größten also bei der 1_1-Bahn. Bei gleichem n ist sie um so größer, je exzentrischer die Bahn ist. Die Frequenz des Perihelumlaufs wird

$$\nu_2 = \frac{\partial W}{\partial J_2} = \frac{1}{h}\frac{\partial W_1}{\partial k} = \frac{R\,Z^2}{n^3} \cdot \frac{\alpha^2 Z^2}{k^2} = \nu_1 \cdot \frac{\alpha^2 Z^2}{2\,k^2},$$

wo ν_1 die Frequenz des Umlaufs des Elektrons in der Ellipse ist.

Die Terme des durch (8) dargestellten Spektrums (H, He$^+$, Li^{++}) bilden nicht eine einfach geordnete Folge wie bei nichtrelativistischer Rechnung, sondern eine doppelt geordnete. Da der Einfluß von k auf die Termgröße klein ist gegen den von n, können wir die durch relativistische Rechnung bewirkte Änderung auffassen als eine Aufspaltung der nichtrelativistischen Terme. Das Termschema sieht (unter sehr starker Vergrößerung der relativistischen Aufspaltung) folgendermaßen aus:

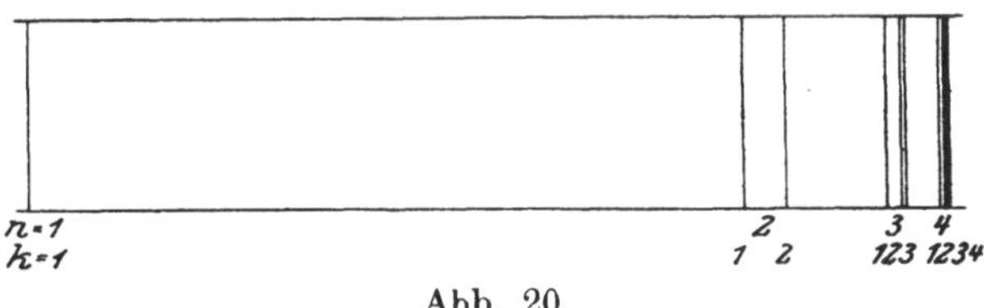

Abb. 20.

Bei Wegfall äußerer Störungen kombinieren nach dem Korrespondenzprinzip (§ 17) von diesen Termen nur die, deren Nebenquantenzahl k sich um ± 1 unterscheidet. Die Linienserie, für deren Grenzterm $n = 1$ ist (bei H die LYMAN-Serie), besteht aus einfachen Linien; die Linienserie, für deren Grenzterm $n = 2$ ist (bei H die BALMER-Serie) besteht aus Tripletts die Linien der übrigen Serien zeigen noch verwickelteren Charakter.

Als Maß für relativistische Aufspaltungen pflegt man nach SOMMERFELD die Aufspaltung des Grenzterms $(n = 2)$ der BALMER-Serie des Wasserstoffes zu nehmen. Sie beträgt nach der Theorie

$$\Delta\nu_H = \frac{R\,\alpha^2}{16} = 0{,}365\ \text{cm}^{-1}.$$

Die Aufspaltung des entsprechenden Terms für beliebiges Z ist

$$Z^4\,\Delta\nu_H,$$

also z. B. für He$^+$ $16 \cdot \Delta\nu_H$. Die Größe $\Delta\nu_H$ ist im wesentlichen die Aufspaltung aller Glieder der BALMER-Serie des

Wasserstoffs, da die Aufspaltung des Laufterms $(n = 3, 4 \cdots)$ sehr klein wird.

Was die *Bestätigung* dieser Theorie *durch die Erfahrung* anlangt, so haben die Messungen am Wasserstoff und am Helium tatsächlich die erwarteten Komponenten ergeben. Über den Betrag der Aufspaltung jedoch gehen die Versuchsergebnisse noch auseinander; so schwanken die Angaben über die Aufspaltung von H_α, $H_\beta \cdots$, die nach der Theorie $\varDelta \nu_H = 0{,}365\ \mathrm{cm}^{-1}$ sein müßte, zwischen 0,29 und 0,39[1]). Bei He^+ läßt sich die Aufspaltung an den Serien

$$4\,R\left(\frac{1}{3^2} - \frac{1}{n^2}\right) \qquad \text{und} \qquad 4\,R\left(\frac{1}{4^2} - \frac{1}{n^2}\right)$$

beobachten. PASCHEN hat die Messungen sowohl im Gleichstrom wie im Wechselstrom ausgeführt; dabei traten im letzteren Falle viel mehr Linien auf, weil bei den hohen und rasch wechselnden Feldstärken Störungen entstehen, durch die die aus dem Korrespondenzprinzip folgende Auswahlregel durchbrochen wird. Sowohl die Zahl der Komponenten wie die Aufspaltungsverhältnisse stimmen mit der Theorie überein[2]).

SOMMERFELD[3]) hat die Relativitätskorrektion zur Erklärung der Vielfachheit der Röntgenterme und der Abweichungen vom MOSELEYSCHEN Gesetz (1), (2) und (3) § 29 herangezogen. Die numerische Übereinstimmung ist durch das ganze periodische System überraschend gut; aber die Grundlagen der Theorie sind noch zu unsicher, als daß ihre Darstellung in diesem Bande am Platze wäre.

---

[1]) Vgl. den zusammenfassenden Bericht von E. LAU in Physikal. Zeitschr. Bd. 25, S. 60, 1924; LAU hält den Wert 0,29 bis 0,30 für am wahrscheinlichsten. Die neuen Messungen von J. C. McLENNAN und G. M. SHRUM (Proc. of the Royal Society London. Bd. 105, S. 259, 1924) ergeben jedoch wieder 0,33 bis 0,37. Für die Theorie sprechen auch Messungen von G. HANSEN (Diss. Jena, 1924).

[2]) In dem zitierten Bericht von LAU wird der Sachverhalt so dargestellt, als wenn die PASCHENschen Messungen auch bei He kleinere Werte ergäben, als es die Theorie verlangt. Dies rührt daher, daß LAU sich nur auf die Gleichstrommessungen PASCHENs stützt, während PASCHEN die Wechselstrombeobachtungen mit heranzieht.

[3]) A. SOMMERFELD, Ann. d. Physik. Bd. 51, S. 125, 1916. A. LANDÉ (Zeitschr. f. Physik. Bd. 25, S. 46, 1924) hat gezeigt, daß sogar gewisse optische Dubletts bei nicht wasserstoffähnlichen Termen der geeignet angewandten relativistischen Formel folgen — ein vorläufig ganz unverständliches Ergebnis.

§ 34. Der Zeemaneffekt.

Während wir bisher die Atome als isolierte Systeme betrachtet haben, wollen wir jetzt dazu übergehen, die *Einwirkung konstanter äußerer Einflüsse* zu untersuchen, und beginnen mit der *Wirkung eines konstanten äußeren Magnetfeldes*, dem ZEEMAN-*effekt*.

Wir können dabei von einem sehr allgemeinen Atommodell ausgehen, nämlich einem ruhenden Kern mit beliebig vielen umlaufenden Elektronen. Wir nehmen an, daß die Energie des ungestörten Systems (ohne Magnetfeld) als Funktion gewisser Wirkungsvariabeln $J_1, J_2 \cdots$

$$W_0(J_1, J_2 \cdots)$$

gegeben sei.

Ist nun ein homogenes Magnetfeld vorhanden, so ist die potentielle Energie des Systems invariant gegen eine Drehung um die Richtung des Feldes. Nach dem in § 6 und § 17 bewiesenen ist daher das Azimut φ eines beliebigen Punktes des Systems zyklische Variable und der zugehörige konjugierte Impuls p_φ ist der Drehimpuls des Systems um die Feldrichtung. Die Wirkungsfunktion

$$S = \pm \frac{1}{2\pi}\,\varphi \cdot J_\varphi + S^{(1)}(q_1\,q_2 \cdots J_1\,J_2 \cdots J_\varphi)$$

definiert Winkelvariable $w_1\,w_2 \cdots w_\varphi$; w_φ ist das mittlere Azimut um die Feldrichtung.

Ohne Magnetfeld kommt J_φ in der HAMILTONschen Funktion nicht vor, die Bewegung ist entartet und w_φ ist konstant.

Wenn wir nun den Einfluß des Magnetfeldes auf die Energie untersuchen wollen, stoßen wir auf den im § 4 erwähnten Fall, daß die Kräfte, die auf die Punkte des Systems wirken, von den Geschwindigkeiten abhängen. Infolge des (vorläufig beliebig von x, y, z abhängigen) Magnetfeldes $\mathfrak{H}$ wirkt auf ein Elektron von der Ladung $-e$ die sogenannte LORENTZ*sche Kraft*[1]).

$$(1) \qquad\qquad \mathfrak{K} = -\frac{e}{c}\,[\mathfrak{v}\,\mathfrak{H}].$$

---

[1]) Siehe z. B. M. Abraham: Theorie der Elektrizität. Bd. 2, 3. Aufl. Leipzig 1914, § 4, S. 20.

Nach § 4 haben wir dann eine Funktion M zu bestimmen, so daß

$$\frac{d}{dt}\frac{\partial M}{\partial \dot{x}} - \frac{\partial M}{\partial x} = \Re_x$$

wird.   Die Funktion

$$M = \frac{e}{c}\,\mathfrak{A}\,\mathfrak{v} = \frac{e}{c}\,(\mathfrak{A}_x\,\dot{x} + \mathfrak{A}_y\,\dot{y} + \mathfrak{A}_z\,\dot{z})$$

hat diese Eigenschaft; $\mathfrak{A}$ ist darin das Vektorpotential des Magnetfeldes, definiert durch

$$\mathfrak{H} = \mathrm{rot}\,\mathfrak{A}\,.$$

Es ist nämlich:

$$\frac{d}{dt}\frac{\partial M}{\partial \dot{x}} - \frac{\partial M}{\partial x} = \frac{d}{dt}\left(\frac{e}{c}\,\mathfrak{A}_x\right) - \frac{e}{c}\left(\frac{\partial \mathfrak{A}_x}{\partial x}\,\dot{x} + \frac{\partial \mathfrak{A}_y}{\partial x}\,\dot{y} + \frac{\partial \mathfrak{A}_z}{\partial x}\,\dot{z}\right)$$

$$= -\frac{e}{c}\left[\dot{y}\left(\frac{\partial \mathfrak{A}_y}{\partial x} - \frac{\partial \mathfrak{A}_x}{\partial y}\right) - \dot{z}\left(\frac{\partial \mathfrak{A}_x}{\partial z} - \frac{\partial \mathfrak{A}_z}{\partial x}\right)\right]$$

$$= -\frac{e}{c}\,[\mathfrak{v}\,\mathfrak{H}]_x = \Re_x\,.$$

Die LAGRANGEsche Funktion ist nach (8) § 4:

$$(2)\qquad L = T - U - \frac{e}{c}\sum(\mathfrak{A}_x\,\dot{x} + \mathfrak{A}_y\,\dot{y} + \mathfrak{A}_z\,\dot{z}),$$

wobei die Summe über alle Elektronen zu erstrecken ist. Hieraus berechnen wir die Impulse. Für *ein* Elektron werden sie:

$$p_x = \frac{\partial L}{\partial \dot{x}} = m\,\dot{x} - \frac{e}{c}\,\mathfrak{A}_x\,,$$

$$(3)\qquad p_y = \frac{\partial L}{\partial \dot{y}} = m\,\dot{y} - \frac{e}{c}\,\mathfrak{A}_y\,,$$

$$p_z = \frac{\partial L}{\partial \dot{z}} = m\,\dot{z} - \frac{e}{c}\,\mathfrak{A}_z\,.$$

Die HAMILTONsche Funktion wird nach (3) § 5:

$$H = \sum(\dot{x}\,p_x + \dot{y}\,p_y + \dot{z}\,p_z) - L$$

$$(4)\qquad = \sum\frac{m}{2}\,(\dot{x}^2 + \dot{y}^2 + \dot{z}^2) + U = T + U\,.$$

Sie ist also auch hier gleich der Gesamtenergie. In der Energie tritt kein dem magnetischen Feld entsprechendes Zusatzglied auf, da die magnetischen Kräfte keine Arbeit leisten; die Kraft $-\dfrac{e}{c}[\mathfrak{v}\,\mathfrak{H}]$ steht ja immer auf $\mathfrak{v}$ senkrecht. Drücken wir die Geschwindigkeitskomponenten in H durch die Impulse aus, so erhalten wir

$$H = \sum \left[\frac{1}{2\,m}\,(p_x{}^2 + p_y{}^2 + p_z{}^2) + \frac{e}{c\,m}\,(\mathfrak{A}_x\,p_x + \mathfrak{A}_y\,p_y + \mathfrak{A}_z\,p_z) \right.$$

$$\left. + \frac{e^2}{2\,m\,c^2}\,(\mathfrak{A}_x{}^2 + \mathfrak{A}_y{}^2 + \mathfrak{A}_z{}^2) \right] + U.$$

Wir beschränken uns im folgenden auf den Fall, wo das Feld so schwach ist, daß die in $\mathfrak{A}_x\,\mathfrak{A}_y\,\mathfrak{A}_z$ quadratischen Glieder vernachlässigt werden können. Dann können wir auch

$$(5) \qquad H = \sum \left[\frac{1}{2\,m}\,(p_x{}^2 + p_y{}^2 + p_z{}^2) + \frac{e}{c}\,\mathfrak{A}\cdot\mathfrak{v} \right] + U$$

schreiben, so daß die HAMILTONsche Funktion sich von der der feldfreien Bewegung nur um das Glied

$$\sum \frac{e}{c}\,\mathfrak{A}\,\mathfrak{v}$$

unterscheidet.

Wir wollen jetzt den Einfluß eines *homogenen Magnetfeldes* $\mathfrak{H}$ auf die Bewegung der Elektronen untersuchen. Wir können dann

$$\mathfrak{A} = \tfrac{1}{2}\,[\mathfrak{H}\,\mathfrak{r}]$$

setzen, wo $\mathfrak{r}$ der Ortsvektor eines Elektrons ist. Im Zusatzglied wird also

$$\sum \mathfrak{A}\,\mathfrak{v} = \sum \tfrac{1}{2}\,[\mathfrak{H}\,\mathfrak{r}]\,\mathfrak{v} = \sum \tfrac{1}{2}\,\mathfrak{H}\,[\mathfrak{r}\,\mathfrak{v}] = \frac{1}{2\,m}\,\mathfrak{H}\cdot\mathfrak{p} = \frac{1}{2\,m}\,|\,\mathfrak{H}\,|\,p_\varphi\,,$$

wo $\mathfrak{p}$ der Gesamtdrehimpuls des Systems der Elektronen ist und p_φ wie oben seine Komponente in der Feldrichtung. p_φ ist bis auf Glieder, die $\mathfrak{H}$ proportional sind, der zu einem absoluten Azimut konjugierte Impuls. Wenn wir zu den Winkel- und Wirkungsvariabeln w_1, $w_2 \cdots w_\varphi$, J_1, $J_2 \cdots J_\varphi$ der feldfreien Bewegung übergehen, so erhält also (5) die Form[1])

$$(6) \qquad H = W_0\,(J_1\,J_2\cdots) \pm \frac{e\,|\,\mathfrak{H}\,|}{2\,m\,c} \cdot \frac{J_\varphi}{2\,\pi}.$$

Daraus können wir nun ohne weiteres den Einfluß des Magnetfeldes $\mathfrak{H}$ auf die Elektronenbewegung ablesen. Die Winkel- und Wirkungsvariabeln der feldfreien Bewegung bleiben auch im Magnetfeld Winkel- und Wirkungsvariable, da ja auch die Gesamtenergie nur von den J_k abhängt. Die Winkelvariable w_φ ist aber nicht mehr konstant, sondern hat die Frequenz $\nu_\varphi = \pm\,\nu_m$, wo

$$(7) \qquad \nu_m = \left|\frac{\partial H}{\partial J_\varphi}\right| = \frac{1}{2\,\pi}\,\frac{e\,|\,\mathfrak{H}\,|}{2\,m\,c} = 4{,}70\cdot 10^{-5}\,|\,\mathfrak{H}\,|\ \mathrm{cm}^{-1}$$

ist, während die Frequenzen aller anderen Winkelvariabeln sich in der gleichen Weise durch die J_k ausdrücken, wie ohne Feld. Der Einfluß des Magnetfeldes $\mathfrak{H}$ besteht also ausschließlich darin, daß zu den Bewegungen, die die Elektronen ohne Feld ausführen würden, eine gleichförmige Präzession des ganzen Systems mit der Frequenz ν_m kommt (die LARMOR-*Präzession*).

Die *Bewegung eines Elektrons* läßt sich also zerlegen in eine Schwingung parallel zum Feld mit den feldfreien Frequenzen $(\nu\,\tau) = \nu_1\,\tau_1 + \nu_2\,\tau_2 + \cdots$ und in Schwingungen senkrecht dazu mit den Frequenzen $(\nu\,\tau) + \nu_m$ und $(\nu\,\tau) - \nu_m$. Die klassische Theorie folgert daraus eine Strahlung mit den Frequenzen $(\tau\,\nu)$, die parallel zum Feld polarisiert ist, und eine Strahlung mit den Frequenzen $(\nu\,\tau) \pm \nu_m$, die zirkular um die Feldrichtung polarisiert ist.

Wir werden sehen, daß die Quantentheorie die gleiche Aufspaltung liefert.

Da die $J_1\,J_2 \cdots$ adiabatisch invariant sind (vgl. § 16), bleiben sie bei langsamer Einschaltung des Magnetfeldes konstant. Die Bewegung der Elektronen geht also bei Einschaltung des Feldes gerade in eine solche über, die sich nur durch eine übergelagerte gleichförmige Präzession mit der Frequenz ν_φ von der früheren Bewegung unterscheidet.

---

[1]) Das doppelte Vorzeichen rührt daher, daß p_φ positiv und negativ sein kann, während J_φ nach Definition nur positiv ist.

Zu den Quantenbedingungen des ungestörten Systems

$$J_k = n_k h .$$

kommt jetzt noch eine neue Bedingung

$$(8) \qquad J_\varphi = m h ;$$

sie besagt, daß der Drehimpuls des Elektronensystems in der Richtung des Magnetfeldes nur bestimmte Werte annehmen kann. Wir haben hier bei schwachem Magnetfeld den Fall der *Richtungsquantelung*, den wir im § 17 allgemein behandelt haben. Wenn zu dem Drehimpuls $\dfrac{J}{2\pi}$, wobei J eine der Größen $J_1 J_2 \cdots$ ist, die Quantenzahl j gehört,

$$J = j h ,$$

so gilt für den Winkel α zwischen den Richtungen des Drehimpulses und des Magnetfeldes

$$(9) \qquad \cos \alpha = \frac{m}{j} .$$

Die Achse des Drehimpulses kann sich also nur in $2j + 1$ verschiedenen Richtungen ($m = j,\ j - 1 \cdots - j$) zur Feldachse einstellen.

Die magnetische Zusatzenergie wird nach (6), (7) und (8)

$$(10) \qquad W_m = \pm h \nu_m \cdot m ;$$

jeder Term wird also in $2j + 1$ äquidistante Terme im Abstand ν_m aufgespalten.

Nach dem *Korrespondenzprinzip* kann sich die Quantenzahl m um 1, 0, -1 ändern, wobei beim Übergang $m \to m$ das ausgestrahlte Licht parallel zur Feldrichtung polarisiert ist und beim Übergang $m \pm 1 \to m$ zirkular um die Feldrichtung. Einer Abnahme von m um 1 korrespondiert in der klassischen Theorie eine LARMOR-Präzession im positiven Sinne, also auch positiv zirkular polarisierte Strahlung, einer Zunahme von m entspricht negativ zirkular polarisierte Strahlung.

. Die beim Übergang $m \to m$ gestrahlte Frequenz ist dieselbe wie die ohne Magnetfeld bei gleicher Änderung der übrigen Quantenzahlen gestrahlte Frequenz ν_0. Die beim Übergang $m \pm 1 \to m$ gestrahlte Frequenz ist

$$\nu = \nu_0 \pm \nu_m .$$

Man bekommt also wie in der klassischen Theorie bei longitudinaler Beobachtung ein Dublett zirkular polarisierter Spektrallinien symmetrisch zu ν_0. Die Linie mit größerer Frequenz entspricht dabei dem Übergang $m + 1 \rightarrow m$, sie ist also positiv zirkular polarisiert. Bei transversaler Beobachtung erhält man ein Triplett, dessen mittlere Linie bei ν_0 liegt und parallel zu den Kraftlinien polarisiert ist, dessen äußere Linien von ν_0 um $\pm \nu_m$ entfernt und senkrecht dazu polarisiert sind (Abb. 21).

Dies Ergebnis ist dasselbe wie in der klassischen Theorie von H. A. LORENTZ. Die experimentelle Untersuchung bestätigte es bei solchen Linien der anderen Elemente, die einfach (Singuletts) sind. Zur Erklärung der komplizierten ZEEMAN-Effekte, wie sie bei Multipletts auftreten, reicht diese einfache Theorie (die der klassischen Theorie von LORENTZ nachgebildet ist) nicht aus. Die Theorie dieser „anomalen ZEEMAN-Effekte" geht über den Rahmen dieses Bandes hinaus[1]).

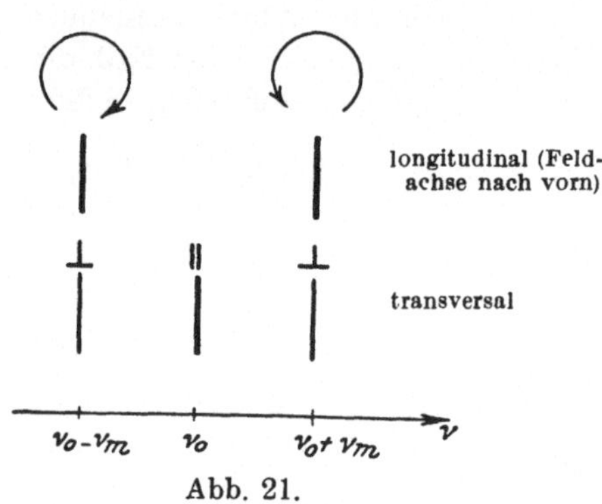

Abb. 21.

§ 35. Der Starkeffekt beim Wasserstoffatom.

Als nächsten Fall der Wirkung äußerer Felder betrachten wir den STARK*effekt beim Wasserstoffatom,* d. h. den *Einfluß eines homogenen elektrischen Feldes* $\mathfrak{E}$ *auf die Bewegung im Wasserstoffatom* (allgemeiner: einem Atom mit nur einem Elektron). Wir wollen diese Aufgabe sehr ausführlich behandeln, um die verschiedenen Methoden daran zu erläutern.

Die erste Methode, die wir anwenden, ist die Einführung von *Separationsvariabeln*[2]); nachher wollen wir auf zwei ver-

---

[1]) Vgl. E. BACK und A. LANDÉ: Zeemaneffekt und Multiplettstruktur der Spektrallinien. Bd. I dieser Sammlung.

[2]) Zuerst ausgeführt von P. S. EPSTEIN. Ann. d. Physik, Bd. 50, S. 489, 1916; Bd. 58, S. 553, 1919, nnd K. SCHWARZSCHILD. Sitzungsber. d. Berl. Akad. 1916, S. 548.

schiedene Weisen die *säkularen Störungen* berechnen. Das Ergebnis wird natürlich in allen Fällen dasselbe sein und soll bereits in diesem Paragraphen diskutiert werden.

Wenn wir die z-Richtung eines rechtwinkligen Koordinatensystems in die Feldrichtung legen. so ist die Energiefunktion

$$(1) \quad H = \frac{m}{2}(\dot{x}^2 + \dot{y}^2 + \dot{z}^2) - \frac{e^2 Z}{r} + eEz, \qquad E = |\mathfrak{E}|.$$

Man sieht leicht, daß die HAMILTON-JACOBIsche Differentialgleichung weder in rechtwinkligen noch in Polarkoordinaten separierbar ist. Die Separation gelingt aber durch Einführung *parabolischer Koordinaten*. Man setze

$$(2) \qquad \begin{aligned} x &= \xi\,\eta\,\cos\varphi \\ y &= \xi\,\eta\,\sin\varphi \\ z &= \tfrac{1}{2}(\xi^2 - \eta^2). \end{aligned}$$

Die Flächen $\xi = $ const und $\eta = $ const sind dann Rotationsparaboloide um die z-Achse, sie schneiden die (x, z)-Ebene in den Kurven

$$x^2 = 2\,\xi^2\left(\frac{\xi^2}{2} - z\right)$$

$$x^2 = 2\,\eta^2\left(\frac{\eta^2}{2} + z\right),$$

d. h. in Parabeln mit den Brennpunkten im Anfangspunkt und den Parametern ξ^2 und η^2; φ ist Azimut um die Feldrichtung. In den neuen Koordinaten ist die kinetische Energie

$$(3) \qquad T = \frac{m}{2}\left[(\xi^2 + \eta^2)(\dot{\xi}^2 + \dot{\eta}^2) + \xi^2\eta^2\dot{\varphi}^2\right];$$

hieraus erhält man die zu ξ, η, φ konjugierten Impulse:

$$(4) \qquad \begin{aligned} p_\xi &= m\,\dot{\xi}\,(\xi^2 + \eta^2) \\ p_\eta &= m\,\dot{\eta}\,(\xi^2 + \eta^2) \\ p_\varphi &= m\,\dot{\varphi}\,\xi^2\,\eta^2\,. \end{aligned}$$

Führen wir diese in T ein und fügen wir die potentielle Energie

$$-\frac{2\,e^2 Z}{\xi^2 + \eta^2} + \tfrac{1}{2}eE(\xi^2 - \eta^2)$$

hinzu, so erhalten wir:

16*

$$(5) \qquad H = \frac{1}{2\,m\,(\xi^2 + \eta^2)} \left[p_\xi{}^2 + p_\eta{}^2 + \left(\frac{1}{\xi^2} + \frac{1}{\eta^2}\right) p_\varphi{}^2 \right.$$

$$\left. + m\,e\,E\,(\xi^4 - \eta^4) - 4\,m\,e^2\,Z \right].$$

Setzt man dies gleich W und multipliziert die Gleichung mit $2\,m\,(\xi^2 + \eta^2)$, so läßt sie sich separieren. Man erhält zunächst:

$$p_\varphi = \frac{\partial S}{\partial \varphi} = \text{const}$$

und

$$J_\varphi = \oint p_\varphi\,d\varphi = 2\,\pi\,|\,p_\varphi\,|.$$

Da $p_\varphi\,d\varphi$ nie negativ ist, ist auch stets $J_\varphi \geqq 0$. Weiter finden wir:

$$p_\xi = \frac{\partial S}{\partial \xi} = \sqrt{f_1(\xi)}$$

$$p_\eta = \frac{\partial S}{\partial \eta} = \sqrt{f_2(\eta)},$$

wobei

$$f_1(\xi) = 2\,m\,W\,\xi^2 + 2\,\alpha_1 - \frac{1}{\xi^2}\,\frac{J_\varphi{}^2}{4\,\pi^2} - m\,e\,E\,\xi^4$$

$$(6)$$

$$f_2(\eta) = 2\,m\,W\,\eta^2 + 2\,\alpha_2 - \frac{1}{\eta^2}\,\frac{J_\varphi{}^2}{4\,\pi^2} + m\,e\,E\,\eta^4$$

und

$$(7) \qquad \alpha_1 + \alpha_2 = 2\,m\,e^2\,Z$$

ist. Die Wirkungsintegrale J_ξ und J_η sind mithin:

$$J_\xi = \oint p_\xi\,d\xi = \oint \sqrt{-A + 2\,\frac{B_1}{\xi^2} - \frac{C}{\xi^4} + D_1\,\xi^2} \cdot \xi\,d\xi$$

$$(8)$$

$$J_\eta = \oint p_\eta\,d\eta = \oint \sqrt{-A + 2\,\frac{B_2}{\eta^2} - \frac{C}{\eta^4} + D_2\,\eta^2} \cdot \eta\,d\eta,$$

wo

$$A = 2\,m\,(-W),$$

$$B_1 = \alpha_1, \quad B_2 = \alpha_2,$$

$$C = \frac{J_\varphi{}^2}{4\,\pi^2},$$

$$D_1 = -\,m\,e\,E, \quad D_2 = m\,e\,E.$$

ist. Damit die Integrale (8) auch bei verschwindendem Feld noch reell bleiben, müssen α_1 und α_2 positiv sein. Wenn die Feldstärke gering ist, sind die D_1 und D_2 enthaltenden Glieder klein gegen die übrigen, und die Integrale lassen sich auf komplexem Wege näherungsweise ausrechnen. Man erhält (vgl. (11) im Anhang II), wenn wir die Wurzeln in (8) so rechnen, daß die Integrale positiv werden:

$$
(9) \quad
\begin{aligned}
J_\xi &= \frac{1}{2}\left[-J_\varphi + \frac{2\pi\alpha_1}{\sqrt{-2mW}} + \frac{\pi m e E}{2\sqrt{-2mW}^3}\left(\frac{J_\varphi^2}{4\pi^2} + \frac{3\alpha_1^2}{2mW}\right)\right] \\
J_\eta &= \frac{1}{2}\left[-J_\varphi + \frac{2\pi\alpha_2}{\sqrt{-2mW}} - \frac{\pi m e E}{2\sqrt{-2mW}^3}\left(\frac{J_\varphi^2}{4\pi^2} + \frac{3\alpha_2^2}{2mW}\right)\right].
\end{aligned}
$$

Aus den drei Gleichungen (7) und (9) hat man α_1 und α_2 zu eliminieren und W auszurechnen. In (9) kann man in erster Näherung das E proportionale Glied weglassen und nachher in diesem Korrektionsglied die in erster Näherung berechneten Werte von α_1 und α_2 einsetzen. Man erhält so

$$
\frac{\alpha_1}{\sqrt{-2mW}} = \frac{2J_\xi + J_\varphi}{2\pi} + \frac{meE}{8\pi^2\sqrt{-2mW}^3}(6J_\xi^2 + 6J_\xi J_\varphi + J_\varphi^2),
$$

$$
\frac{\alpha_2}{\sqrt{-2mW}} = \frac{2J_\eta + J_\varphi}{2\pi} - \frac{meE}{8\pi^2\sqrt{-2mW}^3}(6J_\eta^2 + 6J_\eta J_\varphi + J_\varphi^2)
$$

und mit Hilfe von (7)

$$
2me^2Z = \frac{1}{\pi}(J_\xi + J_\eta + J_\varphi)\sqrt{-2mW}
$$

$$
+ \frac{3eE}{8\pi^2 W}(J_\xi + J_\eta + J_\varphi)(J_\eta - J_\xi).
$$

Hieraus folgt in erster Näherung (unter Weglassung des mit E proportionalen Gliedes) die Energie für die Bewegung ohne Feld

$$
(10) \qquad W = -\frac{2\pi^2 m e^4 Z^2}{(J_\xi + J_\eta + J_\varphi)^2},
$$

und wenn wir diesen Wert von W in das Korrektionsglied einsetzen, als zweite Näherung:

$$(11) \qquad W = - \frac{2\,\pi^2\,m\,e^4\,Z^2}{(J_\xi + J_\eta + J_\varphi)^2}$$

$$- \frac{3\,E}{8\,\pi^2\,m\,e\,Z}\,(J_\xi + J_\eta + J_\varphi)(J_\eta - J_\xi).$$

In unserer Annäherung hängt die Energie also nur von zwei linearen Kombinationen der Wirkungsvariabeln ab, d. h. wir haben eine *einfache Entartung* vor uns. Sie würde wegfallen, wenn wir höhere Glieder der Energie berechneten. Im Einklang mit unseren allgemeinen Betrachtungen (§ 15) führen wir nun statt J_ξ, J_η, J_φ neue Wirkungsvariable ein, die aus ihnen durch eine ganzzahlige Transformation mit der Determinante ± 1 hervorgehen, und wählen diese so, daß die Energie (11) nur von zweien der neuen Wirkungsvariabeln abhängt und daß die Energie (10) der ungestörten Bewegung (entsprechend der doppelten Entartung) nur von einer der Wirkungsvariabeln abhängt.

Wir setzen also

$$(12) \qquad \begin{aligned} J_\xi + J_\eta + J_\varphi &= J \\ J_\eta - J_\xi &= J_e \\ J_\varphi &= J' \end{aligned}$$

und erhalten:

$$(13) \qquad W = - \frac{2\,\pi^2\,m\,e^4\,Z^2}{J^2} - \frac{3\,E}{8\,\pi^2\,m\,e\,Z}\,J\,J_e.$$

Die Bewegung hat zwei Frequenzen

$$(14) \qquad \nu = \nu_0 + \nu_e \frac{J_e}{J}$$

und

$$\nu_e = - \frac{3\,E}{8\,\pi^2\,m\,e\,Z}\,J.$$

Wir haben zwei Quantenbedingungen:

$$(15) \qquad \begin{aligned} J &= n\,h \\ J_e &= n_e\,h; \end{aligned}$$

führen wir sie in die Energie (13) ein, so wird

$$(16) \qquad W = - \frac{R\,h\,Z^2}{n^2} - \frac{3\,E\,h^2}{8\,\pi^2\,m\,e\,Z}\cdot n\,n_e,$$

wo R wieder die RYDBERG-Konstante ist (vgl. (2) § 23). Eine genauere Rechnung liefert höhere Glieder, die auch von einer dritten Quantenzahl n' abhängen.

J_φ ist mit der gleichbezeichneten Größe der KEPLER-Bewegung ohne Feld gleichbedeutend, sie kann nur Werte zwischen 0 und J annehmen. Die Summe der positiven Größen J_ξ und J_η liegt nach (12) ebenfalls zwischen 0 und J und ihre Differenz J_e zwischen $-J$ und $+J$. Die Quantenzahl n_e kann also nur die Werte $-n$, $-(n-1) \cdots +n$ annehmen. Wie eine Betrachtung der Bahnkurven zeigen wird, sind hiervon noch die Werte $\pm n$ auszuschließen.

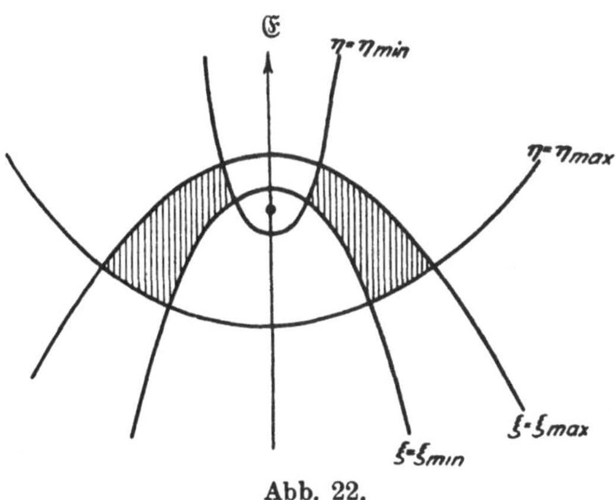

Abb. 22.

Die parabolischen Koordinaten ξ und η führen Librationen aus zwischen den Nullstellen von $f_1(\xi)$ und $f_2(\eta)$ in (6). Betrachten wir zunächst den Fall, daß J_φ und damit C nicht verschwindet. Dann reicht das Gebiet, in dem $f_1(\xi)$ und $f_2(\eta)$ positiv sind, nicht bis an die Stellen $\xi = 0$ und $\eta = 0$ heran; die Nullstellen ξ_{min} und η_{min} sind von 0 verschieden. Die dritte Koordinate führt, wenn $J_\varphi > 0$ ist, eine Rotation aus. Die *Bahnkurve* verläuft also innerhalb eines Ringes, der die Feldachse zur Symmetrieachse hat und dessen Querschnitt das von den Parabeln $\xi = \xi_{min}$, $\xi = \xi_{max}$, $\eta = \eta_{min}$ und $\eta = \eta_{max}$ begrenzte Viereck ist. Wird insbesondere $J_\xi = J_\eta = 0$, so rücken ξ_{min} und ξ_{max}, sowie η_{min} und η_{max} zusammen und die Bahnkurve ist ein Kreis. Da $\xi_{min} \neq \eta_{min}$ ist, geht seine Ebene nicht durch den Kern; sie ist vielmehr nach der Richtung — $\mathfrak{E}$ verschoben, wie man sieht, wenn man nach dem Gleichgewicht des positiven Kerns und der Bahn des negativen Elektrons mit dem Feld fragt oder die Doppelwurzeln berechnet. Ist $J_\xi = 0$ und $J_\eta > 0$, so liegt die Bahn auf dem Paraboloid $\xi = \xi_{min} = \xi_{max}$ zwischen seinen Schnittkreisen mit den Paraboloiden $\eta = \eta_{min}$ und $\eta = \eta_{max}$. Im allgemeinen Fall schließlich, wo $J_\xi > 0$ und $J_\eta > 0$ ist, liegt sie in einem räumlichen Ring. Sehen wir von der Bewegung von φ ab, so erfüllen die (ξ, η)-Koordinaten das Parabelviereck im allgemeinen lückenlos, da die zu J_ξ und J_η gehörenden Frequenzen verschieden sind und nur für ganz bestimmte Werte von E in rationalem Verhältnis stehen.

Gehen wir nun zum Fall $J_\varphi = 0$ über, so bleibt φ fest stehen, die Bewegung erfolgt in einer Meridianebene durch die Feldrichtung. Das Gebiet, in dem $f_1(\xi)$ und $f_2(\eta)$ positiv sind, enthält die Stellen $\xi = 0$ und $\eta = 0$, d. h. die Bahn erfüllt lückenlos das Parabelzweieck, das durch $\xi = \xi_{max}$ und $\eta = \eta_{max}$ begrenzt wird. Die Bahnkurve kommt daher dem Kern beliebig nahe.

Der Fall, bei dem ein Elektron dem Kern beliebig nahe kommt, soll nun grundsätzlich ausgeschlossen werden, wie es ja schon bei der Zentralbewegung (§ 21) geschehen ist. Damit ist auch der Fall $n_e = \pm n$ ausgeschlossen, denn dann wäre J_ξ oder J_η gleich $nh = J$ und $J_\varphi = 0$.

Der durch die eine Quantenzahl n gekennzeichnete stationäre Zustand der feldfreien Bewegung spaltet also im Feld in $2n - 1$ Zustände verschiedener Energie mit den Quantenzahlen

$$n_e = -(n-1), \quad -(n-2) \cdots + (n-1)$$

auf.

Wir betrachten jetzt die *Ausstrahlung* eines solchen Atoms. Die gestrahlten Frequenzen und die möglichen Änderungen von n und n_e hängen von den Gliedern der FOURIER-Entwicklung des elektrischen Moments oder (was dasselbe ist) der Koordinaten des Elektrons ab. Den Wirkungsvariabeln J_ξ, J_η, J_φ entsprechen Winkelvariable w_ξ, w_η, w_φ. Mit ihnen läßt sich die FOURIER-Darstellung der Koordinaten in der Form schreiben

$$\sum_\tau C_\tau\, e^{2\pi i(\tau_\xi w_\xi + \tau_\eta w_\eta + \tau_\varphi w_\varphi)}.$$

Da w_φ und φ einander proportional sind und φ eine gleichförmige Rotation um die Feldrichtung ausführt, hat τ_φ für die Komponenten des elektrischen Momentes senkrecht zum Feld nur die Werte ± 1 und für die Komponente in der Feldrichtung nur den Wert 0. Die Koeffizienten τ_ξ und τ_η dagegen scheinen nicht beschränkt (s. § 36).

Gehen wir nun zu den Winkelvariabeln über, die den Wirkungsvariabeln J, J_e, J' entsprechen, so haben wir (nach § 7):

$$w_\xi = w - w_e$$
$$w_\eta = w + w_e$$
$$w_\varphi = w + w'$$

zu setzen. Die FOURIER-Darstellung wird

$$\sum_\tau D_\tau\, e^{2\pi i (\tau w + \tau_e w_e)}.$$

wobei

$$\tau = \tau_\xi + \tau_\eta + \tau_\varphi, \qquad \tau_e = \tau_\eta - \tau_\xi$$

ist. w ist die Winkelvariable der feldfreien Bewegung und entspricht dem Umlauf des Elektrons auf der Bahnellipse, τ kann daher jede ganze Zahl sein; auch τ_e ist mit τ_ξ und τ_η unbeschränkt. Dies bedeutet, daß sich n und n_e beliebig ändern können und daß alle diesen Übergängen entsprechenden Frequenzen gestrahlt werden.

Die Polarisation ergibt sich folgendermaßen: Wenn $\tau + \tau_e$ oder (was dasselbe ist) $2\tau_\eta + \tau_\varphi$ eine gerade Zahl ist, so kann τ_φ nur null sein. Ein solches FOURIER-Glied stellt also eine Bewegung in der Feldrichtung dar; einem Übergang, bei dem $\Delta n + \Delta n_e$ gerade ist, entspricht also eine parallel zum Feld schwingende Lichtwelle. Entsprechend ist $\tau_\varphi = \pm 1$, wenn $\Delta n + \Delta n_e$ ungerade ist; dem Übergang entspricht eine Welle, die senkrecht zum Feld schwingt.

Wir erläutern das Gesagte an der Aufspaltung der Wasserstofflinien $H_\alpha, H_\beta \cdots$. Die Terme, die in diesen Linien kombinieren, spalten folgendermaßen auf (die Zahlen beziehen sich auf die Einheit $\dfrac{3\,Eh^2}{8\,\pi^2\,meZ}\Big)$:

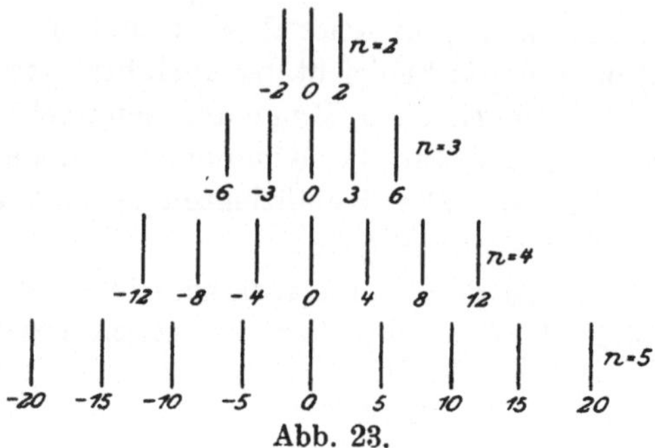

Abb. 23.

Für die Linie $H_\alpha\,(n = 3 \rightarrow n = 2)$ erhalten wir daraus die Linien:

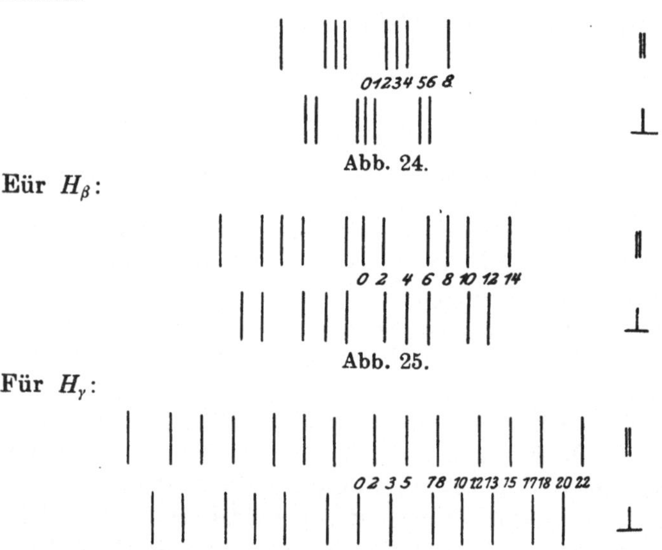

Abb. 24.

Eür H_β:

Abb. 25.

Für H_γ:

Abb. 26.

Die Berechnung des STARKeffekts mit parabolischen Koordinaten erlaubt uns, früher allgemein angestellte Betrachtungen über die *Beschränkung der Quantenbedingungen auf nicht- entartete Wirkungsvariable* an einem Beispiel zu erläutern.

Für $|\mathfrak{E}| = 0$ geht die Bewegung des STARKeffekts in die einfache KEPLER-*Bewegung* über. Diese ist also sowohl in Po- larkoordinaten als auch in parabolischen Koordinaten separierbar. Bei der Separation in *Polarkoordinaten* (§ 22) erhalten wir die Wirkungsvariabeln J_r, J_ϑ, J_φ und die Quantenbedingung

$$J_r + J_\vartheta + J_\varphi = n\,h\,.$$

Dabei ist $J_\vartheta + J_\varphi$ das $2\,\pi$-fache des Drehimpulses, J_φ das $2\,\pi$-fache seiner Komponente in der Richtung der Polarachse. Die Bewegung bleibt in diesen Koordinaten separierbar, wenn das Feld nicht mehr ein COULOMBsches, aber noch kugelsymmetrisch ist; dann ist jedoch eine zweite Quantenbedingung

$$J_\vartheta + J_\varphi = k\,h$$

hinzuzufügen. Wollte man auch J_φ als ganzzahliges Vielfaches von h festlegen, só hätte das gar keinen Sinn, da die Polarrichtung gänzlich willkürlich ist und bei einer Drehung des Koordinatensystems die Ganzzahligkeit von $\dfrac{J_\varphi}{h}$ zerstört würde.

Dagegen würde die Festlegung $J_\vartheta + J_\varphi = k\,h$ bei der einfachen KEPLER-Bewegung zunächst noch auf keine Unmöglichkeit führen.

Berechnen wir nun die KEPLER-Bewegung in *parabolischen Koordinaten*, so brauchen wir in den Rechnungen dieses Paragraphen nur $E = 0$ zu setzen. Wir erhalten die Wirkungsvariabeln J_ξ, J_η und J_φ (letztere in derselben Bedeutung wie bei Polarkoordinaten) und die Quantenbedingung

$$J_\xi + J_\eta + J_\varphi = n\,h\,.$$

Die zweite Quantenbedingung

$$J_\xi - J_\eta = n_e\,h\,,$$

die wir im elektrischen Feld hatten, muß hier wegfallen, da diese Kombination in der Energie nicht mehr auftritt. Sie hat nur Sinn, wenn ein (vielleicht schwaches) elektrisches Feld da ist.

Die stationären Bewegungen im schwachen elektrischen Feld sind nun wesentlich verschieden von denen im kugelsymmetrischen Feld, das wenig vom COULOMBschen abweicht. Im letzteren (Separationsvariable sind die Polarkoordinaten) ist die Bahnkurve eben; sie ist eine Ellipse mit langsamer Periheldrehung. Im ersteren Fall (separierbar in parabolischen Koordinaten) ist sie genähert auch eine Ellipse, aber diese Ellipse macht im allgemeinen eine verwickelte Bewegung im Raume. Wollte man also im Grenzfall des reinen COULOMB-Feldes k oder n_e als zweite

Quantenzahl einführen, so erhielte man bei den beiden Rechen-verfahren gänzlich verschiedene Bewegungen. Die entartete Wirkungsvariable hat also keine Bedeutung für die Quantelung.

Noch etwas anderes zeigen unsere Betrachtungen: Die Berechnung des Starkeffektes und die Festlegung von $J_e = n_e h$ kann nur Sinn haben, wenn der Einfluß der Relativitätstheorie oder einer Abweichung des Atomkraftfeldes vom COULOMB-schen klein ist gegen den Einfluß des elektrischen Feldes. Wiederum hat unsere frühere Berechnung der relativistischen Aufspaltung der Linien nur Sinn, wenn der Einfluß der ja immer vorhandenen elektrischen Felder klein ist gegen die relativistische Störung[1]).

§ 36. Die Intensität der Linien im Starkeffekt des Wasserstoffatoms[2]).

Das Korrespondenzprinzip, das seiner Natur nach nur eine angenäherte Berechnung von Intensitäten gestattet, liefert relativ genaue Resultate, wenn es sich um die Intensitätsverhältnisse der Linien innerhalb einer Feinstruktur, z. B. innerhalb des STARKeffekts, handelt.

Wir werden im folgenden nach KRAMERS[3]) die FOURIER-Entwicklung der Bahn eines Elektrons, das in einem äußeren Felde $\mathfrak{E}$ um einen Kern kreist, berechnen und werden die klassischen Intensitätsverhältnisse mit den beobachteten vergleichen. In den FOURIER-Koeffizienten werden wir sämtliche Glieder, die proportional mit E, E^2 usw. sind, streichen, da sie nur unwesentliche Korrektionen bedeuten.

Für die Wirkungsfunktion S erhält man (§ 35):

$$S = \int \sqrt{\overline{f_1(\xi)}}\, d\xi + \int \sqrt{\overline{f_2(\eta)}}\, d\eta + \frac{1}{2\pi} \int J_\varphi\, d\varphi.$$

---

[1]) KRAMERS ist es gelungen, den Einfluß der relativistischen Massen-änderung und eines gleichzeitig wirkenden homogenen Feldes auch für den Fall zu behandeln, daß die entsprechenden Energieänderungen von gleicher Größenordnung sind (H. A. KRAMERS: Zeitschr. f. Physik, Bd. 3, S. 199, 1920).

[2]) In diesem Paragraphen haben wir die Rechnungen etwas kürzer gefaßt, als wir es sonst in diesem Buche tun.

[3]) H. A. KRAMERS: Intensities of spectral lines (Diss. Leyden), Kopenhagen 1919.

Entnimmt man aus (9) § 35 die Werte von α_1 und α_2 und aus (10) § 35 den Wert von W, beides für $E=0$, so erhält man:

$$(1)\qquad 2\pi S = \int d\xi\cdot\xi\cdot\sqrt{-\frac{J_\varphi^{\,2}}{\xi^4}+2\,\frac{2J_\xi+J_\varphi}{\varkappa\cdot J\cdot\xi^2}-\frac{1}{\varkappa^2 J^2}}$$
$$+\int d\eta\cdot\eta\cdot\sqrt{-\frac{J_\varphi^{\,2}}{\eta^4}+2\,\frac{2J_\eta+J_\varphi}{\varkappa\cdot J\cdot\eta^2}-\frac{1}{\varkappa^2 J^2}}$$
$$+J_\varphi\cdot\varphi.$$

Hierin ist zur Abkürzung eingeführt:

$$(2)\qquad \varkappa=\frac{1}{4\pi^2 Z e^2 m},\qquad J=J_\xi+J_\eta+J_\varphi.$$

Für die zu J_ξ, J_η, J_φ konjugierten Winkelvariabeln w_ξ, w_η, w_φ ergeben sich aus (1) die Gleichungen:

$$2\pi w_\xi = 2\pi\frac{\partial S}{\partial J_\xi}$$
$$=\frac{1}{\varkappa J^2}\int\frac{d\xi}{\xi}\,\frac{\varkappa J(2J_\eta+J_\varphi)\xi^2+\xi^4}{\sqrt{-\varkappa^2 J_\varphi^{\,2}J^2+2\varkappa(2J_\xi+J_\varphi)J\xi^2-\xi^4}}$$
$$+\frac{1}{\varkappa J^2}\int\frac{d\eta}{\eta}\,\frac{-\varkappa J(2J_\eta+J_\varphi)\eta^2+\eta^4}{\sqrt{-\varkappa^2 J_\varphi^{\,2}J^2+2\varkappa(2J_\eta+J_\varphi)J\eta^2-\eta^4}}$$

$$2\pi w_\eta = 2\pi\frac{\partial S}{\partial J_\eta}$$
$$(3)\qquad=\frac{1}{\varkappa J^2}\int\frac{d\xi}{\xi}\,\frac{-\varkappa J(2J_\xi+J_\varphi)\xi^2+\xi^4}{\sqrt{-\varkappa^2 J_\varphi^{\,2}J^2+2\varkappa(2J_\xi+J_\varphi)J\xi^2-\xi^4}}$$
$$+\frac{1}{\varkappa J^2}\int\frac{d\eta}{\eta}\,\frac{\varkappa J(2J_\xi+J_\varphi)\eta^2+\eta^4}{\sqrt{-\varkappa^2 J_\varphi^{\,2}J^2+2\varkappa(2J_\eta+J_\varphi)J\eta^2-\eta^4}}$$

$$2\pi w_\varphi = 2\pi\frac{\partial S}{\partial J_\varphi}$$
$$=\frac{1}{\varkappa J^2}\int\frac{d\xi}{\xi}\,\frac{-\varkappa^2 J_\varphi J^3-\varkappa J(J_\xi-J_\eta)\xi^2+\xi^4}{\sqrt{-\varkappa^2 J_\varphi^{\,2}J^2+2\varkappa(2J_\xi+J_\varphi)J\xi^2-\xi^4}}$$
$$+\frac{1}{\varkappa J^2}\int\frac{d\eta}{\eta}\,\frac{-\varkappa^2 J_\varphi J^3-\varkappa J(J_\eta-J_\xi)\eta^2+\eta^4}{\sqrt{-\varkappa^2 J_\varphi^{\,2}J^2+2\varkappa(2J_\eta+J_\varphi)J\eta^2-\eta^4}}$$
$$+\varphi.$$

Da die Berechnung der w als Funktionen der ξ und η in dieser Form offenbar sehr schwerfällig würde, erweist es sich als zweckmäßig — in Analogie zur Einführung der mittleren und der exzentrischen Anomalie in § 22 — die Variabelnquadrate ξ^2 und η^2, die ja zwischen zwei festen Grenzen (vgl. § 35) hin- und herpendeln, in der Form

$$(4) \qquad \xi^2 = a_1 + b_1 \cos\psi, \qquad \eta^2 = a_2 + b_2 \cos\chi$$

zu schreiben. Damit die neuen Variabeln ψ und χ während einer Libration von ξ bzw. η um 2π wachsen, müssen wir setzen:

$$(5) \qquad \begin{aligned} a_1 &= \varkappa J\,(2J_\xi + J_\varphi); & b_1 &= 2\,\varkappa J\,\sqrt{J_\xi\,(J_\xi + J_\varphi)} \\ a_2 &= \varkappa J\,(2J_\eta + J_\varphi); & b_2 &= 2\,\varkappa J\,\sqrt{J_\eta\,(J_\eta + J_\varphi)}. \end{aligned}$$

So erhält man:

$$d\psi = \frac{2\,d\xi\cdot\xi}{\sqrt{-\varkappa^2 J_\varphi^2 J^2 + 2\varkappa\,(2J_\xi + J_\varphi)J\,\xi^2 - \xi^4}}$$

$$d\chi = \frac{2\,d\eta\cdot\eta}{\sqrt{-\varkappa^2 J_\varphi^2 J^2 + 2\varkappa\,(2J_\eta + J_\varphi)J\,\eta^2 - \eta^4}}$$

und für $w_\xi,\, w_\eta,\, w_\varphi$ ergibt sich:

$$2\pi w_\xi = \frac{1}{2\varkappa J^2}\,(b_1 \sin\psi + b_2 \sin\chi) + \psi + \pi$$

$$2\pi w_\eta = \frac{1}{2\varkappa J^2}\,(b_1 \sin\psi + b_2 \sin\chi) + \chi + \pi$$

$$(6)$$

$$2\pi w_\varphi = \frac{1}{2\varkappa J^2}\,(b_1 \sin\psi + b_2 \sin\chi) + \frac{\psi + \chi}{2}$$

$$\qquad - \frac{\varkappa J_\varphi J}{2}\left(\int_0^\psi \frac{d\psi}{a_1 + b_1 \cos\psi} + \int_0^\chi \frac{d\chi}{a_2 + b_2 \cos\chi}\right) + \varphi + \pi.$$

In diesen Ausdrücken haben wir die noch willkürlichen Konstanten so bestimmt, daß das Endresultat eine möglichst einfache Form erhält.

Mit den Abkürzungen

$$\frac{b_1}{2\varkappa J^2} = \frac{1}{J}\sqrt{J_\xi\,(J_\xi + J_\varphi)} = \sigma_1; \qquad \frac{b_2}{2\varkappa J^2} = \sigma_2$$

erhalten wir

$$(7)\qquad \begin{aligned} 2\,\pi\,w_\xi &= \sigma_1 \sin\psi + \sigma_2 \sin\chi + \psi + \pi \\ 2\,\pi\,w_\eta &= \sigma_1 \sin\psi + \sigma_2 \sin\chi + \chi + \pi. \end{aligned}$$

Die Ähnlichkeit dieser Gleichung mit (15) § 22 zeigt deutlich die Analogie zwischen ψ, χ und der exzentrischen Anomalie.

Nunmehr können wir auch die FOURIER-*Zerlegung der Koordinaten* z, $x + iy$ ohne Schwierigkeiten vornehmen. Nach (2) § 35 ist $z = \dfrac{\xi^2 - \eta^2}{2}$. Da z nicht von φ abhängt, so hängt es auch nicht von w_φ ab; wir machen daher den Ansatz:

$$(8)\qquad z = \frac{\xi^2 - \eta^2}{2} = \sum A_{\tau_\xi \tau_\eta} e^{2\pi i (\tau_\xi w_\xi + \tau_\eta w_\eta)},$$

wobei

$$(9)\qquad A_{\tau_\xi \tau_\eta} = \int\limits_0^1 \int\limits_0^1 \frac{\xi^2 - \eta^2}{2} e^{-2\pi i (\tau_\xi w_\xi + \tau_\eta w_\eta)} \, dw_\xi \, dw_\eta$$

ist.

Aus (7) folgt jetzt:

$$(10)\qquad \begin{aligned} dw_\xi \, dw_\eta &= \frac{\partial(w_\xi, w_\eta)}{\partial(\psi, \chi)} \, d\psi \, d\chi \\ &= \frac{1}{4\,\pi^2} (1 + \sigma_1 \cos\psi + \sigma_2 \cos\chi) \, d\psi \, d\chi. \end{aligned}$$

Da ferner nach (4) und (5)

$$z = \frac{a_1 - a_2}{2} + \frac{b_1 \cos\psi - b_2 \cos\chi}{2}$$
$$= \varkappa J (J_\xi - J_\eta) + \varkappa J^2 (\sigma_1 \cos\psi - \sigma_2 \cos\chi)$$

ist, so wird:

$$(11)\quad A_{00} = \frac{1}{4\,\pi^2} \int\limits_0^{2\pi} \int\limits_0^{2\pi} d\varphi \, d\chi \cdot [\varkappa J (J_\xi - J_\eta) + \varkappa J^2 (\sigma_1 \cos\psi - \sigma_2 \cos\chi)]$$

$$\cdot (1 + \sigma_1 \cos\psi + \sigma_2 \cos\chi) = \tfrac{3}{2}\varkappa J (J_\xi - J_\eta).$$

Für die übrigen Werte $A_{\tau_\xi \tau_\eta}$, für welche nicht beide τ gleich null sind, kann man das konstante Glied $\varkappa J (J_\xi - J_\eta)$ in z von vornherein weglassen, da es nach (9) doch weggemittelt wird. So erhält man ($\tau_\xi + \tau_\eta = \tau$)

$$(12) \qquad A_{\tau_\xi \tau_\eta} = \frac{\varkappa J^2 (-1)^\tau}{4\,\pi^2} \int\limits_0^{2\pi}\int\limits_0^{2\pi} d\psi\, d\chi\, (\sigma_1 \cos\psi - \sigma_2 \cos\chi)$$

$$\cdot (1 + \sigma_1 \cos\psi + \sigma_2 \cos\chi)\, e^{-i\,\tau_\xi\,\psi - i\,\tau\,\sigma_1 \sin\psi - i\,\tau_\eta\,\chi - i\,\tau\,\sigma_2 \sin\chi}.$$

Ersetzt man in dieser Gleichung $\cos\psi$, $\cos\chi$ durch $\frac{1}{2}(e^{i\psi} + e^{-i\psi})$ bzw. $\frac{1}{2}(e^{i\chi} + e^{-i\chi})$, so sieht man, daß sich das Integral der rechten Seite zerspalten läßt in eine Summe von Produkten, von denen jeder Faktor die Form

$$\mathfrak{I}_n(\varrho) = \frac{1}{2\,\pi}\int\limits_0^{2\pi} d\psi \cdot e^{-i\,n\,\psi + i\varrho \sin\psi}$$

hat; dies stellt bekanntlich die BESSELsche Funktion[1] $\mathfrak{I}_n(\varrho)$ dar. Auf diese Weise erhält man aus (12), wenn man noch die Beziehungen[2]

$$\frac{1}{2}\left[\mathfrak{I}_{n-1}(\varrho) - \mathfrak{I}_{n+1}(\varrho)\right] = \frac{d}{d\varrho}\,\mathfrak{I}_n(\varrho) = \mathfrak{I}_n{}'(\varrho)$$

und

$$\mathfrak{I}_{n-1}(\varrho) + \mathfrak{I}_{n+1}(\varrho) = \frac{2\,n}{\varrho}\,\mathfrak{I}_n(\varrho)$$

benutzt:

$$(13) \qquad A_{\tau_\xi \tau_\eta} = \frac{\varkappa J^2}{\tau}\left\{\sigma_2\,\mathfrak{I}_{\tau_\xi}(\tau\,\sigma_1)\,\mathfrak{I}'_{\tau_\eta}(\tau\,\sigma_2) - \sigma_1\,\mathfrak{I}'_{\tau_\xi}(\tau\,\sigma_1)\,\mathfrak{I}_{\tau_\eta}(\tau\,\sigma_2)\right\}.$$

Für z folgt hieraus schließlich:

$$(14) \qquad z = \frac{3}{2}\,\varkappa J\,(J_\xi - J_\eta) + \varkappa J^2 \sum\limits_{-\infty}^{+\infty}{}' \frac{1}{\tau}\left\{\sigma_2\,\mathfrak{I}_{\tau_\xi}(\tau\,\sigma_1)\,\mathfrak{I}'_{\tau_\eta}(\tau\,\sigma_2)\right.$$

$$\left. - \sigma_1\,\mathfrak{I}'_{\tau_\xi}(\tau\,\sigma_1)\,\mathfrak{I}_{\tau_\eta}(\tau\,\sigma_2)\right\} \cdot e^{2\pi i(\tau_\xi w_\xi + \tau_\eta w_\eta)}.$$

(Der Strich am Summenzeichen bedeutet, daß $\tau_\xi = \tau_\eta = 0$ bei der Summation auszuschließen ist.) Für $\tau = 0$ wird der Ausdruck (13) unbestimmt. Aus (12) folgt aber direkt, daß die entsprechenden $A_{\tau_\xi \tau_\eta}\,(\tau_\xi + \tau_\eta = 0)$ verschwinden.

Um die FOURIER-*Zerlegung für* $x + iy$ zu berechnen, entnehmen wir aus (2) § 35

---

[1] E. JAHNKE u. F. EMDE: Funktionentafeln, Leipzig 1909, S. 169.
[2] Ebenda S. 165.

$$(15) \qquad x + iy = \xi \cdot \eta \cdot e^{i\,q}.$$

Aus (15) und (3) bzw. (6) können wir sofort schließen, daß $(x + iy) \cdot e^{-2\pi i w_\varphi}$ nur noch von w_ξ und w_η abhängt. Am zweckmäßigsten ist es, wir entwickeln $(x + iy)\, e^{2\pi i (w_\eta - w_\varphi)}$ in eine FOURIER-Reihe:

$$(16) \qquad (x + iy)\, e^{2\pi i (w_\eta - w_\varphi)} = \sum B_{\tau_\xi \tau_\eta}\, e^{2\pi i [\tau_\xi w_\xi + (\tau_\eta + 1) w_\eta]}.$$

Um die Größe der linken Seite von (16) als Funktion von ψ und χ zu schreiben, entnehmen wir aus (6)

$$2\pi (w_\eta - w_\varphi) = -\frac{\psi}{2} + \frac{\chi}{2} - \varphi$$

$$+ \frac{\varkappa J_\varphi J}{2} \left(\int_0^{\psi'} \frac{d\psi}{a_1 + b_1 \cos\psi} + \int_0^{\chi} \frac{d\chi}{a_2 + b_2 \cos\chi} \right).$$

Wenn man

$$c = \sqrt{a_1^2 - b_1^2} = \sqrt{a_2^2 - b_2^2} = \varkappa J_\varphi J$$

setzt, so gilt:

$$(17) \quad
\begin{aligned}
c \int_0^{\psi'} \frac{d\psi}{a_1 + b_1 \cos\psi} &= -i \log \frac{\left\{ (a_1 + b_1) \cos\dfrac{\psi}{2} + i c \sin\dfrac{\psi}{2} \right\}^2}{(a_1 + b_1)(a_1 + b_1 \cos\psi')} \\[4ex]
c \int_0^{\chi} \frac{d\chi}{a_2 + b_2 \cos\chi} &= -i \log \frac{\left\{ (a_2 + b_2) \cos\dfrac{\chi}{2} + i c \sin\dfrac{\chi}{2} \right\}^2}{(a_2 + b_2)(a_2 + b_2 \cos\chi)},
\end{aligned}$$

und damit wird:

$$(18 \qquad (x + iy)\, e^{2\pi i (w_\eta - w_\varphi)}$$

$$= e^{i\left(-\frac{\psi}{2} + \frac{\chi}{2}\right)} \frac{\left\{ (a_1 + b_1) \cos\dfrac{\psi}{2} + i c \sin\dfrac{\psi}{2} \right\} \left\{ (a_2 + b_2) \cos\dfrac{\chi}{2} + i c \sin\dfrac{\chi}{2} \right\}}{\sqrt{(a_1 + b_1)(a_2 + b_2)}}.$$

Daraus können wir die $B_{\tau_\xi \tau_\eta}$ sofort berechnen (wir setzen jetzt: $1 + \tau_\xi + \tau_\eta = \tau$):

Born, Atommechanik I.   17

$$(19) \quad B_{\tau_\xi \tau_\eta} = (-1)^\tau \frac{\sqrt{(a_1 + b_1)(a_2 + b_2)}}{4\pi^2} \int_0^{2\pi}\int_0^{2\pi} (1 + \sigma_1 \cos\psi + \sigma_2 \cos\chi)$$

$$\cdot \left(\cos\frac{\psi}{2} + i\frac{c}{a_1 + b_1}\sin\frac{\psi}{2}\right)\left(\cos\frac{\chi}{2} + i\frac{c}{a_2 + b_2}\sin\frac{\chi}{2}\right)$$

$$\cdot e^{-i\left(\tau_\xi + \frac{1}{2}\right)\psi - i\tau\sigma_1\sin\psi - i\left(\tau_\eta + \frac{1}{2}\right)\chi - i\tau\sigma_2\sin\chi}\, d\psi\, d\chi.$$

Genau, wie in Gl. (12) können wir hier die Größen $\cos\psi$, $\cos\chi$, $\cos\frac{\psi}{2}$, usw. in Exponential-Funktionen zerlegen und dadurch $B_{\tau_\xi \tau_\eta}$ als Summe von Produkten Besselscher Funktionen darstellen. In derselben Weise, wie bei den Größen $A_{\tau_\xi \tau_\eta}$ erhält man schließlich ($\tau = 1 + \tau_\xi + \tau_\eta$)

$$(20) \quad B_{\tau_\xi \tau_\eta} = -\frac{\varkappa J^2}{\tau}\left\{\frac{1}{J}\sqrt{(J_\xi + J_\varphi)(J_\eta + J_\varphi)}\,\mathfrak{J}_{\tau_\xi}(\tau\sigma_1)\mathfrak{J}_{\tau_\eta}(\tau\sigma_2)\right.$$

$$\left. -\frac{1}{J}\sqrt{J_\xi J_\eta}\cdot\mathfrak{J}_{\tau_\xi + 1}(\tau\sigma_1)\mathfrak{J}_{\tau_\eta + 1}(\tau\sigma_2)\right\}.$$

Für $\tau = 0$ können wir $B_{\tau_\xi \tau_\eta}$ einfach direkt aus (19) berechnen. Man erhält $B_{\tau_\xi \tau_\eta} = 0$, für $\tau = 0$ mit Ausnahme der Werte

$$(21) \quad B_{-1,0} = \tfrac{3}{2}\varkappa J\sqrt{J_\xi(J_\eta + J_\varphi)}; \quad B_{0,-1} = \tfrac{3}{2}\varkappa J\sqrt{J_\eta(J_\xi + J_\varphi)}.$$

Als Fourier-Reihe für $x + iy$ finden wir so endlich:

$$(22) \quad x + iy = \frac{3}{2}\varkappa J^2\left(\frac{1}{J}\sqrt{J_\xi(J_\eta + J_\varphi)}\,e^{2\pi i(-w_\xi + w_\varphi)}\right.$$

$$\left. + \frac{1}{J}\sqrt{J_\eta(J_\xi + J_\varphi)}\,e^{2\pi i(-w_\eta + w_\varphi)}\right)$$

$$-\varkappa J^2 \sum_{-\infty}^{+\infty}{}' \frac{1}{\tau}\left\{\frac{1}{J}\sqrt{(J_\xi + J_\varphi)(J_\eta + J_\varphi)}\,\mathfrak{J}_{\tau_\xi}(\tau\sigma_1)\mathfrak{J}_{\tau_\eta}(\tau\sigma_2)\right.$$

$$\left. -\frac{1}{J}\sqrt{J_\xi J_\eta}\,\mathfrak{J}_{\tau_\xi + 1}(\tau\sigma_1)\mathfrak{J}_{\tau_\eta + 1}(\tau\sigma_2)\right\}e^{2\pi i(\tau_\xi w_\xi + \tau_\eta w_\eta + w_\varphi)}.$$

Nach der Berechnung der Fourier-Koeffizienten können wir nun direkt zur korrespondenzmäßigen *Abschätzung der Intensitäten* schreiten. Wir nehmen an, daß die einfache Entartung, die in (11) § 35 für die Variabeln J_ξ, J_η, J_φ noch besteht, verschwunden ist, entweder durch Mitnahme der in E quadratischen Glieder der Energie, oder durch Berücksichtigung der Relativität.

Dann müssen wir nach den Grundpostulaten der Quantentheorie

$$J_\xi = n_\xi\, h; \qquad J_\eta = n_\eta\, h; \qquad J_\varphi = n_\varphi\, h$$

setzen. Nach dem Korrespondenzprinzip erhalten wir angenähert die Intensität einer Linie, die einem Sprung von n_ξ um $\varDelta n_\xi$, von n_η um $\varDelta n_\eta$, von n_φ um $\varDelta n_\varphi$ entspricht, wenn wir in dem durch (14) bzw. (22) dargestellten klassischen Spektrum die Intensität der Oberschwingung $\tau_\xi = \varDelta n_\xi$, $\tau_\eta = \varDelta n_\eta$, $\tau_\varphi = \varDelta n_\varphi$ untersuchen. Hierbei bleibt unbestimmt, ob das klassische Spektrum der Aufangsbahn oder das der Endbahn oder ein Mittelwert zugrunde gelegt werden soll. Im folgenden wollen wir nur die Intensitäts*verhältnisse* innerhalb einer Feinstruktur untersuchen. Wir werden also die Größen $\dfrac{A_{\tau_\xi\, \tau_\eta}}{\varkappa\, J^2}$, $\dfrac{B_{\tau_\xi\, \tau_\eta}}{\varkappa\, J^2}$ als „relative Amplituden" einführen und dann das einfache arithmetische Mittel der relativen Intensitäten von Anfangs- und Endbahn mit den beobachteten Intensitätsverhältnissen vergleichen. Die Einführung der „relativen Amplituden" hat zur Folge, daß bei der Mittelbildung Anfangs- und Endbahn mit *gleichem* Gewichte bezüglich der Intensitätsverhältnisse eingehen. Man kann vermuten, daß diese letztere Annahme einen wesentlichen Zug der quantentheoretischen Intensitätsberechnung wiedergibt; besagt sie doch z. B. beim ZEEMAN-Effekt, daß die Intensitätsverhältnisse der ZEEMAN-Feinstrukturen von der Hauptquantenzahl unabhängig sind, ein Ergebnis, das in Analogie zur klassischen Theorie unbedingt erwartet werden muß und das sich auch empirisch stets bestätigt hat.

Als relative Amplituden erhalten wir aus (13) und (20) für die z-Komponente $(\tau_\varphi = 0,\ \tau_\xi + \tau_\eta = \tau)$:

$$(23) \qquad R_{\tau_\xi \tau_\eta} = \frac{1}{\tau}\left\{ \frac{1}{n}\sqrt{n_\eta\,(n_\eta + n_\varphi)}\ \mathfrak{J}_{\tau_\xi}(\tau\sigma_1)\,\mathfrak{J}'_{\tau_\eta}(\tau\sigma_2) \right.$$

$$\left. - \frac{1}{n}\sqrt{n_\xi\,(n_\xi + n_\varphi)}\ \mathfrak{J}'_{\tau_\xi}(\tau\sigma_1)\,\mathfrak{J}_{\tau_\eta}(\tau\sigma_2) \right\},$$

für die $(x + iy)$-Komponente $(\tau_\varphi = 1,\ \tau_\xi + \tau_\eta + 1 = \tau)$:

$$(24) \qquad R_{\tau_\xi \tau_\eta\,1} = \frac{1}{\tau}\left\{ \frac{1}{n}\,\sqrt{(n_\xi + n_\varphi)\,(n_\eta + n_\varphi)}\;\mathfrak{J}_{\tau_\xi}(\tau\sigma_1)\,\mathfrak{J}_{\tau_\eta}(\tau\sigma_2) \right.$$

$$\left. - \frac{1}{n}\sqrt{n_\xi\,n_\eta}\;\mathfrak{J}_{\tau_\xi+1}(\tau\sigma_1)\,\mathfrak{J}_{\tau_\eta+1}(\tau\sigma_2) \right\},$$

wobei

$$\sigma_1 = \frac{1}{n}\,\sqrt{n_\xi\,(n_\xi + n_\varphi)}, \qquad \sigma_2 = \frac{1}{n}\,\sqrt{n_\eta\,(n_\eta + n_\varphi)},$$

$$n = n_\xi + n_\eta + n_\varphi$$

ist.

Die Amplituden der z-Komponente entsprechen den parallel zum Feld polarisierten Linien; die der $x + iy$-Komponente den senkrecht zum Feld polarisierten Linien.

$$H_a\ 6562,8\ \text{Å}$$

Übergang		$\varDelta$	τ_ξ,	τ_η,	τ_q	R_a^2	R_c^2	beob. Intens.	const. $(R_a^2 + R_e^2)$
‖	111 → 011	2	1	0	0	0,21	0	1,0	0,35
	102 → 002	3	1	0	0	0,26	0	1,1	0,43
	201 → 101	4	1	0	0	0,38	0,33	1,2	1,16
	201 → 011	8	2	−1	0	0	0	—	—
⊥	003 → 002	0	0	0	1	1,00	1,00	} 2,6	} 3,4
	111 → 002	0	1	1	−1	0,07	0		
	102 → 101	1	0	0	1	0,56	0,39	1,0	1,56
	102 → 011	5	1	−1	1	0	0	—	—
	201 → 002	6	2	0	−1	0,00	0	—	—

Die Tabelle gibt den Vergleich zwischen Theorie und Beobachtung für $H_a\,(n = 3 \to n = 2)\ 6562,8\ \text{Å}$ wieder. In der ersten Spalte steht der Übergang, charakterisiert durch die Werte der Quantenzahlen in Anfangs- und Endzustand $(n_\xi^a, n_\eta^a, n_\varphi^a \to n_\xi^e, n_\eta^e, n_\varphi^e)$. In der zweiten Spalte steht die diesem Übergang entsprechende Verschiebung $\varDelta$ der Linie von ihrem Ort für $E = 0$ in Vielfachen der kleinsten Aufspaltung $\dfrac{3\,E}{8\,\pi^2\,m\,e\,Z}$, berechnet nach (11) § 35. Die dritte Spalte enthält die dem Übergang entsprechenden Werte von $\tau_\xi, \tau_\eta, \tau_\varphi$; in der vierten und fünften Spalte sind als Maß der relativen Intensitäten die Größen R_a^2 bzw. R_e^2 für Anfangsbahn bzw. Endbahn eingetragen. Die sechste Spalte enthält die von STARK beobachteten Intensitäten. Die siebente Spalte gibt die Werte von const $(R_a^2 + R_e^2)$;

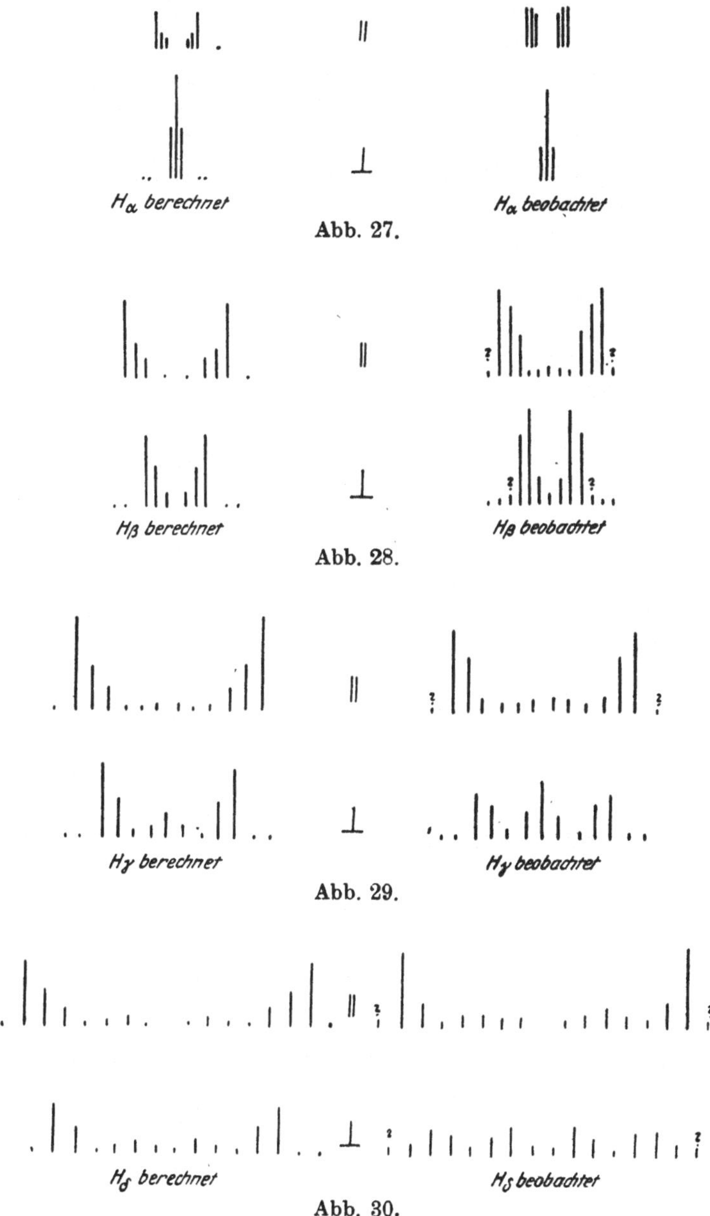

Abb. 27.

Abb. 28.

Abb. 29.

Abb. 30.

zum Vergleich mit STARKS Werten ist hier ein konstanter Faktor so hinzugefügt, daß die *Gesamt*intensität des theoretischen und des experimentellen Aufspaltungsbildes die gleiche ist.

An der Tabelle fällt uns auf, daß die Summe der berechneten Intensitäten der $\parallel$-Komponenten (1,9) stark von der Summe der Intensitäten der $\perp$-Komponenten (5,0) abweicht, während bei der Beobachtung sich die beiden Summen als nahezu gleich ergeben (3,3 und 3,6).

Für H_α und die übrigen von STARK untersuchten Wasserstofflinien ist der Vergleich zwischen Theorie und Beobachtung in den Abb. 27 bis 30 wiedergegeben[1]). Für die Übereinstimmung zwischen Theorie und Erfahrung ist der in § 35 geforderte Ausschluß des Falles $J_\varphi = n_\varphi = 0$ wesentlich.

Zusammenfassend kann man aus den Rechnungen dieses Abschnitts folgern, daß das Korrespondenzprinzip vereint mit dem hier angewandten Mittelungsverfahren (arithmetische Mittelung der relativen Intensitäten zwischen Anfangs- und Endbahn) dem quantentheoretischen Intensitätsgesetz schon sehr nahe kommt. Daß aber die hier durchgeführte Intensitätsberechnung nicht *exakt* die quantentheoretischen Intensitäten liefert, läßt sich unter anderem daraus schließen, daß nach den obigen Rechnungen die Aufspaltungsbilder im ganzen eine Polarisation zeigen müßten (bei H_α oben erwähnt), was aus theoretischen Gründen und auf Grund der experimentellen Ergebnisse wohl kaum wahrscheinlich ist.

§ 37. Die säkularen Bewegungen des Wasserstoffatoms im elektrischen Feld.

Die bisher gebrauchte Methode zur Behandlung des STARK-effekts nützt die Besonderheit aus, die man fast als zufällig bezeichnen kann, daß es Separationskoordinaten von einfacher geometrischer Bedeutung gibt. Wir wollen jetzt zeigen, wie man ohne Benutzung dieses Umstandes durch systematische *Anwendung der Theorie der säkularen Störungen* zum Ziel kommen kann. Dabei werden wir zwei verschiedene Verfahren einschlagen, zunächst eines, das die säkularen Bewegungen derjenigen entarteten Winkel- und Wirkungsvariabeln untersucht,

---

[1]) Nach H. A. KRAMERS: loc. cit. Abb. 1 bis 4.

die bei der Behandlung der KEPLER-Bewegung mit Polarkoordinaten auftreten; das zweite Verfahren, das sich mehr den geometrischen Vorgängen der Störung anpaßt, hat den Vorzug, sich auf einen allgemeineren Fall (gekreuztes elektrisches und magnetisches Feld) übertragen zu lassen.

Wir schreiben die HAMILTONsche Funktion in der Form

$$(1) \qquad H = H_0 + \lambda H_1 .$$

Dabei ist

$$(2) \qquad H_0 = - \frac{R h^3 Z^2}{J_1^{0\,2}}$$

die Energie der feldfreien KEPLER-Bewegung und

$$\lambda H_1 = e E z$$

die Störungsfunktion. (Die Feldstärke E kann etwa als Parameter λ betrachtet werden.) Nach den Regeln des § 18 haben wir den Mittelwert

$$(3) \qquad \lambda \overline{H}_1 = e E \overline{z}$$

durch die entarteten Winkelvariabeln und die Wirkungsvariabeln der ungestörten Bewegung (s. § 22) auszudrücken, die wir jetzt w_2^0, w_3^0 und J_1^0 $J_2^0 J_3^0$ nennen.

Sind ξ und η die rechtwinkligen Koordinaten des Elektrons in der Bahnebene bezogen auf Kern als Nullpunkt und große Achse als ξ-Achse, so ist (Abb. 31)

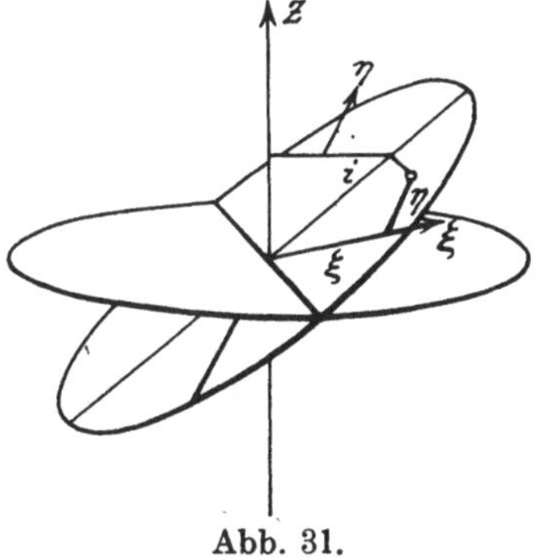

Abb. 31.

$$z = \sin i \, (\xi \sin 2\pi w_2^0 + \eta \cos 2\pi w_2^0)$$

und

$$\overline{z} = \sin i \, (\overline{\xi} \sin 2\pi w_2^0 + \overline{\eta} \cos 2\pi w_2^0).$$

Die Mittelwerte $\overline{\xi}$ und $\overline{\eta}$ fanden wir in § 22 zu

$$\overline{\xi} = - \frac{3}{2} \varepsilon a, \qquad \overline{\eta} = 0;$$

sie sind die Koordinaten des elektrischen Schwerpunktes des bewegten Elektrons. Drücken wir $\sin i$ und ε durch $J_1^0 J_2^0 J_3^0$ aus, so wird

$$\bar{z} = -\sin 2\pi w_2{}^0 \cdot \frac{3}{2} a \sqrt{1 - \left(\frac{J_3{}^0}{J_2{}^0}\right)^2} \sqrt{1 - \left(\frac{J_2{}^0}{J_1{}^0}\right)^2}$$

und

$$(4)\ W_1 = -\lambda \bar{\bar{H}}_1 = -\sin 2\pi w_2{}^0 \cdot \frac{3}{2} a \cdot e E \sqrt{1 - \left(\frac{J_3{}^0}{J_2{}^0}\right)^2} \sqrt{1 - \left(\frac{J_2{}^0}{J_1{}^0}\right)^2}.$$

Die Winkelvariabeln $w_2{}^0$ und $w_3{}^0$ ändern sich; $w_3{}^0$ jedoch verhält sich zyklisch und $J_3{}^0$ bleibt Wirkungsvariable der gestörten Bewegung. $w_2{}^0$ ist also die einzige nichtzyklische Koordinate in der gemittelten Störungsfunktion, und wir erhalten als einzige neue Wirkungsvariable

$$J_2 = \oint J_2{}^0 \, dw_2{}^0.$$

Sie läßt sich aus (4) als Funktion von W_1, $J_1 = J_1{}^0$, $J_3 = J_3{}^0$ bestimmen. Durch Ausrechnen des Integrals bekommt man W_1 und damit W als Funktion der Wirkungsvariabeln.

Wir setzen zur Abkürzung:

$$J_1{}^{0\,2} = A; \qquad J_3{}^{0\,2} = B; \qquad \left(\frac{2\,W_1}{3\,a\,e\,E}\right)^2 = C$$

und

$$J_2{}^{0\,2} = x;$$

dann wird:

$$J_2 = \oint \sqrt{x}\,\frac{dw_2{}^0}{dx}\,dx,$$

wobei

$$\sin^2 2\pi w_2{}^0 = \frac{C}{\left(1 - \dfrac{x}{A}\right)\left(1 - \dfrac{B}{x}\right)}$$

ist. Rechnen wir aus der letzten Beziehung $\dfrac{dw_2{}^0}{dx}$ aus, so erhalten wir

$$d\,\frac{C}{\sin^2 2\pi w_2{}^0} = d\left(-\frac{x}{A} - \frac{B}{x}\right)$$

$$\frac{dw_2{}^0}{dx} = -\frac{\sin^3 2\pi w_2{}^0}{4\pi C \cos 2\pi w_2{}^0}\left(\frac{B}{x^2} - \frac{1}{A}\right)$$

$$\frac{dw_2{}^0}{dx} = \frac{\sqrt{AC}\cdot(x^2 - AB)}{4\pi\sqrt{x}\,(A - x)(x - B)\sqrt{(A - x)(x - B) - ACx}};$$

unser Integral wird also

$$J_2 = \frac{\sqrt{AC}}{4\pi} \oint \frac{(x^2 - AB)\,dx}{(A - x)(x - B)\sqrt{(A - x)(x - B) - ACx}}.$$

Da der Integrand eine rationale Funktion von x und der Wurzel eines in x quadratischen Ausdrucks ist, läßt sich das Integral auf komplexem Wege ausrechnen. Wir erhalten (vgl. (9) Anhang II):

$$J_2 = \frac{1}{2}\left(\sqrt{A} - \sqrt{B} - \sqrt{AC}\right),$$

also

$$J_2 = \frac{1}{2}\left(J_1{}^0 - J_3{}^0 - J_1{}^0 \frac{2\,|\,W_1\,|}{3\,e\,E\,a}\right).$$

Daraus läßt sich W_1 berechnen; es wird (wenn wir jetzt $J_1{}^0 = J_1$, $J_3{}^0 = J_3$ setzen):

$$W_1 = \pm \frac{3\,e\,E\,a}{2\,J_1} \cdot (J_1 - J_3 - 2\,J_2)$$

und wenn wir a nach (10) § 22 durch J_1 ausdrücken:

$$(5) \qquad W = -\frac{R\,h^3\,Z^2}{J_1{}^2} \pm \frac{3\,E\,h^2}{8\,\pi^2\,m\,e\,Z}\,J_1\,(J_1 - J_3 - 2\,J_2).$$

Diese Gleichung geht in die Gleichung (13) § 35 über, wenn wir

$$J_1 = J$$

$$(6) \qquad J_1 - J_3 - 2\,J_2 = \pm J_e$$

setzen. Wir zeigen nachher, daß auch im Rahmen unserer jetzigen Überlegung derselbe Wertebereich von J_e herauskommt wie früher. Wir haben wieder die Quantenbedingungen (15) § 35 und die Energiegleichung (16) § 35.

Wir wollen jetzt die *säkularen Bewegungen* untersuchen, die das elektrische Feld verursacht. Das Perihel der Bahnellipse ändert seine Lage relativ zur Knotenlinie und die Knotenlinie selbst läuft gleichförmig um die Feldachse. Aus (5) folgt, daß auf einen Knotenumlauf zwei Perioden der Perihelbewegung kommen.

Diese Perihelbewegung und ihre Begleiterscheinungen. studieren wir am besten an Hand der Bildkurve der Bewegung in der $(w_2{}^0, J_2{}^0)$-Ebene (Abb. 32). Ihre Gleichung hat nach (4) die Form

$$(7) \qquad \sin 2\,\pi\,w_2{}^0 = \frac{K_1}{\sqrt{1 - \left(\dfrac{J_3{}^0}{J_2{}^0}\right)^2}\,\sqrt{1 - \left(\dfrac{J_2{}^0}{J_1{}^0}\right)^2}},$$

wo zur Abkürzung

$$-\frac{2\,h^2\,W_1}{3_e\,E\,a_H\,J_1{}^{0\,2}} = K_1$$

gesetzt ist. Sie ist symmetrisch zur Geraden $w_2{}^0 = \tfrac{1}{4}$ oder $w_2{}^0 = \tfrac{3}{4}$. Wenn $W_1 = 0$ ist, ist entweder $w_2{}^0$ gleich 0 oder $\tfrac{1}{2}$, oder $J_2{}^0$ hat einen der Werte $J_1{}^0$ und $J_3{}^0$. Wenn $W_1 < 0$ ist, kann $w_2{}^0$ nicht mehr die Werte 0 und $\tfrac{1}{2}$, $J_2{}^0$ nicht mehr die Werte $J_1{}^0$ und $J_3{}^0$ annehmen; die Kurve verläuft innerhalb des Rechtecks $w_2{}^0 = 0$, $w_2{}^0 = \tfrac{1}{2}$, $J_2{}^0 = J_1{}^0$, $J_2{}^0 = J_3{}^0$. Wenn $|W_1|$ hinreichend klein ist, liegt $w_2{}^0$ nur dann nicht in der Nähe von 0 oder $\tfrac{1}{2}$, wenn $J_2{}^0$ nahe bei $J_1{}^0$ oder $J_3{}^0$ liegt. Die Bildkurve schließt sich eng an das genannte Rechteck an und geht für $W_1 = 0$ in den Rechteckumfang über. Für größeres $|W_1|$ wird die Kurve enger, bis $w_2{}^0$ nur noch solche Werte annehmen kann, die nahe bei $\tfrac{1}{4}$ ($\sin 2\,\pi\,w_2{}^0 = 1$) liegen, und schließlich nur noch diesen Wert selbst; die Kurve schrumpft dabei in einen Punkt zusammen. Für $W_1 > 0$ folgt dasselbe, nur liegt der Grenzpunkt bei $w_2{}^0 = \tfrac{3}{4}$. Die Umkehrpunkte von $w_2{}^0$ liegen da, wo $\sin 2\,\pi\,w_2{}^0$ ein Minimum, oder wo

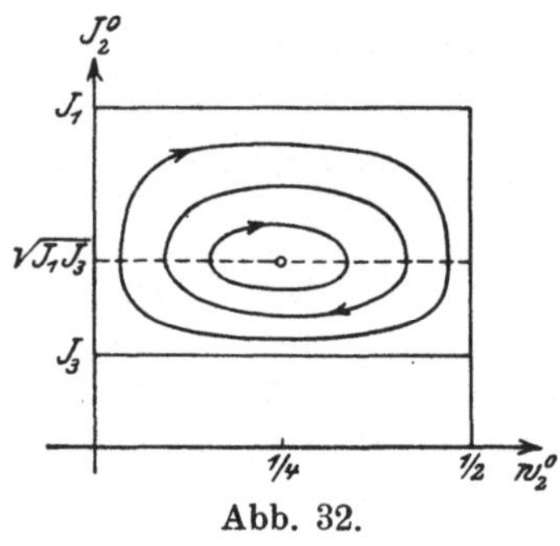

Abb. 32.

$$\left[1 - \left(\frac{J_3{}^0}{J_2{}^0}\right)^2\right]\left[1 - \left(\frac{J_2{}^0}{J_1{}^0}\right)^2\right]$$

ein Maximum hat, wobei $J_1{}^0$ und $J_3{}^0$, also

$$\left(\frac{J_3{}^0}{J_2{}^0}\right)^2 \cdot \left(\frac{J_2{}^0}{J_1{}^0}\right)^2$$

konstant bleiben. Nun wird die Funktion

$$(1 - x)\,(1 - y)$$

mit der Nebenbedingung

$$x\,y = \text{const}$$

dann zum Maximum, wenn $x = y$ ist. $w_2{}^0$ kehrt also dann um, wenn

$$(8) \qquad J_2{}^{0\,2} = J_1{}^0\,J_3{}^0,$$

also $J_2{}^0$ das geometrische Mittel von $J_1{}^0$ und $J_3{}^0$ ist.

Die säkularen Bewegungen der Bahn unter dem Einfluß des elektrischen Feldes sind jetzt folgende: Während die Knotenlinie einmal umläuft, führt das Perihel der Bahnellipse zwei Schwingungen um die auf der Knotenlinie senkrechte Meridianebene aus. Bei einem der beiden Durchgänge durch diese Meridianebene ist der Gesamtimpuls $\dfrac{J_2{}^0}{2\,\pi}$ am größten und damit die Exzentrizität am kleinsten. Beim Durchgang in anderer Richtung ist die Exzentrizität am größten. Da die Komponente $\dfrac{J_3{}^0}{2\,\pi}$ des Drehimpulses in der Feldrichtung konstant bleibt, schwankt die Neigung der Bahnebene in gleicher Frequenz mit der Exzentrizität. Sie hat ihren größten und ihren kleinsten Betrag, wenn das Perihel durch die Gleichgewichtslage geht und nimmt ihren größten und kleinsten Betrag während eines Knotenumlaufs zweimal an. Bei dieser Schwingung von Bahnebene und Perihel bleibt die große Achse erhalten (da $J_1{}^0$ konstant bleibt); die Exzentrizität ändert sich so, daß der elektrische Schwerpunkt stets in einer Ebene

$$z = \frac{W_1}{e\,E}$$

bleibt. Er beschreibt in dieser Ebene eine Kurve um die Feldachse; da Neigung und Knotenumlauf das Frequenzverhältnis $2:1$ haben, ist die Kurve geschlossen und während eines Umlaufs erreicht der elektrische Schwerpunkt zweimal seinen größten und zweimal seinen kleinsten Achsenabstand. Wir werden später (§ 38) zeigen, daß der elektrische Schwerpunkt eine harmonische Schwingung um die Feldachse ausführt.

Wir betrachten noch die beiden Grenzfälle der Perihelbewegung. Wenn die Bildkurve in der $(w_2{}^0,\,J_2{}^0)$-Ebene sich in das Librationszentrum zusammengezogen hat, ist $J_2 = 0$ und $J_3 = J_1 + J_e$ ein ganzzahliges Vielfaches von h. Die Bahnellipse hat konstante Exzentrizität, sie hat konstante Neigung und ist richtungsgequantelt. Ihre große Achse steht auf der Knotenlinie senkrecht und die Knotenlinie läuft gleichförmig um die Feldachse. Für unsere Näherung ist dies zwar kein quantenmäßig ausgezeichneter Bewegungszustand, da ja J_2 nicht durch eine Quantenbedingung festgelegt ist. Erst die Berechnung der Energie in nächster Näherung würde die Notwendigkeit der Festlegung von J_2 ergeben.

Im anderen Grenzfall $W_1 = 0$ oder $J_2 = \frac{1}{2}(J_1 - J_3)$, bei dem die Bildkurve in der $(J_2{}^0, w_2{}^0)$-Ebene den Rechteckumfang durchläuft, ist die Bewegung ziemlich verwickelt. Der Knoten läuft gleichförmig um. In einer bestimmten Phase der Bewegung ist die Bahnkurve ein Kreis $(J_2{}^0 = J_1)$, dessen Lage durch J_3 und J_1 festgelegt ist. Dieser Kreis wird nun allmählich zu einer Ellipse, deren Perihel in der Knotenlinie liegt; die Bahnebene legt sich während dieses Vorgangs senkrecht zum Feld. In dieser Lage wird zwar die Knotenrichtung unbestimmt. Wenn wir sie aber durch die Fortsetzung der gleichförmigen Bewegung, die der Knoten vorher hatte, definieren, so bleibt das Perihel hinter dem Knoten zurück, bis der Abstand π ist. Darauf richtet sich die Bahnebene wieder auf und die Bahnkurve wird nach und nach wieder zum Kreis. Beim Kreis ist die Lage des Perihels unbestimmt. Wir können aber aus der Bildkurve entnehmen, daß es wieder in der Knotenlinie liegt, wenn die Exzentrizität wieder zunimmt und die Bahn sich wieder neigt. Während eines Knotenumlaufs wird die Kurve zweimal zum Kreis.

Den *Wertebereich* von J_e oder n_e erhalten wir durch folgende Überlegung. $J_3{}^0 = J_3$ ist positiv und höchstens gleich J_1. J_3 kann nicht null werden, sonst würde, wie aus (4) zu ersehen ist, $J_2{}^0$ eine Libration zwischen $J_1{}^0$ und $-J_1{}^0$ ausführen; die Bahnellipse würde dabei den Grenzfall der Geraden (Pendelbahn vgl. § 21 und § 35) durchlaufen müssen und wegen der Inkommensurabilität des Umlaufs auf der Ellipse mit jener Libration dem Kern beliebig nahe kommen. Mit

$$0 < J_3 \leqq J_1$$

und der aus der Abb. 32 ersichtlichen Beziehung

$$0 \leqq J_2 \leqq \tfrac{1}{2}(J_1 - J_3)$$

folgt dann für J_e

$$- J_1 < J_e < J_1$$

und

$$- (n - 1) \leqq n_e \leqq n - 1 \, .$$

Statt eines einzigen durch n gekennzeichneten Quantenzustandes der feldfreien KEPLER-Bewegung treten die im § 35 schon erwähnten $2\,n - 1$ Zustände auf.

§ 38. Die Bewegung des Wasserstoffatoms in gekreuzten elektrischen und magnetischen Feldern.

Für die Berechnung der säkularen Bewegungen des Wasserstoffatoms im elektrischen Feld hat BOHR noch einen ánderen, mehr anschaulichen Weg angegeben[1]). Mit der entsprechenden Methode haben dann LENZ und KLEIN[2]) den *gleichzeitigen Einfluß eines Magnetfeldes und eines beliebig dazu gerichteten elektrischen Feldes* abgeleitet.

Wir geben die Rechnung gleich für den Fall eines elektrischen Feldes $\mathfrak{E}$ und eines magnetischen Feldes $\mathfrak{H}$ wieder. Die ungestörte Bewegung ($\mathfrak{E} = \mathfrak{H} = 0$) hat sechs unabhängige Integrationskonstanten; wir wählen als solche den Vektor $\mathfrak{P}$ des Drehimpulses und den Ortsvektor $\bar{\mathfrak{r}}$ des elektrischen Schwerpunktes der Bahn. Da $\mathfrak{P}$ und $\bar{\mathfrak{r}}$ stets senkrecht aufeinander stehen, sind das nur 5 unabhängige Größen; als sechste können wir eine Größe wählen, die die Phase der Bewegung bestimmt; sie ist für uns aber unwesentlich. Unter dem Einfluß der Felder $\mathfrak{E}$ und $\mathfrak{H}$ erfahren $\mathfrak{P}$ und $\bar{\mathfrak{r}}$ Änderungen, und unser Verfahren läuft darauf hinaus, für $\mathfrak{P}$ und $\bar{\mathfrak{r}}$ Differentialgleichungen aufzustellen.

Sowohl das elektrische, wie auch das magnetische Feld üben auf die Elektronenbahn ein Drehmoment aus, und dies gibt die

---

[1]) N. BOHR, Quantentheorie der Linienspektren. Braunschweig 1922, S. 101.

[2]) Das Problem wurde zuerst von P. EPSTEIN: Physical. Rev. Bd. 22, S. 202, 1923 gelöst; eine andere Lösung gab O. HALPERN: Zeitschr. f. Physik, Bd. 18, S. 287. 1923. Die hier angegebene Methode stammt von W. LENZ: Vortrag in Braunschweig 1924 (in erweiterter Form: Zeitschr. f. Physik, Bd. 24, S. 197. 1924) und von O. KLEIN: Ebd. Bd. 22, S. 109. 1924.

zeitliche Ableitung des Drehimpulses $\mathfrak{P}$. Aus der Bewegungsgleichung des Elektrons

$$(1) \qquad m\,\ddot{\mathfrak{r}} = Z\,e^2\,\operatorname{grad}\frac{1}{|\,\mathfrak{r}\,|} - e\,\mathfrak{E} + \frac{e}{c}\,[\mathfrak{H}\,\dot{\mathfrak{r}}]$$

folgt durch vektorielle Multiplikation mit $\mathfrak{r}$ die zeitliche Änderung des Drehimpulses:

$$\dot{\mathfrak{P}} = m\,[\mathfrak{r}\,\ddot{\mathfrak{r}}] = e\,[\mathfrak{E}\,\mathfrak{r}] + \frac{e}{c}\,[\mathfrak{r}\,[\mathfrak{H}\,\dot{\mathfrak{r}}]]\,.$$

Den säkularen Anteil dieser Bewegung erhalten wir, wenn wir
den Mittelwert über die ungestörte Bewegung bilden; der elektrische Anteil wird so

$$e\,[\mathfrak{E}\,\overline{\mathfrak{r}}]\,.$$

Den magnetischen Anteil können wir entsprechend einfach
schreiben, wenn wir mittels der bekannten Vektorformel

$$[\mathfrak{r}\,[\mathfrak{H}\,\dot{\mathfrak{r}}]] = [\mathfrak{H}\,[\mathfrak{r}\,\dot{\mathfrak{r}}]] + [\dot{\mathfrak{r}}\,[\mathfrak{H}\,\mathfrak{r}]]$$
$$= \frac{1}{m}\,[\mathfrak{H}\,\mathfrak{P}] + [\dot{\mathfrak{r}}\,[\mathfrak{H}\,\mathfrak{r}]]$$

den Drehimpuls $\mathfrak{P}$ einführen und ferner beachten, daß

$$[\mathfrak{r}\,[\mathfrak{H}\,\dot{\mathfrak{r}}]] + [\dot{\mathfrak{r}}\,[\mathfrak{H}\,\mathfrak{r}]] = \frac{d}{dt}\,[\mathfrak{r}\,[\mathfrak{H}\,\mathfrak{r}]]$$

im Zeitmittel gleich null ist. Wir erhalten so

$$\overline{2\,[\mathfrak{r}\,[\mathfrak{H}\,\dot{\mathfrak{r}}]]} = \frac{1}{m}\,[\mathfrak{H}\,\mathfrak{P}]$$

und

$$(2) \qquad \dot{\mathfrak{P}} = e\,[\mathfrak{E}\,\overline{\mathfrak{r}}] + \frac{e}{2\,m\,c}\,[\mathfrak{H}\,\mathfrak{P}]\,.$$

Während das erste Glied das Drehmoment des elektrischen
Feldes auf ein im Schwerpunkt der Bahn befindliches Elektron
angibt, entspricht das zweite Glied dem LARMORschen Satz
und bedeutet eine Zusatzdrehung des Vektors $\mathfrak{P}$ um $\mathfrak{H}$ mit der
Winkelgeschwindigkeit $\dfrac{e\,|\,\mathfrak{H}\,|}{2\,m\,c}$.

Neben den in (2) zusammengefaßten drei Gleichungen stellen
wir drei weitere auf. Einmal ist der Mittelwert der Störungsenergie, genommen über die ungestörte Bewegung

$$(3) \qquad W_1 = e\,\mathfrak{E}\,\bar{\mathfrak{r}} + \frac{e}{2\,m\,c}\,\mathfrak{H}\,\mathfrak{P}$$

eine Konstante. Zweitens stehen $\mathfrak{P}$ und $\bar{\mathfrak{r}}$ aufeinander senk-recht, es ist also

$$(4) \qquad \mathfrak{P}\,\bar{\mathfrak{r}} = 0\,,$$

und drittens hängen $\mathfrak{P}$ und $\bar{\mathfrak{r}}$ noch einmal auf dem Wege über die Exzentrizität der Bahn zusammen. Es ist (§ 22, S. 166)

$$|\bar{\mathfrak{r}}| = \frac{3}{2}\,a\,\varepsilon$$

und ((8) § 22, S. 160)

$$\mathfrak{P}^2 = (1 - \varepsilon^2)\left(\frac{J}{2\,\pi}\right)^2,$$

wo J die nichtentartete Wirkungsvariable der feldfreien Be-wegung ist. Durch Elimination von ε folgt

$$(5) \qquad \bar{\mathfrak{r}}^2 + K^2\,\mathfrak{P}^2 = \left(\frac{3}{2}\,a\right)^2,$$

wo zur Abkürzung

$$(6) \qquad \left(\frac{2\,\pi}{J}\right)^2\left(\frac{3}{2}\,a\right)^2 = K^2$$

gesetzt ist. Aus (3), (4) und (5) kann man nun mit Hilfe von (2) eine ähnlich wie (2) gebaute Gleichung für $\dot{\bar{\mathfrak{r}}}$ ableiten. Differenziert man nämlich (3), (4) und (5) nach der Zeit und drückt man $\dot{\mathfrak{P}}$ durch (2) aus, so folgt

$$0 = e\,\mathfrak{E}\,\dot{\bar{\mathfrak{r}}} + \frac{e^2}{2\,m\,c}\,\mathfrak{H}\,[\mathfrak{E}\,\bar{\mathfrak{r}}] = e\,\mathfrak{E}\left(\dot{\bar{\mathfrak{r}}} + \frac{e}{2\,m\,c}\,[\bar{\mathfrak{r}}\,\mathfrak{H}]\right)$$

$$0 = \mathfrak{P}\,\dot{\bar{\mathfrak{r}}} + \frac{e}{2\,m\,c}\,\bar{\mathfrak{r}}\,[\mathfrak{H}\,\mathfrak{P}] = \mathfrak{P}\left(\dot{\bar{\mathfrak{r}}} + \frac{e}{2\,m\,c}\,[\bar{\mathfrak{r}}\,\mathfrak{H}]\right)$$

$$0 = \bar{\mathfrak{r}}\,\dot{\bar{\mathfrak{r}}} + e\,K^2\,\mathfrak{P}\,[\mathfrak{E}\,\bar{\mathfrak{r}}] = \bar{\mathfrak{r}}\left(\dot{\bar{\mathfrak{r}}} + e\,K^2\,[\mathfrak{P}\,\mathfrak{E}]\right).$$

Dies bedeutet aber, daß die skalaren Produkte des Vektors

$$(7) \qquad \dot{\bar{\mathfrak{r}}} + e\,K^2\,[\mathfrak{P}\,\mathfrak{E}] + \frac{e}{2\,m\,c}\,[\bar{\mathfrak{r}}\,\mathfrak{H}]$$

mit $\mathfrak{E}$, $\mathfrak{P}$ und $\bar{\mathfrak{r}}$ verschwinden. Da im allgemeinen weder diese drei Vektoren verschwinden, noch alle in einer Ebene liegen, muß der Vektor (7) selbst null sein. Es ist also

$$(8) \qquad \dot{\mathfrak{r}} = e\,K^2\,[\mathfrak{E}\,\mathfrak{P}] + \frac{e}{2\,m\,c}\,[\mathfrak{H}\,\bar{\mathfrak{r}}]\,.$$

Unsere Aufgabe ist gelöst, wenn wir das Gleichungssystem (2), (8) lösen können. Es geschieht dies am besten, wenn man statt der Unbekannten $\mathfrak{P}$ und $\bar{\mathfrak{r}}$ die neuen Vektoren

$$(9) \qquad \begin{aligned} \bar{\mathfrak{r}}_1 &= \bar{\mathfrak{r}} + K\mathfrak{P} \\ \bar{\mathfrak{r}}_2 &= \bar{\mathfrak{r}} - K\mathfrak{P} \end{aligned}$$

einführt. Da $\bar{\mathfrak{r}}$ und $K\,\mathfrak{P}$ aufeinander senkrecht stehen, haben beide Vektoren (9) den Betrag

$$(10) \qquad |\,\bar{\mathfrak{r}}_1\,| = |\,\bar{\mathfrak{r}}_2\,| = \sqrt{\bar{\mathfrak{r}}^2 + K^2\,\mathfrak{P}^2} = \frac{3}{2}\,a$$

(nach (5)). Ferner kann man aus $\bar{\mathfrak{r}}_1$ und $\bar{\mathfrak{r}}_2$ mittels der Gleichungen

$$(11) \qquad \begin{aligned} \bar{\mathfrak{r}} &= \tfrac{1}{2}\,(\bar{\mathfrak{r}}_1 + \bar{\mathfrak{r}}_2) \\ K\mathfrak{P} &= \tfrac{1}{2}\,(\bar{\mathfrak{r}}_1 - \bar{\mathfrak{r}}_2) \end{aligned}$$

stets wieder $\bar{\mathfrak{r}}$ und $\mathfrak{P}$ zurückgewinnen. (2) und (8) gehen jetzt in das Gleichungssystem

$$(12) \qquad \begin{aligned} \dot{\bar{\mathfrak{r}}}_1 &= e\,K\,[\mathfrak{E}\,\bar{\mathfrak{r}}_1] + \frac{e}{2\,m\,c}\,[\mathfrak{H}\,\bar{\mathfrak{r}}_1] \\[2mm] \dot{\bar{\mathfrak{r}}}_2 &= -\,e\,K\,[\mathfrak{E}\,\bar{\mathfrak{r}}_2] + \frac{e}{2\,m\,c}\,[\mathfrak{H}\,\bar{\mathfrak{r}}_2] \end{aligned}$$

über. Wenn wir zur Abkürzung

$$(13) \qquad \begin{aligned} e\,K\,\mathfrak{E} &= \mathfrak{w}_e \\[2mm] \frac{e}{2\,m\,c}\,\mathfrak{H} &= \mathfrak{w}_m \end{aligned}$$

schreiben, so lautet das Gleichungssystem

$$(14) \qquad \begin{aligned} \dot{\bar{\mathfrak{r}}}_1 &= [\,\mathfrak{w}_e + \mathfrak{w}_m,\ \bar{\mathfrak{r}}_1\,] \\ \dot{\bar{\mathfrak{r}}}_2 &= [\,-\,\mathfrak{w}_e + \mathfrak{w}_m,\ \bar{\mathfrak{r}}_2\,]\,. \end{aligned}$$

Dies hat die anschauliche Bedeutung, daß die Vektoren $\bar{\mathfrak{r}}_1$ und $\bar{\mathfrak{r}}_2$ je eine gleichförmige Drehung um die durch $\dfrac{1}{2\,m\,c}\,\mathfrak{H} + K\,\mathfrak{E}$ und

$\dfrac{1}{2\,m\,c}\,\mathfrak{H} - K\,\mathfrak{E}$ bestimmten Achsen mit den Winkelgeschwindigkeiten $|\,\mathfrak{w}_m + \mathfrak{w}_e\,|$ und $|\,\mathfrak{w}_m - \mathfrak{w}_e\,|$ ausführen. In jedem Augenblick ist (nach (11)) der Abstand der Endpunkte der beiden Vektoren proportional dem Drehimpuls der Bewegung und ihre halbe Summe ist der Ortsvektor des elektrischen Schwerpunktes.

Betrachten wir zunächst den Fall, wo *nur ein elektrisches Feld* $\mathfrak{E}$ wirkt. Dann drehen sich $\bar{\mathfrak{r}}_1$ und $\bar{\mathfrak{r}}_2$ beide um die Feldachse mit gleicher Geschwindigkeit, aber in verschiedenem Drehsinn. Während jeder der Vektoren einen Umlauf vollendet, kommen sie zweimal in eine solche Lage, daß sie mit $\mathfrak{E}$ in einer Ebene und beide auf der gleichen Seite von $\mathfrak{E}$ liegen. In dieser Lage ist ihre Differenz, also der Gesamtimpuls $\mathfrak{P}$, ein Minimum, die Exzentrizität erreicht ihr Maximum und die Bahnebene weicht am wenigsten von der Äquatorebene des Feldes ab. Zwischen diesen beiden Lagen gibt es zwei andere, wo $\bar{\mathfrak{r}}_1, \bar{\mathfrak{r}}_2$ und $\mathfrak{E}$ ebenfalls in einer Ebene liegen, aber $\bar{\mathfrak{r}}_1$ und $\bar{\mathfrak{r}}_2$ auf verschiedenen Seiten von $\mathfrak{E}$. Dann hat $\mathfrak{P}$ ein Maximum, die Exzentrizität ist am kleinsten, und die Bahnebene weicht am stärksten von der Äquatorebene ab. Während der Betrag von $\mathfrak{P}$ bei einem solchen Umlauf zweimal eine Libration ausführt, vollzieht die Richtung von $\mathfrak{P}$ nur eine einzige Drehung, d. h. der Knoten der Bahnebene läuft einmal herum.

Faßt man die Bewegung des elektrischen Schwerpunktes der Bahn allein ins Auge, so läßt sie sich aus den Gleichungen (2) und (8) (für $\mathfrak{H} = 0$) direkt ableiten. Differenziert man (8) nach der Zeit und setzt man $\dot{\mathfrak{P}}$ aus (2) ein, so erhält man:

$$\ddot{\mathfrak{r}} = e^2 K^2 \left[\mathfrak{E} \left[\mathfrak{E}\, \bar{\mathfrak{r}} \right] \right].$$

Das bedeutet, daß $\ddot{\mathfrak{r}}$ stets senkrecht gegen die Feldachse zeigt, und daß $|\ddot{\mathfrak{r}}|$ dem Abstand des elektrischen Schwerpunktes $\dfrac{[\bar{\mathfrak{r}}\,\mathfrak{E}]}{|\mathfrak{E}|}$ von der Feldachse proportional ist. Der elektrische Schwerpunkt führt also eine harmonische Schwingung um die Feldachse aus (vgl. § 37 S. 267).

Im Falle, daß *allein ein magnetisches Feld* wirkt, führen $\bar{\mathfrak{r}}_1$ und $\bar{\mathfrak{r}}_2$ gleichsinnige Drehungen um die Feldachse mit der gleichen Geschwindigkeit

$$|\mathfrak{w}_m| = \frac{e}{2\,m\,c}\,|\mathfrak{H}|$$

aus, d. h. das ganze System vollzieht eine gleichförmige Präzession (die LARMOR-Präzession) um die Feldachse.

Im Falle, daß *beide Felder* wirksam sind, geschehen die Drehungen von $\bar{\mathfrak{r}}_1$ und $\bar{\mathfrak{r}}_2$ um verschiedene Achsen. Damit wird die einfache Phasenbeziehung, die wir im bloßen elektrischen Feld zwischen Knotenumlauf einerseits und Bahnneigung und Exzentrizität andererseits hatten, zerstört, und es kommt eine viel verwickeltere Bewegung zustande. Besondere Schwierigkeiten macht der Fall, wo die beiden Kegel, die die Vektoren $\bar{\mathfrak{r}}_1$ und $\bar{\mathfrak{r}}_2$ beschreiben, einander schneiden. Dann kommt es bei Inkommensurabilität der Umlaufsfrequenzen vor, daß die Vektoren $\bar{\mathfrak{r}}_1$ und $\bar{\mathfrak{r}}_2$ einander beliebig nahe kommen und daher der Drehimpuls $\mathfrak{P}$ beliebig klein wird. Wenn nun auch die Umlaufsfrequenz auf der Ellipse zu den beiden anderen Frequenzen ein irrationales Verhältnis hat, so kommt das Elektron dem Kern beliebig nahe. Solche Bewegungen hätten wir nach unseren bisherigen Grundsätzen auszuschließen. Wir werden aber nachher bei der Aufstellung der Quantenbedingungen sehen, daß sich solche Bahnen adiabatisch überführen lassen in Bahnen des reinen STARK- oder ZEEMAN-Effekts, die wir zulassen müssen.

Wir betrachten jetzt die *Energie der gestörten Bewegung* und die *Festlegung der stationären Zustände*.

Unter dem Einfluß der beiden Felder $\mathfrak{E}$ und $\mathfrak{H}$ tritt zu der Energie W_0 der ungestörten Bewegung noch eine Zusatzenergie (3)

$$(15) \qquad W_1 = e \cdot \bar{\mathfrak{r}}\, \mathfrak{E} + \frac{e}{2\,m\,c} \cdot \mathfrak{P}\,\mathfrak{H}\,.$$

Drücken wir hierin $\bar{\mathfrak{r}}$ und $\mathfrak{P}$ nach (11) durch $\bar{\mathfrak{r}}_1$ und $\bar{\mathfrak{r}}_2$ aus, so wird

$$W_1 = \frac{e}{2}\,(\bar{\mathfrak{r}}_1 + \bar{\mathfrak{r}}_2)\,\mathfrak{E} + \frac{e}{4\,m\,c\,K}\,(\bar{\mathfrak{r}}_1 - \bar{\mathfrak{r}}_2)\,\mathfrak{H},$$

und wenn wir die Vektoren $\mathfrak{w}_e$ und $\mathfrak{w}_m$ nach (13) einführen

$$(16) \qquad W_1 = \frac{1}{2\,K}\left\{ \bar{\mathfrak{r}}_1\,(\mathfrak{w}_e + \mathfrak{w}_m) + \bar{\mathfrak{r}}_2\,(\mathfrak{w}_e - \mathfrak{w}_m)\right\}.$$

Definieren wir jetzt die Frequenzen ν' und ν'' durch

$$(17) \qquad \begin{aligned} \nu' &= \frac{1}{2\,\pi}\,|\,\mathfrak{w}_e + \mathfrak{w}_m\,| \\[2mm] \nu'' &= \frac{1}{2\,\pi}\,|\,\mathfrak{w}_e - \mathfrak{w}_m\,|, \end{aligned}$$

so kann man die Energie auf die Form bringen

$$(18) \qquad W_1 = \nu' J' + \nu'' J''$$

wo

$$J' = \frac{1}{2} \cdot \frac{2\pi}{K} \, |\bar{\mathfrak{r}}_1| \cos(\bar{\mathfrak{r}}_1, \mathfrak{w}_e + \mathfrak{w}_m)$$

$$J'' = \frac{1}{2} \cdot \frac{2\pi}{K} \, |\bar{\mathfrak{r}}_2| \cos(\bar{\mathfrak{r}}_2, \mathfrak{w}_e - \mathfrak{w}_m)$$

ist. Wegen (6) und (10) können wir dafür

$$(19) \qquad \begin{aligned} J' &= \tfrac{1}{2} J \cos(\bar{\mathfrak{r}}_1, \mathfrak{w}_e + \mathfrak{w}_m) \\ J'' &= \tfrac{1}{2} J \cos(\bar{\mathfrak{r}}_2, \mathfrak{w}_e - \mathfrak{w}_m) \end{aligned}$$

schreiben.

Da ν' und ν'' in Gleichung (18) konstant sind, folgt aus der Form dieser Gleichung, daß J' und J'' die zu den Winkelvariabeln

$$\begin{aligned} w' &= \nu' t + \delta' \\ w'' &= \nu'' t + \delta'' \end{aligned}$$

konjugierten Wirkungsvariabeln sind. Die Periodizitätsvoraussetzungen des § 15 sind nämlich alle erfüllt. Die Größen J' und J'' sind also durch Quantenbedingungen

$$\begin{aligned} J' &= n' h \\ J'' &= n'' h \cdot \end{aligned}$$

festzulegen. Dies bedeutet eine etwas abgeänderte Form der Richtungsquantelung, indem nach (19):

$$\cos(\bar{\mathfrak{r}}_1, \mathfrak{w}_e + \mathfrak{w}_m) = 2\,\frac{n'}{n}$$

$$\cos(\bar{\mathfrak{r}}_2, \mathfrak{w}_e - \mathfrak{w}_m) = 2\,\frac{n''}{n}$$

ist. Die Quantenzahlen n' und n'' sind also diesmal auf das Intervall $\left(-\dfrac{n}{2}, \dfrac{n}{2}\right)$ beschränkt.

Im Falle, daß das Magnetfeld $\mathfrak{H}$ verschwindet, liegt eine Entartung vor, denn es wird

$$\nu' = \nu'' = \nu_e \cdot$$

Dann ist statt J' und J'' die alte Wirkungsvariable $J_e = J' + J''$ einzuführen und man erhält

$$W_1 = \nu_e \cdot J_e$$

im Einklang mit früheren Ergebnissen. Ganz analog hat man bei bloßem Magnetfeld

$$J_m = J' - J''$$

und

$$W_1 = \nu_m\, J_m.$$

Wenn wir nur ein schwaches Magnetfeld neben einem endlichen elektrischen Feld haben, so haben die Drehungsachsen der Vektoren $\bar{\mathfrak{r}}_1$ und $\bar{\mathfrak{r}}_2$ fast entgegengesetzte Richtung. Da die von diesen Vektoren beschriebenen Kegel im Falle verschwindenden Magnetfeldes nicht zusammenfallen dürfen (das wäre $\mathfrak{P} = 0$ beim Starkeffekt), so schneiden sie sich auch bei schwachem Magnetfeld nicht. Lassen wir jedoch $\mathfrak{H}$ adiabatisch anwachsen, so bleiben die Öffnungswinkel erhalten und es kommt schließlich der Punkt, wo die Kegel einander treffen. Entsprechend ist es, wenn wir von einem schwachen elektrischen Feld und einem endlichen Magnetfeld ausgehen. Dann haben zunächst die Drehungsachsen fast gleiche Richtung und die Kegel schneiden einander nicht. Aber bei adiabatischem Anwachsen von $\mathfrak{E}$ kommt auch hier der Punkt, wo sie sich treffen.

Wir können also Bahnen, die wir früher zuließen und die auch empirisch bestätigt sind, überführen in solche, bei denen das Elektron dem Kern beliebig nahekommt. Eine Aufklärung dieser Schwierigkeit läßt sich zur Zeit noch nicht geben. Man kann an die Möglichkeit denken, daß die J bei den hier betrachteten adiabatischen Änderungen nicht streng invariant zu sein brauchen, da man fortwährend durch Zustände hindurch kommt, bei denen (nicht identische) Kommensurabilitäten zwischen den Frequenzen bestehen („zufällige Entartungen", s. § 15, S. 101 und § 16, S. 111).

§ 39. Problem der zwei Zentren.

Die parabolischen Koordinaten, in denen die Bewegung, die das Elektron im Wasserstoffatom unter dem Einfluß eines elektrischen Feldes ausführt, durch Separation gefunden wurde, sind ein besonderer Fall der elliptischen Koordinaten. Diese sind Separationsvariable für die allgemeinere Aufgabe, die *Bewegung eines Punktes* zu finden, *der von zwei festen Kraftzentren nach dem* Coulomb*schen Gesetz angezogen wird.* Läßt man das eine

Kraftzentrum ins Unendliche rücken bei gleichzeitiger geeigneter Vergrößerung der von ihm ausgehenden Kraft, so erhält man den Fall des STARKeffekts; die elliptischen Koordinaten gehen dabei in die parabolischen über.

Wenn $2c$ der Abstand der festen Punkte F_1 und F_2 ist, so hängen die elliptischen Koordinaten ξ, η eines Punktes mit seinen Abständen r_1 und r_2 von jenen festen Punkten durch die Gleichungen

$$(1) \qquad \xi = \frac{r_1 + r_2}{2c} \qquad r_1 = c(\xi + \eta)$$

$$\eta = \frac{r_1 - r_2}{2c} \qquad r_2 = c(\xi - \eta)$$

zusammen. Man sieht an diesen Gleichungen, daß stets

$$(2) \qquad \xi \geq 1, \qquad -1 \leq \eta \leq 1$$

ist, ferner, daß die Flächen $\xi = \mathrm{const}$ Rotationsellipsoide sind mit der großen Halbachse $c\,\xi$ und den Brennpunkten F_1 und F_2, und daß die Flächen $\eta = \mathrm{const}$ zweischalige Rotationshyperboloide mit dem Scheitelabstand $2c\,\eta$ und denselben Brennpunkten sind. Zur eindeutigen Festlegung eines Punktes ist noch eine dritte Koordinate notwendig, z. B. das Azimut φ um die Gerade $F_1 F_2$.

Schreiben wir die Gleichungen der genannten Rotationsflächen in Zylinderkoordinaten (r, φ, z) auf, wo $F_1 F_2$ die z-Achse ist und der Nullpunkt die Verbindungsstrecke $F_1 F_2$ halbiert, so lauten sie:

$$\frac{z^2}{\xi^2} + \frac{r^2}{\xi^2 - 1} = c^2$$

$$\frac{z^2}{\eta^2} - \frac{r^2}{1 - \eta^2} = c^2.$$

Daraus folgen die Transformationsgleichungen

$$(3) \qquad z^2 = c^2 \xi^2 \eta^2$$

$$r^2 = c^2 (\xi^2 - 1)(1 - \eta^2).$$

Wir zeigen, daß das obengenannte „Zweizentrenproblem" in diesen Koordinaten separierbar ist. Die potentielle Energie einer von zwei positiv geladenen Punkten angezogenen elektrischen Ladung $-e$ ist:

$$U = - e^2 \left(\frac{Z_1}{r_1} + \frac{Z_2}{r_2} \right),$$

also in elliptischen Koordinaten:

$$(4) \qquad U = - \frac{e^2}{c\,(\xi^2 - \eta^2)} [(Z_1 + Z_2)\,\xi - (Z_1 + Z_2)\,\eta].$$

Die kinetische Energie

$$T = \frac{m}{2}\,(\dot{r}^2 + r^2\,\dot{\varphi}^2 + \dot{z}^2)$$

erhält wegen der aus (3) folgende Beziehungen

$$\dot{z} = c\,(\xi\,\dot{\eta} + \dot{\xi}\,\eta)$$

$$\dot{r} = c \left(\frac{\dot{\xi}\,\xi}{\xi^2 - 1} - \frac{\eta\,\dot{\eta}}{1 - \eta^2} \right)$$

die Form:

$$(5)\ \ T = \frac{m\,c^2}{2}\left[(\xi^2 - \eta^2)\left(\frac{\dot{\xi}^2}{\xi^2 - 1} + \frac{\dot{\eta}^2}{1 - \eta^2}\right) + (\xi^2 - 1)(1 - \eta^2)\,\dot{\varphi}^2\right]$$

Daraus folgen die zu ξ, η, φ konjugierten Impulse:

$$p_\xi = m\,c^2\,\dot{\xi}\ \frac{\xi^2 - \eta^2}{\xi^2 - 1}$$

$$(6)$$

$$p_\eta = m\,c^2\,\dot{\eta}\ \frac{\xi^2 - \eta^2}{1 - \eta^2}$$

$$p_\varphi = m\,c^2\,\dot{\varphi}\ (\xi^2 - 1)(1 - \eta^2).$$

Drücken wir T durch Koordinaten und Impulse aus und fügen wir die potentielle Energie hinzu, so erhalten wir die HAMILTON-sche Funktion:

$$(7) \qquad H = \frac{1}{\xi^2 - \eta^2}\left\{ \frac{1}{2\,m\,c^2}\left[(\xi^2 - 1)\,p_\xi^{\,2} + (1 - \eta^2)\,p_\eta^{\,2} \right.\right.$$

$$\left.\left. + \left(\frac{1}{\xi^2 - 1} + \frac{1}{1 - \eta^2} \right) p_\varphi^{\,2} \right] - \frac{e^2}{c}[(Z_1 + Z_2)\,\xi - (Z_1 - Z_2)\,\eta] \right\} = W.$$

Man sieht sofort, daß unsere Aufgabe durch Separation der Variabeln lösbar ist. Für die drei Impulse erhält man:

$$p_\xi = \sqrt{2\,m\,c^2\,(-W)}\ \frac{1}{\xi^2 - 1}\sqrt{ -A - B_1\,\xi + C\,\xi^2 + B_1\,\xi^3 - \xi^4 }$$

$$(8)\quad p_\eta = \sqrt{2\,m\,c^2\,(-W)}\ \frac{1}{1 - \eta^2}\sqrt{ -A - B_2\,\eta + C\,\eta^2 + B_2\,\eta^3 - \eta^4 }$$

$$p_\varphi = \text{const},$$

wo C eine willkürliche Konstante und

$$A - C + 1 = \frac{p_\varphi{}^2}{2\,m\,c^2\,(-W)}$$

(9)
$$B_1 = \frac{e^2\,(Z_1 + Z_2)}{-\,c\,W}$$

$$B_2 = \frac{e^2\,(Z_1 - Z_2)}{-\,c\,W}$$

ist.

Wir untersuchen jetzt die *möglichen Bahntypen*, wobei wir von einzelnen Grenzfällen absehen und uns auf den Fall negativer W beschränken wollen. Wir wollen auch nicht auf die Einzelheiten der Beweisführung eingehen.

I. Bahnen, die mit den Zentren in einer Ebene liegen[1]).

Hier ist $p_\varphi = 0$, also $A - C + 1 = 0$ und $\xi = 1$, $\eta = \pm 1$ sind Nullstellen der Radikanden in (8). Wir unterscheiden folgende Fälle:

1. Der Radikand von p_ξ ist für $\xi > 1$ zunächst positiv; dann macht ξ eine Libration zwischen $\xi = 1$ und einem Wert $\xi = \xi_{\mathrm{max}}$.

a) Der Radikand von p_η ist im ganzen Intervall $(-1, 1)$ positiv. Die Bahn verläuft innerhalb der Ellipse $\xi = \xi_{\mathrm{max}}$. (Abb. 33.)

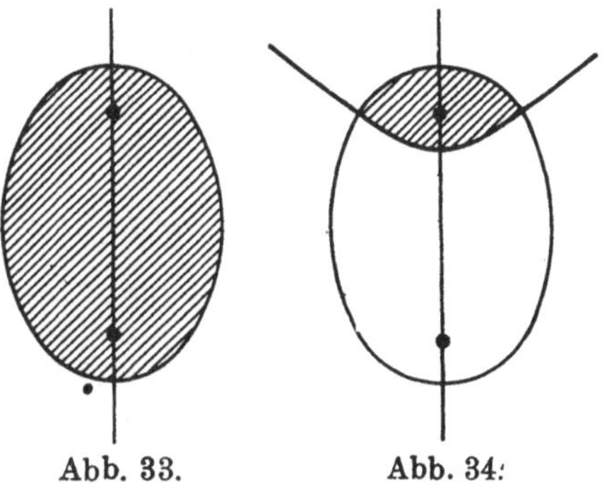

Abb. 33.　　　　Abb. 34.

b) Der Radikand von p_η hat in $(-1, 1)$ eine weitere Nullstelle. Die Bahn verläuft dann in einem Zweieck, das von der Ellipse $\xi = \xi_{\mathrm{max}}$ und einer Hyperbel $\eta = \mathrm{const}$ begrenzt wird. (Abb. 34.) Der Fall, daß in $(-1, 1)$ zwei weitere Nullstellen vorhanden sind, tritt nicht auf.

---

[1]) Eine ausführliche Diskussion dieser Bahnen bei C. L. CHARLIER: Die Mechanik des Himmels, 1. Bd., Leipzig 1902, III, § 1 (S. 122).

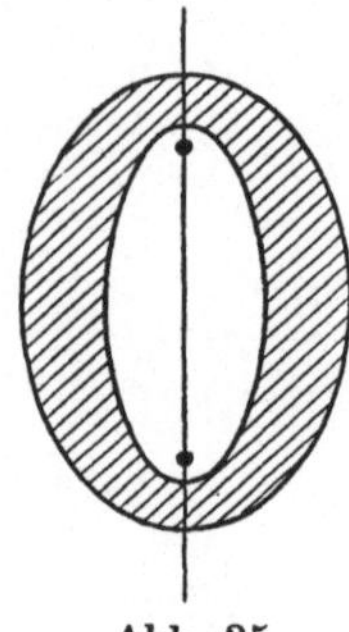

2. Der Radikand von p_ξ ist für $\xi > 1$ zunächst negativ und nimmt später im Intervall (ξ_{min}, ξ_{max}) positive Werte an; ξ macht dann eine Libration in diesem Intervall. In diesem Fall muß der Radikand von p_η im ganzen Intervall $(-1, 1)$ positiv sein. Die Kurve verläuft zwischen den beiden Ellipsen $\xi = \xi_{min}$ und $\xi = \xi_{max}$. (Abb. 35.)

Abb. 35.

II. Bahnen, die nicht mit den Zentren in einer Ebene liegen[1]).

Der Radikand von p_ξ ist höchstens positiv in einem Intervall (ξ_{min}, ξ_{max}), das nicht an $\xi = 1$ heranreicht; der Radikand von p_η ist ebenfalls für $\eta = \pm 1$ negativ, er kann im Intervall $(-1, +1)$ zwei oder vier Nullstellen haben. p_φ endlich ist

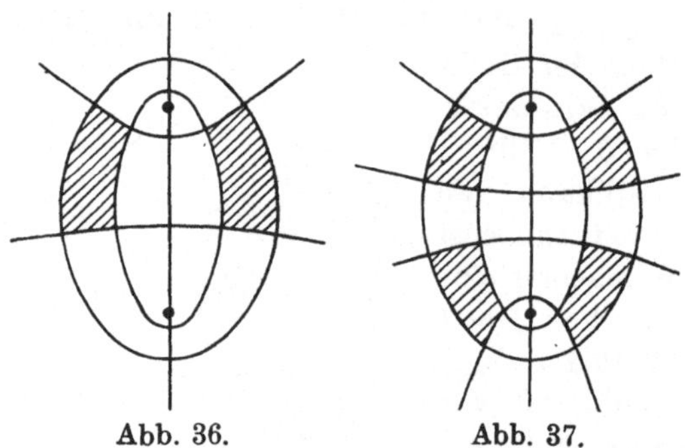

Abb. 36.   Abb. 37.

von Null verschieden und φ läuft um die Verbindungslinie der Zentren. In allen Fällen, wo überhaupt Bewegungen möglich sind, verlaufen sie in dem Ring zwischen zwei Rotations-Hyperboloiden und zwei Rotations-Ellipsoiden, deren Achse durch die Zentren geht. (Abb. 36 u. 37.) Im Falle von Doppelwurzeln können die Ellipsoide oder die Hyperboloide zusammenfallen; es können auch Limitationsbewegungen auftreten.

---

[1]) Ausführliche Diskussion bei W. Pauli jr., Ann. d. Physik, Bd. 68, S. 177, 1922, II, § 6, und K. F. Niessen: Zur Quantentheorie des Wasserstoffmolekül-Ions (Diss.), Utrecht 1922, Abschnitt 1.

Die hier beschriebenen Gebiete werden lückenlos erfüllt, wenn die Bewegung nicht rein periodisch ist. In den beiden Fällen I, 1a und b kommt dabei der bewegte Punkt den Kraftzentren beliebig nahe.

PAULI[1]) und NIESSEN[2]) haben versucht, dieses Zweizentrenproblem anzuwenden zur *Berechnung des positiven Wasserstoffmolekel-Ions.* Dieses besteht aus zwei Kernen mit den Ladungen $+ e$ (also $Z_1 = Z_2 = 1$) und einem Elektron. Wegen der großen Masse der Kerne wird man in erster Näherung die Kernbewegung vernachlässigen können. Man hat dann als ersten Schritt der Rechnung die Elektronenbewegung bei beliebigem Kernabstand zu berechnen; dann hat man den Kernabstand so zu bestimmen, daß bei festgehaltenen Werten der Wirkungsvariabeln der Elektronenbewegung die Kerne im stabilen Gleichgewicht sind. Es hat sich dabei ergeben, daß durch diese Bedingungen eine Konfiguration kleinster Energie (Normalzustand) eindeutig festgelegt ist (der Typus der Abb. 36, bei gleichgeladenen Kernen ist das Bild symmetrisch). Man kann für diese nicht nur den Energiewert, sondern auch die bei kleinen Störungen eintretenden Schwingungen der Kerne gegeneinander berechnen.

Die Erfahrung hat aber gezeigt, daß die so erhaltenen Werte nicht mit den Messungen der Ionisierungs- und Anregungsspannungen in Einklang zu bringen sind. Aus diesem Grunde wollen wir darauf verzichten, näher auf dieses Modell des H_2^+ einzugehen. Wo der Grund des Versagens der Theorie zu suchen ist, ist vorläufig noch recht unklar. Wir werden im folgenden sehen, daß die Behandlung der atomaren Probleme mit Hilfe der klassischen Mechanik zu falschen Ergebnissen führt, sobald mehrere Elektronen vorhanden sind, also ein Drei- oder Mehrkörperproblem vorliegt. Vielleicht ist auch hier die künstliche Verwandlung des Mehrkörperproblems in ein Einkörperproblem auf Grund des kleinen Verhältnisses von Elektronen- zu Kernmasse nicht zulässig.

---

[1]) W. PAULI, loc. cit.
[2]) K. F. NIESSEN, loc. cit.

Viertes Kapitel.

Störungstheorie.

§ 40. Die Bedeutung der Störungstheorie für die Atommechanik.

Werfen wir einen Rückblick auf die im vorigen Kapitel behandelten Atommodelle, so erkennen wir als gemeinsames Merkmal, daß es sich jedesmal um die *Bewegung eines einzigen Elektrons* handelte. Der Erfolg scheint zu beweisen, daß in diesem Falle unser Verfahren zu Recht besteht, nämlich die Berechnung der Bewegungen nach den Gesetzen der klassischen Mechanik und die Aussonderung stationärer Bewegungen durch Quantenbedingungen. Jetzt entsteht die *Aufgabe, Atome mit mehreren Elektronen zu behandeln.*

Es liegt nahe, diese in ganz derselben Weise anzugreifen, indem man zunächst das mechanische Mehrkörperproblem löst und dann die Quantenbedingungen anbringt. Es ist bekannt, welche Schwierigkeiten schon das Dreikörperproblem der Astronomie bietet; hier aber liegen die Verhältnisse noch weit ungünstiger. Denn während in der Himmelsmechanik die störenden Kräfte, die zwei Planeten aufeinander ausüben, äußerst klein sind gegen die Anziehung der Sonne auf jeden von ihnen, ist in der Atommechanik die Abstoßung zweier Elektronen von der gleichen Größenordnung wie die Anziehung nach dem Kerne. Ferner kann man sich in der Astronomie mit der Vorausberechnung der Bewegung für ein paar hundert oder tausend Jahre (Perioden) begnügen; in der Atomtheorie aber kann man nur die mehrfach-periodischen Bewegungen gebrauchen, deren Verlauf für beliebige Zeiten durch ein und dieselbe FOURIER-Reihe dargestellt wird. Hier scheinen also unüberwindliche analytische Schwierigkeiten den Fortschritt zu sperren, und man konnte zu der Meinung kommen, daß es aus rein rechentechnischen Gründen unmöglich sei, zu einem theoretischen Verständnis der Atomstrukturen bis Uran hinauf zu gelangen.

Das Ziel der Untersuchungen dieses Kapitels soll nun sein, zu zeigen, daß dies nicht die entscheidende Schwierigkeit ist.

Es wäre ja auch sonderbar, wenn die Natur sich hinter den analytischen Schwierigkeiten des n-Körper-Problems gegen das Vordringen der Erkenntnis verschanzte. Die Atommechanik überwindet die oben erläuterten Nachteile, die auf der gleichen Größenordnung aller wirkenden Kräfte beruhen, gerade durch jene Züge, die sie von der Himmelsmechanik unterscheiden, nämlich durch die von den Quantenbedingungen geforderte Einschränkung der Bewegungsmöglichkeiten. Wir werden durch systematische Entwicklung der Störungsrechnung zeigen, daß *gerade die einfachsten Bahntypen quantentheoretisch besonders ausgezeichnet* sind, während sie in der Astronomie nur als singuläre Ausnahmefälle vorkommen können und daher dort keine Beachtung finden. Diese Quantenbahnen lassen relativ einfache analytische Darstellungen zu. Man könnte also daran gehen, die Atome des periodischen Systems der Reihe nach zu berechnen.

So hat man auch tatsächlich versucht, zunächst das zweiteinfachste Atom, das aus einem Kern und zwei Elektronen bestehende Heliumatom, der Störungsrechnung zu unterwerfen. Der Erfolg aber war durchaus negativ; die Abweichungen zwischen Rechnung und Beobachtung erwiesen sich als weit größer, als durch Ungenauigkeit des Rechenverfahrens erklärt werden kann. Hier offenbart sich also ein prinzipieller Fehler in den Grundsätzen unserer Atommechanik.

Als wir diese Grundsätze aufstellten (§ 16), haben wir bereits auf ihren provisorischen Charakter hingewiesen; dieser zeigte sich vor allem darin, daß die Theorie Größen wie Umlaufsfrequenzen, Abstände usw. einführt, die aller Wahrscheinlichkeit nach prinzipiell nicht beobachtbar sind. Ferner zeigen die Dispersionserscheinungen, daß das System nicht bei den nach der klassischen Mechanik berechneten Frequenz ($\tau \nu$) in Resonanz mit einem äußeren elektrischen Wechselfelde gerät, sondern bei den quantentheoretischen Frequenzen ν, die den Quantensprüngen zugeordnet sind. Endlich sind wir im Laufe unserer Entwicklungen mehrfach auf empirisch sicher gestellte Fälle gestoßen, wo unsere Ansätze versagten, z. B. das Auftreten „halber“ Quantenzahlen, die Multipletts und anomalen ZEEMAN-Effekte u. a. Wir werden daher die hier gegebene Darstellung der Atommechanik nur als ersten Schritt zu einer endgültigen Fassung zu betrachten haben, der man sich nur durch allmähliches Ausschalten aller falschen Geleise nähern kann.

Um dies gründlich zu besorgen, ist es nun nötig, den eingeschlagenen Weg wirklich zu Ende zu gehen und zu untersuchen, wohin die konsequente Anwendung der klassischen Mechanik im Verein mit den Quantenbedingungen führt. Darum werden wir in diesem Kapitel eine ausführliche Darstellung der Störungstheorie geben, die alle quantentheoretisch zulässigen Fälle umfaßt; ferner werden wir das Versagen dieser Theorie beim Helium zeigen.

Wir glauben, daß diese Mühe nicht vergeblich aufgewandt ist, sondern daß durch diese breite Entwicklung der Störungstheorie neben den negativen Ergebnissen die Grundlage für die wahre Quantentheorie der Koppelung mehrerer Elektronen gelegt wird[1]).

§ 41. Störungen eines nicht entarteten Systems.

Schon das Dreikörperproblem und erst recht die Mehrkörperprobleme gehören zu denjenigen Aufgaben der Mechanik, deren Lösung durch Separation der Variabeln nicht gelungen ist und wohl auch kaum gelingen wird. In allen solchen Fällen ist man auf Methoden angewiesen, die die Bewegung in sukzessiver Näherung ergeben. Diese Methoden sind anwendbar, wenn man in die HAMILTONsche Funktion einen Parameter λ so einführen kann, daß sie für $\lambda = 0$ in die HAMILTONsche Funktion H_0 eines durch Separation lösbaren Problems übergeht, und daß sie sich in eine Reihe

$$(1) \qquad H = H_0 + \lambda H_1 + \lambda^2 H_2 + \cdots$$

entwickeln läßt, die für einen hinreichend großen Wertebereich der Koordinaten und Impulse konvergiert.

Probleme dieser Art behandelt die Himmelsmechanik, und sie faßt die Methoden zu ihrer Lösung unter dem Namen

---

[1]) Die ersten Anwendungen der Störungstheorie auf Atommechanik finden sich in folgenden Arbeiten:

N. BOHR, Quantum Theory of Line-Spectra Part I, II, III. Kopenhagen 1918 und 1922. — M. BORN u. E. BRODY, Zeitschr. f. Physik, Bd. 6, S. 140. 1921. — P. S. EPSTEIN, Zeitschr. f. Physik, Bd. 8, S. 211, 305. 1922; Bd. 9, S. 92. 1922.

Störungstheorie zusammen. Man sieht nämlich die Zusatzglieder $\lambda H_1 + \lambda^2 H_2 + \cdots$ an als herrührend von einer „Störung" der durch H_0 gekennzeichneten „ungestörten" Bewegung.

Für die Quantentheorie kommen nur die mehrfach periodischen Lösungen des Bewegungsproblems in Betracht. Die von uns im Folgenden zu ihrer Auffindung benutzten Methoden sind wesentlich dieselben, die POINCARÉ in seinen „Méthodes nouvelles de la Mécanique céleste"[1]) ausführlich dargestellt hat. Unter der Lösung verstehen wir hier, wie immer, die Auffindung einer Wirkungsfunktion S, die eine kanonische Transformation

$$p_k = \frac{\partial S}{\partial q_k}, \qquad w_k = \frac{\partial S}{\partial J_k}$$

erzeugt, wodurch die ursprünglichen Koordinaten und Impulse in Winkel- und Wirkungsvariable übergeführt werden.

Wir setzen das Problem der *ungestörten Bewegung* als gelöst voraus und nehmen zunächst an, daß diese Bewegung *nicht entartet* ist. Wir nehmen also an, daß zwischen den Frequenzen ν_k^0 der ungestörten Bewegung keine ganzzahlige Beziehung der Form

$$(2) \qquad (\nu^0 \tau) = \nu_1^0 \tau_1 + \cdots + \nu_f^0 \tau_f = 0$$

besteht, weder identisch in den Wirkungsvariabeln J_k^0, noch für die besonderen Werte der J_k^0, die die Ausgangsbewegung kennzeichnen.

Wir führen jetzt die Winkel- und Wirkungsvariabeln w_k^0, J_k^0 der ungestörten Bewegung als Bestimmungsstücke in die HAMILTONsche Funktion des gestörten Systems ein. Sie sind auch für dieses kanonische Variable, aber im allgemeinen nicht mehr Winkel- und Wirkungsvariable; vielmehr sieht man aus den kanonischen Gleichungen

$$\dot{J}_k^0 = - \frac{\partial H}{\partial w_k^0}, \qquad \dot{w}_k^0 = \frac{\partial H}{\partial J_k^0},$$

daß die J_k^0 von der Zeit abhängen und die w_k^0 nicht mehr lineare Funktionen der Zeit sind. Für $\lambda = 0$ geht H in die HAMILTONsche Funktion H_0 des ungestörten Systems über, die nur von den J_k^0 abhängt:

---

[1]) 3 Bände. Paris 1892—99.

$$H_0\left(J_1^{\,0},\ J_2^{\,0}\cdots\right).$$

Die Winkel- und Wirkungsvariabeln des gestörten Systems werden für $\lambda = 0$ ebenfalls in die des ungestörten übergehen.

Um sie zu finden, suchen wir die Erzeugende $S(w^0, J)$ einer kanonischen Transformation

$$(3) \qquad J_k^{\,0} = \frac{\partial S}{\partial w_k^{\,0}}, \qquad w_k = \frac{\partial S}{\partial J_k},$$

die die Variabeln w^0, J^0 in neue Variable w, J überführt, wobei folgende drei Bedingungen erfüllt werden sollen (vgl. § 15):

(A) Die Lagekoordinaten des Systems sind periodische Funktionen der w_k mit der primitiven Periode 1.

(B) H geht in eine nur von den J_k abhängige Funktion W über.

(C) $S^* = S - \sum_k w_k J_k$ ist periodisch in den w_k mit der Periode 1.

Die rechtwinkligen Koordinaten des Systems sind also sowohl periodische Funktionen der $w_k^{\,0}$ als auch der w_k, d. h. ein Perioden-Parallelepiped des $w_k^{\,0}$-Raumes wird auf ein solches des w_k-Raumes abgebildet. Sehen wir von einer willkürlichen ganzzahligen linearen Transformation der w_k unter sich mit der Determinante ± 1 ab, so gilt:

(4) $\quad w_k = w_k^{\,0} +$ periodische Funktion der $w_k^{\,0}$ (Periode 1).

Wir können daraus und aus (C) schließen, daß auch $S - \sum_k w_k^{\,0} J_k$ periodisch in den $w_k^{\,0}$ mit der Periode 1 ist. Setzt man umgekehrt voraus, daß $S - \sum_k w_k^{\,0} J_k$ periodisch in den $w_k^{\,0}$ mit der primitiven Periode 1 ist, so folgt aus

$$w_k = \frac{\partial S}{\partial J_k}$$

die Gleichung (4) und damit auch die Periodizität von S^*. Da ferner die Lagekoordinaten von vornherein als periodische Funktionen der $w_k^{\,0}$ vorausgesetzt wurden, so sind sie auch periodische Funktionen der w_k. Es gelten also die Bedingungen (A) und (C).

Wir denken uns nun die gesuchte Funktion S ebenfalls nach λ entwickelt

$$(5) \qquad S = S_0 + \lambda S_1 + \lambda^2 S_2 + \cdots.$$

S_0 ist dabei die Erzeugende der identischen Transformation, hat also (vgl. § 7, S. 35) die Form

$$(6) \qquad S_0 = \underset{k}{\Sigma}\, w_k^{\,0} J_k,$$

und S_1, $S_2 \cdots$ sind periodisch in den $w_k^{\,0}$. Umgekehrt führt jede Funktion S, die diese Eigenschaften hat, zu Variabeln, die den Bedingungen (A) und (C) genügen.

In die HAMILTON-JACOBIsche Gleichung der gestörten Bewegung

$$(7) \quad H_0\left(\frac{\partial S}{\partial w^0}\right) + \lambda\, H_1\left(w^0, \frac{\partial S}{\partial w^0}\right) + \lambda^2\, H_2\left(w^0, \frac{\partial S}{\partial w^0}\right) + \cdots = W(J)$$

setzen wir nun die Entwicklung (5) von S ein und entwickeln auch W nach λ:

$$W = W_0(J) + \lambda\, W_1(J) + \lambda^2\, W_2(J) + \cdots.$$

Durch Vergleich der Koeffizienten gleicher Potenzen von λ folgen dann eine Anzahl Differentialgleichungen.

Zuerst erhalten wir

$$(8) \qquad H_0(J) = W_0(J),$$

d. h. W_0 geht aus der Energie der ungestörten Bewegung hervor, wenn man die $J_k^{\,0}$ durch die J_k ersetzt. Wir wollen W_0 die nullte Näherung der Energie nennen.

Die Gleichung für die erste Näherung erhalten wir dann durch Gleichsetzen der Faktoren von λ. Sie lautet

$$(9) \qquad \sum_k \frac{\partial H_0}{\partial J_k}\, \frac{\partial S_1}{\partial w_k^{\,0}} + H_1(w^0,\, J) = W_1(J);$$

dabei sind $H_0(J)$ und $H_1(w^0, J)$ so zu verstehen, daß in $H_0(J^0)$ und $H_1(w^0, J^0)$ einfach bei unveränderter Funktionsform J^0 durch J ersetzt wird. Aus dieser Gleichung lassen sich die beiden unbekannten Funktionen W_1 und S_1 bestimmen. Da S_1 in den $w_k^{\,0}$ periodisch sein soll, so ist der Mittelwert der Summe in (9), erstreckt über den Einheitskubus des w^0 Raumes oder erstreckt über den zeitlichen Ablauf der ungestörten Bewegung, gleich 0. Aus (9) folgt dann

$$(10) \qquad W_1(J) = \overline{H_1(w^0, J)},$$

wo H_1 ebenfalls über den zeitlichen Ablauf der ungestörten Bewegung zu mitteln ist. Wir erhalten also für W_1 denselben Ausdruck wie bei der Berechnung der säkularen Störungen, obwohl hier ganz andere Voraussetzungen gelten, nämlich daß die ungestörte Bewegung gerade nicht entartet ist. Wir haben auch hier den Satz:

Die Energie der gestörten Bewegung ist in erster Näherung gleich der Energie der ungestörten Bewegung vermehrt um den zeitlichen Mittelwert des ersten Gliedes der Störungsfunktion über die ungestörte Bewegung. Zur Berechnung der Energie in dieser Näherung ist also außer der Bestimmung der ungestörten Bewegung keine neue Integration notwendig.

Nach Berechnung von $W_1(J)$ haben wir für S_1' die Gleichung

$$(11) \qquad \sum_k{}' \frac{\partial H_0}{\partial J_k} \frac{\partial S_1}{\partial w_k{}^0} = -\tilde{H}_1,$$

dabei kennzeichnet das Zeichen $\sim$ über H_1 den Unterschied der Funktion H_1 von ihrem Mittelwert:

$$\tilde{H}_1 = H_1 - \bar{H}_1.$$

Wir werden $\tilde{H}_1$ auch kurz den „periodischen Anteil" von H_1 nennen. Er läßt sich als FOURIER-Reihe

$$\tilde{H}_1 = \sum_\tau{}' A_\tau(J)\, e^{2\pi i(\tau w^0)}$$

ohne konstantes Glied schreiben (was wir durch den Akzent am Summenzeichen andeuten). Denken wir uns auch S_1 als FOURIER-Reihe geschrieben:

$$S_1 = \sum_\tau B_\tau(J)\, e^{2\pi i(\tau w^0)},$$

so lassen sich die unbekannten Koeffizienten $B_\tau(J)$ mit Hilfe von (11) durch die bekannten $A_\tau(J)$ ausdrücken. Man erhält

$$2\pi i\,(\nu^0\tau)\,B_\tau(J) = A_\tau(J),$$

wo

$$(12) \qquad \frac{\partial H_0}{\partial J_k} = \nu_k{}^0(J)$$

gesetzt ist, also $\nu_k{}^0(J)$ aus den Frequenzen $\nu_k{}^0(J^0)$ der ungestörten Bewegung dadurch hervorgeht, daß man $J_k{}^0$ durch J_k ersetzt. Wir erhalten so als Lösung von (11)

$$(13) \qquad S_1 = \sum_\tau{}' \frac{1}{2\pi i} \frac{A_\tau}{(\tau\nu^0)}\, e^{2\pi i(\tau w^0)}.$$

Dazu kann noch eine nur von den J_k abhängige willkürliche Funktion treten. Wir beherrschen nun den Einfluß der Störung auf die Bewegung in erster Näherung.

Für die Winkelvariabeln der Bewegung in dieser Näherung erhalten wir

$$(14) \qquad w_k = w_k{}^0 + \lambda \frac{\partial S_1 (w^0 J)}{\partial J_k}$$

und haben damit auch die $w_k{}^0$ als Funktionen der Zeit. Über die ungestörte Bewegung lagern sich kleine periodische Schwankungen, deren Amplituden die Größenordnung λ haben, also den störenden Kräften proportional sind, während die Frequenzen von denen der ungestörten Bewegung wenig abweichen:

$$(15) \qquad \nu_k = \nu_k{}^0 + \lambda \frac{\partial \overline{H}_1}{\partial J_k} \, .$$

Für die $J_k{}^0$ haben wir

$$(16) \qquad J_k{}^0 = J_k + \lambda \frac{\partial S_1 (w^0 J)}{\partial w_k{}^0} \, ,$$

d. h. auch die in der ungestörten Bewegung konstanten $J_k{}^0$ führen kleine Schwankungen mit Amplituden von der Größenordnung λ aus. *Sogenannte säkulare Störungen treten nicht auf,* d. h. Änderungen der in der ungestörten Bewegung konstanten Größen von ihrer eigenen Größenordnung, wie wir sie im Falle der Entartung der ungestörten Bewegung hatten (vgl. § 18).

Wir bemerken noch, daß die Voraussetzung des nicht-entarteten Charakters der ungestörten Bewegung durchaus notwendig ist; sonst hätte der Ausdruck (13) gar keinen Sinn, da gewisse der Nenner $(\tau \nu^0)$ verschwinden würden. Wir sehen aber weiter, daß auch beim Fehlen solcher Entartung die Nenner beliebig klein werden können, wenn wir die Zahlen $\tau_1 \cdots \tau_f$ geeignet wählen, sogar unendlich oft, wenn die τ_k von $-\infty$ bis ∞ laufen. Damit scheint die Konvergenz der FOURIER-Reihe (13) in Frage gestellt. Wir kommen darauf am Schluß des Paragraphen zurück und setzen hier zunächst das formale Näherungsverfahren fort.

Aus (7) lassen sich durch Koeffizientenvergleichung weitere Differentialgleichungen ableiten, deren zweite (Koeffizienten von λ^2) und n-te (Koeffizienten von λ^n) wir hier angeben wollen:

$$\sum_k \frac{\partial H_0}{\partial J_k} \frac{\partial S_2}{\partial w_k{}^0} + \sum_{k,i} \frac{1}{2!} \frac{\partial^2 H_0}{\partial J_k \partial J_j} \frac{\partial S_1}{\partial w_k{}^0} \frac{\partial S_1}{\partial w_j{}^0}$$

$$(17) \qquad + \sum_k \frac{\partial H_1}{\partial J_k} \frac{\partial S_1}{\partial w_k{}^0} + H_2 = W_2(J),$$

$$\sum_k \frac{\partial H_0}{\partial J_k} \frac{\partial S_n}{\partial w_k{}^0} + \sum_{k,j} \frac{1}{2!} \frac{\partial^2 H_0}{\partial J_k \partial J_j} \sum_{p+q=n} \frac{\partial S_p}{\partial w_k{}^0} \frac{\partial S_q}{\partial w_j{}^0}$$

$$+ \sum_{k,j,l} \frac{1}{3!} \frac{\partial^3 H_0}{\partial J_k \partial J_j \partial J_l} \sum_{p+q+r=n} \frac{\partial S_p}{\partial w_k{}^0} \frac{\partial S_q}{\partial w_j{}^0} \frac{\partial S_r}{\partial w_l{}^0}$$

$$(18) \qquad + \cdots + \sum_{k_1 \cdots k_n} \frac{1}{n!} \frac{\partial^n H_0}{\partial J_{k_1} \cdots \partial J_{k_n}} \frac{\partial S_1}{\partial w_{k_1}{}^0} \cdots \frac{\partial S_n}{\partial w_{k_n}{}^0}$$

$$+ \sum_k \frac{\partial H_1}{\partial J_k} \frac{\partial S_{n-1}}{\partial w_k{}^0} + \cdots$$

$$+ \sum_{k_1 \cdots k_{n-1}} \frac{1}{(n-1)!} \frac{\partial^{n-1} H_1}{\partial J_{k_1} \cdots \partial J_{k_{n-1}}} \frac{\partial S_1}{\partial w_{k_1}{}^0} \cdots \frac{\partial S_{n-1}}{\partial w_{k_{n-1}}{}^0}$$

$$+ \cdots + \sum_k \frac{\partial H_{n-1}}{\partial J_k} \frac{\partial S_1}{\partial w_k{}^0} + H_n = W_n(J).$$

Alle Gleichungen haben die Form

$$(19) \qquad \sum_k \frac{\partial H_0}{\partial J_k} \frac{\partial S_n}{\partial w_k{}^0} = W_n(J) - \Phi_n(w^0 J),$$

wo Φ_n eine bekannte, in den w^0 periodische Funktion und S_n und W_n gesuchte Funktionen sind. Wir erhalten genau wie beim früher behandelten ersten Schritt des Verfahrens durch Mittelung über den zeitlichen Ablauf der ungestörten Bewegung

$$(20) \qquad W_n(J) = \overline{\Phi_n(w^0 J)}$$

und

$$(21) \qquad \sum_k \nu_k{}^0(J) \frac{\partial S_n}{\partial w_k{}^0} = - \tilde{\Phi}_n,$$

wo $\tilde{\Phi}_n$ wieder den „periodischen Anteil" der Funktion Φ_n bedeutet.

Wenn wir auch hier die rechte Seite als FOURIER-Reihe schreiben:

$$\tilde{\Phi}_n = \sum_\tau{}' A_\tau(J)\, e^{2\pi i (\tau w^0)},$$

in der kein konstantes Glied auftritt, so liefert die Integration
von (21)

$$(22) \qquad S_n = \sum_{\tau}{}' \frac{1}{2\pi i} \frac{A_\tau}{(\tau \nu^0)} e^{2\pi i (\tau w^0)}.$$

Damit ist die gestellte Aufgabe formal gelöst.

Um das Verfahren zu erläutern, wollen wir die Rechnung
bis zur Darstellung von W_2 durch die FOURIER-Koeffizienten
der Störungsfunktion durchführen. Nach (13) ist

$$S_1 = \sum_{\tau}{}' \frac{1}{2\pi i} \frac{A_\tau}{(\tau \nu^0)} e^{2\pi i (\tau w^0)},$$

wo A_τ die FOURIER-Koeffizienten von H_1 sind und das Glied
mit $\tau_1 = \tau_2 = \cdots = \tau_f = 0$ nicht vorkommt. Die Gleichung (17)
für W_2 schreibt sich jetzt folgendermaßen:

$$\sum_k \nu_k^0 \frac{\partial S_2}{\partial w_k^0} + \sum_{k,j} \frac{1}{2!} \frac{\partial \nu_j^0}{\partial J_k} \sum_{\tau}{}' \sum_{\sigma}{}' \frac{\tau_k \sigma_j A_\tau A_\sigma}{(\tau \nu^0)(\sigma \nu^0)} e^{2\pi i (\tau + \sigma, w^0)}$$

$$+ \sum_k \sum_{\tau}{}' \sum_{\sigma}{}' \frac{\partial A_\tau}{\partial J_k} \frac{\sigma_k A_\sigma}{(\sigma \nu^0)} e^{2\pi i (\tau + \sigma, w^0)} + H_2 = W_2.$$

W_2 erhält man durch Mittelbildung:

$$\frac{1}{2} \sum_{k,j} \frac{\partial \nu_j^0}{\partial J_k} \sum_{\tau}{}' \tau_k \tau_j \frac{A_\tau A_{-\tau}}{(\tau \nu^0)^2} - \sum_k \sum_{\tau}{}' \frac{\partial A_\tau}{\partial J_k} \frac{\tau_k A_{-\tau}}{(\tau \nu^0)} + H_2 = W_2.$$

Hierfür kann man

$$(23) \qquad W_2 = \overline{H}_2 - \frac{1}{2} \sum_{\tau}{}' \sum_k \tau_k \frac{\partial}{\partial J_k} \left(\frac{|A_\tau|^2}{(\tau \nu^0)} \right)$$

schreiben, oder (was dasselbe ist, der Fall $(\tau \nu^0) = 0$ ist ja ausgeschlossen):

$$(24) \qquad W_2 = \overline{H}_2 - \sum_{(\tau \nu^0) > 0} \sum_k \tau_k \frac{\partial}{\partial J_k} \left(\frac{|A_\tau|^2}{(\tau \nu^0)} \right).$$

Wir besprechen jetzt noch kurz die *Frage der Konvergenz*
der so erhaltenen Reihen. Es handelt sich darum, ob das Kleinwerden der Nenner $(\tau \nu^0)$, das beim Fortschreiten zu höheren
Gliedern der Reihe immer wieder vorkommen muß, die Kon-

vergenz der Reihe zerstört oder ob diese durch ein entsprechendes Kleinwerden der Zähler wieder hergestellt werden kann. Bruns[1]) hat gezeigt, daß' dies ganz vom zahlentheoretischen Charakter der Frequenzverhältnisse $\nu_1^{\,0} : \nu_2^{\,0} : \cdots : \nu_f^{\,0}$ abhängt. Er fand folgenden Satz: *Diejenigen Werte der Perioden* $\nu_k^{\,0}$, *für welche die Reihen absolut konvergieren, und diejenigen, für die nicht einmal das einzelne Glied der Reihe nach null konvergiert, liegen beliebig dicht.* Beachtet man, daß die $\nu_k^{\,0}$ Funktionen der J_k sind, so folgt, daß die Funktion S, die nach dem hier befolgten Verfahren konstruiert ist, *keine stetige* Funktion der J_k ist. Da andererseits diese Stetigkeit vorausgesetzt werden muß, damit die Hamiltonschen Gleichungen auf Grund von (3) und $J_k = \text{const}$,

$$w_k = \frac{\partial H}{\partial J_k}\, t + \text{const}$$

befriedigt sind, folgt, daß unsere Reihen die Bewegung nicht notwendig mit beliebiger .Genauigkeit darstellen, auch dann nicht, wenn sie zufällig gerade konvergieren.

Diese Ergebnisse von Bruns werden ergänzt durch Untersuchungen Poincarés[2]); aus diesen geht hervor: *Es ist, von Sonderfällen abgesehen, auch bei noch so kleiner Störungsfunktion nicht möglich, die Bewegung des gestörten Systems in Strenge durch konvergente f-fache* Fourier-*Reihen in der Zeit zu beschreiben und zeitlich konstante Größen* J_k *einzuführen, die zur Festlegung der Quantenbahnen dienen könnten.* Deshalb ist es bisher nicht einmal möglich gewesen, den langgesuchten Stabilitätsbeweis des Planetensystems zu führen, d. h. zu beweisen, daß die Entfernungen der Planeten voneinander und von der Sonne stets innerhalb endlicher, fester Schranken bleiben, auch wenn man unendlich lange Zeiten in Betracht zieht.

Obwohl das in Rede stehende Näherungsverfahren nicht im strengen Sinne konvergent ist, hat es sich dennoch in der Himmelsmechanik als sehr brauchbar erwiesen. Es ließ sich nämlich zeigen, daß die Reihen eine *Art von Semikonvergenz* besitzen[3]). Wenn sie an geeigneter Stelle abgebrochen werden, stellen sie die Bewegung des gestörten Systems mit großer Ge

---

[1]) H. Bruns: Astr. Nachr. Bd. 109, S. 215. 1884; C. L. Charlier: Mechanik des Himmels, Bd. 2, S. 307. Leipzig 1907.

[2]) H. Poincaré: Méthodes nouvelles de la Mécanique céleste, Paris 1892—99; Bd. I, Kap. V.

[3]) H. Poincaré: loc. cit. Bd. II, Kap. VIII.

nauigkeit dar, zwar nicht für beliebig lange Zeiten, aber doch für praktisch sehr lange Zeiten. *Hieraus sieht man schon rein theoretisch, daß die absolute Stabilität der Atome auf diesem Wege nicht begründet werden kann.* Man wird sich aber zunächst über diese prinzipiellen Schwierigkeiten hinwegsetzen und versuchsweise die Energieberechnung durchführen, um zu sehen, ob man hier ebenso Übereinstimmung mit der Erfahrung bekommt, wie in der Himmelsmechanik.

§ 42. Anwendung auf den anharmonischen Oszillator.

Im Falle nur eines Freiheitsgrades läßt sich die Bewegung stets durch eine Quadratur finden (vgl. § 9); oft führt aber die Anwendung des in § 41 geschilderten Näherungsverfahrens einfacher zum Ziel.

Wir wählen als Beispiel den schon (§ 12) auf elementarem Wege berechneten *anharmonischen linearen Oszillator*, bei dem die Abweichung vom harmonischen Verhalten klein ist. Seine HAMILTONsche Funktion hat die Form [vgl. (3) § 12]:

$$(1) \qquad H = H_0 + \lambda H_1 + \lambda^2 H_2 + \cdots,$$

wo

$$H_0 = \frac{1}{2\,m}\,p^2 + \frac{m}{2}\,\omega^{0\,2} q^2$$

$$(2) \qquad \begin{aligned} H_1 &= a\,q^3 \\ H_2 &= b\,q^4 \end{aligned}$$

ist. Die Winkel- und Wirkungsvariabeln der ungestörten Bewegung, die hier die des harmonischen Oszillators ist, ergeben sich (vgl. § 7) durch die kanonische Transformation mit der Erzeugenden

$$V(q,\,w^0) = \frac{m}{2}\,\omega^0 q^2 \operatorname{ctg} 2\,\pi\,w^0,$$

also durch:

$$q = \sqrt{\frac{J^0}{\pi\,\omega^0 m}}\,\sin 2\,\pi\,w^0$$

$$p = \sqrt{\frac{\omega^0 m\,J^0}{\pi}}\,\cos 2\,\pi\,w^0.$$

Drücken wir H durch w^0 und J^0 aus, so erhalten wir:

$$H_0 = v^0 J^0, \qquad\qquad (2\,\pi\,v^0 = \omega^0)$$

$$(3) \qquad H_1 = a\ \sqrt{\frac{J^0}{\pi\,\omega^0 m}}^{\,3}\ \sin^3 2\,\pi\,w^0,$$

$$H_2 = b\ \left(\frac{J^0}{\pi\,\omega^0 m}\right)^2 \sin^4 2\,\pi\,w^0,$$

$$\cdot\ \cdot\ \cdot\ \cdot\ \cdot\ \cdot\ \cdot\ \cdot\ \cdot\ \cdot\ \cdot\ \cdot$$

Wir bestimmen jetzt $W_1(J)$ und $\dfrac{\partial S_1}{\partial w^0}$ aus der Gleichung (9)

des § 41 und finden:

$$(4) \qquad W_1 = \bar H_1 = 0,$$

$$(5) \qquad \frac{\partial S_1}{\partial w^0} = -\frac{a}{v^0}\ \sqrt{\frac{J}{\pi\,\omega^0 m}}^{\,3}\ \sin^3 2\,\pi\,w^0.$$

Die Abweichung von der harmonischen Bindung macht sich also in der Energie noch nicht in Gliedern bemerkbar, die proportional der Abweichung sind. Wohl aber bekommt die Bewegung in dieser Näherung ein Zusatzglied, das von S_1 herrührt.

Um eine Zusatzenergie zu erhalten, müssen wir noch den zweiten Schritt des Näherungsverfahrens tun. Aus der Gleichung (17) des § 41 folgern wir

$$v^0 \frac{\partial S_2}{\partial w^0} + \frac{\partial H_1}{\partial J}\ \frac{\partial S_1}{\partial w^0} + H_2 = W_2$$

und

$$W_2 = \overline{\frac{\partial H_1}{\partial J}\ \frac{\partial S_1}{\partial w^0}} + \overline{H_2}\,.$$

Die Ausrechnung ergibt

$$(6) \qquad W_2 = -\frac{15}{4}\,a^2\ \frac{J^2}{(2\,\pi)^6 v^{0\,4} m^3} + \frac{3}{2}\,b\ \frac{J^2}{(2\,\pi)^4 v^{0\,2} m^2}\,.$$

Das a^2 proportionale Glied steht in Übereinstimmung mit unserem früheren Ergebnis (9) § 12.

Aus (5) können wir noch den Einfluß der Abweichung von der harmonischen Bindung auf die Schwingung herleiten. Wir erhalten

$$(7) \quad S_1 = \frac{a\sqrt{2J}^{\,3}}{(2\pi)^4 \sqrt{\nu^0}^{\,5} \sqrt{m}^{\,3}} \left(\frac{1}{3} \sin^2 2\pi w^0 \cos 2\pi w^0 + \frac{2}{3} \cos 2\pi w^0 \right)$$

und

$$w = \frac{\partial S}{\partial J}$$

$$= w^0 + \frac{\lambda a \sqrt{2J}}{(2\pi)^4 \sqrt{\nu^0}^{\,5} \sqrt{m}^{\,3}} \left(\sin^2 2\pi w^0 \cos 2\pi w^0 + 2 \cos 2\pi w^0 \right),$$

$$J^0 = \frac{\partial S}{\partial w^0} = J - \frac{\lambda a}{\nu^0} \sqrt{\frac{J}{2\pi^2 \nu^0 m}}^{\,3} \sin^3 2\pi w^0 .$$

Durch Auflösen der ersten Gleichung nach w^0 und Einsetzen der Werte von w^0, J^0 in

$$q = \sqrt{\frac{J^0}{2\pi^2 \nu^0 m}} \sin 2\pi w^0$$

erhält man durch elementare Rechnung das Ergebnis (11) des § 12:

$$(8) \quad q = \sqrt{\frac{J}{2\pi^2 \nu^0 m}} \sin 2\pi w - \lambda a \, \frac{J}{(2\pi)^4 \nu^{0\,3} m^2} (3 + \cos 4\pi w).$$

Als Beispiel eines verwickelteren Falles wollen wir die Berechnung des *räumlichen anharmonischen Oszillators oder eines beliebigen Systems gekoppelter Oszillatoren* andeuten[1]). Seine HAMILTONsche Funktion ist

$$(9) \qquad H = H_0 + \lambda H_1 + \lambda^2 H_2 + \cdots ,$$

wo

$$H_0 = \sum_{k=1}^{f} \left(\frac{1}{2m} p_k^2 + \frac{m}{2} \omega_k^{0\,2} q_k^2, \right)$$

$$(10) \qquad H_1 = \sum_{k} a_k q_k^3 + \sum_{kj} a_{kj} q_k^2 q_j + \sum_{kjl} a_{kjl} q_k q_j q_l$$

$$H_2 = \sum_{k} b_k q_k^4 + \sum_{kj} \left(b_{kj} q_k^2 q_j^2 + b'_{kj} q_k^3 q_j \right)$$

$$+ \sum_{kjl} b_{kjl} q_k^2 q_j q_l + \sum_{kjlm} b_{kjlm} q_k q_j q_l q_m$$

---

[1]) M. BORN u. E. BRODY: Zeitschr. f. Physik Bd. 6, S. 140. 1921.

ist; dabei treffen wir die Verabredung, daß verschieden bezeichnete Indizes auch stets verschiedene der Zahlen $1, 2, \ldots, f$ bedeuten sollen. Die Koeffizienten besitzen natürlich dieselben Symmetrieeigenschaften, wie die dahinterstehenden Produkte der q.

Wir setzen voraus, daß die $\nu_k^{\,0}$ nicht kommensurabel sind. Wir führen zunächst die Winkel- und Wirkungsvariabeln w^0, J^0 der ungestörten Bewegung ein, dann wird

$$H_0 = \sum_{k=1}^{f} \nu_k^{\,0} J_k^{\,0}$$

und in H_1, H_2 ist

$$q_k = Q_k \sin \varphi_k \qquad \left(Q_k = \sqrt{\frac{J_k^{\,0}}{\pi \,\omega_k^{\,0} \,m}}, \; \varphi_k = 2\,\pi\,w_k^{\,0} \right)$$

zu setzen. Da H_1 ein Polynom ungerader Ordnung der q_k ist, so folgt sofort

$$(11) \qquad\qquad W_1 = \overline{H}_1 = 0 .$$

Um W_2 zu berechnen, haben wir nur die FOURIER-Koeffizienten A_τ von H_1 aufzusuchen; dabei hat man den Vorteil, daß H_1 eine abbrechende Reihe ist.

Wir benutzen die Identität

$$4 \sin \alpha \sin \beta \sin \gamma = -\sin(\alpha + \beta + \gamma) + \sin(-\alpha + \beta + \gamma)$$
$$+ \sin(\alpha - \beta + \gamma) + \sin(\alpha + \beta - \gamma),$$

um H_1 in eine FOURIER-Reihe umzuformen. Man erhält:

$$(12) \qquad H_1 = \tfrac{1}{4} \sum_k a_k Q_k^{\,3} \left(-\sin 3\,\varphi_k + 3 \sin \varphi_k \right)$$

$$+ \tfrac{1}{4} \sum_{kj} a_{kj} Q_k^{\,2} Q_j \left[-\sin(2\,\varphi_k + \varphi_j) + 2 \sin \varphi_j + \sin(2\,\varphi_k - \varphi_j) \right]$$

$$+ \tfrac{1}{4} \sum_{kjl} a_{kjl} Q_k Q_j Q_l \left[-\sin(\varphi_k + \varphi_j + \varphi_l) + 3 \sin(\varphi_k + \varphi_j - \varphi_l) \right].$$

Ordnet man dies in eine FOURIER-Reihe

$$(13) \qquad\qquad H_1 = \sum B_\tau \sin(\tau\,\varphi) = \sum A_\tau^! e^{i\,(\tau\,\varphi)},$$

wo

$$(14) \qquad\qquad A_\tau = \frac{1}{2\,i} (B_\tau - B_{-\tau})$$

ist, so erhält man für die Koeffizienten:

$$B_\tau = \begin{cases} \tfrac{3}{4}\,a_k\,Q_k{}^3 + \tfrac{1}{2}\sum_j a_{jk}\,Q_j{}^2\,Q_k & (\tau_k = 1, \\ & \text{alle übrigen } \tau \text{ gleich } 0), \\[4pt] -\tfrac{1}{4}\,a_k\,Q_k{}^3 & (\tau_k = 3, \\ & \text{alle übrigen } \tau \text{ gleich } 0), \\[4pt] -\tfrac{1}{4}\,a_{kj}\,Q_k{}^2\,Q_j & (\tau_k = 2,\ \tau_j = 1, \\ & \text{alle übrigen } \tau \text{ gleich } 0), \\[4pt] \tfrac{1}{4}\,a_{kj}\,Q_k{}^2\,Q_j & (\tau_k = 2,\ \tau_j = -1, \\ & \text{alle übrigen } \tau \text{ gleich } 0), \\[4pt] -\tfrac{3}{2}\,a_{kjl}\,Q_k\,Q_j\,Q_l & (\tau_k = \tau_j = \tau_l = 1, \\ & \text{alle übrigen } \tau \text{ gleich } 0), \\[4pt] \tfrac{3}{2}\,a_{kjl}\,Q_k\,Q_j\,Q_l & (\tau_k = \tau_j = 1,\ \tau_l = -1, \\ & \text{alle übrigen } \tau \text{ gleich } 0), \\[4pt] 0 & (\text{in allen übrigen Fällen}). \end{cases}$$

Dabei sind die Glieder mit gleichen Kombinationen der τ (z. B. $\tau_k = \tau_j = \tau_l = 1$ für $(k, j, l) = (1, 2, 3)$ und $(1, 3, 2)$ und $(2, 1, 3)$ usw.) bereits zusammengefaßt.

Aus $|A_\tau|^2 = A_\tau A_{-\tau} = \tfrac{1}{4}(B_\tau - B_{-\tau})^2$ bekommt man jetzt:

$$(15)\qquad |A_\tau|^2 = \begin{cases} \mathsf{A}_k = \tfrac{1}{64}\big(3\,a_k\,Q_k{}^3 + 2\sum_j a_{jk}\,Q_j{}^2\,Q_k\big)^2 & (|\tau_k| = 1, \\ & \text{alle übrigen } \tau \text{ gleich } 0), \\[4pt] \mathsf{A}_k{}' = \tfrac{1}{64}\,a_k{}^2\,Q_k{}^6 & (|\tau_k| = 3, \\ & \text{alle übrigen } \tau \text{ gleich } 0), \\[4pt] \mathsf{A}_{kj} = \tfrac{1}{64}\,a_{kj}{}^2\,Q_k{}^4\,Q_j{}^2 & (|\tau_k| = 2,\ |\tau_j| = 1. \\ & \text{alle übrigen } \tau \text{ gleich } 0), \\[4pt] \mathsf{A}_{kjl} = \tfrac{9}{16}\,a_{kjl}{}^2\,Q_k{}^2\,Q_j{}^2\,Q_l{}^2 & (|\tau_k| = |\tau_j| = |\tau_l| = 1, \\ & \text{alle übrigen } \tau \text{ gleich } 0), \\[4pt] 0 & (\text{in allen übrigen Fällen}). \end{cases}$$

Nach (23) § 41 erhält man:

$$(16)\quad W_2 = \tfrac{3}{8}\sum_k b_k\,Q_k{}^4 + \tfrac{1}{4}\sum_{kj} b_{kj}\,Q_k{}^2\,Q_j{}^2 - \sum_k \frac{1}{\nu_k{}^0}\left(\frac{\partial \mathsf{A}_k}{\partial J_k} + \frac{\partial \mathsf{A}_k{}'}{\partial J_k}\right)$$

$$-\sum_{kj} \frac{2}{4\,\nu_k{}^{0\,2} - \nu_j{}^{0\,2}}\left(4\,\nu_k{}^0\,\frac{\partial \mathsf{A}_{kj}}{\partial J_k} - \nu_j{}^0\,\frac{\partial \mathsf{A}_{kj}}{\partial J_j}\right)$$

$$-\sum_{kjl}\left[\frac{1}{\nu_k{}^0 + \nu_j{}^0 + \nu_l{}^0}\,\frac{\partial \mathsf{A}_{kjl}}{\partial J_k}\right.$$

$$\left. + \frac{1}{\nu_k{}^0 + \nu_j{}^0 - \nu_l{}^0}\left(\frac{\partial \mathsf{A}_{kjl}}{\partial J_k} + \frac{\partial \mathsf{A}_{kjl}}{\partial J_j} - \frac{\partial \mathsf{A}_{kjl}}{\partial J_l}\right)\right].$$

Die Größen $Q_k{}^2$ sind von erster Ordnung in den J, die Größen A von dritter Ordnung, also ist W_2 eine quadratische Form der J_k. Wir können demnach die Gesamtenergie folgendermaßen schreiben:

$$(17) \qquad W = \sum_k{}' \nu_k{}^0 J_k + \tfrac{1}{2} \sum_{kj} \nu_{kj}^0 J_k J_j.$$

Die ν_{kj}^0 lassen sich aus (16) berechnen.

Man sieht, daß das Verfahren bereits in dieser Näherung versagt, wenn eine der folgenden Kommensurabilitäten auftritt:

$$2\,\nu_k{}^0 = \nu_j{}^0, \qquad \nu_k{}^0 + \nu_j{}^0 = \nu_l{}^0,$$

d. h. wenn eine Frequenz des ungestörten Systems gleich dem doppelten einer anderen oder gleich der Summe zweier anderen wird.

Die Formel (17) findet Anwendung in der Theorie der thermischen Ausdehnung fester Körper[1]) und in der Bandentheorie mehratomiger Molekeln[2]).

§ 43. Störungen eines eigentlich entarteten Systems.

Wenn zwischen den Frequenzen ν^0 des ungestörten Systems eine ganzzahlige lineare Beziehung besteht, so werden, wie wir sahen, gewisse Nenner in den Gliedern der Reihen des § 41 null, und das Verfahren ist nicht anwendbar.

Wir betrachten zunächst den Fall der *„eigentlichen"* Entartung, d. h. wir nehmen an, daß zwischen den Frequenzen ν^0 der ungestörten Bewegung eine Beziehung

$$(\tau\,\nu^0) = 0$$

identisch in den J^0 besteht. In diesem Falle transformieren wir die Winkel- und Wirkungsvariabeln $w_k{}^0$, $J_k{}^0$ so, daß sie in nichtentartete $w_\alpha{}^0$, $J_\alpha{}^0$ und entartete $w_\varrho{}^0$, $J_\varrho{}^0$ $(\nu_\varrho{}^0 = 0)$ geschieden werden können $(\alpha = 1, 2 \cdots s; \varrho = s + 1 \cdots f)$. H_0 hängt dann nur von den $J_\alpha{}^0$ ab (§ 15, S. 105).

---

[1]) Literatur hierüber s. M. Born: Atomtheorie des festen Zustandes, Leipzig 1923; auch Encykl. d. math. Wiss. V, 25, § 29 f.

[2]) M. Born u. E. Hückel: Physikal. Zeitschr. Bd. 24, S. 1. 1923. — M. Born u. W. Heisenberg: Ann. d. Physik Bd. 74, S. 1. 1924.

Man könnte jetzt den Ansatz

$$S = \sum_k w_k{}^0 J_k + \lambda S_1 + \lambda^2 S_2 + \cdots$$

versuchen. Durch Einsetzen in die HAMILTON-JACOBIsche Gleichung (7) § 41 erhielte man wieder Gleichung (9). Bei der nun erfolgenden Mittelung über die ungestörte Bewegung bliebe aber in $H_1(w^0 J)$ die Abhängigkeit von $w_\varrho{}^0$ bestehen. Wir können also das Verfahren nicht ohne weiteres anwenden. Der tiefere physikalische Grund dafür besteht darin, daß die Variabeln w^0, J^0, denen sich die Winkel- und Wirkungsvariabeln w, J der gestörten Bewegung anschließen, durch die ungestörte Bewegung noch gar nicht bestimmt sind; wegen ihres entarteten Charakters können statt der $J_\varrho{}^0$ bei geeigneter Wahl des Koordinatensystems andere entartete Wirkungsvariable eingeführt werden, die nicht ganzzahlig mit jenen zusammenhängen.

Unsere erste Aufgabe wird also sein, statt der $w_\varrho{}^0$, $J_\varrho{}^0$ die richtigen Variabeln $\overline{w}_\varrho{}^0$, $\overline{J}_\varrho{}^0$ zu finden, die als Ausgang für die Annäherung der w_ϱ, J_ϱ dienen können. Dazu benutzen wir die schon früher behandelte Methode der *säkularen Störungen* (vgl. § 18). Sie besteht darin, eine Transformation $w^0 J^0 \to \overline{w}^0 \overline{J}^0$ aufzusuchen, derart, daß das über die ungestörte Bewegung gemittelte erste Glied der Störungsfunktion $\overline{H}_1$ nur von den $\overline{J}^0$ abhängig wird. Wir setzen dazu voraus, daß $\overline{H}_1$ nicht identisch, null wird; auf den Fall, wo es identisch verschwindet, werden wir unten zurückkommen. Wir haben jetzt wie früher (§ 18) eine HAMILTON-JACOBIsche Gleichung

$$(1) \qquad \overline{H}_1(J_\alpha{}^0;\ w_\varrho{}^0, J_\varrho{}^0) = W_1(\overline{J}^0)$$

aufzulösen. Diese Aufgabe haben wir im § 18 ausführlich betrachtet. Wenn sie durch Separation der Gleichung (1) lösbar ist, erhalten wir neue Winkel- und Wirkungsvariable $\overline{w}_k{}^0$, $\overline{J}_k{}^0$. Ist

$$V = \sum_k w_k{}^0 \overline{J}_k{}^0 + V_1(w_\varrho{}^0 \overline{J}_k{}^0)$$

die Erzeugende der Transformation, so haben wir:

$$J_\alpha{}^0 = \overline{J}_\alpha{}^0; \qquad\qquad J_\varrho{}^0 = \overline{J}_\varrho{}^0 + \frac{\partial V_1}{\partial w_\varrho{}^0}$$

$$\overline{w}_\alpha{}^0 = w_\alpha{}^0 + \frac{\partial V_1}{\partial \bar{J}_\alpha{}^0}; \qquad \overline{w}_\varrho{}^0 = w_\varrho{}^0 + \frac{\partial V_1}{\partial \bar{J}_\varrho{}^0}.$$

Wir führen jetzt die $\overline{w}_k{}^0 \bar{J}_k{}^0$ in die HAMILTONsche Funktion unserer Bewegung ein:

$$(2) \qquad H = H_0(\bar{J}_\alpha{}^0) + \lambda H_1(\overline{w}_k{}^0, \bar{J}_k{}^0) + \lambda^2 H_2(\overline{w}_k{}^0, \bar{J}_k{}^0) + \cdots$$

und suchen wie im § 41 die Erzeugende $S(\overline{w}_k{}^0, J_k)$

$$S = S_0 + \lambda S_1 + \lambda^2 S_2 + \cdots$$

einer kanonischen Transformation, die die $\overline{w}_k{}^0$, $\bar{J}_k{}^0$ in Winkel- und Wirkungsvariable w_k, J_k der gestörten Bewegung überführt. Dies liefert wiederum die Gleichungen (9), (17), allgemein (18) des § 41, wenn wir statt $\overline{w}_k{}^0$, $\bar{J}_k{}^0$ wieder $w_k{}^0$, $J_k{}^0$ schreiben.

Die Auflösung gestaltet sich etwas anders, da die Größen $\dfrac{\partial H_0}{\partial J_\varrho}$ verschwinden. Lösen wir Gleichung (11) des § 41:

$$(3) \qquad \sum_\alpha \frac{\partial H_0}{\partial J_\alpha} \frac{\partial S_1}{\partial w_\alpha{}^0} = - \tilde{H}_1,$$

wo $\tilde{H}_1 = H_1 - \overline{H}_1$ der periodische Anteil von H_1 ist, so bleibt in S_1 eine additive Funktion R_1 unbestimmt, die außer von den J_k nur von den $w_\varrho{}^0$ abhängt. Wir bestimmen sie bei der nächsten Näherung. S_1 hat jetzt die Form

$$(4) \qquad S_1 = S_1{}^0 + R_1,$$

wo $S_1{}^0$ eine bekannte Funktion ist.

Setzt man dies in die Gleichung (17) § 41 der nächsten Näherung

$$(5) \qquad \sum_\alpha \frac{\partial H_0}{\partial J_\alpha} \frac{\partial S_2}{\partial w_\alpha{}^0} + \sum_{kj} \frac{1}{2} \frac{\partial^2 H_0}{\partial J_k \partial J_j} \frac{\partial S_1}{\partial w_k{}^0} \frac{\partial S_1}{\partial w_j{}^0} + \sum_k \frac{\partial H_1}{\partial J_k} \frac{\partial S_1}{\partial w_k{}^0}$$
$$+ H_2 = W_2(J)$$

ein, so sind alle Glieder, die $S_1{}^0$ enthalten, als bekannt anzusehen; die Glieder mit R_1 sind es noch nicht, so daß (17) § 41 die Form erhält:

$$(6) \qquad \sum_\alpha \frac{\partial H_0}{\partial J_\alpha} \frac{\partial S_2}{\partial w_\alpha{}^0} + \Phi(w_k{}^0, J_k) + \sum_\varrho \frac{\partial H_1}{\partial J_\varrho} \frac{\partial R_1}{\partial w_\varrho{}^0} = W_2(J).$$

Zur Erläuterung bemerken wir, daß die Koeffizienten $\dfrac{\partial^2 H_0}{\partial J_k \, \partial J_j}$ der quadratischen Form in der Differentialgleichung nur dann von null verschieden sind, wenn J_k und J_j zu den J_α gehören.

Aus Gleichung (6) kann man $W_2(J)$, R_1 und einen Anteil $S_2{}^0$ von S_2 bestimmen. Bezeichnen wir wie vorhin Mittelwerte über den Einheitskubus des $w_\alpha{}^0$-Raumes durch einfaches Überstreichen, ferner Mittelwerte über den Einheitskubus des gesamten $w_k{}^0$-Raumes durch doppeltes Überstreichen, so wird

$$(7) \qquad\qquad W_2(J) = \overline{\overline{\Phi}} \, ;$$

ferner wird

$$(8) \qquad\qquad \sum_\varrho \frac{\partial \overline{H}_1}{\partial J_\varrho} \, \frac{\partial R_1}{\partial w_\varrho{}^0} = - \, \widetilde{\overline{\Phi}} ,$$

wo $\widetilde{\overline{\Phi}} = \overline{\Phi} - \overline{\overline{\Phi}}$ ist. Die Gleichung hat denselben Bau wie (3) und läßt sich auf entsprechende Weise lösen. Schließlich haben wir noch

$$(9) \qquad\qquad \sum_\alpha \frac{\partial H_0}{\partial J_\alpha} \, \frac{\partial S_2}{\partial w_\alpha{}^0} = - \, \widetilde{\Phi} .$$

Daraus bestimmt man

$$(10) \qquad\qquad S_2 = S_2{}^0 + R_2 ,$$

wo $S_2{}^0$ eine bekannte Funktion von $w_k{}^0$, J_k und R_2 eine noch unbestimmte Funktion von $w_\varrho{}^0$, J_k ist.

Das Verfahren läßt sich nun fortsetzen; der nächste Schritt liefert uns $W_3(J)$, $R_2(w_\varrho{}^0 J_k)$ und einen Anteil $S_3{}^0$ von S_3, usw. Das Ergebnis ist auch hier eine Reihenentwicklung der Energie

$$(11) \qquad W = W_0(J_\alpha) + \lambda\, W_1(J_k) + \lambda^2\, W_2(J_k) + \cdots$$

Diese Betrachtungen enthalten eine Rechtfertigung unseres früheren Verfahrens (§ 18), die säkularen Störungen zu bestimmen, indem sie als erste Näherungen eines formal beliebig fortsetzbaren Näherungsverfahrens auftreten. Die höheren Näherungen liefern uns periodische Schwankungen der $w_k{}^0$ und $J_k{}^0$, deren Amplituden höchstens von der Größenordnung λ sind. Säkulare Bewegungen der $w_\alpha{}^0 J_\alpha{}^0$ treten nicht auf; auch zu den beim ersten Schritt berechneten Säkularbewegungen von $w_\varrho{}^0 J_\varrho{}^0$

treten nur noch periodische Schwankungen, deren Frequenz von gleicher Größenordnung wie jene sind und deren Amplituden mit λ gehen.

Wir sehen weiter, daß die Glieder $\tilde{H}_1 = H_1 - \overline{H}_1$ zur Energie nur einen Beitrag höherer (zweiter) Ordnung liefern, obwohl sie sich in der Bewegung des Systems schon in erster Ordnung geltend machen.

Das bisher besprochene Verfahren versagt, wenn identisch (in den $w_\varrho{}^0, J_k{}^0$)

$$\overline{H}_1 = 0$$

ist, ein Fall, der sehr häufig vorkommt. Eine genauere Untersuchung zeigt, daß die Säkularbewegung der $w_\varrho{}^0 J_\varrho{}^0$ und die Zusatzenergie W_2 aus der HAMILTON-JACOBIschen Gleichung folgt, die man erhält, wenn man in (5) für S_1 den aus (3) folgenden Ausdruck einsetzt und die Gleichung über die ungestörte Bewegung mittelt. Das Verfahren läßt sich auch fortsetzen, wobei es vor allem darauf ankommt, durch eine geeignete kanonische Substitution H_1 ganz aus der Störungsfunktion fortzuschaffen [1]).

Es können noch andere besondere Fälle eintreten, z. B. daß die aus (1) bestimmte Säkularbewegung selbst wieder entartet ist, indem zwischen den Größen $\dfrac{\partial W_1}{\partial J_\varrho}$ Kommensurabilitäten bestehen. Man hat dann die säkularen Bewegungen der in erster Näherung noch entarteten Variabeln aus der nächsten Näherung zu bestimmen.

§ 44. Beispiel einer zufälligen Entartung.

Auch dann, wenn keine eigentliche Entartung des ungestörten Systems vorliegt, kann das Näherungsverfahren des § 41 versagen, nämlich, wenn gerade für die besonderen Werte, die die $J_k{}^0$ bei der ungestörten Bewegung haben und die durch Quantenbedingungen festgelegt sind, Beziehungen von der Form

$$(1) \qquad\qquad \sum \tau_k \nu_k{}^0 = 0$$

---

[1]) Siehe M. BORN und W. HEISENBERG: Ann. d. Physik Bd. 74, S. 1. 1924.

bestehen. Wir sprechen dann von *zufälliger Entartung.* Man kann dann die $w_k{}^0$ so wählen, daß für jene besonderen Werte von $J_k{}^0$ die Frequenzen $\nu_\varrho{}^0$ verschwinden $(\varrho = s + 1 \cdots f)$ und die Frequenzen ν_α $(\alpha = 1, 2 \cdots s)$ inkommensurabel sind. Aber in der ungestörten Bewegung sind, wie schon gesagt, auch die $J_\varrho{}^0$ durch Quantenbedingungen festzulegen. *Zufällig entartete Freiheitsgrade unterliegen also Quantenbedingungen, eigentlich entartete nicht.*

In der Astronomie ist die zufällige Entartung eine seltene und merkwürdige Ausnahme; daß sie exakt erfüllt ist, ist sogar unendlich unwahrscheinlich. Nahezu vorhanden ist sie z. B. bei den Störungen einiger kleiner Planeten (Achilles, Patroklus, Hektor, Nestor), die fast dieselbe Umlaufszeit haben wie Jupiter. In der Atomtheorie dagegen, wo die $J_k{}^0$ nur diskrete Werte haben können, sind zufällige Entartungen sehr häufig.

Die wichtigsten Eigenschaften zufällig entarteter Systeme mögen an einem einfachen Beispiel [1]) erläutert werden.

Wir denken uns auf derselben Achse zwei gleiche Rotatoren vom Trägheitsmoment A, deren Stellungen durch die Winkel φ_1 und φ_2 bestimmt sein mögen. Solange sie keine Wechselwirkung aufeinander ausüben, laufen beide gleichförmig um. Die Winkel- und Wirkungsvariabeln sind durch

$$w_1{}^0 = \frac{\varphi_1}{2\,\pi}, \qquad J_1{}^0 = 2\,\pi\,p_1\,,$$

$$w_2{}^0 = \frac{\varphi_2}{2\,\pi}, \qquad J_2{}^0 = 2\,\pi\,p_2$$

gegeben; p_1 und p_2 sind die Drehimpulse. Die Energie ist

$$(2) \qquad H_0 = \frac{1}{8\,\pi^2\,A}\,(J_1{}^{0\,2} + J_2{}^{0\,2}) = W_0\,.$$

Wenn wir $J_1{}^0$ und $J_2{}^0$ durch Quantenbedingungen festlegen, so sind die beiden Umlaufsfrequenzen stets kommensurabel; insbesondere sind sie gleich, wenn $J_1{}^0 = J_2{}^0$ ist.

Wir nehmen jetzt als Störung dieser Bewegung eine Wechselwirkung der beiden Rotatoren an, deren Drehmoment mit $\sin(\varphi_1 - \varphi_2)$ proportional ist; dann lautet die Energie

---

[1]) M. Born und W. Heisenberg: Zeitschr. f. Physik. Bd. 14, S. 44. 1923.

$$(3) \qquad\qquad H = H_0 + \lambda H_1 \, ,$$

wo

$$(4) \qquad\qquad H_1 = 1 - \cos 2\pi \, (w_1{}^0 - w_2{}^0)$$

ist und λ die Stärke der Koppelung angibt. Wir können das gestörte Problem hier streng lösen. Wenn wir nämlich die kanonische Transformation

$$(5) \qquad \begin{aligned} \tfrac{1}{2}(w_1{}^0 + w_2{}^0) &= w^0, \qquad & J_1{}^0 + J_2{}^0 &= J^0, \\ \tfrac{1}{2}(w_1{}^0 - w_2{}^0) &= w'^{\,0}, \qquad & J_1{}^0 - J_2{}^0 &= J'^{\,0} \end{aligned}$$

ausführen, so wird

$$(6) \qquad H = \frac{J^{0\,2} + J'^{\,0\,2}}{16\,\pi^2\,A} + \lambda . (1 - \cos 4\,\pi\,w'^{\,0}),$$

und dieser Ausdruck enthält nur eine Koordinate $w'^{\,0}$. w^0 ist zyklisch, also J^0 konstant; wir setzen es gleich J. Da die Transformation (5) der $J_k{}^0$ nicht die Determinante ± 1 hat, sind J^0 und $J'^{\,0}$ nicht gerade Wirkungsvariable des ungestörten Systems. Wir dürfen daher J nur so durch Quantenbedingungen festlegen, daß beim Übergang zum ungestörten System $J + J'^{\,0}$ ein geradzahliges Vielfaches von h ist. Statt $J'^{\,0}$ haben wir bei der gestörten Bewegung das Wirkungsintegral

$$J' = \oint J'^{\,0}\, dw'^{\,0} = \oint \sqrt{16\,\pi^2 A\,[W - \lambda\,(1 - \cos 4\,\pi\,w'^{\,0})] - J^2}\; dw'^{\,0}$$

$$(7) \qquad J' = \oint \frac{\sqrt{8\,\lambda\,A}}{k} \sqrt{1 - k^2 \sin^2 2\,\pi\,w'^{\,0}}\; d\,(2\,\pi\,w'^{\,0}),$$

wo

$$(8) \qquad\qquad \frac{2\,\lambda}{W - \dfrac{J^2}{16\,\pi^2\,A}} = k^2$$

gesetzt ist. Benützen wir die Abkürzung

$$\oint \sqrt{1 - k^2 \sin^2 \psi}\; d\psi = 4 \cdot E(k),$$

so wird

$$(9) \qquad\qquad J' = 8\,\frac{\sqrt{2\,\lambda\,A}}{k}\,E(k).$$

Um die Energie als Funktion der Wirkungsvariabeln zu erhalten, hat man (9) nach k aufzulösen und die Lösung in die aus (8) folgende Gleichung

$$(10) \qquad W = \frac{J^2}{16\,\pi^2\,A} + \frac{2\,\lambda}{k^2}$$

einzusetzen. Im Falle $k > 1$ macht w'^0 eine Librationsbewegung; in den Librationsgrenzen ist

$$\sin 2\,\pi\,w'^0 = \pm\,\frac{1}{k}\,,$$

und das Integral $E(k)$ ist zwischen den Grenzen $\sin\psi = \pm\,\dfrac{1}{k}$ hin und her zu erstrecken. Im Falle $k < 1$ macht w'^0 eine Rotationsbewegung; das Integral ist von 0 bis $2\,\pi$ zu erstrecken, und $E(k)$ bedeutet das vollständige elliptische Integral zweiter Gattung.

Für die weitere Ausrechnung haben wir zwei Fälle zu zu unterscheiden:

I. Es ist $J_1^0 \neq J_2^0$, $J'^0 \neq 0$; die ungestörte Bewegung hat zwei ungleiche Frequenzen. Dann ist $W_0 - \dfrac{J^2}{16\,\pi^2\,A}$ von null verschieden und k verschwindet mit λ. Für hinreichend kleine λ haben wir sicher Rotationsbewegung von w'^0 und für $E(k$ können wir die Entwicklung

$$(11) \qquad E(k) = \frac{\pi}{2}\left(1 - \frac{k^2}{4} + \cdots\right)$$

benutzen. Man erhält so aus (9):

$$\frac{2\,\lambda}{k^2} = \frac{J'^2}{16\,\pi^2\,A} + \lambda$$

und aus (10):

$$(12) \qquad W = \frac{1}{16\,\pi^2\,A}(J^2 + J'^2) + \lambda\,.$$

II. Es ist $J_1^0 = J_2^0$, $J'^0 = 0$, d. h. die Frequenzen der ungestörten Bewegung sind gleich. Dann wird $W_0 - \dfrac{J^2}{16\,\pi^2\,A} = 0$, der Nenner in Gleichung (8) wird von der Größenordnung λ, und k^2 hat für endliche Werte von W_1 die Größenordnung 1. Es kann sowohl Libration wie Rotation von w'^0 auftreten, und

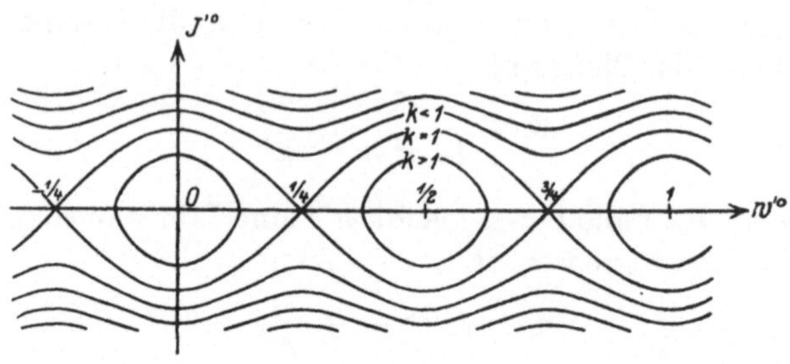

Abb. 38.

die Entwicklung (11) ist nicht mehr brauchbar. Für größere Werte von W_1 wird $k < 1$, also Rotation; für kleinere Werte von W_1 wird $k > 1$, also Libration. Die Librationsgrenzen werden um so enger, je kleiner W_1 ist; für $W_1 = 0$ schrumpft die Bildkurve der Bewegung in der (w'^0, J'^0)-Ebene in das Librationszentrum $w'^0 = 0$, $J'^0 = 0$ oder $w'^0 = \frac{1}{2}$, $J'^0 = 0$ zusammen. Negative W_1 kommen nicht vor, da dann J' imaginär würde (nach (7)). Ohne Berücksichtigung der Quantenbedingungen sind nun alle diese Bewegungen möglich, da W_1 kontinuierlich verteilte Werte annehmen kann.

Nun fordert aber die Quantentheorie für J' ein ganzzahliges Vielfaches von h; ferner ist J' proportional $\sqrt{\lambda}$ (nach (7)), muß also für kleine λ beliebig klein werden können. Diese beiden Bedingungen erfüllt nur der Wert

$$J' = 0.$$

Bei einer Rotation von w'^0 ist dies überhaupt nicht möglich, bei Libration nur in den Grenzfällen $w'^0 = 0$, $J'^0 = 0$ und $w'^0 = \frac{1}{2}$, $J'^0 = 0$. *In der gestörten Bewegung laufen also die beiden Rotatoren streng in gleicher Phase.* Wir haben nur *eine* Frequenz, aber *zwei* Quantenbedingungen.

Fordert man nur, daß die Bewegungsgleichungen erfüllt sind, ohne daß der Zustand stabil zu sein braucht, so sind auch die Fälle $w'^0 = \frac{1}{4}$, $J'^0 = 0$ und $w'^0 = \frac{3}{4}$, $J'^0 = 0$ möglich.

In jeder Nachbarschaft der durch $w'^0 = \frac{1}{4}$ und $\frac{3}{4}$ angegebenen Bewegungen gibt es aber Rotations- und Librationsbewegungen, bei denen sich w'^0 weit von dem Werte $w'^0 = \frac{1}{4}$ oder $\frac{3}{4}$ entfernt. Für $w'^0 = \frac{1}{4}$ und $\frac{3}{4}$ ist also unsere Bewegung mit Phasenbeziehung im mechanischen Sinne *unstabil*. Die Fälle $w'^0 = \frac{1}{4}$ und $\frac{3}{4}$ sind in diesem Falle auch energetisch unstabil, indem H dort ein Maximum hat. Wir werden aber auch Fälle kennen lernen, wo die mechanisch stabile Bewegung energetisch unstabil ist.

Man kann diese besonderen Bewegungen sehr einfach dadurch kennzeichnen, daß sie die einzigen Lösungen der Bewegungsgleichungen

$$\frac{dw'^0}{dt} = \frac{\partial H}{\partial J'^0}, \qquad \frac{dJ'^0}{dt} = -\frac{\partial H}{\partial w'^0}$$

sind, bei denen w'^0 konstant ist, die Rotatoren also mit konstanter Phasendifferenz umlaufen. Aus dem Energiesatz

$$H(J^0, J'^0, w'^0) = W$$

folgt dann, da auch J^0 konstant ist, die Konstanz von J'^0; somit ist

$$\frac{\partial H}{\partial w'^0} = 0.$$

Diese Gleichung hat nach (6) die Lösungen

$$w'^0 = 0, \tfrac{1}{4}, \tfrac{1}{2}, \tfrac{3}{4}.$$

Aus der ersten Bewegungsgleichung folgt dann nach (6):

$$J'^0 = 0.$$

Wir haben hier das erste Beispiel, daß gerade *durch die Quantenbedingungen aus der Menge verwickelter mechanischer Bewegungen eine besonders einfache als stationärer Zustand herausgehoben* wird. Wir werden sehen, daß ganz allgemein die einfachen Bewegungen mit Phasenbeziehungen besonders ausgezeichnet sind.

§ 45. Phasenbeziehungen bei Bohrschen Atomen und Molekeln.

In der Astronomie ist, wie wir schon sagten, die zufällige Entartung des ungestörten Systems eine seltene Ausnahme. In der Atomphysik spielt sie jedoch eine sehr wichtige Rolle. Einerseits treten nach den Bohrschen Vorstellungen über den

Aufbau der höheren Atome in diesen stets eine ganze Reihe gleichartiger Bahnen auf, andererseits sind nach der Quantentheorie auch die Umlaufszeiten der KEPLER-Bewegungen mit verschiedenen Hauptquantenzahlen stets kommensurabel, da sie sich wie die dritten Potenzen ganzer Zahlen verhalten.

Nach der Diskussion des ·Beispiels im vorigen Paragraphen werden wir erwarten, daß auch allgemein in solchen Fällen zufälliger Entartung die Quantenbedingungen exakte Phasenbeziehungen und damit also besonders einfache Bewegungsformen erzwingen werden. Da der Nachweis für beliebige Näherungen etwas umständlich ist und wegen der für ihn erforderlichen mathematischen Methode erst an späterer Stelle gegeben werden kann, so sei hier zunächst ein einfacheres Verfahren angegeben, durch das man die *Phasenbeziehungen* allerdings nur *in erster Näherung* erhält.

In diesem Paragraphen vernachlässigen wir also alle Ausdrücke, die in λ von höherem als erstem Grade sind, also auch schon z. B. $\lambda^{3/2}$.

Sehen wir vom Vorhandensein eigentlicher Entartungen zunächst ab, nehmen aber mehrfache zufällige Entartungen an, so können wir die Winkel- und Wirkungsvariabeln $w_k{}^0$, $J_k{}^0$ $(k = 1, 2 \cdots f)$ des ungestörten Systems so wählen, daß $\nu_\alpha{}^0$ $(\alpha = 1, 2 \cdots s)$ von null verschieden und inkommensurabel sind, während $\nu_\varrho{}^0$ $(\varrho = s + 1, \cdots f)$ für die besonderen Werte, die die $J_k{}^0$ bei der ungestörten Bewegung haben, verschwinden. Es soll also $(f - s)$-fache zufällige Entartung vorliegen.

Wir schreiben (unter Änderung der Indizierung) die HAMILTONsche Funktion in der Form

$$(1) \qquad H = H_0(J_k{}^0) + \lambda H_2(w_k{}^0, J_k{}^0)$$

und suchen die Energiekonstante durch eine Reihe von der Gestalt

$$(2) \qquad W = W_0(J_k) + \lambda W_2(J_k)$$

darzustellen. Würden wir wie früher den Ansatz

$$S = S_0(w_k{}^0, J_k) + \lambda S_2(w_k{}^0, J_k)$$

machen, so erhielten wir für für S_2 Ausdrücke, in denen Nenner auftreten, die für $\lambda = 0$ verschwinden, d. h. S ist eine für

$\lambda = 0$ nicht mehr analytische Funktion von λ. Bohlin[1]) hat nun gezeigt, daß eine nach Potenzen von $\sqrt{\lambda}$ fortschreitende Entwicklung

$$(3) \qquad S = S_0 + \sqrt{\lambda}\, S_1 + \lambda\, S_2 + \cdots$$

zum Ziel führt. Hier ist wieder (vgl. § 41)

$$S_0 = \sum_k w_k{}^0 J_k,$$

und S_1, S_2 sind periodisch in den $w_k{}^0$ (Periode 1). Setzt man $\dfrac{\partial S}{\partial w_k{}^0}$ für $J_k{}^0$ in die Hamiltonsche Funktion (1) ein, so läßt sich der Ansatz (2) erfüllen, wenn die Gleichungen

$$(4_0) \qquad\qquad H_0(J) = W_0(J)$$

$$(4_1) \qquad\qquad \sum_\alpha \frac{\partial H_0}{\partial J_\alpha} \frac{\partial S_1}{\partial w_\alpha{}^0} = 0$$

$$(4_2) \qquad \sum_\alpha \frac{\partial H_0}{\partial J_\alpha} \frac{\partial S_2}{\partial w_\alpha{}^0} + \frac{1}{2!} \sum_{kj} \frac{\partial^2 H_0}{\partial J_k \partial J_j} \frac{\partial S_1}{\partial w_k{}^0} \frac{\partial S_1}{\partial w_j{}^0} + H_2 = W_2(J)$$

gelten.

Aus (4_0) findet man W_0. Da S_1 eine periodische Funktion der $w_k{}^0$ sein soll, folgt aus (4_1)

$$\frac{\partial S_1}{\partial w_\alpha{}^0} = 0;$$

dagegen bleiben die Größen $\dfrac{\partial S_1}{\partial w_\varrho{}^0}$ noch unbestimmt. Aus (4_2) erhalten wir durch Mittelung über die ungestörte Bewegung (also über die $w_\alpha{}^0$ allein):

$$(5)\ \frac{1}{2!} \sum_{\varrho,\sigma} \frac{\partial^2 H_0}{\partial J_\varrho \partial J_\sigma} \frac{\partial S_1}{\partial w_\varrho{}^0} \frac{\partial S_1}{\partial w_\sigma{}^0} + \bar{H}_2(w_\varrho{}^0) = W_2 \quad (\varrho, \sigma = s+1 \cdots f).$$

Dies ist eine partielle Differentialgleichung vom Hamilton-Jacobischen Typus. Sie läßt sich nicht allgemein integrieren,

---

[1]) K. Bohlin: Über eine neue Annäherungsmethode in der Störungstheorie. Bihang till K. Svenska Vet. Akad. Handl. Bd. 14, Afd. I Nr. 5. 1888; siehe auch z. B. H. Poincaré: Méthodes nouvelles, Bd. II, Kap. XIX. und C. L. Charlier: Mechanik des Himmels Bd. 2, S. 466. Die Anwendung auf die Quantentheorie erfolgte durch L. Nordheim: Zeitschr. f. Physik. Bd. 17, S. 316. 1923; Bd. 21, S. 242. 1924.

und die Methode versagt daher für die Aufsuchung der Bewegungen für beliebige Werte der J_k. Wir können aber, wie in dem Beispiel des § 44, zeigen, daß *die Bewegungen, bei denen die in nullter Näherung konstanten* w_ϱ^0 *auch in erster Näherung konstant bleiben, quantentheoretisch stationäre Bewegungen sind.*

Wir zeigen dies zunächst für einen zufällig entarteten Freiheitsgrad, den letzten (f). Die Gleichung (5) erhält hier die Form:

$$(5') \qquad \frac{1}{2!}\frac{\partial^2 H_0}{\partial J_f^2}\left(\frac{\partial S_1}{\partial w_f^0}\right)^2 + \bar{H}_2\left(w_f^0\right) = W_2 .$$

Diese Differentialgleichung vom HAMILTON-JACOBIschen Typ für einen Freiheitsgrad läßt sich stets durch eine Quadratur lösen und wir finden:

$$(6) \qquad S_1 = \int \frac{\partial S_1}{\partial w_f^0}\, dw_f^0 = \int\!\!\sqrt{\frac{W_2 - \bar{H}_2\left(w_f^0\right)}{\frac{1}{2!}\frac{\partial^2 H_0}{\partial J_f^2}}}\, dw_f^0 .$$

Die dabei auftretende Integrationskonstante ist so festzulegen, daß

$$(7) \qquad \begin{aligned} J_f &= \oint J_f^0\, dw_f^0 = \oint \frac{\partial S_0}{\partial w_f^0}\, dw_f^0 + \sqrt{\lambda}\oint \frac{\partial S_1}{\partial w_f^0}\, dw_f^0 \\[2mm] &= J_f \oint dw_f^0 + \sqrt{\lambda}\oint \frac{\partial S_1}{\partial w_f^0}\, dw_f^0 \end{aligned}$$

ein ganzzahliges Vielfaches von h wird. Daraus folgt, je nachdem ob w_f^0 eine Rotation $(\oint dw_f^0 = 1)$ oder eine Libration $(\oint dw_f^0 = 0)$ macht:

$$\sqrt{\lambda}\oint \frac{\partial S_1}{\partial w_f^0}\, dw_f^0 = 0$$

oder

$$(8) \qquad \sqrt{\lambda}\oint \frac{\partial S_1}{\partial w_f^0}\, dw_f^0 = J_f = n_f h .$$

Auf dem Integrationsweg ist der Integrand $\dfrac{\partial S_1}{\partial w_f^0}$ nie negativ. Im Falle der Rotation müßte also für alle w_f^0

$$\frac{\partial S_1}{\partial w_f^0} = 0$$

sein, d. h. $\overline{H}_2$ würde gar nicht von w_f^0 abhängen. Dann kann man natürlich in dieser Näherung nichts über w_f^0 aussagen. Im Fall der Libration muß J_f mit $\sqrt{\lambda}$ klein werden, daraus folgt $J_f = 0$, d. h. das Integral ist um einen unendlich kurzen Verzweigungsschnitt der (w_f^0, J_f^0)-Ebene zu erstrecken, die Libration zieht sich also auf einen Punkt zusammen. Da somit w_f^0 während der Bewegung einen festen Wert behält, hat die gestörte Bewegung nur $f-1$ Frequenzen, also keinen höheren Periodizitätsgrad als die ungestörte.

Der Wert, den w_f^0 bei der Bewegung hat, muß Doppelwurzel von $W_2 - \overline{H}_2(w_f^0)$ sein; er muß also die Gleichungen

$$(9) \qquad\qquad W_2 = \overline{H}_2(w_f^0)$$

und

$$(10) \qquad\qquad \frac{\partial \overline{H}_2}{\partial w_f^0} = 0$$

erfüllen.

Die Tatsache, daß w_f^0 nur ganz bestimmte Werte haben kann, nämlich die Wurzeln von (10), bedeutet eine *Phasenbeziehung* in der Bewegung des Systems.

Soll die so bestimmte Bewegung wirklich der Grenzfall einer Libration sein — und nur dann ist sie *stabil* — so muß der Radikand von (6) in der Umgebung der Wurzel w_f^0 negativ sein, d. h.

$$\frac{\overline{H}_2(w_f^0)}{\dfrac{1}{2!}\dfrac{\partial^2 H_0}{\partial J_f^2}}$$

muß ein *Minimum* haben. Ist diese letzte Bedingung nicht erfüllt, so werden zwar die Bewegungsgleichungen

$$\dot{w}_f^0 = \frac{\partial \overline{H}_2}{\partial J_f^0}, \qquad\qquad \dot{J}_f^0 = -\frac{\partial \overline{H}_2}{\partial w_f^0}$$

befriedigt; es gibt aber in jeder noch so nahen Nachbarschaft solche Lösungen der Bewegungsgleichungen, bei denen sich die Koordinaten weit von jenen konstanten Werten entfernen. Die durch (9) und (10) bestimmten Bewegungen sind also dann *labil*.

Im Falle, daß $\dfrac{\partial^2 H_0}{\partial J_f^2}$ positiv ist (wie im Beispiel der beiden

Rotatoren § 44), hat die mechanisch stabile Bewegung den kleinsten Wert von $\overline{H}_2$. Wenn aber $\dfrac{\partial^2 H_0}{\partial J_f^{\,2}}$ negativ ist (dieser Fall kommt in der Atommechanik vor), so hat die mechanisch stabile Bewegung gerade den größten Wert von $\overline{H}_2$ und die mechanisch labile den kleinsten. Es ist vorläufig nicht zu entscheiden, ob nur die mechanisch stabilen Bewegungen als stationäre Bewegungen zulässig sind. Läßt man nur die stabilen Bewegungen zu, so kann es vorkommen, daß die Störungsenergie $\overline{H}_2$ ein Maximum hat, im Gegensatz zu statischen Modellen, wo die Energie stets ein Minimum ist. Läßt man auch mechanisch labile Bewegungen zu (ihre Nachbarbewegungen sind ja quantentheoretisch nicht erlaubt), so kann es vorkommen, daß gerade der Normalzustand (Minimum der Energie) zu diesen gehört.

Um dieses Verhalten zu erläutern, denken wir uns zwei Elektronen in kreisförmigen KEPLER-Bahnen (gleichgültig, ob sie um denselben oder um verschiedene Kerne umlaufen), die sich ein wenig stören. Bahnlage und Bahnform denken wir uns festgehalten und betrachten nur die Änderung der Bewegungsphasen unter dem Einfluß der störenden Kräfte. Die Energie der ungestörten Bewegung ist

$$H = -\,A\left(\frac{1}{J_1^{\,2}} + \frac{1}{J_2^{\,2}}\right),$$

die ungestörten Frequenzen sind

$$\nu_1 = \frac{2\,A}{J_1^{\,3}}, \qquad \nu_2 = \frac{2\,A}{J_2^{\,3}}.$$

Für jeden Quantenzustand ($J_1 = n_1 h$; $J_2 = n_2 h$) sind sie also kommensurabel: $\tau_1 \nu_1 + \tau_2 \nu_2 = 0$. Zerlegen wir jetzt durch eine kanonische Substitution die Winkel- und Wirkungsvariabeln in entartete und nicht entartete, so haben wir

$$\overline{w}_1 = \frac{1}{2}\,(\tau_1\,w_1 - \tau_2\,w_2), \quad J_1 = \frac{\tau_1}{2}\left(\overline{J}_2 + \overline{J}_1\right)$$

$$\overline{w}_2 = \frac{1}{2}\,(\tau_1\,w_1 + \tau_2\,w_2), \quad J_2 = \frac{\tau_2}{2}\left(\overline{J}_2 - \overline{J}_1\right)$$

zu setzen. Wir erhalten:

$$H_0 = -4 A \left[\frac{1}{\tau_1^2 (\bar{J}_2 + \bar{J}_1)^2} + \frac{1}{\tau_2^2 (\bar{J}_2 - \bar{J}_1)^2} \right];$$

dabei ist $\bar{J}_2$ die entartete Wirkungsvariable. Bildet man nun

$$\frac{\partial^2 H_0}{\partial \bar{J}_2^2} = -24 A \left[\frac{1}{\tau_1^2 (\bar{J}_2 + \bar{J}_1)^4} + \frac{1}{\tau_2^2 (\bar{J}_2 - \bar{J}_1)^4} \right];$$

so sieht man, daß dieser Ausdruck für alle Werte der $\bar{J}$ negativ ist. Das *Minimum der Störungsenergie* $\bar{H}_2$ *entspricht* hier also gerade *der labilen Bewegung*.

Man erkennt, daß dieses Verhalten damit zusammenhängt, daß

$$\frac{\partial^2 H_0}{\partial J^2} < 0$$

ist, wo H_0 die Energie der ungestörten Kepler-Bewegung bedeutet. Es wird also stets dann auftreten, wenn sich Elektronenbahnen in irgendwelchen Atomen oder Molekeln gegenseitig beeinflussen.

Im Falle eines Freiheitsgrades zeigte unsere Überlegung, daß *die Bewegungen mit Phasenbeziehung die quantentheoretisch einzig möglichen* sind. Genau dasselbe gilt, wenn die Gleichung (5) durch Separation der Variabeln lösbar ist oder durch eine Transformation der w_ϱ^0 auf eine solche Form gebracht werden kann. Dann erhält man für die einzelnen Summanden von S_1 Gleichungen der Form (6) und kann alle folgenden Schlüsse ebenso ziehen.

Im allgemeinen Fall kann man zwar die Notwendigkeit der Phasenbeziehungen nicht beweisen, aber man kann zeigen, daß *es gestörte Bewegungen mit dem gleichen Periodizitätsgrad s wie die ungestörten gibt, für die Phasenbeziehungen bestehen und die quantentheoretisch ausgezeichnet sind.*

Die Differentialgleichung (5) ist äquivalent einem System kanonischer Gleichungen

$$\dot{q}_\varrho = \frac{\partial K}{\partial \dot{p}_\varrho}, \qquad \dot{p}_\varrho = -\frac{\partial K}{\partial q_\varrho};$$

darin hat man für K den Ausdruck zu setzen, den man erhält, wenn man in der linken Seite von (5) die w_ϱ^0 durch „Koordinaten" q_ϱ und die $\frac{\partial S_1}{\partial w_\varrho^0}$ durch die konjugierten „Impulse" p_ϱ ersetzt:

$$(11) \qquad K = \tfrac{1}{2} \sum_{\varrho\,\sigma} \nu_{\varrho\,\sigma}\, p_\varrho\, p_\sigma + \overline{H}_2(q_\varrho);$$

die Größen $\nu_{\varrho\,\sigma} = \dfrac{\partial^2 H_0}{\partial J_\varrho\,\partial J_\sigma}$ sind dabei als Konstante zu betrachten. Das durch (11) gekennzeichnete mechanische System hat im allgemeinen mehrere Gleichgewichtslagen. Bestimmt man nämlich die Werte von $q_\varrho = q_\varrho{}^0$ aus

$$\frac{\partial K}{\partial q_\varrho} = \frac{\partial \overline{H}_2}{\partial q_\varrho} = 0,$$

so ist $q_\varrho = q_\varrho{}^0$, $p_\varrho = 0$ ein Lösungssystem der kanonischen Gleichungen. Damit ist auch

$$(12) \qquad \frac{\partial S_1}{\partial w_\varrho{}^0} = 0, \qquad\qquad S_1 = \mathrm{const}$$

ein partikuläres Integral der Differentialgleichung (5), wenn man die konstanten Werte von $w_\varrho{}^0$ aus den Gleichungen

$$(13) \qquad \frac{\partial \overline{H}_2}{\partial w_\varrho{}^0} = 0$$

berechnet und

$$W_2 = \overline{H}_2(w_\varrho{}^0)$$

setzt. Dies Verfahren versagt nur, wenn das Gleichungssystem (13) nicht nach den $w_\varrho{}^0$ auflösbar ist, d. h. wenn die „Hessesche Determinante"

$$\left| \frac{\partial^2 \overline{H}_2}{\partial w_\varrho{}^0\,\partial w_\sigma{}^0} \right|$$

verschwindet.

Die gefundene Bewegung des gestörten Systems hat den *gleichen Periodizitätsgrad s wie die ungestörte.* Der Umstand, daß die Konstanten $w_\varrho{}^0$ nur ganz bestimmte Werte haben können, bedeutet *Phasenbeziehungen* der gestörten Bewegung.

Die Bewegung ist nur dann stabil, wenn die Hilfsvariabeln q_ϱ der Gleichung (11) an der Stelle $q_\varrho = q_\varrho{}^0$ ein stabiles Gleichgewicht haben. Dann sind die Nachbarbewegungen kleine Schwingungen um die betrachtete ausgezeichnete Bewegung.

Daß *die hier gefundenen Bewegungen die Quantenbedingungen erfüllen,* sieht man folgendermaßen. Es ist $J_\varrho{}^0 = \mathrm{const}$ und

gleich dem Wert, den es bei der ungestörten Bewegung hat;
ferner ist

$$J_\varrho{}^0 = J_\varrho + \lambda \frac{\partial S_1}{\partial w_\varrho{}^0},$$

also wegen (12)

$$J_\varrho{}^0 = J_\varrho;$$

damit ist auch J_ϱ gequantelt.

§ 46. Grenzentartung.

Ein gemeinsames Kennzeichen der beiden bisher untersuchten Fälle von Entartung ist der Umstand, daß die Bahnkurve im Koordinatenraum ein Gebiet von weniger als f Dimensionen erfüllt. Es gibt nun bei mehrfach periodischen Systemen
noch einen dritten Fall, wo dies eintritt, der wieder bei einer
Reihe von Atomproblemen eine Rolle spielt und zu typischen
Schwierigkeiten bei Anwendung der Störungsrechnung Anlaß
gibt. Es ist deshalb zweckmäßig, den Entartungsbegriff noch
etwas weiter zu fassen und eine mehrfach periodische Bewegung immer dann als *entartet* zu bezeichnen, *wenn* eben *die
Bahnkurve nur ein Gebiet von geringerer Dimensionenzahl erfüllt,
als die Zahl der Freiheitsgrade beträgt.*

Wir bezeichnen (in Verallgemeinerung des früheren Sprach-
gebrauchs § 15 S. 105) die Dimensionenzahl des von der Bahnkurve erfüllten Gebietes als *Periodizitätsgrad* der betr. Bewegung.
Eine Bewegung ist also stets entartet, wenn ihr Periodizitätsgrad geringer ist als f.

Als ungestörte Systeme betrachten wir immer solche, deren
Bewegung sich durch Einführung von Separationsvariabeln
finden läßt. Wie wir früher (§ 14) gesehen haben, wird bei separierbaren Systemen die Bahnkurve durch eine Reihe von Flächen-
scharen begrenzt, wobei jede der Separations-Koordinaten zwischen zwei Flächen einer solchen Schar hin und her pendelt.
In speziellen Fällen können diese Flächen auch zusammenfallen.
Dann ist die Dimensionszahl des von der Bahnkurve überstrichenen Gebietes um 1 kleiner.

*Dieses Zusammenfallen zweier Librationsgrenzen kennzeichnet
nun die dritte* und, wie es scheint, *letzte Möglichkeit einer Entartung.*

Ein Beispiel wird die Sachlage sofort klarlegen. Nehmen wir die relativistische KEPLER-Bewegung, also die Bewegung auf einer Ellipse mit Periheldrehung. Die Bahn erfüllt gewöhnlich einen Kreisring, also ein zweidimensionales Gebiet, überall dicht. Die Begrenzungsflächen für die Librationen des Radiusvektor sind hier konzentrische Kreise.

Lassen . wir nun die Exzentrizität der Ausgangsbahn verschwinden, so rücken die beiden Begrenzungskreise immer mehr zusammen, bis sie schließlich verschmelzen und die Bahnkurve in eine eindimensionale Kreisbahn übergeht. Dabei ist eine Entartung im bisherigen Sinne gar nicht vorhanden. Aber es wird eine Winkelvariable infolge ihrer geometrischen Definition (hier die Perihellänge) unbestimmt, während eine der Wirkungsvariabeln den Grenzwert einer Realitätsbedingung annimmt. Bei der relativistischen KEPLER Ellipse ist z. B. allgemein $J_2 \leqq J_1$ und hier $J_2 = J_1$. Wir werden daher diesen Fall passend mit *Grenzentartung* bezeichnen.

Weitere Beispiele bilden beim ZEEMAN-Effekt (§ 34) eine zu der Feldrichtung senkrechte Bahn, bei dem Zweizentrenproblem (§ 39) eine solche, die ganz auf einem Rotationsellipsoid verläuft usw. Zur Veranschaulichung werden wir auch weiterhin von Kreisbahnen, Exzentrizitäten usw. sprechen, obgleich unsere Betrachtungen viel allgemeiner gelten.

Der grenzentartete Freiheitsgrad sei durch die Separationskoordinate q_f gekennzeichnet, deren Librationsgrenzen zusammenfallen. Die zu ihr gehörige Wirkungsvariable

$$J_f{}^0 = \oint p_f \, dq_f$$

hat offenbar stets den Wert 0. Lassen wir nun auf eine solche Bewegung mit $J_f{}^0 = 0$ störende Kräfte wirken, so wird (ohne Berücksichtigung der Quantentheorie) im allgemeinen auch der Freiheitsgrad q_f angeregt werden (in unserem Beispiel die Bahn kein Kreis bleiben), und das Phasenintegral J_f wird von 0 verschieden sein.

Nach den Prinzipien der Quantentheorie muß J_f ein ganzzahliges Vielfaches von h sein; da es für verschwindende Störung in $J_f{}^0$ übergehen muß, kann es nur den Wert 0 haben. Wir werden sehen, daß die einzige Lösung, die dieser Forderung genügt, die ist, bei der $J_f{}^0$ auch während der gestörten Bewegung dauernd 0 bleibt. Die gestörte Bewegung hat also (wie bei der zufälligen Entartung) den gleichen Periodizitätsgrad wie die ungestörte.

Die Aufgabe, diese Lösung zu finden, führt auf eine mathematische Schwierigkeit. Betrachten wir zunächst unser Beispiel, so enthält die Störungsfunktion im allgemeinen Glieder, die linear in der Exzentrizität sind, also Terme mit $\sqrt{J_f^0}$ [1]). Dies kann nun ganz allgemein bei grenzentartetem Ausgangssystem auftreten. Es kommen dann in

$$\frac{d w_f^0}{dt} = \frac{\partial H}{\partial J_f^0}$$

Glieder mit $\dfrac{1}{\sqrt{J_f^0}}$ vor, d. h. beim Grenzübergang zur ungestörten Bewegung wird die Koordinate w_f^0 (Perihellänge) sehr schnell beweglich und hat keinen endlichen Grenzwert. Die Entwicklungen des § 41 sind dann nicht anwendbar.

Das Verhalten der Variabeln $J_f^0 w_f^0$ ähnelt dem von Polarkoordinaten: für $J_f^0 = 0$ wird w_f^0 unbestimmt. Wir werden auch in der Tat die erwähnte Schwierigkeit überwinden, indem wir sie durch die POINCARÉschen „rechtwinkligen" kanonischen Koordinaten[2])

$$(1) \qquad \xi^0 = \sqrt{\frac{J^0}{\pi}}\,\sin 2\,\pi\,w_f^0, \qquad \eta^0 = \sqrt{\frac{J^0}{\pi}}\,\cos 2\,\pi\,w_f^0$$

ersetzen (die Erzeugende ist $\dfrac{\eta^{0\,2}}{2}\,\mathrm{tg}\,2\,\pi\,w_f^0$). In der Nähe von $J_f^0 = 0$ kann sich dann w_f^0 noch ändern, ohne daß ξ^0 und η^0 rasche Änderungen erfahren.

Da in der gestörten Bewegung J_f^0 von der zugehörigen Wirkungsvariabeln $J_f = 0$ nur um kleine Beträge abweichen darf,

---

[1]) Mit unseren früheren Bezeichnungen ist die Exzentrizität

$$\varepsilon = \sqrt{1 - \frac{J_2^2}{J_1^2}}\,,$$

dem grenzentarteten Freiheitsgrad entspricht das radiale Wirkungsintegral

$$J_r = J_1 - J_2 .$$

Man sieht sogleich, daß für kleine J_r die Exzentrizität proportional $\sqrt{J_r}$ wird.

[2]) Vgl. H. POINCARÉ: Méthodes nouvelles. Bd. II, Kap. XII.

können wir ξ^0 und η^0 als klein ansehen. Setzen wir die neuen
Variabeln in die HAMILTONsche Funktion ein, so können wir
diese nach ξ^0, η^0 entwickeln, derart, daß jeder Koeffizient der
Potenzen von λ für sich eine Reihe nach steigenden Potenzen
in den ξ^0, η^0 wird.

Dabei schreitet die Entwicklung von H_0, also der Energiefunktion der ungestörten Bewegung, wegen (1) nur nach Potenzen
von $\xi^{0\,2}$ und $\eta^{0\,2}$ fort, da sie nur von J_f^0 und nicht von w_f^0
abhängt. In der Störungsfunktion dagegen werden auch lineare
Glieder auftreten. Nunmehr läßt sich die oben angedeutete
Schwierigkeit analytisch formulieren.

Es ist zwar für das ungestörte System wegen

$$\frac{d\xi^0}{dt} = \frac{\partial H_0}{\partial \eta^0}\bigg|_{\xi^0=0,\ \eta^0=0} = 0, \qquad \frac{d\eta^0}{dt} = -\frac{\partial H_0}{\partial \xi^0}\bigg|_{\xi^0=0,\ \eta^0=0} = 0$$

die Kreisbahn $\xi^0 = 0$, $\eta^0 = 0$ eine strenge Lösung der Bewegungsgleichungen, nicht aber für das gestörte, da im allgemeinen die Störungsfunktion auch lineare Glieder in den ξ^0, η^0
enthält.

Diese Betrachtung legt sofort einen Weg zur Lösung nahe.
Gelingt es durch eine geeignete Transformation solche Variable
ξ, η einzuführen, daß alle linearen Glieder in der Entwicklung der HAMILTONschen Funktion herausfallen, so haben wir
auch für das gestörte System in $\xi = 0$, $\eta = 0$ eine strenge
Lösung der Bewegungsgleichungen. Diese Transformation läßt
sich durch ein Rekursionsverfahren finden, wobei zugleich die
Integration der übrigen Bewegungsgleichungen mit geleistet wird.

Vorgelegt sei also ein mechanisches Problem mit der
HAMILTONschen Funktion

$$(2) \quad H = H_0 + \lambda H_1 + \lambda^2 H_2 + \cdots$$
$$H_0 = H_{00}(J_a^0) + c_0\,\xi^{0\,2} + d_0\,\eta^{0\,2} + \cdots$$
$$H_1 = H_{10}(J_a^0,\, w_a^0) + a_1\,\xi^0 + b_1\,\eta^0 + c_1\,\xi^{0\,2} + d_1\,\eta^{0\,2}$$
$$+ e_1\,\xi^0\,\eta^0 + \cdots$$
$$H_2 = H_{20}(J_a^0,\, w_a^0) + a_2\,\xi^0 + b_2\,\eta^0 + c_2\,\xi^{0\,2} + d_2\,\eta^{0\,2}$$
$$+ e_2\,\xi^0\,\eta^0 + \cdots.$$

Dabei sind die H_{n0}, a_n, b_n … $(n = 1, 2 \ldots)$ periodische Funktionen der w_a^0 (Periode 1). Durch die gesuchte Transformation
soll (2) in die Form

$$(3) \qquad H = W_0 + \lambda W_1 + \lambda^2 W_2 + \cdots$$

übergehen, wobei

$$(4) \qquad W_n = V_n(J_a) + R_n$$

ist und die R_n Potenzreihen in den ξ, η bedeuten, die erst mit quadratischen Gliedern beginnen.

Für die Transformationsfunktion machen wir den Ansatz

$$(5) \qquad S = \sum_1^{f-1} J_a w_a{}^0 + T + \xi^0 \eta + B \xi^0 - A \eta \,.$$

Dabei seien

$$(6) \qquad \begin{aligned} T &= \lambda T_1 + \lambda^2 T_2 + \cdots \\ A &= \lambda A_1 + \lambda^2 A_2 + \cdots \\ B &= \lambda B_1 + \lambda^2 B_2 + \cdots \end{aligned}$$

Potenzreihen in λ, deren Koeffizienten T_n, A_n, B_n periodische Funktionen der $w_1{}^0 \cdots w_{f-1}^0$ sind.

Damit erhält man als Transformationsformeln für die ξ^0 und η^0:

$$(7) \qquad \begin{aligned} \xi &= \frac{\partial S}{\partial \eta} = \xi^0 - A; \qquad & \xi^0 &= \xi + \lambda A_1 + \lambda^2 A_2 + \cdots \\[2mm] \eta^0 &= \frac{\partial S}{\partial \xi^0} = \eta + \lambda B_1 + \lambda^2 B_2 + \cdots; \qquad & \eta &= \eta^0 - B \end{aligned}$$

und unter ihrer Berücksichtigung für die $J_a{}^0$:

$$(8) \qquad \begin{aligned} J_a{}^0 = \frac{\partial S}{\partial w_a} = J_a &+ \lambda \left(\frac{\partial T_1}{\partial w_a^0} + \xi \frac{\partial B_1}{\partial w_a^0} - \eta \frac{\partial A_1}{\partial w_a^0} \right) \\[2mm] &+ \lambda^2 \left(\frac{\partial T_2}{\partial w_a^0} + \xi \frac{\partial B_2}{\partial w_a^0} - \eta \frac{\partial A_2}{\partial w_a^0} + A_1 \frac{\partial B_1}{\partial w_a^0} \right) + \cdots \end{aligned}$$

Es weichen also die neuen Variabeln nur um Glieder von der Größenordnung λ von den alten ab, so daß man für $\lambda = 0$ in der Tat auf die ungestörten Kreisbahnen $\xi^0 = \eta^0 = 0$ zurückkommt.

Führen wir jetzt die Transformation aus und entwickeln alles nach λ, so sind in jeder Näherung gerade drei Funktionen T_n, A_n, B_n frei, die so bestimmt werden können, daß unsere Forderungen erfüllt sind. So erhält man durch Vergleichung der Koeffizienten von λ in (2) und (3):

$$(9) \quad \sum_\alpha{}' \frac{\partial H_{00}}{\partial J_\alpha} \left(\frac{\partial T_1}{\partial w_\alpha{}^0} + \xi \frac{\partial B_1}{\partial w_\alpha{}^0} - \eta \frac{\partial A_1}{\partial w_\alpha{}^0} \right) + 2\,c_0\,A_1\,\xi + 2\,d_0\,B_1\,\eta$$

$$+ H_{10} + a_1\,\xi + b_1\,\eta + \ldots = V_1 + R_1.$$

Durch Nullsetzen der Faktoren von ξ und η erhält man die Bestimmungsgleichungen für A_1 und B_1

$$(10) \quad \begin{aligned} \sum_\alpha{}' \frac{\partial H_{00}}{\partial J_\alpha} \cdot \frac{\partial B_1}{\partial w_\alpha{}^0} + 2\,c_0\,A_1 + a_1 &= 0 \\[2mm] -\sum_\alpha{}' \frac{\partial H_{00}}{\partial J_\alpha} \frac{\partial A_1}{\partial w_\alpha{}^0} + 2\,d_0\,B_1 + b_1 &= 0. \end{aligned}$$

Diese Gleichungen sind von demselben Typus, wie sie immer in der Störungstheorie auftreten. Bei ihrer Integration werden die A und B in einen nur von den J abhängigen konstanten und einen rein periodischen Teil zerlegt:

$$A_1 = \bar{A}_1 + \tilde{A}_1, \qquad B_1 = \bar{B}_1 + \tilde{B}_1.$$

Der erstere wird aus den durch Mittelung von (10) entstehenden Gleichungen

$$(11) \qquad \bar{A}_1 = -\frac{\bar{a}_1}{2\,c_0}, \qquad \bar{B}_1 = -\frac{\bar{b}_1}{2\,d_0}$$

bestimmt und der letztere dann direkt aus (10), wie bei Gleichung (11) § 41. Aus den von ξ und η freien Gliedern in (9) lassen sich wie sonst V_1 und T_1 als Funktionen der J_α und $w_\alpha{}^0$ berechnen.

In genau derselben Weise setzen sich die höheren Näherungen fort. Da die Formeln bereits bei der zweiten sehr unübersichtlich werden, seien sie nicht eigens angeschrieben. Dazu sei noch bemerkt, daß in der ersten Näherung keine neuen Terme in der Energie W_1 auftreten, sondern diese einfach wieder durch Mittelung von H_{10} über die $w_1 .. w_{f-1}$ entsteht, bereits in der zweiten jedoch schon eine ganze Reihe neuer Glieder auftreten.

Das Endergebnis ist eine Darstellung der HAMILTONschen Funktion in der Form

$$(12) \quad H = V(J_\alpha) + c(J_\alpha)\,\xi^2 + d(J_\alpha)\,\eta^2 + e(J_\alpha)\,\xi\eta + \cdots.$$

Es ist die HAMILTONsche Funktion eines Systems, in dem alle Koordinaten bis auf eine zyklisch sind. Die Bewegung läßt sich in der üblichen Weise durch Auflösung einer HAMILTON-

JACOBIschen Differentialgleichung für einen Freiheitsgrad finden. Da ξ und η (wie ξ^0 und η^0) mit λ verschwinden müssen, brauchen wir nur die kleinen Bewegungen zu betrachten, nämlich die eines Systems mit der HAMILTONschen Funktion

$$(13) \qquad c\,\xi^2 + d\eta^2 + e\xi\eta\,.$$

Durch eine geeignete homogene lineare Transformation von ξ, η in neue Variable Ξ, H erhält sie die Form

$$(14) \qquad C\,\Xi^2 + D\,\mathsf{H}^2\,.$$

Im Falle, daß die *quadratische Form* (13) *definit* ist, d. h. C und D in (14) gleiches Zeichen haben, sind die Bewegungen in der Nachbarschaft von $\Xi = \mathsf{H} = 0$ oder $\xi = \eta = 0$ kleine Schwingungen von Ξ und H um diesen Punkt. Die einzige mit der Quantenbedingung

$$J_f = \oint \Xi\, d\mathsf{H} = 0$$

verträgliche Bewegung ist die, bei der ξ und η null bleiben. Die Energie dieses ausgezeichneten Zustandes ist ein Minimum, wenn die quadratische Form positiv definit ist; sie ist ein Maximum, wenn die Form negativ definit ist.

Im Falle der *indefiniten* quadratischen Form (13) gibt es in jeder Nachbarschaft von $\xi = \eta = 0$ Bewegungen, bei denen ξ und η nicht klein bleiben. Die einzigen Werte, die Bewegungsgleichungen und Quantenbedingung erfüllen, sind auch hier $\xi = \eta = 0$; aber die Bewegung ist labil.

In jedem Fall hat die *gestörte Bewegung ebenfalls den Periodizitätsgrad* $f-1$, ihre Energie ist

$$(15) \qquad W = V(J_a)\,.$$

Die Beschränkung auf *einfache* Grenzentartung ist nicht erforderlich. Die Überlegungen und Rechnungen lassen sich für *beliebig vielfache Grenzentartung* durchführen. Für die Erzeugende S hat man den Ausdruck

$$(16) \qquad S = \sum_{a=1}^{s} w_a{}^0 J_a + T + \sum_{\varrho=s+1}^{f} (\xi_\varrho{}^0 \eta_\varrho + B^\varrho \xi_\varrho{}^0 - A^\varrho \eta_\varrho)$$

zu benutzen. Das Ergebnis der Transformation ist eine Darstellung von H in der Form:

$$(17) \quad H = V(J_a) + \sum_{\varrho,\sigma} c_{\varrho\sigma}\xi_\varrho\xi_\sigma + \sum_{\varrho,\sigma} d_{\varrho\sigma}\eta_\varrho\eta_\sigma + \sum_{\varrho,\sigma} e_{\varrho\sigma}\xi_\varrho\eta_\sigma + \cdots,$$

wobei noch Glieder dritter und höherer Ordnung in $\xi_\varrho, \eta_\varrho$ zu ergänzen sind. Die HAMILTON-JACOBIsche Gleichung, auf die diese Funktion führt, ist zwar im allgemeinen für endliche $\xi_\varrho, \eta_\varrho$ nicht separierbar. Aber wir brauchen nur die Bewegungen zu untersuchen, für die ξ_ϱ und η_ϱ klein bleiben. Durch eine geeignete homogene lineare Transformation läßt sich die quadratische Form in (17) folgendermaßen schreiben:

$$(18) \qquad H = V(J_\alpha) + \sum_\varrho (C_\varrho \, \Xi_\varrho^2 + D_\varrho \, \mathsf{H}_\varrho^2).$$

Jetzt ist H separierbar. Die einzigen Bewegungen, die mit den Quantenbedingungen verträglich sind, sind die, bei denen $\Xi_\varrho, \mathsf{H}_\varrho$ und damit $\xi_\varrho, \eta_\varrho$ dauernd null bleiben.

Für die Stabilität gilt das Entsprechende wie bei einem Freiheitsgrad. Die ausgezeichnete Bewegung $\xi_\varrho = \eta_\varrho = 0$ ist dann und nur dann stabil, wenn die quadratische Form in (17) definit ist. Die Energie hat ein Minimum, wenn sie positiv definit ist.

Bei grenzentarteter Ausgangsbewegung hat also die quantentheoretisch ausgezeichnete gestörte Bewegung den gleichen Periodizitätsgrad s wie die ungestörte. Ihre Energie ist

$$(19) \qquad W = V(J_\alpha).$$

§ 47. Phasenbeziehungen für beliebige Näherungen.

Im § 45 mußte die Frage unbeantwortet bleiben, ob bei zufällig entarteter Ausgangsbewegung auch *in beliebiger Näherung* Bewegungen mit dem gleichen Periodizitätsgrad wie jene Ausgangsbewegung quantentheoretisch ausgezeichnet sind. Mit der für die Grenzentartung entwickelten Methode kann es jetzt geschehen. Dabei wird gleichzeitig die Bedingung des § 45 für die $w_\varrho{}^0$ auf einem unabhängigen Wege wiedergefunden.

Wir sprechen die Aufgabe noch einmal aus: Von dem mechanischen System mit der HAMILTONschen Funktion

$$(1) \qquad H = H_0(J_k{}^0) + \lambda H_1(J_k{}^0, w_k{}^0) + \cdots \qquad (k = 1 \cdots f)$$

sollen diejenigen Bewegungen untersucht werden, die sich an die zufällig entarteten Bewegungen des ungestörten Systems anschließen, d. h. an solche, für die infolge der Wahl der Integrationskonstanten einige Frequenzen verschwinden:

$$(2) \qquad \nu_\varrho^0 = \frac{\partial H_0}{\partial J_\varrho^0} = 0 \qquad (\varrho = s + 1 \cdots f).$$

Im ungestörten System erfüllt dann die Bahnkurve, da die w_ϱ^0 konstant sind, nur ein Gebiet von s Dimensionen $(s < f)$.

Wir nehmen von der gestörten Bewegung an, daß sie sich an eine bestimmte ungestörte Bewegung anschließt, bei der

$$J_\varrho^0 = J_\varrho^*, \qquad u_\varrho^0 = w_\varrho^*$$

ist. Daß J_ϱ^0 für die Ausgangsbewegung ganz bestimmte Werte haben muß, folgt aus der Voraussetzung der zufälligen Entartung. Die J_ϱ^* lassen sich bestimmen, wenn man die Gleichungen (2) nach den J_ϱ^0 auflöst; sie ergeben sich als Funktionen der J_α^0. Daß w_ϱ^0 für die Ausgangsbewegung bestimmte diskrete Werte haben muß, ist eine Annahme. Es wäre auch denkbar, daß die gestörte Bewegung sich an jedes Wertsystem w_ϱ^0 eines Kontinuums anschließen ließe. Für diesen Fall können wir unsere Überlegung nicht durchführen.

Setzen wir also voraus, daß nur einzelne bestimmte Ausgangsbewegungen möglich sind, so sind J_ϱ^* und w_ϱ^* als ganz bestimmte Funktionen von J_α^0 definiert; $w_\varrho^* (J_\alpha)$ kennen wir noch nicht, es wird sich aber im Laufe der Untersuchung ergeben. Wir führen nun neue Variable

$$(3) \qquad \xi_\varrho^0 = J_\varrho^0 - J_\varrho^* (J_\alpha^0), \qquad \eta_\varrho^0 = w_\varrho^0 - w_\varrho^* (J_\alpha^0)$$

ein. Das geschieht durch eine kanonische Transformation mit der Erzeugenden

$$(4) \qquad \sum_\alpha w_\alpha^0 \bar{J}_\alpha^0 + \sum_\varrho \left[w_\varrho^0 J_\varrho^* + \xi_\varrho^0 (w_\varrho^0 - w_\varrho^*) \right];$$

die Transformationsgleichungen sind:

$$(5) \qquad \begin{aligned} J_\alpha^0 &= \bar{J}_\alpha^0 \\ J_\varrho^0 &= J_\varrho^* + \xi_\varrho^0 \\ \bar{w}_\alpha^0 &= w_\alpha^0 + \sum_\varrho \left(\frac{\partial J_\varrho^*}{\partial J_\alpha^0} w_\varrho^0 - \xi_\varrho^0 \frac{\partial w_\varrho^*}{\partial J_\alpha^0} \right) \\ \eta_\varrho^0 &= w_\varrho^0 - w_\varrho^*. \end{aligned}$$

Dabei werden die neuen $\bar{J}_a{}^0$ gleich den ursprünglichen $J_a{}^0$, während sich die $\bar{w}_a{}^0$ von den $w_a{}^0$ nur um Größen unterscheiden, die in der ungestörten Bewegung konstant sind; ihren Charakter als Winkel- bzw. Wirkungsvariable behalten sie. Die $\xi_\varrho{}^0$ und $\eta_\varrho{}^0$ gehen mit verschwindender Störung gegen 0.

Wir können jetzt die HAMILTONsche Funktion nach den $\xi_\varrho{}^0$, $\eta_\varrho{}^0$ entwickeln und erhalten

$$(6) \qquad H = H_0{}' + \lambda H_1{}' + \lambda^2 H_2{}' + \cdots;$$

dabei ist (unter Weglassung des Striches bei $\bar{w}_a{}^0$);

$$H_0{}' = H_{00}(J_a{}^0, J_\varrho{}^*) + \sum_{\varrho\,\sigma} c_0{}^{\varrho\,\sigma} \xi_\varrho{}^0 \xi_\sigma{}^0 + \cdots$$

$$(7) \quad H_1{}' = H_{10}(w_a{}^0, w_\varrho{}^*, J_a{}^0, J_\varrho{}^*) + \sum_\varrho (a_1{}^\varrho \xi_\varrho{}^0 + b_1{}^\varrho \eta_\varrho{}^0) + \cdots$$

$$\cdot \; \cdot \; \cdot \; \cdot \; \cdot \; \cdot \; \cdot \; \cdot \; \cdot \; \cdot \; \cdot \; \cdot \; \cdot \; \cdot \; \cdot \; \cdot$$

Nach (5) ist:

$$c_0{}^{\varrho\,\sigma} = \frac{1}{2!} \frac{\partial^2 H_{00}}{\partial J_\varrho{}^* \partial J_\sigma{}^*}$$

$$(8) \qquad a_1{}^\varrho = -\frac{\partial H_{10}}{\partial J_\varrho{}^*} + \sum_a \frac{\partial H_{10}}{\partial w_a{}^0} \frac{\partial w_\varrho{}^*}{\partial J_a{}^0}$$

$$b_1{}^\varrho = -\frac{\partial H_{10}}{\partial w_\varrho{}^*} - \sum_a \frac{\partial H_{10}}{\partial w_a{}^0} \frac{\partial J_\varrho{}^*}{\partial J_a{}^0},$$

während die Ausdrücke $H_{00}, H_{10} \cdots$ aus den $H_0, H_1 \cdots$ in (1) einfach durch Einsetzen der $J_\varrho{}^*$, $w_\varrho{}^*$ an Stelle der $J_\varrho{}^0$, $w_\varrho{}^0$ hervorgehen. Damit hat (6) jetzt eine ganz analoge Form wie (2) in § 46, und läßt sich daher nach dem dortigen Verfahren in beliebiger Näherung behandeln.

Nur ein einziger Unterschied ist vorhanden, nämlich der, daß in $H_0{}'$ die η_ϱ überhaupt nicht auftreten. Machen wir daher den Ansatz (16) § 46, so werden die Bestimmungsgleichungen für die $A_1{}^\varrho$ und $B_1{}^\varrho$ (vgl. (10) § 46):

$$\sum_a \frac{\partial H_{00}}{\partial J_a} \frac{\partial B_1{}^\varrho}{\partial w_a{}^0} + a_1{}^\varrho + 2 \sum_\sigma c_0{}^{\varrho\,\sigma} A_1{}^\sigma = 0$$

$$-\sum_a \frac{\partial H_{00}}{\partial J_a} \frac{\partial A_1{}^\varrho}{\partial w_a{}^0} + b_1{}^\varrho \qquad\qquad = 0.$$

Aus der zweiten dieser Gleichungen folgt, daß der Mittelwert $\overline{b_1\varrho}$ verschwindet.

Das Verfahren liefert schließlich die HAMILTONsche Funktion in der Form

$$(9) \qquad H = V(J_a) + R(J_a, \xi_\varrho, \eta_\varrho),$$

wo die Entwicklung von R nach ξ_ϱ, η_ϱ mit quadratischen Gliedern beginnt. Für kleine ξ_ϱ, η_ϱ, und nur diese brauchen wir zu betrachten, ist H separierbar und liefert als einzige Lösung, die die Quantenbedingungen erfüllt,:

$$\xi_\varrho = \eta_\varrho = 0.$$

Die gestörte Bewegung hat also den gleichen Periodizitätsgrad wie die ungestörte. Sie ist (im Sinne der gewöhnlichen Mechanik) dann und nur dann *stabil*, wenn die *quadratische Form* der ξ_ϱ, η_ϱ in (9) *definit* ist.

Die Bedingung

$$(10) \qquad \overline{b_1\varrho} = 0$$

bedeutet eine Bestimmung der $w_\varrho{}^*$. Da nämlich die Mittelwerte der $\dfrac{\partial H_{10}}{\partial w_a{}^0}$, die rein periodische Funktionen ohne konstantes Glied sind, verschwinden, so folgt nach (8)

$$(11) \qquad \frac{\partial \overline{H}_{10}}{\partial w_\varrho{}^*} = 0.$$

Diese Gleichung bedeutet aber *Phasenbeziehungen für die* $w_\varrho{}^*$. Sie ist die Gleichung (13) § 45, da H_{10} in der jetzigen Bezeichnung mit H_2 des § 45 identisch ist.

Den Fall *eines* zufällig entarteten Freiheitsgrades hatten wir im § 45 genauer behandelt; wir wollen noch zeigen, wie er sich unserer allgemeinen Stabilitätsbetrachtung einfügt. Die Gleichung (5′) § 45 (H_2 bedeutet unser H_{10}):

$$\frac{1}{2!} \frac{\partial^2 H_0}{\partial J_f{}^2} \left(\frac{\partial S_1}{\partial w_f{}^0} \right)^2 + \overline{H}_2(w_f{}^0) = W_2$$

ist in der ersten Näherung für Bewegungen in der Umgebung von Lösungen der Gleichung

$$\frac{\partial \overline{H}_2}{\partial w_f{}^0} = 0$$

gleichbedeutend mit

$$\frac{1}{2!}\,\frac{\partial^2 H_0}{\partial J_f^{\,2}}\,\xi^2 + d\cdot\eta^2 = \text{const.}$$

Wenn $\dfrac{\partial^2 H_0}{\partial J_f^{\,2}}$ positiv ist, haben wir in der Umgebung der stabilen Lösung ($\overline{H}_2$ hat ein Minimum) eine positiv definite, in der Umgebung der labilen Lösung ($\overline{H}_2$ hat ein Maximum) eine indefinite quadratische Form. Wenn $\dfrac{\partial^2 H_0}{\partial J_f^{\,2}}$ negativ ist, so ist die Form negativ definit ($\overline{H}_2$ hat ein Maximum) in der Umgebung der stabilen, indefinit ($\overline{H}_2$ hat ein Minimum) in der Umgebung der labilen Lösung.

Es sind jetzt noch die Fälle von Kombinationen verschiedener Entartungen zu besprechen. Da zufällige Entartung und Grenzentartung, wie eben gezeigt, in ganz gleichartiger Weise zu behandeln sind, so stören sie sich offenbar gegenseitig nicht. Es wird dann nur die Zahl der ξ,η-Variabeln vermehrt. Auch die allein noch bleibende Möglichkeit, Kombination von eigentlicher Entartung mit Grenzentartung, macht im allgemeinen keine Schwierigkeiten. Man berechnet zunächst die säkularen Bewegungen der eigentlich entarteten Variabeln und schlägt dann das Verfahren des § 46 ein.[1])

Spezialfälle, in denen z. B. bei Mittelung über die nichtentarteten Variabeln die Abhängigkeit von den entarteten ganz herausfällt (z. B. $\overline{H}_1 = 0$), sind natürlich jedesmal besonders zu untersuchen.

Wir haben damit das im § 40 gesteckte Ziel erreicht, nämlich den Nachweis, daß die *stationären Zustände in der Hauptsache unter den besonders einfachen Typen von Bewegungen* zu suchen sind, die sich durch relativ bequeme Näherungsverfahren rechnerisch behandeln lassen.

Wir wollen jetzt mit diesem mathematischen Rüstzeug das nach dem Wasserstoff einfachste Atom, das des Helium, der Rechnung unterwerfen. Wir werden (wie im § 40 gesagt) zeigen, daß die Ergebnisse nicht mit der Erfahrung übereinstimmen,

---

[1]) Der Fall, daß die grenzentarteten Freiheitsgrade zugleich eigentlich entartet sind, ist bei L. NORDHEIM: Zeitschr. f. Physik, Bd. 17, S. 316, 1923 behandelt.

sehen aber überdies in der Durchführung des Beispiels die notwendige Vorarbeit für jeden Versuch, die endgültigen Gesetze der Quantenmechanik zu finden.

§ 48. Der Normalzustand des Heliumatoms.

Beim *Helium* sind nach den Betrachtungen des § 32 im *Normalzustand* zwei einquantige Elektronenbahnen anzunehmen. Unsere Aufgabe ist, zu untersuchen, wie sie in einem Atom angeordnet werden können.

Als ungestörte Bewegung betrachten wir die der Elektronen unter dem Einfluß des (Z-fach geladenen) Kernes allein. Die Winkel- und Wirkungsvariabeln sind für das erste Elektron w_1, w_2, w_3, J_1, J_2, J_3; die des zweiten bezeichnen wir durch einen Strich. Die Energie der ungestörten Bewegung ist dann

$$(1) \qquad H_0 = - A \left(\frac{1}{J_1^2} + \frac{1}{J_1'^2} \right),$$

wo

$$A = 2\,\pi^2\,e^4\,m\,Z^2$$

ist. Die Störungsfunktion ist die gegenseitige potentielle Energie der Elektronen

$$(2) \qquad \lambda H_1 = \frac{e^2}{R} = \frac{e^2}{\sqrt{(x - x')^2 + (y - y')^2 + (z - z')^2}},$$

wobei R den Abstand und x, y, z, bzw. x', y', z' die rechtwinkligen Koordinaten der Elektronen in irgendeinem Koordinatensystem mit dem Kern als Nullpunkt bedeuten.

Hierin sind die Entwicklungen der kartesischen Koordinaten als Funktionen der Winkelvariabeln (aus (26) § 22 zu berechnen) einzuführen, womit dann der Ausgangspunkt für die Störungsrechnung gewonnen ist. Dabei ist jedoch noch ein Punkt zu beachten. Bei der ungestörten KEPLER-Bewegung (ohne Berücksichtigung der Massenveränderlichkeit) ist quantentheoretisch nur J_1 festgelegt, während J_2, d. h. die Exzentrizität noch willkürlich bleibt; bei der relativistischen KEPLER-Bewegung ist auch J_2 zu quanteln und für eine einquantige Bahn ist $J_2 = J_1 = h$. Wir wollen die relativistische Massenveränderlichkeit quantitativ nicht berücksichtigen, aber als *Ausgangs-*

bahn für jedes Elektron die grenzentartete Kreisbahn $J_1 = h, J_2 = h$ annehmen.

Das ungestörte System besteht also aus zwei gleichgroßen Kreisbahnen. Außer der hierin ausgesprochenen *doppelten Grenzentartung* haben wir noch eine *doppelte eigentliche Entartung*, die darin besteht, daß die beiden Bahnebenen feststehen, ferner *eine zufällige Entartung*, da die Umlaufsfrequenzen der beiden Elektronen gleich sind.

Die Wechselwirkung der beiden Elektronen läßt wegen des Satzes vom Drehimpuls eine eigentliche Entartung bestehen (die Differenz der Knotenlängen der beiden Bahnen auf der invariablen Ebene bleibt null). Die Knotenlinie jedoch führt eine gleichförmige Präzession um die Achse des gesamten Drehimpulses aus; soweit wir nur säkulare Störungen betrachten, bildet diese mit den Drehimpulsvektoren der beiden Elektronenbahnen gleiche Winkel. Die Grenzentartung bleibt (auf Grund der Betrachtungen des § 46) auch in der gestörten Bewegung bestehen. Das gleiche gilt (§ 47) für die zufällige Entartung. Die gestörte Bewegung wird sich aber nur an solche ungestörte Bewegungen anschließen, bei denen die beiden Elektronen ganz bestimmte Phasenbeziehung haben.

In dieser ausgezeichneten Stellung hat der Mittelwert der wechselseitigen Energie der Elektronen einen Extremwert. Man sieht anschaulich, daß dies nur dann der Fall ist, wenn die Elektronen in jedem Augenblick möglichst weit voneinander entfernt sind, also sich stets in derselben Meridianebene durch die Drehimpulsachse befinden.

Dieses anschaulich gewonnene Ergebnis wollen wir jetzt rechnerisch ableiten. Dazu müssen wir zunächst die Variabeln der ungestörten Bewegung so wählen, daß sie in entartete und nicht entartete zerfallen. Die Grenzentartung

$$J_1 - J_2 = 0 \qquad J_1' - J_2' = 0$$

fordert die Transformation (wir schreiben sie nur für das erste Elektron hin):

$$\bar{J}_1 = J_1, \qquad\qquad \bar{w}_1 = w_1 + w_2,$$

$$\xi = -\sqrt{\frac{J_1 - J_2}{\pi}}\sin 2\pi w_2, \qquad \eta = \sqrt{\frac{J_1 - J_2}{\pi}}\cos 2\pi w_2.$$

Im folgenden lassen wir die Striche über w_1 und J_1 wieder weg. $2\pi w_1$ bedeutet dann den Winkelabstand des Elektrons in seiner Bahn vom Knoten; ξ und η sind in der ungestörten Bewegung null.

Die zufällige Entartung fordert folgende kanonische Transformation:

$$(3) \qquad \begin{aligned} w_1 &= \mathfrak{w}_1 + \mathfrak{w}_1', & J_1 &= \tfrac{1}{2}(\mathfrak{J}_1 + \mathfrak{J}_1'), \\ w_1' &= \mathfrak{w}_1 - \mathfrak{w}_1', & J_1' &= \tfrac{1}{2}(\mathfrak{J}_1 - \mathfrak{J}_1'), \end{aligned}$$

oder nach den neuen Variabeln aufgelöst:

$$(3') \qquad \begin{aligned} \mathfrak{w}_1 &= \tfrac{1}{2}(w_1 + w_1'), & \mathfrak{J}_1 &= J_1 + J_1', \\ \mathfrak{w}_1' &= \tfrac{1}{2}(w_1 - w_1'), & \mathfrak{J}_1' &= J_1 - J_1'. \end{aligned}$$

Die geometrische Bedeutung von w_3, w_3', J_3 und J_3' hängt von der Lage des Koordinatensystems ab. Wenn wir die (x, y)- und (x', y')-Ebene in die invariable Ebene des Systems legen (Elimination der Knoten), so ist $J_3 + J_3'$ der Gesamtdrehimpuls und $w_3 - w_3' = \tfrac{1}{2}$. Da die Energie der gestörten Bewegung nur von der Kombination $J_3 + J_3'$ abhängen kann, setzen wir

$$(4) \qquad \begin{aligned} w_3 &= \mathfrak{w}_3 + \mathfrak{w}_3', \\ w_3' &= \mathfrak{w}_3 - \mathfrak{w}_3', \\ J_3 &= \tfrac{1}{2}(\mathfrak{J}_3 + \mathfrak{J}_3'), \\ J_3' &= \tfrac{1}{2}(\mathfrak{J}_3 - \mathfrak{J}_3'), \end{aligned}$$

sodaß also $\mathfrak{w}_3' = \tfrac{1}{4}$ wird.

Zur Berechnung der Phasenbeziehung in der Ausgangsbewegung haben wir die Störungsfunktion (2) durch die Variabeln $\mathfrak{w}_1$, $\mathfrak{w}_1'$, $\mathfrak{w}_3$, $\mathfrak{J}_1$, $\mathfrak{J}_1'$, $\mathfrak{J}_3$ auszudrücken. Eine einfache geometrische Betrachtung liefert zunächst (Abb. 39):

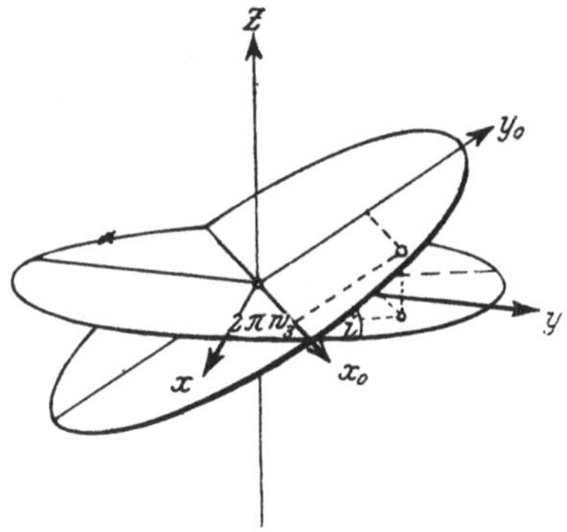

Abb. 39.

$$(5) \qquad \begin{aligned} x &= x_0 \cos 2\pi w_3 - y_0 \sin 2\pi w_3 \cos i \\ y &= x_0 \sin 2\pi w_3 + y_0 \cos 2\pi w_3 \cos i \\ z &= y_0 \sin i, \end{aligned}$$

wo x_0 und y_0 die rechtwinkligen Koordinaten des Elektrons in seiner Bahn (die Knotenlinie ist x_0-Achse) sind und i die Neigung der Bahnebene gegen die $(x\,y)$-Ebene bedeutet; es ist

$$(6) \qquad \cos i = \frac{J_3}{J_1} = p = p'.$$

Für x_0, y_0 haben wir

$$(7) \qquad \begin{aligned} x_0 &= a \cos 2\,\pi\,w_1 \\ y_0 &= a \sin 2\,\pi\,w_1, \\ a &= \frac{J_1{}^2}{4\,\pi^2\,e^2\,m\,Z} = \frac{\mathfrak{J}_1{}^2}{16\,\pi^2\,e^2\,m\,Z}. \end{aligned}$$

Die Störungsfunktion wird jetzt:

$$(8) \qquad \lambda H_1 = \frac{e^2}{a\,\sqrt{2\,(1-k^2)}}.$$

wo

$$(9) \qquad \begin{aligned} k^2 &= \frac{1}{a^2}(xx' + yy' + zz') \\ &= -\cos 2\,\pi\,(w_1 + w_1') \cos 2\,\pi\,(w_1 - w_1') \\ &\quad + \sin 2\,\pi\,(w_1 + w_1') \sin 2\,\pi\,(w_1 - w_1')(1 - 2\,p^2) \\ &= -(1 - p^2)\cos 4\,\pi\,w_1 - p^2 \cos 4\,\pi\,w_1' \end{aligned}$$

ist. w_3 tritt nicht auf, es ist zyklische Variable, und $\mathfrak{J}_3$, der gesamte Drehimpuls, ist konstant.

Wir haben jetzt die Störungsfunktion über die ungestörte Bewegung zu mitteln:

$$(10) \qquad \lambda \overline{H}_1 = \frac{e^2}{a\,\sqrt{2}} \int_0^1 \frac{d\,w_1}{\sqrt{1 - k^2}}$$

und den konstanten Wert, den w_1' bei der ungestörten Bewegung hat, aus

$$\frac{\partial \overline{H}_1}{\partial w_1'} = 0$$

zu bestimmen. Diese Gleichung lautet hier

$$\int_0^1 \frac{d\,w_1}{\sqrt{1 - k^2}^{\,3}}\, p^2 \cdot \sin 4\,\pi\,w_1' = 0$$

und ist nur erfüllt, wenn $p = 0$ ist oder $\mathfrak{w}_1' = \frac{1}{2}(w_1 - w_1')$ einen
der Werte 0 oder $\frac{1}{4}$ hat ($\frac{1}{2}$ ist bezüglich der Lage wieder mit
0 gleichbedeutend). $p = 0$ würde $J_3 = 0$ nach sich ziehen; die
beiden Elektronen würden denselben Kreis
entgegengesetzt durchlaufen, und diesen
Fall müssen wir ausschließen. Im Falle
$\mathfrak{w}_1' = \frac{1}{4}$ würden die Elektronen jedesmal in
der Knotenlinie zusammenstoßen. Es bleibt
also nur der Fall übrig, daß beide Elektronen gleichzeitig durch ihren aufsteigen-
den Knoten gehen, $\mathfrak{w}_1' = 0$. Dann liegen
sie aber in jedem Augenblick in der gleichen
Meridianebene durch die Drehimpulsachse.

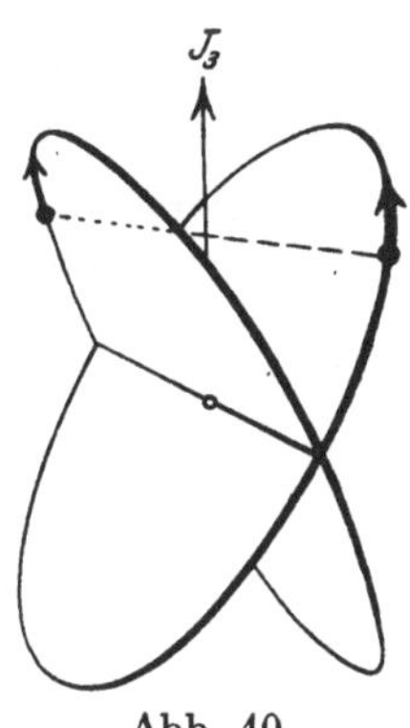

Abb. 40.

Wir fügen jetzt die Quantenbedingungen
hinzu. In der gestörten Bewegung bleibt
$\mathfrak{J}_1' = 0$; $\mathfrak{J}_1$ ist gleich $2\,h$ zu setzen, und
für $\mathfrak{J}_3$ haben wir die Werte $2\,h$, h oder 0;
entsprechend wird p gleich 1, $\frac{1}{2}$ oder 0. $p = 0$ ist, wie oben
schon gesagt, auszuschließen; $p = 1$ gibt ein ebenes Modell des
Heliumatoms; $p = \frac{1}{2}$ gibt ein räumliches Modell, bei dem die
Normalen der Elektronenbahnen den Winkel 120^0 miteinander
bilden (Abb. 40 ist so gezeichnet).

Das *ebene Modell* ist das zuerst von BOHR vorgeschlagene
He-Modell [1]). Die beiden Elektronen liegen auf den Endpunkten
eines Durchmessers der Bahn. Die Aufgabe reduziert sich auf
ein Einkörperproblem; jedes Elektron bewegt sich in einem
Kraftfeld mit dem Potential

$$\frac{e^2\,Z}{r} - \frac{e^2}{4\,r} = \frac{e^2\,(Z - \frac{1}{4})}{r}.$$

Es führt eine KEPLER-Bewegung aus mit der Energie

$$- R\,h\,(Z - \tfrac{1}{4})^2;$$

die Energie des ganzen Atoms wird also:

$$(11) \qquad W = - 2\,R\,h\,(Z - \tfrac{1}{4})^2.$$

Im Falle des Helium ($Z = 2$) ist insbesondere

$$(12) \qquad W = - \tfrac{49}{8}\,R\,h\,.$$

---

[1]) N. BOHR, Phil. Mag. Bd. 26, S. 476. 1913; deutsch in N. BOHR,
Abhandlungen über Atombau. Braunschweig 1921. S. 37.

Daraus kann man die Ablösungsarbeit des ersten Elektrons bestimmen. Nach dessen Ablösung muß nämlich das Atom in den Normalzustand des ionisierten Heliums mit der Energie

$$W = -\,4\,R\,h$$

übergehen. Die Energiedifferenz

$$(13) \qquad W_{\mathrm{Ion.}} = \tfrac{17}{18}\,R\,h$$

gibt die Ablösungsarbeit des ersten Elektrons oder die Ionisationsenergie des neutralen Heliumatoms.

Rechnet man auf die Ionisierungsspannung um, so hat man für die Energie $R\,h$ des Wasserstoffatoms die Spannung 13,53 Volt einzusetzen; daraus folgt

$$V_{\mathrm{Ion.}} = 28{,}75 \text{ Volt.}$$

Dieser Wert wird *durch die Erfahrung nicht bestätigt*, vielmehr liefern die Elektronenstoßversuche den Wert

$$(14) \qquad V_{\mathrm{Ion.}} = 24{,}6 \text{ Volt.}\,[1]$$

Die hier gefundene Bewegung erfüllt zwar die Bewegungsgleichungen und die Quantenbedingungen; sie ist aber nicht der Grenzfall einer Libration, also nicht stabil. Entsprechend den Überlegungen des § 45 für einen zufällig entarteten Freiheitsgrad ist die Bewegung mit Phasenbeziehung nur dann stabil, wenn

$$\frac{W_1 - \overline{H}_1(\mathfrak{w}_1{}')}{\dfrac{\partial^2 H_0}{\partial \mathfrak{J}_1{}'^2}}$$

im Fall der Phasenbeziehung ein Maximum hat. $\overline{H}_1$ hat offenbar ein Minimum, der Zähler also ein Maximum, der Nenner jedoch ist (wie wir schon im § 45 zeigten) negativ.

Diese letzte Schwierigkeit allein würde noch nicht entscheidend gegen unser Modell sprechen, da man ja nicht weiß, ob die gewöhnlichen Stabilitätsbedingungen in der Quantentheorie gelten. Gegen das Modell spricht aber der Unterschied der berechneten Ionisierungsspannung und der beobachteten.

Das *räumliche Modell* ist ebenfalls von Bohr vorgeschlagen und von Kramers ausführlich untersucht worden [2]. Wir wollen

---

[1] J. Franck, Zeitschr. f. Physik, Bd. 11, S. 155. 1922.
[2] H. A. Kramers, Zeitschr. f. Physik, Bd. 13, S. 312. 1923.
Ferner H. van Vleck, Physical. Rev., Bd. 21, S. 372, 1923.

hier nur die erste Näherung der Energie berechnen. Die Energie der ungestörten Bewegung ist

$$W_0 = -2 Z^2 R h,$$

wo R die RYDBERG-Frequenz ist. Die erste Näherung der Störungsenergie wird nach (10).

$$W_1 = \lambda \bar{H}_1 = \frac{e^2}{a} \frac{1}{\sqrt{2}} \int_0^1 \frac{d\mathfrak{w}_1}{\sqrt{(1 + p^2) + (1 - p^2) \cos 4 \pi \mathfrak{w}_1}}$$

oder

$$W_1 = \frac{e^2}{a} \frac{1}{4 \pi} \int_0^{2\pi} \frac{d\psi}{\sqrt{1 - \sin^2 i \sin^2 \psi}} = \frac{e^2}{a} \frac{1}{\pi} K,$$

wo K das vollständige elliptische Integral erster Gattung

$$K = \int_0^{\pi/2} \frac{d\psi}{\sqrt{1 - \sin^2 i \sin^2 \psi}}$$

bedeutet. In unserem Falle ist $i = \frac{\pi}{3}$ und $K = 2{,}157$ [1]). Es folgt

$$W_1 = 0{,}687 \cdot \frac{e^2}{a} = 1{,}373 \, R h Z,$$

also für die gesamte Energie in dieser Näherung:

$$W = -R h (2 Z^2 - 1{,}373 Z)$$

und für $Z = 2$
(15)
$$W = -5{,}254 \, R h.$$

Wir können nicht verlangen, daß diese erste Näherung sehr genau ist, da die störende Kraft gelegentlich den halben Wert der vom Kern ausgehenden Kraft erreicht. KRAMERS hat die Rechnung genauer durchgeführt und findet

(16)
$$W = -5{,}525 \, R h.$$

Dies entspricht einer Ablösearbeit von $1{,}525 \, R h$ und einer Ionisierungsspannung von $20{,}63$ Volt. Sie ist fast 4 Volt zu klein.

---

[1]) JAHNKE-EMDE, Funktionentafeln, S. 57. Leipzig u. Berlin 1909.

Auch die Bewegung dieses Modells ist labil, was sich ebenso zeigen läßt wie beim ebenen Modell.

Die systematische Anwendung der Störungsrechnung führt also nicht auf ein befriedigendes Modell des normalen Heliumatoms. Man könnte denken, daß das Versagen unserer Methoden davon herrührt, daß es sich hier um den Normalzustand handelt, wo mehrere Elektronen in gleichwertigen Bahnen laufen, und man könnte hoffen, daß für die angeregten Zustände, wo die großen Züge der Spektren durch die Quantentheorie in ihrer hier gebrauchten Fassung wiedergegeben werden, ein besseres Ergebnis zu erreichen wäre. Wir wollen jetzt zeigen, daß auch diese Hoffnung zuschanden wird.

§ 49. Das angeregte Heliumatom.

Ehe wir daran gehen, angeregte Zustände des Heliumatoms zu berechnen, sei einiges über das beobachtete *Heliumspektrum* gesagt. Das Termsystem besteht aus zwei Teilsystemen, die nicht miteinander kombinieren. Beide sind ziemlich wasserstoffähnlich; das eine — das das sogenannte *Parhelium*-Spektrum liefert — besteht aus Einfachtermen; ihm gehört der Normalzustand an. Das andere Teilsystem — das das *Orthohelium*-Spektrum erzeugt — besteht (abgesehen von den einfachen s-Termen) aus sehr engen Dubletts. Der tiefste Orthoheliumterm ist (nach Ausweis seiner effektiven Quantenzahl) ein 2_1-Term. Da der entsprechende Zustand nicht durch Ausstrahlung in den Normalzustand übergehen kann, hat er besonders große Lebensdauer, man nennt ihn nach FRANCK *metastabil*. Durch Elektronenstoß ist es gelungen, den Normalzustand in diesen metastabilen Zustand überzuführen[1]).

Wir wollen jetzt die *hochangeregten Bahnen des Heliumatoms* auf Grund der Störungstheorie berechnen, also die Bahnen, die

---

[1]) J. FRANCK und F. REICHE, Zeitschr. f. Physik, Bd. 1, S. 154, 1920.

Das Spektrum des Li$^+$ zeigt nach Messungen von H. SCHÜLER Naturwissenschaften Bd. 12, S. 579, 1924 ebenfalls die beiden entsprechenden Termsysteme. Ferner hat M. MORAND (Comptes Rendus, Séance du 20 juin 1924) ein neues Spektrum des neutralen Li gefunden, das er dem metastabilen Zustand des Rumpfes Li$^+$ (entsprechend dem tiefsten Niveau des Orthohelium) zuordnet.

entstehen, wenn an ein Heliumion sich ein weiteres Elektron auf einer äußeren Bahn anlagert. Die Bahn des ersten Elektrons nehmen wir im Ion als Kreisbahn an. Wir betrachten also im folgenden diejenigen Bahntypen, bei denen die ungestörte Bewegung des inneren Elektrons auf einem einquantigen Kreis erfolgt.

Als „Parameter" der Störungsrechnung kann man bei diesem Problem zweckmäßig den reziproken Radius des äußeren Elektrons oder eine mit ihm zusammenhängende Größe benutzen, denn, je weiter außen sich das „äußere" Elektron befindet, um so mehr muß die Bewegung des inneren Elektrons der „ungestörten" Bewegung ähnlich sein. Die relativistische Massenveränderlichkeit wollen wir mit berücksichtigen.

Wenn wir die Polarkoordinaten des äußeren Elektrons mit r, ϑ, φ, die des inneren mit r', ϑ', φ' und die konjugierten Impulse mit $p_r \cdots p_{\varphi'}$ bezeichnen, so lautet die HAMILTONsche Funktion des Dreikörperproblems vom Heliumtypus:

$$(1) \quad H = \frac{1}{2\,m}\left(p_r{}^2 + \frac{p_\vartheta^2}{r^2} + \frac{p_\varphi^2}{r^2 \sin^2 \vartheta}\right) + \frac{1}{2\,m}\left(p_{r'}{}^2 + \frac{p_{\vartheta'}^2}{r'^{\,2}} + \frac{p_{\varphi'}^2}{r'^{\,2} \sin^2 \vartheta'}\right)$$

$$- \frac{e^2\,Z}{r} - \frac{e^2\,Z}{r'}$$

$$+ \frac{e^2}{\sqrt{r^2 + r'^{\,2} - 2\,r r'\left[\cos \vartheta \cos \vartheta' + \sin \vartheta \sin \vartheta' \cos (\varphi - \varphi')\right]}}$$

$$+ \text{relativistische Glieder.}$$

Diese Funktion zerlegen wir in H_0 und H_1, indem wir unter H_0 die HAMILTONsche Funktion der (nichtrelativistischen) KEPLER-Bewegung des inneren Elektrons verstehen und den ganzen Rest in H_1 zusammenfassen.

Nach Berechnung der ungestörten Bewegung des inneren Elektrons finden wir die säkularen Bewegungen der noch übrigen Variabeln, indem wir den Mittelwert von H_1 über die ungestörte Bewegung des inneren Elektrons als neue HAMILTONsche Funktion betrachten. Die Integration der entsprechenden HAMILTON-JACOBIschen Gleichung soll wieder nach den Methoden der Störungstheorie erfolgen.

Wir können dabei durch Benutzung des Satzes vom Drehimpuls die Freiheitsgrade der Aufgabe verringern (Elimination der Knoten).

Legt man die Polarachse in die Richtung des Gesamtdrehimpulses $P = \dfrac{\Im_3}{2\,\pi}$, so ist der Winkelabstand der Knotenlinie von einer festen Geraden in der invariablen Ebene zyklische Variable und zu P konjugiert. Als weitere Koordinaten benutzen wir den Radiusvektor r des äußeren Elektrons und den konjugierten Impuls p_r, sowie den Winkelabstand ψ des äußeren Elektrons vom Knoten und den konjugierten Impuls

$$p_\psi = \sqrt{\frac{p_\varphi^2}{\sin^2 \vartheta} + p_\vartheta^2} = \frac{J_2}{2\,\pi};$$

schließlich brauchen wir noch die Variabeln w_1', w_2', J_1', J_2' des inneren Elektrons, von denen (wie früher) w_1', J_1' der Hauptquantenzahl, w_2', J_2' der Nebenquantenzahl entsprechen sollen.

Da die Ausgangsbewegung des inneren Elektrons grenzentartet ist, ist es zweckmäßig, die Variabeln w_1', w_2', J_1', J_2' durch neue Variable zu ersetzen. Dazu führen wir die kanonische Transformation

$$\overline{J}_1' = J_1' \qquad \overline{w}_1' = w_1' + w_2'$$

(2)
$$\xi = -\sqrt{\frac{J_1' - J_2'}{\pi}}\, \sin 2\,\pi\, w_2'$$

$$\eta = \sqrt{\frac{J_1' - J_2'}{\pi}}\, \cos 2\,\pi\, w_2'$$

aus, und lassen dann die Striche wieder weg.

In diesen neuen Variabeln werden wir jetzt den Mittelwert von H_1 über w_1' ausrechnen. Gleichzeitig entwickeln wir H_1 nach Kugelfunktionen, d. h. nach Potenzen von $\dfrac{1}{r}$ und nach Potenzen von ξ und η. Wir brechen hinter dem Gliede mit $\dfrac{1}{r^3}$ ab; es zeigt sich dabei, daß dieser Näherung eine Berücksichtigung der in ξ und η linearen Glieder entspricht.

Es wird also jetzt

(3)
$$W_0 = -\frac{R\,h^3\,Z^2}{J_1'^{\,2}}$$

und

$$(4) \qquad W_1 = \bar{H}_1 = \frac{1}{2\,m}\left(p_r^{\,2} + \frac{p_\psi^{\,2}}{r^2}\right) - \frac{e^2\,(Z-1)}{r}$$

$$+ \varDelta_1\,\frac{e^2\,a_H}{r^2} + \varDelta_2\,\frac{e^2\,a_H^{\,2}}{r^3}$$

$$+ \text{relativistische Glieder,}$$

wo a_H den Wasserstoffradius bedeuten soll.

Die Ausrechnung ergibt für $\varDelta_1$ und $\varDelta_2$:

$$\varDelta_1 = -\,\frac{3}{2\,Z}\,\frac{J_1'}{h^2}\,\sqrt{2\,\pi\,J_1'}\left\{\eta\cos\psi - \xi\sin\psi\,\frac{\mathfrak{I}_3^{\,2} - J_2^{\,2} - J_1'^{\,2}}{2\,J_2\,J_1'}\right\}$$

$$(5)$$

$$\varDelta_2 = \frac{1}{4\,Z^2}\,\frac{J_1'^{\,4}}{h^4}\left\{1 - 3\sin^2\psi\left[1 - \left(\frac{\mathfrak{I}_3^{\,2} - J_2^{\,2} - J_1'^{\,2}}{2\,J_2\,J_1'}\right)^2\right]\right\}.$$

Dabei haben wir die Glieder, die in ξ und η von höherem als erstem Grade sind, weggelassen.

Die partielle Differentialgleichung $\bar{H}_1 = \text{const}$ ist nicht separierbar. Da sie aber in Glieder verschiedener Größenordnung zerfällt, können wir sie störungstheoretisch behandeln. Wir setzen

$$(6) \qquad \bar{H}_1 = \mathfrak{H}_0 + \mathfrak{H}_1 + \mathfrak{H}_2,$$

wo

$$\mathfrak{H}_0 = \frac{1}{2\,m}\left(p_r^{\,2} + \frac{p_\psi^{\,2}}{r^2}\right) - \frac{e^2\,(Z-1)}{r}$$

$$(7) \qquad \mathfrak{H}_1 = \varDelta_1\,\frac{e^2\,a_H}{r^2}$$

$$\mathfrak{H}_2 = \varDelta_2\,\frac{e^2\,a_H^{\,2}}{r^3} + \text{relat. Glieder}$$

ist. Man kann sich leicht überzeugen, daß für alle in Betracht kommenden Fälle die relativistischen Glieder klein gegen $\mathfrak{H}_2$ sind, so daß also unsere Entwicklung gerechtfertigt ist.

In $\bar{H}_1$ haben wir jetzt die Winkel- und Wirkungsvariabeln w_1, w_2, J_1, J_2 der durch $\mathfrak{H}_0$ bezeichneten ungestörten KEPLER-bewegung des äußeren Elektrons einzuführen. Wir wollen jedoch w_1 durch die wahre Anomalie φ_1 ersetzen, die mit w_1 durch die Gleichung

$$(8) \qquad d\,(2\,\pi\,w_1) = \frac{J_2^{\,3}}{J_1^{\,3}}\,\frac{d\varphi_1}{(1 - \varepsilon\cos\varphi_1)^2}, \qquad \varepsilon = \sqrt{1 - \frac{J_2^{\,2}}{J_1^{\,2}}}$$

zusammenhängt (vgl. (18) und (7') § 22); ferner setzen wir $\varphi_2 = 2\,\pi\,w_2$. Wenn wir jetzt noch $J_1' = h$ setzen, was ja allein von Interesse ist, so erhalten wir:

$$\mathfrak{H}_0 = -\frac{R\,h^3\,(Z-1)^2}{J_1{}^2},$$

$$\mathfrak{H}_1 = -\frac{3\sqrt{2}\,\pi\,(Z-1)^2}{Z}\cdot\frac{R\,h^4\,\sqrt{h}}{J_2{}^4}(1 - \varepsilon\cos\varphi_1)^2$$

$$\cdot\left\{\eta\cos(\varphi_1 + \varphi_2) - \xi\sin(\varphi_1 + \varphi_2)\frac{\mathfrak{I}_3{}^2 - J_2{}^2 - h^2}{2\,J_2}\right\} + \cdots$$

$$(9)\qquad \mathfrak{H}_2 = \frac{(Z-1)^3}{2\,Z^2}\cdot R\,h\cdot\frac{h^6}{J_2{}^6}(1 - \varepsilon\cos\varphi_1)^3$$

$$\cdot\left\{1 - 3\sin^2(\varphi_1 + \varphi_2)\left[1 - \left(\frac{\mathfrak{I}_3{}^2 - J_2{}^2 - h^2}{2\,J_2}\right)^2\right]\right\}$$

$$-\alpha^2\left[\frac{Z^4\,R\,h}{4} + \frac{(Z-1)^4\,R\,h^5}{4}\cdot\frac{4\dfrac{J_1}{J_2} - 3}{J_1{}^4}\right] + \cdots.$$

Hierin bedeutet α die SOMMERFELDsche Feinstrukturkonstante $\alpha = \dfrac{2\,\pi\,e^2}{h\,c}$ (vgl. § 33); die mit α^2 proportionalen Glieder enthalten die Relativitätskorrektion für das innere und äußere Elektron.

Zur Lösung unserer Aufgabe haben wir das im § 46 behandelte Verfahren anzuwenden.

Wir suchen also eine Funktion

$$(10)\qquad S = w_1\,\mathfrak{I}_1 + \xi\mathsf{H} + B_1\xi - A_1\mathsf{H},$$

die solche Variabeln $\mathfrak{w}_1$, $\mathfrak{I}_1$, Ξ, H einführt, daß $\overline{H}_1$ von Ξ und H nicht linear und von $\mathfrak{w}_1$ überhaupt nicht mehr abhängt. Die Glieder $T_1, T_2 \ldots$; $A_2, A_3 \ldots$; B_2, B_3 in (10) sind weggelassen, da wir sie in dieser Näherung nicht brauchen. Die durch (10) erzeugte Transformation ist:

$$J_1 = \mathfrak{I}_1 + \xi\frac{\partial B_1}{\partial w_1} - \mathsf{H}\frac{\partial A_1}{\partial w_1}$$

$$(11)\qquad \mathfrak{w}_1 = w_1 + \xi\frac{\partial B_1}{\partial \mathfrak{I}_1} - \mathsf{H}\frac{\partial A_1}{\partial \mathfrak{I}_1}$$

$$\eta = \mathsf{H} + B_1$$

$$\Xi = \xi - A_1.$$

Daß wir die Funktion T_1 nicht brauchen, beruht darauf, daß $\mathfrak{H}_1$ kein von ξ und η freies Glied hat.

Setzen wir zur Abkürzung

$$\mathfrak{H}_1 = a_1 \xi - b_1 \eta,$$

so liefert das Verfahren folgende Gleichungen:

$$(12) \qquad \mathfrak{H}_0 = \mathfrak{W}_0,$$

$$(13) \qquad \frac{\partial \mathfrak{H}_0}{\partial \mathfrak{J}_1}\left(-\eta\,\frac{\partial A_1}{\partial w_1} + \xi\frac{\partial B_1}{\partial w_1}\right) + a_1 \xi + b_1 \eta = \mathfrak{W}_1 = 0,$$

$$(14) \qquad \frac{\partial \mathfrak{H}_0}{\partial \mathfrak{J}_1} A_1 \frac{\partial B_1}{\partial w_1} + a_1 A_1 + b_1 B_1 + \mathfrak{H}_2 = \mathfrak{W}_2.$$

Dabei haben wir in (14) die Glieder mit ξ und η weggelassen. Aus (13) folgt

$$(15) \qquad \frac{\partial \mathfrak{H}_0}{\partial \mathfrak{J}_1}\frac{\partial A_1}{\partial w_1} = b_1; \qquad \frac{\partial \mathfrak{H}_0}{\partial \mathfrak{J}_1}\frac{\partial B_1}{\partial w_1} = -a_1$$

und daraus und aus (14) durch Mittelbildung über w_1 für $\xi = \eta = 0$

$$(16) \qquad \overline{b_1 B_1} + \overline{\mathfrak{H}_2} = \mathfrak{W}_2.$$

Wir brauchen also A_1 gar nicht auszurechnen. Die Mittelwerte lassen sich leicht mit Hilfe von (8) (vgl. § 22) berechnen. Wir erhalten aus (9) und (15):

$$-\frac{2\,R h^4 (Z-1)^2}{\mathfrak{J}_1{}^3}\frac{\partial B_1}{\partial w_1}$$

$$= \frac{3\sqrt{2\pi}\,R h^5 \sqrt{h}\,(Z-1)^2}{Z J_2{}^4}(1-\varepsilon\cos\varphi_1)^2 \sin(\varphi_1+\varphi_2)\frac{\mathfrak{J}_3{}^2 - J_2{}^2 - h^2}{2\,h J_2},$$

also

$$B_1 = -\int dw_1 \frac{3}{2}\frac{\sqrt{2\pi}\,h\sqrt{h}}{Z J_2{}^4}\mathfrak{J}_1{}^3 (1-\varepsilon\cos\varphi_1)^2 \sin(\varphi_1+\varphi_2)\frac{\mathfrak{J}_3{}^2 - J_2{}^2 - h^2}{2\,h J_2}$$

und

$$(17) \qquad B_1 = \frac{3\,h\sqrt{h}}{2\sqrt{2\pi}\,Z J_2}\cos(\varphi_1+\varphi_2)\frac{\mathfrak{J}_3{}^2 - J_2{}^2 - h^2}{2\,h J^2}.$$

Daraus folgt:

$$(18)\; b_1 B_1 = -\frac{9\cdot R h^6 (Z-1)^2}{2 Z^2 J_2{}^5}(1-\varepsilon\cos\varphi_1)^2 \cos^2(\varphi_1+\varphi_2)\frac{\mathfrak{J}_3{}^2 - J_2{}^2 - h^2}{2\,h J_2}$$

und schließlich:

$$\mathfrak{W}_2 = -\frac{R\,h^4\,(Z-1)^2}{4\,Z^2\,\mathfrak{J}_1{}^3} \left\{ \frac{9\,h^2}{J_2{}^2} \frac{\mathfrak{J}_3{}^2 - J_2{}^2 - h^2}{2\,J_2\,h} \right.$$

$$(19) \qquad \left. + \frac{(Z-1)\,h^3}{J_2{}^3} \left[1 - 3 \left(\frac{\mathfrak{J}_3{}^2 - J_2{}^2 - h^2}{2\,J_2\,h} \right)^2 \right] \right\}$$

$$- \alpha^2 \frac{R\,h}{4} \left[Z^4 + \frac{(Z-1)^4\,h^4}{\mathfrak{J}_1{}^4} \left(4\,\frac{\mathfrak{J}_1}{J_2} - 3 \right) \right].$$

Wir sehen, daß bei der Mittelbildung über w_1 in $\mathfrak{H}_2$ und $\mathfrak{W}_2$ die Abhängigkeit von w_2 von selbst verschwunden ist: w_2 ist in dieser Näherung zyklisch und J_2 bleibt Wirkungsvariable. Die Quantenbedingungen sind also:

$$\mathfrak{J}_1 = n\,h, \qquad J_2 = \mathfrak{J}_2 = k\,h, \qquad \mathfrak{J}_3 = j\,h.$$

Die relativistischen Glieder sind praktisch belanglos (wir haben sie nur mitgeführt, um zu zeigen, daß ihre Berücksichtigung keine Schwierigkeiten bietet). Lassen wir sie weg, so läßt sich die Energie $W_1 = \overline{H_1}$ in einer RYDBERGschen Serienformel zusammenfassen. Man erhält

$$(20) \qquad W_1 = -\frac{R\,h\,(Z-1)^2}{(n+\delta)^2},$$

wo

$$(21) \quad \delta = -\frac{9}{8\,Z^2\,k^2} \cdot \frac{j^2 - k^2 - 1}{2\,k} - \frac{Z-1}{8\,Z^2\,k^3} \left[1 - 3 \left(\frac{j^2 - k^2 - 1}{2\,k} \right)^2 \right]$$

ist. Setzt man hierin $j = k + p$ und entwickelt nach Potenzen von $\frac{1}{k}$, so erhält man

$$(22) \quad \delta = \frac{9}{8\,Z^2\,k^2} \left(-p + \frac{1-p^2}{2\,k} \right) + \frac{Z-1}{8\,Z^2\,k^3} \,(3\,p^2 - 1).$$

Die Gesamtenergie des angeregten Heliumatoms wird:

$$(23) \qquad W = -R\,h\,Z^2 - \frac{R\,h\,(Z-1)^2}{(n+\delta)^2}$$

mit $Z = 2$. Damit haben wir die uns gestellte Aufgabe gelöst[1]). Die Formel (20) müßte das Spektrum des Helium wieder-

---

[1]) Die allgemeine Lösung dieses Problems, ohne Beschränkung auf Kreisbahnen für das innere Elektron, ist durchgeführt bei M. Born u. W. HEISENBERG. Zeitschr. f. Physik Bd. 16, S. 229, 1923.

geben. Da p die Werte $1, 0, -1$ haben kann, müßte es drei Seriensysteme geben. Ihre RYDBERG-Korrektionen wären (für $Z = 2$):

$$
\begin{aligned}
p = 1: \quad & \delta = -\frac{1}{32\,k^2}\left(9 - \frac{2}{k}\right), \\
p = 0: \quad & \delta = \frac{7}{64\,k^3}, \\
p = -1: \quad & \delta = \frac{1}{32\,k^2}\left(9 + \frac{2}{k}\right).
\end{aligned}
\tag{24}
$$

Die folgende Tabelle gibt die Werte von δ für $k = 2, 3, 4$ an und darunter die empirischen. δ-Werte.

		$k = 2$	$k = 3$	$k = 4$
theoretisch	$p = 1$	$-0{,}063$	$-0{,}029$	$-0{,}017$
	$p = 0$	$+0{,}014$	$+0{,}004$	$+0{,}002$
	$p = -1$	$+0{,}078$	$+0{,}034$	$+0{,}019$
empirisch	Orthohelium	$-0{,}069$	$-0{,}003$	$-0{,}001$
	Parhelium	$+0{,}011$	$-0{,}002$	$-0{,}001$

Der Vergleich zeigt deutlich, daß *die theoretischen Werte nicht mit den empirischen übereinstimmen.*

Wir kommen zu dem Schluß: *Die konsequente Anwendung der im zweiten Kapitel aufgestellten Prinzipien der Quantentheorie,* nämlich die Berechnung der Bewegung nach den Gesetzen der klassischen Mechanik und die Auswahl der stationären Zustände aus diesen durch Bestimmung der Wirkungsvariabeln als ganzzahlige Vielfache der PLANCKschen Konstanten, *führt nur in den Fällen zur Übereinstimmung mit der Erfahrung, wo es sich um die Bewegung eines einzigen Elektrons handelt; sie versagt bereits bei der Behandlung der Bewegung der beiden Elektronen im Heliumatom.*

Dies ist nicht verwunderlich. Denn im Grunde sind die benutzten Prinzipien keineswegs in sich konsequent. Während bei der Beschreibung der Wechselwirkung des Atoms mit der Strahlung in der BOHRschen Frequenzbedingung an die Stelle des klassischen Differentialgesetzes ein Differenzengesetz tritt, wird bei der Wechselwirkung mehrerer Elektronen bisher noch mit den klassischen Differentialgesetzen operiert. Die systematische Verwandlung der klassischen Mechanik in eine diskontinuierliche Atommechanik ist das Ziel, dem die Quantentheorie zustrebt.

Anhang.

I. Zwei zahlentheoretische Sätze.

a) Satz. *Wenn λ eine Irrationalzahl ist, lassen sich zwei ganze Zahlen τ und τ' so wählen, daß $(\tau + \tau' \lambda)$ beliebig klein wird.*

Beweis. Auf der Einheitsstrecke OE denken wir uns von O aus die Strecken OP_1, OP_2 ... mit den Längen $\lambda - [\lambda]$, $2\lambda - [2\lambda]$ ... abgetragen ($[x]$ bedeutet dabei die größte ganze Zahl, die x nicht übertrifft). Aus der Irrationalität von λ folgt, daß keine der Punkte O, P_1, P_2 ... zusammenfallen. Da sie ferner alle auf der Einheitsstrecke liegen, müssen sie einen Häufungspunkt P haben. In seiner Umgebung gibt es Punkte P_σ und $P_{\sigma+\tau'}$ unserer Folge, deren Abstand kleiner als eine vorgegebene Größe δ ist. Dieser Abstand hat aber den Wert

$$\sigma\lambda - [\sigma\lambda] - (\sigma + \tau')\lambda + [(\sigma + \tau')\lambda],$$

und ist um $\tau'\lambda$ kleiner als eine ganze Zahl. Setzen wir die ganze Zahl gleich $-\tau$, so wird

$$|\tau + \tau'\lambda| < \delta.$$

b) Die Bahnkurve im Raume der Winkelvariabeln w ist eine Gerade. Ohne Beschränkung der Allgemeinheit können wir den Nullpunkt in einen Punkt der Bahnkurve legen; man sieht dann, daß die Richtungscosinus der Bahngeraden den Frequenzen $\nu_1, \nu_2 \cdots \nu_f$ proportional sind. Wir behaupten den

Satz: *Wenn keine Entartung vorliegt, so kann man zu einem beliebig vorgegebenen Punkte stets einen äquivalenten Punkt angeben, dem die Bahnkurve beliebig nahe kommt.*

Beschränken wir die Bahnkurve auf den Einheitskubus, in dem wir jeden ihrer Punkte durch den äquivalenten Punkt des Einheitskubus ersetzen, so können wir den Satz in folgender Form aussprechen:

Satz: *Die Bahnkurve kommt jedem Punkte des Einheitskubus beliebig nahe.*

Er entspricht dem zahlentheoretischen Satz:

Wenn n irrationale Zahlen $a_1 \cdots a_n$ und eine beliebige Zahl b gegeben sind, so lassen sich stets n ganze Zahlen $\tau_1 \cdots \tau_n$ angeben, so daß

$$(\tau\, a) = \tau_1 a_1 + \cdots + \tau_n a_n$$

beliebig wenig von b abweicht.

Wir *beweisen* den Satz von der Bahnkurve folgendermaßen[1]:

O sei der Nullpunkt; $O\,E_1$, $O\,E_2 \cdots O\,E_f$ die Einheitsstrecken des $(w_1, w_2 \cdots w_f)$ - Koordinatensystems. Die Durchstoßungspunkte der auf den Einheitskubus beschränkten Bahnkurve mit den an $O\,E_1, O\,E_2 \cdots O\,E_f$ anschließenden $(f-1)$-dimensionalen Begrenzungsstücken des Einheitskubus seien $P_0, P_1, P_2 \cdots$. Es seien P_0 und O identisch. Da die Richtungscosinus inkommensurabel sind, fallen keine dieser Punkte zusammen;

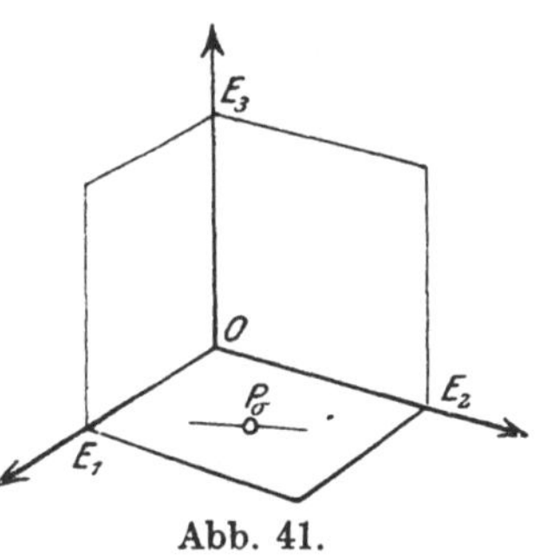

Abb. 41.

sie haben mindestens einen Häufungspunkt in je einem der zu den Einheitsstrecken $O\,E_1 \cdots$ orthogonalen Teilen der Begrenzung. In jedem dieser $(f-1)$-dimensionalen Flächenstücke liegen also unendlich viele Vektoren $\overline{P_m P_{m+n}}$, deren Betrag kleiner als eine vorgegebene Zahl δ ist.

Wir wollen uns klar werden über die Verteilung der Durchstoßungspunkte auf der Grenzfläche. Dazu betrachten wir irgendeinen von den zu den Strecken $O\,E_1 \cdots$ orthogonalen Teilen, etwa den zu $O\,E_f$ gehörigen. P_σ sei der erste der Durchstoßungspunkte unserer Folge $P_1, P_2 \cdots$, der in dieses Begrenzungsstück hineinfällt (σ ist eine endliche Zahl, da sonst Entartung vorliegen würde). Die im Begrenzungsstück liegenden Vektoren $\overline{P_m P_{m+n}}$ tragen wir von P_σ aus ab und kommen damit zu neuen Punkten unserer Folge: $Q_1, Q_2 \cdots$.

---

[1] Im Anschluß an den Beweis des genannten zahlentheoretischen Satzes bei F. Leitenmeyer: Proc. of the London Math. Soc. (2), Bd. 21, S. 306. 1923.

Wir zeigen zunächst, daß diese nicht alle in einem durch P_σ gehenden linearen $(f-2)$-dimensionalen Raume liegen. Den Beweis führen wir indirekt, d. h. nehmen einmal an, es sei dies der Fall.

Der Punkt P_σ besitzt die Koordinaten

$$w_k = \frac{\nu_k}{\nu_f} - \left[\frac{\nu_k}{\nu_f}\right] \qquad (k = 1 \cdots f - 1)$$

in dem betrachteten $(f-1)$-dimensionalen Begrenzungsstück. Für $f-1$ andere Punkte $P_{x_1}, P_{x_2} \cdots P_{x_{f-1}}$ der Q-Folge gilt dann:

$$\begin{vmatrix}
\dfrac{\nu_1}{\nu_f} - \left[\dfrac{\nu_1}{\nu_f}\right] & \cdots & \dfrac{\nu_{f-1}}{\nu_f} - \left[\dfrac{\nu_{f-1}}{\nu_f}\right] & 1 \\
x_1 \dfrac{\nu_1}{\nu_f} - \left[x_1 \dfrac{\nu_1}{\nu_f}\right] & \cdots & x_1 \dfrac{\nu_{f-1}}{\nu_f} - \left[x_1 \dfrac{\nu_{f-1}}{\nu_f}\right] & 1 \\
\cdots & \cdots & \cdots & \cdots \\
x_{f-1}\dfrac{\nu_1}{\nu_f} - \left[x_{f-1}\dfrac{\nu_1}{\nu_f}\right] & \cdots & x_{f-1}\dfrac{\nu_{f-1}}{\nu_f} - \left[x_{f-1}\dfrac{\nu_{f-1}}{\nu_f}\right] & 1
\end{vmatrix} =$$

oder nach einer einfachen Umformung:

$$\begin{vmatrix}
\dfrac{\nu_1}{\nu_f} - \left[\dfrac{\nu_1}{\nu_f}\right] & \cdots & \dfrac{\nu_{f-1}}{\nu_f} - \left[\dfrac{\nu_{f-1}}{\nu_f}\right] & 1 \\
\left[x_1 \dfrac{\nu_1}{\nu_f}\right] - x_1 \left[\dfrac{\nu_1}{\nu_f}\right] & \cdots & \left[x_1 \dfrac{\nu_{f-1}}{\nu_f}\right] - x_1 \left[\dfrac{\nu_{f-1}}{\nu_f}\right] & x_1 - 1 \\
\cdots & \cdots & \cdots & \cdots \\
\left[x_{f-1} \dfrac{\nu_1}{\nu_f}\right] - x_{f-1} \left[\dfrac{\nu_1}{\nu_f}\right] & \cdots & \left[x_{f-1} \dfrac{\nu_{f-1}}{\nu_f}\right] - x_{f-1} \left[\dfrac{\nu_{f-1}}{\nu_f}\right] & x_{f-1} - 1
\end{vmatrix} = 0.$$

Da keine ganzzahlige Beziehung

$$\tau_1 \frac{\nu_1}{\nu_f} + \tau_2 \frac{\nu_2}{\nu_f} + \cdots + \tau_{f-1}\frac{\nu_{f-1}}{\nu_f} + \tau_f = 0$$

bestehen darf, außer wenn alle τ null sind, muß der Koeffizient von $\dfrac{\nu_1}{\nu_f}$ verschwinden:

$$\begin{vmatrix}
\left[x_1 \dfrac{\nu_2}{\nu_f}\right] - x_1 \left[\dfrac{\nu_2}{\nu_f}\right] & \cdots & \left[x_1 \dfrac{\nu_{f-1}}{\nu_f}\right] - x_1 \left[\dfrac{\nu_{f-1}}{\nu_f}\right] & x_1 - 1 \\
\cdots & \cdots & \cdots & \cdots \\
\left[x_{f-1} \dfrac{\nu_2}{\nu_f}\right] - x_{f-1} \left[\dfrac{\nu_2}{\nu_f}\right] & \cdots & \left[x_{f-1} \dfrac{\nu_{f-1}}{\nu_f}\right] - x_{f-1} \left[\dfrac{\nu_{f-1}}{\nu_f}\right] & x_{f-1} - 1
\end{vmatrix} = 0.$$

Wenn wir darin die erste Zeile durch $x_1 - 1$ dividieren und zur Grenze $x_1 \to \infty$ übergehen, so wird:

$$\begin{vmatrix} \dfrac{\nu_2}{\nu_f} - \left[\dfrac{\nu_2}{\nu_f}\right] & \cdots & \dfrac{\nu_{f-1}}{\nu_f} - \left[\dfrac{\nu_{f-1}}{\nu_f}\right] & 1 \\[2mm] \left[x_2 \dfrac{\nu_2}{\nu_f}\right] - x_2\left[\dfrac{\nu_2}{\nu_f}\right] & \cdots & \left[x_2 \dfrac{\nu_{f-1}}{\nu_f}\right] - x_2\left[\dfrac{\nu_{f-1}}{\nu_f}\right] & x_2 - 1 \\[2mm] \cdots & \cdots & \cdots & \cdots \\[2mm] \left[x_{f-1} \dfrac{\nu_2}{\nu_f}\right] - x_{f-1}\left[\dfrac{\nu_2}{\nu_f}\right] & \cdots & \left[x_{f-1} \dfrac{\nu_{f-1}}{\nu_f}\right] - x_{f-1}\left[\dfrac{\nu_{f-1}}{\nu_f}\right] & x_{f-1} - 1 \end{vmatrix} = 0.$$

Hierin muß der Koeffizient von $\dfrac{\nu_2}{\nu_f}$ verschwinden. Wenn wir in ihm die erste Zeile durch $x_2 - 1$ dividieren und x_2 gegen ∞ gehen lassen, sieht man, daß

$$\begin{vmatrix} \dfrac{\nu_3}{\nu_f} - \left[\dfrac{\nu_3}{\nu_f}\right] & \cdots & \dfrac{\nu_{f-1}}{\nu_f} - \left[\dfrac{\nu_{f-1}}{\nu_f}\right] & 1 \\[2mm] \left[x_3 \dfrac{\nu_3}{\nu_f}\right] - x_3\left[\dfrac{\nu_3}{\nu_f}\right] & \cdots & \left[x_3 \dfrac{\nu_{f-1}}{\nu_f}\right] - x_3\left[\dfrac{\nu_{f-1}}{\nu_f}\right] & x_3 - 1 \\[2mm] \cdots & \cdots & \cdots & \cdots \end{vmatrix} = 0$$

sein muß. Wir setzen dies Verfahren fort bis zur Beziehung:

$$\begin{vmatrix} \dfrac{\nu_{f-1}}{\nu_f} - \left[\dfrac{\nu_{f-1}}{\nu_f}\right] & 1 \\[2mm] \left[x_{f-1} \dfrac{\nu_{f-1}}{\nu_f}\right] - x_{f-1}\left[\dfrac{\nu_{f-1}}{\nu_f}\right] & x_{f-1} - 1 \end{vmatrix} = 0.$$

Diese aber widerspricht der Irrationalität von $\dfrac{\nu_{f-1}}{\nu_f}$.

Wenn die Punkte der Q-Folge nicht alle in einem durch P_σ gehenden linearen $(f-2)$-dimensionalen Raume liegen, so können wir $f - 1$ der Vektoren $\overline{P_\sigma Q_m}$ herausgreifen, die ein $(f-1)$-dimensionales $(f-1)$-Kant bilden. Wenn wir an den Endpunkt jedes dieser Vektoren wieder alle $f - 1$ Vektoren ansetzen und in dieser Weise fortfahren, können wir das ganze, zu $O E_f$ orthogonale, $(f-1)$-dimensionale Begrenzungsstück des Einheitswürfels mit einem Netz von Zellen überziehen, deren Kanten kleiner als δ sind. Das gleiche gilt natürlich für die zu den anderen OE_i orthogonalen Teile der Begrenzung. Damit ist aber gezeigt, daß die Durchstoßungspunkte der Bahnkurve die Grenzfläche „lückenlos" füllen, die Bahngerade also jedem Punkt des Einheitskubus beliebig nahekommt.

II. Elementare und komplexe Integration.

Bei unseren Problemen treten häufig *Integrale von der Form*

$$\int R\left(x, \sqrt{-Ax^2 + 2Bx - C}\right) dx$$

auf, in denen R eine rationale Funktion der angegebenen Argumente bedeutet. Mit dem *bestimmten*, über eine Libration von x erstreckten Integral haben wir es zu tun bei der Berechnung der Energie als Funktion der J, mit dem *unbestimmten* z. B. bei der Berechnung der Winkelvariabeln.

Die *unbestimmte Integration* läßt sich elementar ausführen: Bezeichnen wir die Nullstellen des Radikanden mit e_1 und $e_2\,(e_1 > e_2)$, so gibt die Substitution

$$x = \frac{e_1 + e_2}{2} + \frac{e_1 - e_2}{2}\sin\psi,$$

$$dx = \frac{e_1 - e_2}{2}\cos\psi\,d\psi$$

dem Radikanden die Form (bis auf den Faktor A)

$$\left(\frac{e_1 - e_2}{2}\right)^2 (1 - \sin^2\psi).$$

Das Integral wird damit zu

$$J = \int R\left(\frac{e_1 + e_2}{2} + \frac{e_1 - e_2}{2}\sin\psi,\ \frac{e_1 - e_2}{2}\cos\psi\right)\frac{e_1 - e_2}{2}\cos\psi\,d\psi,$$

dem Integral einer rationalen Funktion von $\sin\psi$ und $\cos\psi$,

das sich in allen Fällen durch die Substitution $u = \operatorname{tg}\dfrac{\psi}{2}$, und

wenn der Integrand eine gerade Funktion seiner Argumente ist, auch durch $u = \operatorname{tg}\psi$ in das Integral einer rationalen Funktion von u überführen läßt.

Wir geben dazu folgende Beispiele:

1.
$$\int \sqrt{a^2 - x^2}\,dx.$$

Die Substitution $x = a\cdot\sin\psi$ liefert:

$$(1) \quad \alpha^2 \int \cos^2 \psi \, d\psi = \frac{\alpha^2}{4} \int (1 + \cos 2\psi) \, d\, 2\psi = \alpha^2 \left[\frac{\psi}{2} + \frac{1}{4} \sin 2\psi \right]$$

$$= \frac{1}{2} \left[\alpha^2 \arcsin \frac{x}{\alpha} + x \sqrt{\alpha^2 - x^2} \right].$$

Das bestimmte Integral über eine Libration von x wird:

$$(2) \qquad \oint \sqrt{\alpha^2 - x^2} \, dx = \alpha^2 \int_0^{2\pi} \cos^2 \psi \, d\psi = \pi \alpha^2.$$

$$2. \qquad \int \frac{\sqrt{1 - x^2}}{1 - a x^2} \, dx.$$

Durch die Substitutionen $x = \sin \psi$ und $u = \operatorname{tg} \psi$ erhält man:

$$\int \frac{\cos^2 \psi}{1 - a \sin^2 \psi} \, d\psi = \int \frac{1}{1 + u^2 (1 - a)} \frac{du}{1 + u^2}.$$

Für den Integranden gilt die Partialbruchzerlegung:

$$+ \frac{1}{a} \frac{1}{1 + u^2} - \frac{1}{a} \frac{1}{\dfrac{1}{1 - a} + u^2}.$$

Damit wird das unbestimmte Integral

$$\int \frac{\sqrt{1 - x^2}}{1 - a x^2} \, dx = \begin{cases} \dfrac{1}{a} \operatorname{arc\,tg} u \mp \dfrac{\sqrt{1 - a}}{a} \operatorname{arc\,tg}\left(\pm u \sqrt{1 - a} \right) & \text{für } a \leqq 1, \\[3ex] \dfrac{1}{a} \operatorname{arc\,tg} u \pm \dfrac{\sqrt{a - 1}}{a} \log \dfrac{1 \pm u \sqrt{a - 1}}{1 \mp u \sqrt{a - 1}} & \text{für } a \geqq 1, \end{cases}$$

wo bei positivem $\sqrt{1 - x^2}$ für u der Wert $+ \dfrac{x}{\sqrt{1 - x^2}}$ zu setzen ist.

Im Falle $a < 1$ ist das Integral über eine Libration von x:

$$(3) \qquad \oint \frac{\sqrt{1 - x^2}}{1 - a x^2} \, dx = \int_0^{2\pi} \frac{\cos^2 \psi}{1 - a \sin^2 \psi} \, d\psi = \frac{2\pi}{a} \left(1 - \sqrt{1 - a} \right).$$

Ist nur die Berechnung des *bestimmten Integrals*

$$J = \oint R\left(x, \sqrt{-Ax^2 + 2Bx - C}\right) dx$$

erforderlich, so führt das Verfahren der *komplexen Integration* in den meisten Fällen rascher zum Ziel.

Stellt man x in der komplexen Ebene dar, so entspricht der Funktion R eine zweiblättrige RIEMANNsche Fläche mit Verzweigungen in den Nullstellen e_1 und e_2 ($e_1 > e_2$) des Radikanden. Der Integrationsweg umschlingt die Verbindungsstrecke der beiden Nullstellen. Wenn er etwa von e_2 nach e_1 ($dx > 0$) auf dem Blatt der Fläche verläuft, auf dem die Wurzel positiv ist, so verläuft er von e_1 nach e_2 ($dx < 0$) auf dem Blatt mit negativer Wurzel (vgl. z. B. Abb. 42).

Das Integral läßt sich am einfachsten auswerten, wenn man den Integrationsweg deformiert und in einzelne Wege auflöst, deren jeder einen Pol der Funktion umschlingt. Bei dem in Abb. 42 gewählten Umlaufssinn ist dann J gleich der negativen Summe der Residuen des Integranden in diesen Polen (das Residuum ist das $2\pi i$-fache des Koeffizienten von $\dfrac{1}{x - x_0}$ in der LAURENT-Entwicklung um die Polstelle x_0):

$$J = - \sum \mathfrak{Re}\mathfrak{f}\left[R\left(x, \sqrt{-Ax^2 + 2Bx - C}\right)\right].$$

Wir betrachten einige Typen von Integralen.

1. **Gruppe.**

$$
\begin{aligned}
J &= \oint x^a \sqrt{-Ax^2 + 2Bx - C}^{\,\beta}\, dx \\
&= \oint x^{a+\beta} \sqrt{-A + 2\frac{B}{x} - \frac{C}{x^2}}^{\,\beta}\, dx.
\end{aligned}
\tag{4}
$$

Die Konstanten A, B und C seien positiv. Sind relle Nullstellen der Wurzel vorhanden — wir wollen das hier voraussetzen —, so liegen diese auf der positiven reellen Achse. Die einzigen Pole des Integranden können sich in $x = 0$ und $x = \infty$ befinden. Wir erhalten somit

$$
\begin{aligned}
J = &- \mathfrak{Re}\mathfrak{f}_0\left[x^a \sqrt{-Ax^2 + 2Bx - C^{\beta}}\right] \\
&- \mathfrak{Re}\mathfrak{f}_\infty\left[x^a \sqrt{-Ax^2 + 2Bx - C^{\beta}}\right].
\end{aligned}
$$

Die Bilder des ursprünglichen und deformierten Integrationsweges für diesen Fall sind ersichtlich aus der Abb. 42, in der

der Pol $x = \infty$ ins Endliche gelegt ist. Auf der reellen Achse, außerhalb der Strecke $e_1\,e_2$, ist die Wurzel rein imaginär, sie hat das Zeichen $+i$ von e_1 bis ∞ und $-i$ von $-\infty$ bis e_2.

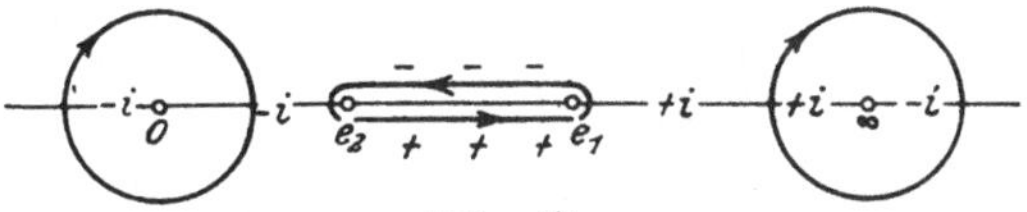

Abb. 42.

Das $\mathfrak{Re}\!\int_\infty$ berechnen wir als $\mathfrak{Re}\!\int_0$ des Integranden eines Integrals, das durch die Substitution $y = \dfrac{1}{x}$ entsteht; da bei der Abbildung der x-Fläche auf die y-Fläche der Umlaufssinn des Integrationsweges erhalten bleibt, wird:

$$\mathfrak{Re}\!\int_\infty \left[x^\alpha \sqrt{-Ax^2 + 2Bx - C}^{\,\beta}\right]$$
$$= -\,\mathfrak{Re}\!\int_0 \left[y^{-(\alpha+\beta+2)} \sqrt{-A + 2By - Cy^2}^{\,\beta}\right].$$

Die Wurzel hat das Vorzeichen $-i$ von $\dfrac{1}{e_2}$ bis $y = \infty$ und $+i$ von $-\infty$ bis $\dfrac{1}{e_1}$.

a) $\alpha = -1,\qquad \beta = +1$:

Unter Berücksichtigung der obigen Vorzeichenbestimmung werden die zur Berechnung der Residuen benötigten Entwicklungen des Integranden um $x = 0$ bzw. $y = 0$:

$$-\frac{1}{x}\left(i\sqrt{C} + \frac{B}{i\sqrt{C}}\,x + \cdots\right)$$

bzw.

$$\frac{1}{y^2}\left(i\sqrt{A} + \frac{B}{i\sqrt{A}}\,y + \cdots\right).$$

Es wird also:

$$\mathfrak{Re}\!\int_0 = 2\,\pi\sqrt{C},$$
$$\mathfrak{Re}\!\int_\infty = 2\,\pi\frac{B}{\sqrt{A}}$$

und:

$$J_1 = \oint \frac{1}{x}\sqrt{-Ax^2 + 2Bx - C}\;dx$$
$$(5)\qquad = \oint \sqrt{-A + 2\frac{B}{x} - \frac{C}{x^2}}\;dx = 2\,\pi\left(\frac{B}{\sqrt{A}} - \sqrt{C}\right).$$

b) $\alpha = -2, \qquad \beta = -1$:

Das Integral ist für $x = \infty$ regulär. Die Entwicklung des Integranden um $x = 0$ wird:

$$- \frac{1}{x^2} \left(\frac{1}{i\sqrt{C}} + \frac{B}{i\,C\sqrt{C}}\,x + \cdots \right),$$

also:

$$\mathfrak{Re}\mathfrak{f}_0 = -2\,\pi\,\frac{B}{C\sqrt{C}}.$$

und:

$$
\begin{aligned}
J_2 &= \oint \frac{1}{x^2} \overline{1 - A x^2 + 2 B x - C}^{\,-1}\, dx \\
&= \oint \frac{1}{x^3} \sqrt{- A + 2\,\frac{B}{x} - \frac{C}{x^2}}^{\,-1}\, dx = 2\,\pi\,\frac{B}{C\sqrt{C}}.
\end{aligned}
$$

(6)

c) $\alpha = +2, \qquad \beta = -1$:

Das Integral ist regulär in $x = 0$. Die Entwicklung des entsprechenden Integranden um $y = \dfrac{1}{x} = 0$ ist:

$$\frac{1}{y^3} \left[\frac{1}{i\sqrt{A}} + \frac{B}{i\,A\sqrt{A}}\,y + \frac{1}{2\,i}\left(3\,\frac{B^2}{A^2\sqrt{A}} - \frac{C}{A\sqrt{A}} \right) y^2 + \cdots \right],$$

also:

$$\mathfrak{Re}\mathfrak{f}_\infty = -\frac{\pi}{\sqrt{A}}\left(3\,\frac{B^2}{A^2} - \frac{C}{A} \right),$$

mithin:

$$
\begin{aligned}
J_3 &= \oint \frac{x^2\,dx}{\sqrt{- A x^2 + 2 B x - C}} = \oint \frac{x\,dx}{\sqrt{- A + 2\,\dfrac{B}{x} - \dfrac{C}{x^2}}} \\
&= \frac{\pi}{\sqrt{A}}\left(3\,\frac{B^2}{A^2} - \frac{C}{A} \right).
\end{aligned}
$$

(7)

2. Gruppe:

a) $\displaystyle \oint \frac{\sqrt{1 - x^2}}{1 - a x^2}\,dx$. Wir unterscheiden zwei Möglichkeiten:

1. $a < 1$. Die durch die Nullstellen von $1 - a x^2$ gegebenen Pole des Integranden liegen außerhalb des die Nullstellen ± 1 der Wurzel (Verzweigungspunkte des Integranden) umschlin-

genden Integrationsweges, im Falle $0 < a < 1$ auf der reellen Achse, im Falle $a < 0$ auf der imaginären. Das Integral setzt sich zusammen aus den Residuen bei

$$x = \pm \sqrt{\frac{1}{a}} \text{ und } x = \infty.$$

Die Wurzel ist positiv imaginär auf der positiven reellen, negativ imaginär auf der negativen reellen Achse; sie ist positiv reell auf der negativen imaginären und negativ reell auf der positiven imaginären Achse. Unter Berücksichtigung dieser Vorzeichen beginnt die Entwicklung des Integranden um seine Pole $\pm \sqrt{\frac{1}{a}}$ mit

$$-\frac{i}{2a}\sqrt{1-a}\left(x \pm \sqrt{\frac{1}{a}}\right)^{-1} + \cdots.$$

Die Residuen in beiden Polen sind die gleichen:

$$\frac{\pi}{a}\sqrt{1-a}.$$

Der Beitrag des Umlaufs um $x = \infty$ bestimmt sich als

$$+ \Re\mathfrak{s}_0\left[\frac{1}{y}\frac{\sqrt{y^2-1}}{y^2-a}\right].$$

Da die Wurzel für positive reelle Werte in der Nähe von null positiv imaginär ist, beginnt die Entwicklung der Funktion mit

$$-\frac{i}{a}\frac{1}{y} + \cdots.$$

Damit wird der gesuchte Beitrag $\dfrac{2\pi}{a}$ und schließlich

$$(8) \qquad J_4 = \oint \frac{\sqrt{1-x^2}}{1-ax^2}\,dx = \frac{2\pi}{a}\left(1 - \sqrt{1-a}\right).$$

2. $a > 1$. Die Pole $\pm \sqrt{\dfrac{1}{a}}$ fallen auf das Intervall $(-1, +1)$ der reellen Achse, liegen also innerhalb des Integrationsweges. Der Integrand bleibt in ihnen nicht integrabel, so daß dieser Fall auszuschließen ist.

b)
$$\oint \frac{x^2 - AB}{f(x)\,\sqrt{F(x)}}$$

mit
$$f(x) = (A - x)(x - B), \quad F(x) = f(x) - ACx.$$

Es seien A, B, C positiv reell, $A > B$, und C werde so gewählt, daß $F(x)$ positiver Werte fähig ist. Die Nullstellen α, β von $F(x)$ sind dann reell und liegen zwischen A und B.

Der Integrand besitzt einfache Verzweigungsstellen in α und β; er wird dort unendlich, bleibt aber integrabel. Einfache Pole liegen bei A und B. Ferner wird ein Umlauf um $x = 0$ einen Beitrag zum Integral liefern. Die Vorzeichen der Wurzel gibt Abb. 43 an. In der Umgebung von A beginnt

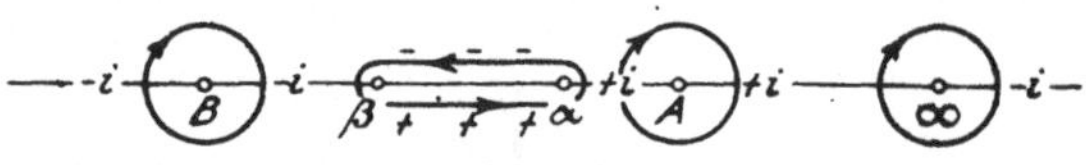

Abb. 43.

die Entwicklung des Integranden mit:

$$+ i \frac{1}{\sqrt{C}} (x - A)^{-1} + \cdots,$$

in der Umgebung von B mit:

$$- i \sqrt{\frac{B}{AC}} (x - B)^{-1} + \cdots.$$

Die Residuen sind also:

$$\mathfrak{Re}_A = -\frac{2\pi}{\sqrt{C}}, \qquad \mathfrak{Re}_B = +2\pi \sqrt{\frac{B}{AC}}.$$

Mithilfe der Substitution $y = \dfrac{1}{x}$ finden wir:

$$\mathfrak{Re}_\infty = - \mathfrak{Re}_0 \left[\frac{1}{y} \cdot \frac{1 - ABy^2}{(Ay - 1)(1 - By)} \cdot \frac{1}{\sqrt{(Ay - 1)(1 - By) - ACy}} \right],$$

wobei die Wurzel für positiv reelle Werte von y nahe null

das Vorzeichen $+i$ hat. Die Entwicklung beginnt daher mit $-\dfrac{i}{y}$, und es wird

$$\Re\mathfrak{f}_\infty = +2\,\pi.$$

Also haben wir:

$$(9) \qquad J_5 = \oint \frac{x^2 - AB}{f(x)\,\sqrt{F(x)}}\,dx = 2\,\pi\left(\frac{1}{\sqrt{C}} - \sqrt{\frac{B}{AC}} - 1\right).$$

Im Anschluß an diese Integrale wollen wir noch einige Integrale von der Form

$$\oint R\left(x, \sqrt{-Ax^2 + 2Bx - C + \lambda f(x)}\right)dx$$

betrachten, wo $\lambda f(x)$ ein Korrektionsglied sein soll. Unter dieser Voraussetzung ist die Lage der Verzweigungspunkte nicht wesentlich anders als bei den Integralen der 1. Gruppe, es bleiben die obigen Figuren mit den dortigen Bestimmungen über Vorzeichen und Integrationswege erhalten.

Um die Integration durchführen zu können, wollen wir den Integranden nach dem Faktor λ des Korrektionsgliedes entwickeln. Es ist dabei zu beachten, daß die Entwicklung für den ganzen Integrationsweg gelten muß, gegebenenfalls ist also der Integrationsweg vorher passend zu deformieren. Sollten durch das Korrektionsglied neue Verzweigungspunkte hinzutreten, so hat der deformierte Integrationsweg diese zu vermeiden.

Die Integration läßt sich dann nach dem gleichen Verfahren ausführen wie oben, da für die einzelnen Glieder nur die Verzweigungspunkte e_1 und e_2 und die Pole $x = 0$, $x = \infty$ auftreten.

a) $\qquad J_6 = \oint x^{-1}\sqrt{-Ax^2 + 2Bx - C + \dfrac{D}{x}}\,dx$

$$= \oint \sqrt{-A + 2\frac{B}{x} - \frac{C}{x^2} + \frac{D}{x^3}}\,dx.$$

Bei hinreichend kleinem D gilt die Entwicklung um $D = 0$ für den ganzen Integrationsweg. Wir beschränken uns auf Glieder 1. Ordnung in D:

$$\sqrt{-A x^2 + 2 B x - C + \frac{D}{x}}$$

$$= \sqrt{-A x^2 + 2 B x - C} + (-A x^2 + 2 B x - C)^{-\frac{1}{2}} \frac{D}{2 x} + \cdots.$$

Damit ergibt sich

$$J_6 = J_1 + \frac{D}{2} J_2,$$

d. h.

$$(10) \qquad J_6 = + 2 \pi \left(\frac{B}{\sqrt{A}} + \frac{1}{2} \frac{B D}{C \sqrt{C}} - \sqrt{C} \right).$$

b) $\qquad J_7 = \oint \frac{1}{x} \sqrt{-A x^2 + 2 B x - C + D x^3}\, dx$

$$= \oint \sqrt{-A + 2 \frac{B}{x} - \frac{C}{x^2} + D x}\; dx.$$

Die Entwicklung der Wurzel nach Potenzen von D lautet

$$\sqrt{-A x^2 + 2 B x - C + D x^3}$$

$$= \sqrt{-A x^2 + 2 B x - C} + (-A x^2 + 2 B x - C)^{-\frac{1}{2}} \frac{D}{2} x^3 + \cdots,$$

Beschränken wir uns auf Glieder 1. Ordnung in D, so führt sie auf

$$J_7 = J_1 + \frac{D}{2} J_3$$

d. h.

$$(11) \qquad J_7 = 2 \pi \left(\frac{B}{\sqrt{A}} - \sqrt{C} \right) + \frac{\pi}{2} \frac{D}{\sqrt{A}^3} \left(3 \frac{B^2}{A} - C \right).$$

Sachverzeichnis.

Die Zahlen geben die Seiten an.